环保设备设计基础

姬宜朋　陈家庆　石　熠　编著

机 械 工 业 出 版 社

本书结合典型环保设备应用场景和设计目标，以环保设备设计研发过程中必然会涉及的材料科学与工程、机械工程等学科的相关基础知识为切入点，进行知识结构上的递进式阐述，并努力体现环保产业发展的内涵需求和最新动态。本书主要包括设备设计中的运动学与动力学分析，设备零部件设计的选材、成形与基本准则，设备常用连接与传动设计，轴系及其相关零部件四篇内容。

本书既可作为高等院校环境工程、环保设备工程、给水排水工程、过程装备与控制工程及相关专业的专业基础课程教材，也可供从事环保设备设计、运行、维护和管理等环保产业相关工作的技术人员自学和参考。

图书在版编目（CIP）数据

环保设备设计基础/姬宜朋，陈家庆，石熠编著. —北京：机械工业出版社，2023.2

ISBN 978-7-111-72553-4

Ⅰ.①环…　Ⅱ.①姬…　②陈…　③石…　Ⅲ.①环境保护-设备-设计　Ⅳ.①X505

中国国家版本馆 CIP 数据核字（2023）第 010617 号

机械工业出版社（北京市百万庄大街 22 号　邮政编码 100037）
策划编辑：吕德齐　　　　　　　责任编辑：吕德齐　章承林
责任校对：张晓蓉　王春雨　　　封面设计：马若濛
责任印制：邓　博
北京盛通商印快线网络科技有限公司印刷
2023 年 6 月第 1 版第 1 次印刷
184mm×260mm·24.25 印张·602 千字
标准书号：ISBN 978-7-111-72553-4
定价：79.00 元

电话服务　　　　　　　　　　网络服务
客服电话：010-88361066　　机　工　官　网：www.cmpbook.com
　　　　　010-88379833　　机　工　官　博：weibo.com/cmp1952
　　　　　010-68326294　　金　书　网：www.golden-book.com
封底无防伪标均为盗版　机工教育服务网：www.cmpedu.com

前　言

近十多年来国内高校大体上采用三种途径来尝试培养环保设备专业技术人才：一是在环境工程及相关专业中开设环保设备设计基础类课程，二是从环境工程及相关专业中分流出环保设备专业方向，三是开办"环保设备工程"类专业。无论相关高校采用哪种途径，在总学时受限的情况下都需要一本涉及环保设备相关机械、材料类基础知识的综合性较强的配套课程教材；同时鉴于高校教材自身的内涵要求，专业基础课程教材和专业课程教材间应该体现出较好的系统性和连贯性，应该为构建特色人才培养模式及其毕业要求和培养目标的达成添砖加瓦。

北京石油化工学院环境工程专业在申办伊始就确立了"满足常规环境工程专业共性培养要求，突出环保设备特色"的办学定位，在国内高校中较早开始了环保设备特色类专业人才培养模式的探索实践，依托相关工作取得了北京高等学校精品课程（2007 年）、北京市高等教育教学成果一等奖（2008 年）等成果，并助力该专业先后入选北京市高等学校品牌建设专业（2005 年）、北京市级特色专业建设点（2008 年）、第六批国家级特色专业建设点（2010 年）、教育部"本科教学工程"地方高校第一批本科专业综合改革试点（2013年）。在通过国家工程教育专业认证（2017 年）、首批入选北京市属高校重点建设一流专业（2017 年）的大背景下，进一步深化环保设备人才培养特色的内涵建设，合理填补、夯实设备设计方面的相关知识显得尤为迫切和重要。有鉴于此，环境治理与调控技术北京市优秀教学团队在校内外相关专家教授的意见建议和支持鼓励下，"十三五"伊始便着手酝酿编写《环保设备设计基础》，以期与《环保设备原理与设计》等专业课程教材配套，构建突出环保设备特色的系列教材，共同培养学生解决复杂环境工程问题的能力。

本书的第 10 章和第 11 章由博士后石熠编写，姬宜朋副教授负责其他章节的编写和初稿的整理，陈家庆教授负责全部内容的组织策划、典型案例遴选、审校修改和细节完善等工作。陈家庆教授作为"环保设备原理与设计"北京高等学校精品课程主讲教授（2007 年）以及北京高校"优质本科课程"重点项目负责人（2021 年）、北京市高等学校教学名师（2008 年）、享受国务院政府特殊津贴专家（2018 年），不仅在 2010 年前系统深入地开展过轴承、密封等应用摩擦学领域的相关研究，而且在从教早期就讲授过五轮次以上"机械设计基础"系列课程。亲力亲为的内因是希望不断践行知行并重的育人理念。

本着"普及机械工程学科大类基础概念，突出环保设备特色并兼顾工程实际"的原则，本书内容不仅涉及常规机械设备设计过程关联的共性基础知识，而且特意以例题和大作业等方式将其与具体的环保设备设计过程交叉融合。在编写过程中力求文字通俗易懂、表达准确到位、图文并茂，在兼顾内容实用性的同时尽可能体现高校教材所应有的高阶性、创新性和挑战度。与此同时，希望通过关注教材的内涵质量、强调与时俱进、树立工程观念、突出设计思维等细微举措，努力朝着精品教材的目标迈进。

本书的编写和出版工作得到了北京市高层次创新创业人才支持计划——教学名师项目、

北京市属高校重点建设一流专业、北京市高水平创新团队建设计划项目等的支持。编著者所在北京石油化工学院的各级领导以多种方式和途径给予了关心和支持，机械工程学院机械基础教研室、环境工程系暨环境工程北京市级实验教学示范中心等基层学术组织的新老同事也对编写工作提出了许多宝贵意见和建议，机械工业出版社对本书的编写多次给予鼓励和鞭策，在此表示诚挚的感谢。在资料收集、整理分析、内容完善过程中，作者参考引用了一些国内外环保设备和机械零部件生产厂商的网站资料，以及一些教学科研、工程设计等领域专家学者所撰写的教材、论文、论著和《机械设计手册》等，虽已在参考文献中予以著录，但难免挂一漏万，在此对相关作者均深表谢意。

本书的学习最好以工程制图、工程力学等课程的部分知识作为基础和铺垫，各高校可根据相关专业培养目标和培养方案的实际情况选择性讲授。除作为高等院校环境工程及相关工科专业的专业基础教材之外，作者更希望本书能够为从事环保设备相关工作的人员提供有益参考。本着共同提升该类课程教育教学质量、推动"新工科"建设步伐的目的，本书在例题中尽量详细阐述工程背景，同时在蓝墨云课堂内每年更新配套 PPT 课件，读者可以申请加入相应的云班课。

限于编著者的教学、科研、学术水平，书中难免有疏漏之处，敬请读者和专家批评指正。具体事宜可发电子邮件至 jiyipeng@ bipt. edu. cn。

编著者

V

第4篇 轴系及其相关零部件

第 **1** 章

绪　　论

1.1　环保产业与环保设备概述

1.1.1　环保产业

国际环保产业的起源可以追溯到 20 世纪 20 年代中期。1972 年"联合国人类环境会议"在斯德哥尔摩举行，通过了《联合国人类环境会议宣言》和《人类环境行动计划》，成立了联合国环境规划署（UNEP）。环保产业随之兴起，到 20 世纪 90 年代，环保产业已经成为范围广泛、门类众多的巨大产业体系。2021 年，全球环保产业市场规模达 1.3 万亿美元。在环保设备研制方面，国际知名的环保设备专业厂家占据了较大的市场份额，例如：污泥离心脱水机制造商德国 Flottweg GmbH 公司、固液分离设备制造商德国 Huber 公司、单螺杆泵生产商德国 Seepex 公司等。

我国的环保产业起步于 1973 年 8 月国务院组织召开的第一次全国环境保护会议，会上颁布了国内第一个环境保护文件《关于保护和改善环境的若干规定（试行草案）》。1988 年 6 月 22 日，时任国务委员、国务院环境保护委员会主任宋健首次提出发展环保产业的问题，"环保产业"作为一个新概念引起了社会各方关注。2004—2019 年，我国环保产业营业收入与 GDP 的比值从 0.4% 逐步扩大到 1.8%；环保产业对国民经济直接贡献率从 0.3% 上升到 3.1%，尽管期间出现过一些波动，但环保产业对国民经济贡献的趋势始终在逐步加大。

1.1.2　环保设备

环保设备行业是环保产业的重要组成部分，由于起步晚，我国环保设备行业目前仍无法满足经济发展对环保产业的要求，关键工艺和成套设备对进口的依赖度较高，设备的标准体系和质量认证体系不够完善。与大型国际知名环保设备专业厂家相比，当前国内环保设备企业规模偏小，核心竞争力较差。在构建"双循环"新发展格局的带动下，加强自主创新是战略选择和大势所趋。

环保设备作为机械装备学科较新的一个分支，我国 1996 年才首次发布和实施中华人民共和国环境保护行业标准——HJ/T 11—1996《环境保护设备分类与命名》，其中规定：环境保护设备是以控制环境污染为目的的设备，是水污染治理设备、空气污染治理设备、固体废弃物处理处置设备、噪声与振动控制设备、放射性与电磁波污染防护设备的总称。从最新颁布的《国家鼓励发展的重大环保技术装备目录（2020 年版）》来看，现阶段的环保设备包括大气污染防治、水污染防治、土壤污染修复、固体废物处理、环境监测专用仪器仪表、环境污染应急处理、噪声与振动控制等多个类型。显而易见，上述分类是从环保设备所发挥作用或功能的角度来进行的。

按照环保设备的性质来分，则有机械类、容器类、仪器仪表类、构筑物类等。机械类环保设备是指有机械运动构件的设备；容器类环保设备一般指没有运动构件的静设备，设备的外部壳体多采用金属材料制作，呈立式或卧式的圆筒状或箱体状；仪器仪表类设备指各种用于环境监测及环境工程实验的仪器仪表；构筑物类环保设备一般是指钢筋混凝土结构件，但也有用玻璃钢、钢板、工程塑料或其他材料建造的。本书主要涉及机械类环保设备和容器类环保设备，基本不涉及仪器仪表类、构筑物类环保设备。

1.2 设备与机械、机器与机构

1.2.1 设备与机械

设备（equipment）通常指可供人们在生产中长期使用，并在反复使用中基本保持原有实物形态和功能的生产资料和物质资料的总称，其中包括机械（machinery）。在过程工业（或流程工业）领域，设备往往又被分为静设备和动设备两大类。静设备一般指静止的或配有少量可动附件的设备，主要用于完成传热、传质和化学反应等过程，或用于储存物料，如塔、换热器、反应器、储罐、锅炉、反应釜等，大多数具有压力容器或常压容器的特征；动设备一般指通过机械运动完成预定目标，必须含有做机械运行零部件的设备，如泵、风机、离心机、行车、电动葫芦、搅拌器等。

机械这个词源自于希腊语 mechine 及拉丁文 machina。英国机械学家威利斯（R. Willis）在《机构学原理》（*The Principle of Mechanism*，1841 年）中所给的定义是："任何机械都是由用各种不同方式连接起来的一组构件组成，使其中一个构件运动，其余构件将发生一定的运动，这些构件与最初运动之构件的相对运动关系取决于它们之间连接的性质。"德国机械学家勒洛（F. Reuleaux）在《理论运动学》（*Theoretische Kinematik*，*Grundzüge einer Theorie des Maschienenwesens*，1875 年）中所给的定义为："机械是多个具有抵抗力之物体的组合体，其配置方式使得人们能够借助它们强迫自然界的机械力做功，同时伴随着一定的确定运动。"在古汉语中，"机"原指局部的关键机件，后来又泛指一般的机械；"械"则指某一整体器械或器具。**总之，机械是一种人为的实物构件组合，机械各部分之间具有确定的相对运动**。在某种程度上，可以认为机械相当于前述动设备。

1.2.2 机器与机构

在我国现代的机械学著作中，"机械"一词是机构（mechanism）和机器（machine）的总称。尽管各种机械的构造、性能和用途各异，但从它们的组成和运动形式来看，却有两个共同特征：①是一种人为的实物构件组合；②各部分之间具有确定的相对运动。凡同时具备上述两个特征的构件组合体便称为机构或机械。机器除了具备上述两个特征外，还必须具备第三个特征：能代替人类的劳动以完成有用的机械功或转换机械能。所以机器是能转换机械能或完成有用机械功的机构。**从结构和运动的观点来看，机构和机器并无区别，因此泛称其为机械**。

人们往往将可以把其他形式能量转换为机械能的机器称为原动机，如图 1-1 中德国

Huber 公司生产的摆臂式格栅除污机中的电动机，其将电能转换为机械能，驱动特定机构，使安装在连杆上的耙齿沿固定轨迹做往复运动，进而将格栅上的污物清除掉。人们往往把利用机械能传递能量、运输物料、传递信息的机器称为工作机，如机械加速澄清池用搅拌机利用机械能实现原水与药剂的混合、螺杆传动旋转式滗水器利用机械能控制曝气池中上清液的排放量等。

现代机器一般都由动力、传动、执行、控制等子系统组成，表现形式多种多样，但机器的本质共性在于通过"机械运动"来实现各物理量的传递和转化。因而，将机器中能实现特定运动传递与变换的子系统单独抽取出来，分析其"机械运动"方面的共性，并把这种具有"机械运动"共性的子系统称为机构。

如图 1-1 所示的摆臂式格栅除污机，工作时清污耙齿沿着格栅往复运动，清除格栅拦截下来的固体污染物。为实现这一动作，清污耙应具备沿预定轨迹（格栅的形状）往复运动的功能。将实现清污耙齿沿着预定轨迹做往复运动的子系统提取出来，并去除与运动无关的其他要素后，简化得到图 1-2 所示的摆臂式格栅除污机执行机构。摆臂式格栅除污机的执行机构由杆 AB、CD、BC 以及固定基座组成，其中 AB 杆与减速器输出轴相连做整周转动，清污耙安装在 BC 杆上，将各杆和基座命名为构件。机构设计时以实现清污耙运动轨迹为目标，确定各杆的长度和清污耙安装位置。

图 1-1　摆臂式格栅除污机

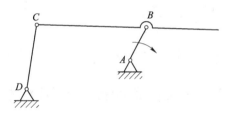

图 1-2　摆臂式格栅除污机执行机构

图 1-3 所示为齿轮机构的运动简图，图 1-4 所示的一级圆柱齿轮减速器，正是采用了图 1-3 所示的齿轮机构实现减速。

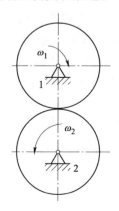

图 1-3　齿轮机构

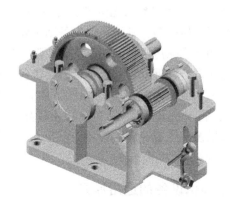

图 1-4　一级圆柱齿轮减速器

可见，机构与机器的区别在于：机构是一个构件系统，而机器除构件子系统之外，还包含电气、液压等其他子系统；机构只用于传递运动和力，而机器除传递运动和力之外，还具有变换或传递能量、运送物料、传递信息的功能。

1.2.3　构件、零件与部件

组成机构的构件是机构或机器中运动的最小单元，它可以是单一的整体，也可以是由几个零件组成的刚性结构。如图1-4所示一级圆柱齿轮减速器中输入轴的齿轮轴系，其组成如图1-5所示，包括2个轴承、2个挡油环、键和齿轮轴等多个零部件。忽略滚动轴承内部滚子的局部相对运动（其运动不影响其他构件），这些零部件之间构成一个运动单元，组成一个构件。

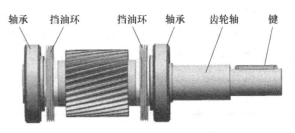

图1-5　齿轮轴的轴系

零件是加工制造的最基本单元，也是机械中不可分拆的单个制件，是机器的基本组成要素。机械中的零件可分为两类：一类称为通用零件，这类零件已经标准化和系列化，可以在市场直接采购，如销轴、套筒、键、螺栓、螺母等；另一类称为专用零件，这类零件需根据特定要求进行设计和制造，如曝气机的主轴、格栅除污机的清污耙等。部件是指机器的一个组成部分，由若干个零件装配而成，如图1-5所示轴系中的轴承。

标准件是指结构、尺寸、画法、标记等各个方面已经完全标准化，并由专业厂家生产的常用的零（部）件，如螺纹件、键、销、滚动轴承等。非标准件主要是国家没有定出严格的标准规格，没有相关的参数规定的零部件。

1.3　环保设备的设计原则及本书内容

一个环境污染治理工程中往往包括多种或多台（套）单体设备，环保设备设计的目的在于根据处理要求，逐一对它们进行选型计算或专门设计，然后组合成具有某种处理功能的工艺流程。环保设备一般分为通用环保设备和专用环保设备两大类：通用环保设备按照国家或行业标准规定大批量、系列化生产，有较为固定的规格牌号，可以在市场上较方便地购置，如泵、阀门、风机等；专用环保设备则主要在环保产业领域使用，也是环保产业界设计研发的重点，如格栅除污机、刮泥机、表面曝气机、加压溶气罐等。显然，无论通用环保设备还是专用环保设备，都分别既包括机械类也包括容器类。以图1-6所示锦州西海污水处理厂的污水处理工艺流程为例，其中属于通用环保设备的有输送泵、各种阀门、鼓风机（供给压缩空气）；属于专用环保设备的有粗格栅除污机、细格栅除污机、曝气机、刮渣机等机械类环保设备以及储气罐等容器类环保设备，也有沉砂池、缺氧池、厌氧池、曝气池、二沉池、污泥池等构筑物类环保设备。

1.3.1　通用环保设备的选用原则

通用环保设备的型式很多，即使同一型式的通用环保设备也会因为加工制造用材（如

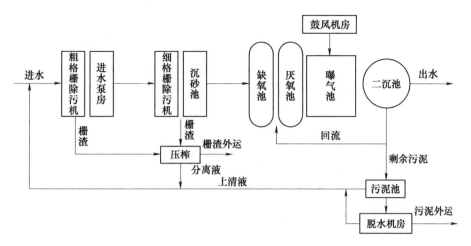

图 1-6 锦州西海污水处理厂的污水处理工艺流程

钢材与碳纤维）、产地和生产厂家的不同，而导致价格、性能、使用寿命、安全和维修等方面出现很大差异。一般在选用通用类环保设备时，应考虑合理性、先进性、安全性和经济性等原则。

（1）合理性 必须满足环保污染治理或处理工艺要求，既与工艺流程、处理规模、操作条件、控制水平等相适应，又能充分发挥设备的作用。

（2）先进性 环保设备的运行可靠性、自控水平、处理能力、处理效率要尽量达到先进水平，同时还要注意能尽量满足今后处理装置扩建或改建的要求。

（3）安全性 要求安全可靠、操作稳定、有缓冲能力、无事故隐患，对工艺、建筑物、地基、厂房等无过多的苛刻要求，操作时劳动强度低等。

（4）经济性 应具有合理的性价比，易于维修、更新，尽量减少特殊维护要求，运行费用要尽量低。当然，也不能片面考虑购置费用，而应该全面考虑设备的生命周期费用，即从购置费用、运行费用、维修费用、管理费用直至最终的拆除费用等做全面平衡。在很多情况下，性能优良而价格较昂贵的设备往往比价格便宜而性能差的设备具有更好的经济性。

总之，要综合考虑以上原则，审慎地研究对比，选择最合理的通用环保设备，同时注意设备的更新换代。

1.3.2 专用环保设备的设计原则

由于使用工况、处理工艺等的千差万别，环保产业领域需要用到大量的专用环保设备，而专用环保设备的设计往往属于产品设计范畴，是本书介绍相关知识的主要应用对象和目标。影响产品的关键因素如图 1-7 所示，产品质量基本上取决于设计质量，制造过程则是实现设计时所规定的质量。设备设计阶段是决定产品好坏的关键，在该阶段会受材料、加工工艺、外观要求（包括空间占用）等因素的制约和影响。

设备设计的核心任务是实现预期功能，本书主要围绕专用环保设备，尤其是其中的机械类环保设备功能的实现，介绍了执行机构、传动机构及轴系零部件的设计方法和步骤。另外，鉴于制造工艺和材料的选择也是设备设计的重要工作内容，直接影响设备制造成本，因此本书在介绍工程材料相关基础知识的同时，对机械类和容器类环保设备设计过程中可能涉

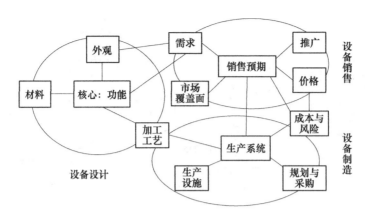

图 1-7　影响产品的关键因素

及的不同零部件选材和加工工艺选择进行了介绍。设备外观不仅指造型、颜色等外在因素，也包括美学和功能性必需的造型。常用环保设备的外观主要根据设备性能、空间和加工工艺性需要进行设计，如圆形沉淀池、矩形曝气池、圆柱形存储罐等，本书对设备外观设计不做介绍。依据设备功能实现、材料和零件加工工艺选择等，进行机械类环保设备设计的步骤如下。

1）根据处理工艺流程确定处理设备的类型。根据处理工艺流程及相应的技术指标可以大体上确定设备类型，如水泥厂除尘常用机械振动式除尘器或电振动式除尘器。

2）确定制造设备的材料。根据所处理污染物性质、工艺流程和操作条件，确定适合的设备材料。如污水处理工程中的螺旋输送器采用钢材制作，并需进行防腐处理；气态污染物处理工程中的机械类设备则一般采用不锈钢或工程塑料等防腐材料制作。

3）汇集设计条件和参数。根据处理污染物的量、处理效率、物料平衡和热量平衡等，确定设备的负荷、设备的操作条件，如温度、压力、流速、加药或卸灰形式、工作周期等，作为设备设计计算的主要依据。

4）选定设备的基本结构形式。根据各类处理设备的性能、使用特点和使用范围，依据各类规范和设计手册，进行权衡比较，确定设备的基本结构形式。

5）计算确定设备的基本尺寸。根据设计数据进行有关的计算和分析，确定机械类环保设备的外形尺寸、各种工艺附件；在完成设备基本尺寸计算和强度校核之后，画出机械图，标注有关尺寸、确定公差配合等。

6）选择标准件和设备的标准化。在计算确定设备的基本尺寸后，查阅有关标准规范，尽量选用标准零部件；同时应根据有关的机械类环保设备的相关规范，将有关尺寸规范化、标准化。

7）汇总列出机械类环保设备一览表。

8）向有关专业人员提出设备设计的技术要求和进度要求等。

9）设计完成后，应核对工艺要求，若有差错应及时修改，直至符合要求为止。

1.3.3　本书主要内容

本书以培养满足环保产业发展需求的高级应用型人才为出发点，通过系统介绍机械类和容器类环保设备设计过程所涉及的共性基础知识，为学习后续专业类课程奠定基础，并起到承前启后的作用，期望达成的能力培养目标可以描述为：①掌握机械专业术语和语言表达能力、机械设计的逻辑思维方法；②熟练运用相关设计手册、标准，初步具备独立进行机械类和容器类环保设备设计的能力；③初步具备利用所学知识解决环保设备类复杂工程问题的能力，培养对环保设备设计开发、运行维护相关工作的兴趣志向、适应能力和创新能力。

本着从抽象到具体、从材料到性能、从传承到创新、从零件到部件再到系统的思想，本书将围绕机械类和容器类环保设备设计所涉及的基本概念、原理、材料、标准和方法等方面进行介绍，并辅之以最新的研究进展和应用实例，主要内容和主要标准见表1-1。总的来看，**机械类和容器类环保设备中常用机构和通用零件的工作原理、结构特点、基本设计理论和计算方法是本书的重点和难点。**

表1-1 本书的主要内容和主要标准

主要概念	设备、机械、机器、机构、结构、构件、运动副；机构运动简图、平面机构、自由度；机构倒置、速度瞬心、机构分析、相对运动原理、连杆机构、曲柄、摇杆、滑块、连杆、压力角、极限位置、急回特性；屈服强度、抗拉强度、疲劳极限、疲劳应力、安全系数、许用应力；通用件、专用件、腐蚀、碳素钢、铸铁、合金钢、塑料；螺栓连接、键连接、销连接；压溃、剪切、横向载荷、轴向载荷、预紧与防松；链传动、带传动、螺旋传动、摩擦轮传动、弹性滑动、打滑、传动比、张紧；齿轮传动、蜗杆传动、渐开线标准直齿圆柱齿轮、渐开线标准斜齿圆柱齿轮、渐开线标准直齿锥齿轮、基圆、模数、分度圆、节圆、齿顶圆；轴系、轴向定位、周向定位、滑动轴承、滚动轴承、寿命、当量动载荷；轮系、减速器；简体、容器、法兰、管道
主要方法	机构有确定运动的判断方法、机构运动分析的瞬心法和解析法、平面连杆机构设计的图解法和解析法；螺栓强度计算方法；带传动设计方法、齿轮传动设计方法；轴系零件的定位方法；轴强度计算方法、轴承当量动载荷计算方法、轴承寿命计算方法、轮系传动比计算方法；厚壁和薄壁简体的强度计算方法
主要标准	GB 175—2007、GB/T 699—2015、GB/T 700—2006、GB/T 11352—2009、GB/T 1176—2013、GB/T 1348—2019、GB/T 20878—2007、GB/T 2040—2017、GB/T 3077—2015、GB/T 3191—2019、GB/T 6892—2015、GB/T 9439—2010 等材料标准；GB/T 3452.1—2016、GB/T 9877—2008 密封件标准；GB/T 1800.1—2020 公差与配合类标准；GB/T 196—2003、GB/T 1096—2003、GB/T 3098.1—2010、GB/T 5796.3—2005 等螺纹和键连接标准；GB/T 1243—2006、GB/T 5269—2008、GB/T 5858—1997、GB/T 10855—2016、GB/T 13575.1—2008 等带和链传动标准；GB/T 10085—2018、GB/T 1089—2018、GB/T 10095.1—2008、GB/T 12369—1990、GB/T 12371—1990、GB/T 1357—2008、GB/T 3480.1—2019 等齿轮标准；GB/T 272—2017、GB/T 307.1—2017、GB/T 7217—2013 等轴承标准；GB/T 150.1～4—2011、GB/T 1047—2019、NB/T 47021—2012、GB/T 9019—2015、GB/T 25198—2010 等压力容器标准

本章最后借用西安交通大学谢友柏院士在谈设计科学时所说的一段话与读者共勉：设计应同时考虑物质需求、精神需求和社会需求的满足，设计要服务于人们对于"新颖"的追求，要服务于人类共同美好生活的实现，要服务于社会进步，以及设计出解决问题的路径。

【习题】

1-1 对具有下述功能的机器各举出两个实例：①原动机；②将机械能变换为其他形式能量的机器；

③输送物料的机器；④变换或传递信息的机器；⑤传递机械能的机器。

1-2 查阅资料，指出下列机器的动力部分、传动部分、控制部分和执行部分：①物理筛分水力摇床；②伞形叶轮立轴曝气机；③非金属双列链式刮泥机；④螺杆传动旋转式滗水器；⑤多轴转碟式表面曝气机。

1-3（大作业） 自选一机械类环保设备，如凸轮转子泵、搅拌机、格栅除污机、卧式螺旋卸料沉降离心机等，进行文献调研，撰写一篇不少于1000字的文献综述，综述内容至少包括但不限于以下几个方面：①引言；②设备的主要结构和工作原理；③介绍国内外研究现状和发展趋势；④结论；⑤参考文献。

第1篇
设备设计中的运动学与动力学分析

　　设备，尤其是动设备（机械），设计的首要问题是实现预设的运动，机构是动设备（机械）实现预设运动的灵魂所在，因此机构设计是动设备（机械）设计的基础和源泉，同时机构的拓扑创新也是动设备发明中最具有挑战性的核心内容。机构伴随着人类文明的发展历程而不断丰富，早在公元前1500年，人类就开始使用诸如杠杆、滑轮、螺旋等简单的机构。文艺复兴时期，随着大量机器的发明，机械制造和机械工程教育迅速发展，机构的研究逐渐成为机械工程研究领域的核心，大量以连杆机构为执行机构的机器被发明和应用，如蒸汽机、内燃机、缝纫机、振动筛等。1811年，法国人哈基特编写了世界上第一本机械原理教科书。1834年，安培将（机构）运动学列为一个独立的学科，从此机构学（机械原理）得到了社会的承认，成为"机械工程"一级学科中历史最久的组成部分。

　　机构系统设计中，在确定执行构件要实现的基本运动形式、运动特性及运动规律后，需要从已有的各种机构中进行搜索、选择、对比、评价，选出机构的合适形式。只有选择恰当的机构形式，才能使机械在工作过程中的运动、受力、机械效率等达到理想状态，使机构产生最大效益。表1为执行构件常见的运行形式以及实现这些运动形式的常用机构示例，能实现表中各运动的机构有数百种之多，可在有关机构设计手册中查阅。另外，工程任务中所要求的运动可能更为复杂多样，设计中需要根据实际要求进行选择和设计。

表1　执行构件常见的运行形式及其对应的执行机构示例

执行构件的运行形式	常用机构示例
等速连续转动	平行四边形机构、双万向联轴器机构、齿轮机构、摩擦传动机构
等速移动	齿轮齿条机构、直动从动件凸轮机构、螺旋机构
变速连续转动	双曲柄机构、转动导杆机构、单万向联轴器机构、摩擦传动机构
往复移动	曲柄滑块机构、移动导杆机构、凸轮机构、齿轮齿条机构
往复摆动	曲柄摇杆机构、双摇杆机构、摆动导杆机构、凸轮机构
间歇转动	棘轮机构、槽轮机构、不完全齿轮机构、凸轮机构、凸轮-齿轮组合机构
近似实现点的轨迹运动	连杆机构
精确实现点的轨迹运动	连杆-凸轮组合机构、双凸轮机构
一般平面运动	铰链四杆机构、曲柄滑块机构、摇块机构

　　本篇在介绍机构构成原理的基础上，重点介绍平面连杆机构的特性、分析和设计方法，并简单介绍了凸轮机构、齿轮机构、螺旋传动机构等常用结构的组成、特性和应用。

机构及其运动特性分析

本章将通过剖析机构的基本结构，介绍机构的认知和识别、机构学语言描述和机构表达，并对平面连杆机构的组成、机构运动的分析、机构的设计方法进行详细介绍。

2.1 机构的组成与自由度计算

两个或两个以上构件通过运动副连接而成的构件系统，如果其运动是确定的则称之为机构。 当组成机构的所有构件都在同一平面或几个相互平行平面内运动时，该机构为平面机构。构件、运动副、运动的确定性是机构的三要素。

2.1.1 构件

组成机构的构件可分为原动件、从动件和固定构件三类。

（1）原动件　运动规律已知的活动构件称为原动件，也称主动件。该构件的运动由外界输入，故又称为输入构件（input link），机构中可以有一个或多个输入构件。第 1 章中图 1-1 和图 1-2 中的曲柄（*AB* 杆）与减速器输出轴连接，做等速旋转运动，对于该机构而言，*AB* 杆即为原动件。

（2）固定构件　用来支承活动构件（运动构件）的构件称为固定构件，也称机架。如摆臂式格栅除污机（第 1 章中的图 1-1）中用于固定电动机、减速器和曲柄摇杆机构的基座即为机架，研究活动构件的运动时，常以固定构件作为参考坐标系，一个机构中有且仅有一个固定构件。

（3）从动件　机构中除原动件和固定构件之外的所有构件均为从动件，其中输出预期运动的从动件称为输出构件（output link），其他从动件则起传递运动和力的作用。第 1 章中图 1-1 和图 1-2 中的连杆 *BC* 和摆杆 *CD* 都是从动件，其中清污耙安装在杆 *BC* 上，因此 *BC* 杆为输出构件，*CD* 杆是传递运动和力的从动件。

任何机构中必有一个构件被相对地看作固定构件（或称机架）。 有的机架是静止的，如第 1 章中图 1-1 中的基座；有的机架则是运动的，如将摆臂式格栅除污机执行机构放置在一个可移动平台上，设计为移动式格栅除污机，若只研究耙齿单次清污过程，则其所在的平台可视作固定构件。

2.1.2 运动副及其分类

如图 2-1 所示，平面 *Oxy* 上任意一个自由构件都具有三个独立运动：沿 *x* 轴、*y* 轴方向的独立移动以及绕垂直于坐标平面方向的独立转动。也可以说，平面内两个构件间有三个独立的相对运动。构件相对于参考坐标系独立运动的数目称为自由度，用 *F* 表示。**一个做平**

面运动的自由构件具有三个自由度。

连接构件的运动副是保持两构件的接触关系，维持特定相对运动的动连接。用运动副将两构件连接后，两构件间独立的相对运动数受到限制，这种限制称为约束，用 C 表示。则 n 个做平面运动的构件（活动构件）通过运动副相连组成机构时，所具有的自由度和约束的关系为

$$F + C = 3n \qquad (2\text{-}1)$$

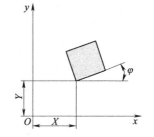

图 2-1　平面刚体运动的自由度

平面上两构件组成运动副时，接触处的几何形状不外乎点、线、面（假设构件为刚性体，并忽略载荷作用下产生的微变形）三种特征或接触特性。按照接触特性，通常把运动副分为低副和高副两类。

1. 低副

两构件通过面接触组成的运动副称为低副，平面机构中的低副有转动副和移动副两种。若组成运动副的两构件只能在平面内相对转动，这种运动副称为转动副，或称铰链，如图 2-2 所示。若组成运动副的两构件只能沿某接触面相对移动，这种运动副称为移动副，如图 2-3 所示。将低副连接的 2 构件中的 1 个构件视为机架，则另 1 个活动构件有且仅有 1 个自由度，因此低副引入的约束数

$$C = 3 - F = 3 - 1 = 2 \qquad (2\text{-}2)$$

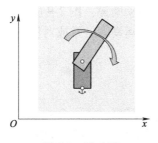

图 2-2　转动副

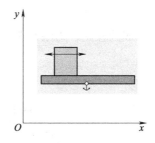

图 2-3　移动副

组成转动副的两个相互接触构件间存在相对运动，在低速、低载荷工况下可以用销轴直接连接两构件，如图 2-4 所示的铰链。转速或载荷较大的场合，为减少两构件接触面处摩擦造成的动能损失，大多采用滚动轴承或滑动轴承将两构件隔开。图 2-5 所示为滚动轴承中的深沟球轴承和圆柱滚子轴承，轴承的内、外圈分别和两个相对转动的构件固定连接，两构件相对转动变为轴承内、外圈的相对转动，此时被保持架分开的滚动体转动，进而将滑动摩擦转变为滚动摩擦，达到降低摩擦系数的目的。

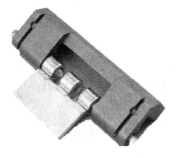

图 2-4　销轴连接的铰链

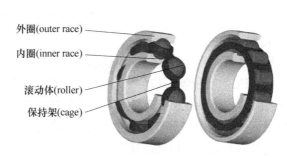

图 2-5　滚动轴承结构示意图

11

滑动轴承中整体式径向滑动轴承如图 2-6 所示，这类轴承一般与机架固定连接，转动构件通过轴和滑动轴承形成转动副。为减小轴和滑动轴承内圈的摩擦，滑动轴承内圈需要采用摩擦系数较小且耐磨的材料（如铜合金）来制作。为进一步减小摩擦，一般要求滑动轴承在良好的润滑工况下工作。图 2-7 所示为关节轴承连接两构件形成转动副的结构示意图，关节轴承类似滑动轴承，与滑动轴承不同的是，关节轴承有内圈和外圈，外圈和内圈分别与两构件固定连接，摩擦发生在内圈、外圈之间。

图 2-6 滑动轴承结构示意图

图 2-7 关节轴承连接示意图

与转动副类似，移动副采用直线轴承隔开两构件。图 2-8 所示为直线移动导轨副，导轨常被固定在机架上，做直线运动的构件则固定在滑块上。滑块和导轨相对运动时，安装在滑块内的钢球转动，并做循环运动，将滑动摩擦转变为滚动摩擦。图 2-9 所示为圆柱形直线轴承，导轨和滑块形成圆柱副，为限制滑块和导轨的旋转运动，常常成对使用，因此仅看作移动副。

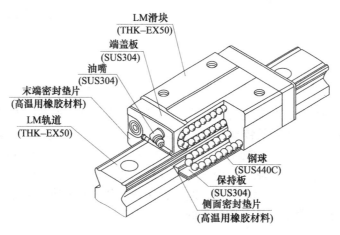

图 2-8 直线移动导轨副

2. 高副

两构件通过点接触或线接触组成的运动副称为高副。图 2-10 中的车轮与轨道，凸轮与从动件，齿轮 1 与齿轮 2 分别在接触点 A 处组成高副。如果组成平面高副两构件间的相对运动是沿接触处公切线 t—t 方向的相对移动和在平面内的相对转动，则高副连接的两构件间有 2 个自由度，其引入的约束数

$$C = 3 - F = 3 - 2 = 1 \qquad (2\text{-}3)$$

图 2-9 圆柱形直线轴承

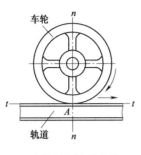

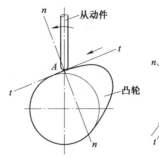

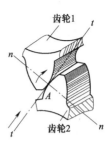

a) 车轮与轨道间的高副　　　　b) 凸轮和从动件间的高副　　　　c) 齿轮轮齿间形成的高副

图 2-10　平面高副

除上述平面运动副之外，机械中还经常见到如图 2-11 所示的球面副和螺旋副。组成这些运动副的两构件间的相对运动是空间运动，属于空间运动副，空间运动副不在本章讨论的范围之内。

a) 球面副　　　　b) 螺旋副

图 2-11　球面副和螺旋副

2.1.3　平面机构自由度计算

一个由 n 个构件组成的平面机构中，其中唯一的固定构件（机架）自由度为 0；剩下的 $n-1$ 个活动构件在没用运动副连接前，其自由度为 $3(n-1)$。运动副将构件连接组成机构后，运动副引入了约束，机构中低副数用 P_L 表示，高副数用 P_H 表示，则约束总数 $C=2P_L+P_H$。由式（2-1）可知机构的自由度 F 为

$$F = 3(n - 1) - 2P_L - P_H \tag{2-4}$$

由式（2-4）可知，**平面机构自由度为活动构件自由度总数减去运动副引入的约束总数。机构自由度为组成该机构活动构件相对机架具有的独立运动数目**，从动件是不能独立运动的，只有原动件才能独立运动，通常每个原动件具有一个独立运动（如电动机转子具有一个独立转动，电推杆具有一个独立移动）。当机构自由度大于原动件数量时，机构的运动无法确定；反之，当机构自由度小于原动件数量时（原动件运动轨迹重合除外），独立运动数目大于活动构件的自由度，将出现卡死或构件损坏现象。因此机构具有确定运动的条件是：**机构自由度 $F>0$，且 F 等于原动件数**。

2.2　机构的表达

2.2.1　机构运动简图

组成机构的构件外在形状多样、运动副结构复杂，为分析构件的运动特性，常忽略与运动无关的构件外形和运动副的具体构造，用简单的线条和符号来表示构件和运动副，并按比例定出各运动副的位置。这种表达机构中各构件间相对运动关系的简化图形，称为机构的运动简图（kinematic diagram）。图 2-12 所示为摆臂式格栅除污机执行机构的三维示意图及其运动简图。

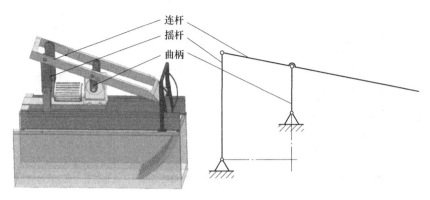

图 2-12　曲柄摇杆机构运动简图

常用运动副的表示方法见表 2-1，两个构件组成平面运动副时，用圆圈表示转动副，其

表 2-1　一个构件参与多个运动副的表示方法

运动副类型	两运动构件形成的运动副			两个构件之一为机架时所形成的运动副		
转动副						
移动副						
构件	二副元素构件			三副元素构件		
齿轮机构	外啮合	内啮合	锥齿轮		蜗轮蜗杆	
凸轮及其他机构	凸轮机构			棘轮机构	带传动机构	

注：本表摘自 GB/T 4460—2013《机械制图　机构运动简图用图形符号》。

圆心为两构件相对转动中心。若组成转动副的两个构件中有一构件为机架时，需在代表机架的构件上加阴影线。两构件组成移动副时，移动副的导路必须与相对移动方向一致；表 2-1 中带有阴影线的构件表示机架。两构件组成高副时，在简图中应当画出两构件接触处的曲线轮廓，如表 2-1 中齿轮机构、凸轮等。常见的高副有齿轮机构、齿条机构、凸轮机构、摩擦轮机构等，也包括挠性缠绕副，如滑轮与钢丝、带轮与带、链轮与链等。

　　一个构件参与多个运动副的情况如表 2-1 的 "构件" 一行，参与组成三个转动副的构件可用三角形表示，为了表明三角形是一个刚性整体，常在三角形内加阴影线或在三个角加上焊接标记，即使没有阴影线或焊接标记，此时的三条线也必须按照一个构件计算。当三个转动副中心在一条直线上时，表示构件的线条必须跨过中间的转动副，并保持连接。当一个构件参与三个及三个以上的运动副时，其表示方法可依此类推。对于机械中常用构件和零件，也可采取惯用画法，例如用粗实线或细点画线画出一对节圆来表示互相啮合的齿轮，用完整的轮廓曲线来表示凸轮。其他常用构件及运动副的表示方法可参见 GB/T 4460—2013《机械制图　机构运动简图用图形符号》。

　　【例 2-1】　颚式破碎机简称颚破，俗称老虎口，在固体废料处理中常用之来完成大块物料的破碎。其执行机构由机架 1、偏心轴（或称曲轴）2、动颚 3、肘板 4 等四个构件组成，如图 2-13 所示。带轮驱动偏心轴转动，从动件动颚和静颚板组成破碎腔，模拟动物的两颚运动而完成物料破碎作业。图 2-13a 所示为颚式破碎机执行机构的原理示意图，请绘制该执行机构的运动简图，并计算其自由度。

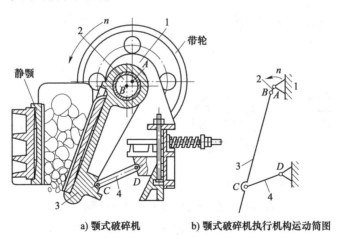

a) 颚式破碎机　　　　b) 颚式破碎机执行机构运动简图

图 2-13　颚式破碎机及其机构运动简图

1—机架　2—偏心轴　3—动颚　4—肘板

　　解：（1）执行机构运动简图的绘制　由带轮驱动的轴系转动，偏心轴 2 为原动件，动颚 3、肘板 4 为从动件。当偏心轴 2 绕轴线 A 转动时，输出构件动颚 3 做平面复杂运动。

　　确定构件性质和数目后，根据直接接触构件间相对运动关系确定运动副的种类和数目。原动件 2 相对机架 1 绕中心 A 转动，故构件 1、2 在 A 点通过转动副相连；同理，从动件 3 与原动件 2 在 B 点通过转动副相连、从动件 4 与从动件 3 在 C 点通过转动副相连、从动件 4 与机架 1 在 D 点通过转动副相连。

选定适当的绘图比例尺，根据图 2-13a 所示的尺寸定出转动副中心 A、B、C、D 的相对位置，用构件和运动副的规定符号绘出机构的运动简图，如图 2-13b 所示。最后，在图中的机架上画出阴影线，原动件 2 上标注表示运动方向的箭头。

需要指出，虽然动颚 3 与偏心轮 2 是用一个半径大于 AB 杆长的轴颈连接的，但是**运动副的规定符号仅与相对运动的性质有关，而与运动副的结构尺寸无关**，所以在机构运动简图中仍用小圆圈表示。

（2）自由度计算 在颚式破碎机执行机构中，有四个构件，$n=4$；包含四个转动副，$P_L=4$；没有高副，$P_H=0$。由式（2-4）可得机构自由度

$$F = 3(n-1) - 2P_L - P_H = 3 \times (4-1) - 2 \times 4 = 1$$

该机构具有一个原动件（偏心轴 2），原动件数与机构自由度数相等。

【例 2-2】 活塞泵又叫电动往复泵，按结构分为单缸和多缸，其特点是扬程较高，适用于常温无固体颗粒的油料、乳化液、药剂等的输送和计量。若过流部件为不锈钢，还可输送腐蚀性液体；另外根据结构材质的不同，还可以输送高温焦油、矿泥、高浓度灰浆、高黏液体等。图 2-14a 所示为某型号活塞泵执行机构的原理，图中曲柄 1 是原动件，构件 2、3、4 是从动件，当原动件 1 回转时，活塞在气缸中往复运动。请绘制该机构的运动简图，并计算其自由度。

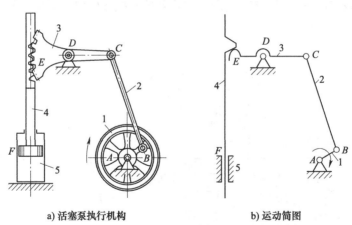

a) 活塞泵执行机构   b) 运动简图

图 2-14 活塞泵执行机构及其运动简图

1—曲柄 2—连杆 3—扇形齿轮 4—齿条活塞 5—机架

解：（1）执行机构运动简图的绘制 由图 2-14a 可知，活塞泵的执行机构由曲柄 1、连杆 2、扇形齿轮 3、齿条活塞 4 和机架 5 等五个构件组成。其中，构件 1 和 5、2 和 1、3 和 2、3 和 5 之间相对转动，构成 4 个转动副，转动副的中心分别为 A、B、C、D。构件 3 与构件 4 间齿轮齿条的啮合构成平面高副 E。构件 4 与 5 之间相对移动，形成移动副 F。

选取适当比例定出 A、B、C、D、E、F 的相对位置，用构件和运动副的规定符号画出机构运动简图，在原动件 1 上标注表示运动方向的箭头，如图 2-14b 所示。

（2）自由度计算 活塞泵由四个构件组成，$n=5$；五个低副（四个转动副和一个移动副），$P_L=5$；一个高副，$P_H=1$；由式（2-4）得机构自由度为

$$F = 3(n - 1) - 2P_{\text{L}} - P_{\text{H}} = 3 \times (5 - 1) - 2 \times 5 - 1 = 1$$

机构的自由度与原动件（曲柄 1）数相等。

应当说明，绘制机构运动简图时，原动件的位置选择不同，所绘机构运动简图的图形也不同。当原动件位置选择不当时，构件互相重叠交叉，使图形不易辨认。为了清楚地表达各构件之间的相互关系，绘图时应当选择一个恰当的原动件位置。

由以上两个例子可见，绘制机构运动简图的基本步骤如下。

1）寻构件：分析机构的运动，认清**主动件和机架**，确定组成系统的各构件。

2）找运动副：从主动件起，逐个观察各构件的运动形式，以及**相邻两构件的相对运动形式，确定运动副类型**。

3）定平面：确定视图平面，对于平面机构，取平行于机构运动面的平面作为视图平面。

4）绘简图：选定适当的绘图比例尺，根据各构件的实际尺寸和准确绘制的图示尺寸确定比例尺：$\mu_l =$ 实际尺寸/图示尺寸。之后就可选择一个合适的机构位置绘制机构运动简图。从机架（或原动件）起，使用规定的简图符号，逐个画出运动副和构件的位置，直至输出运动构件和机架。

5）完善图形：用箭头标出原动件的运动方向，运动副一般用英文大写字母 A、B、C……标注（有时，与机架相连的转动副用 O_i 表示，i 为与之相连的转动构件的编号），构件则按照数字 1、2、3……的顺序进行编号。

除了用机构运动简图表达机构外，有时只是为了表明机构的组成和结构特征，而不必严格按照比例绘制简图，这样所形成的简图称为机构示意图（schematic diagram）。除此之外，机构有时还采用符号表达（symbol representation），这里不再赘述。

2.2.2　复合铰链、局部自由度和虚约束

1. 复合铰链

两个以上的构件在同一处以转动副连接时称为复合铰链。例如，图 2-15a 所示为三构件汇交成的复合铰链，图 2-15b 所示为三构件组成转动副的三维造型图。由图 2-15b 可以看出，三个构件共组成了两个转动副，机构运动简图中将这两个同轴的转动副用一个转动副符合表示。依此类推，**K 个构件汇交而成的复合铰链具有 K−1 个转动副**，机构运动简图中只画一个转动副符号，但是在计算机构自由度时应注意识别复合铰链，以免把转动副的个数算错。

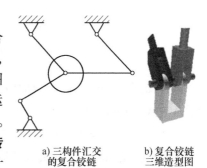

a) 三构件汇交
的复合铰链　　b) 复合铰链
三维造型图

图 2-15　三个构件汇成的复合铰链

【**例 2-3**】　计算图 2-16 所示惯性筛执行机构的自由度。

解：机构中构件数 $n = 6$；A、B、D、E 四处各有一个转动副，C 处为三个构件汇交的复合铰链有两个转动副，E 处还有一个移动副，故 $P_{\text{L}} = 7$，由式（2-4）得

$$F = 3(n - 1) - 2P_{\text{L}} - P_{\text{H}} = 3 \times (6 - 1) - 2 \times 7 = 1$$

F 与机构原动件数相等，当原动件 1 转动时，滑块 6 沿机架往复运动。

2. 局部自由度

如图 2-17a 所示的滚子直动从动件盘形凸轮机构中，滚子 3 和从动件 2 在 C 点组成转动副，忽略摩擦时，滚子 3 绕 C 处是否转动或转动快慢，都不影响从动件 2 的运动。**这种与其他构件运动无关的自由度，称为局部自由度**，机构运动简图中，可以画出 C 点的转动副，也可以将从动件 2 和滚子 3 画为一个构件，如图 2-17b 所示。计算自由度时，则必须**排除局部自由度（转动副 C）**，即将滚子 3 和从动件 2 在 C 点（转动副中心）焊接，从动件 2 和滚子 3 变成一个构件（C 点的转动副不再存在），进而排除产生局部自由度的转动副。

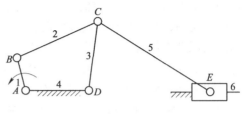

惯性筛机构

图 2-16　惯性筛的执行机构简图

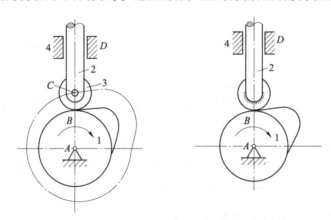

a) 滚子直动从动件盘形凸轮机构　　b) 去掉局部自由度的滚子
　　　　　　　　　　　　　　　　　直动从动件盘形凸轮机构

图 2-17　滚子直动从动件盘形凸轮机构
1—凸轮　2—从动件　3—滚子　4—机架

去掉局部自由度的滚子直动从动件盘形凸轮机构中，$n=3$，$P_L=2$，$P_H=1$，如图 2-17b 所示。由式（2-4）得

$$F = 3(n-1) - 2P_L - P_H = 3 \times (3-1) - 2 \times 2 - 1 = 1$$

局部自由度虽然不影响机构的运动，但滚子可使高副接触处的滑动摩擦变成滚动摩擦，减少磨损，因此工程中常常设置局部自由度将滑动摩擦变成滚动摩擦，如链式刮泥机中的从动轮组。

3. 虚约束

在运动副引入的约束中，有些约束对机构自由度的影响是重复的，**这种对机构不起限制作用的重复约束称为虚约束或冗余约束**，在绘制机构运动简图中常需要画出构成虚约束的运动副，而在计算机构自由度时则应当将其去除。平面机构中的虚约束种类较多，常出现在下列场合。

1）两构件之间组成多个平行的移动副时，各移动副作用相同，只计算一个，其余为虚

约束。如图 2-18 中活动构件与机架之间组成两个平行的移动副，只计入一个移动副，另一个视为虚约束。

2）两个构件之间组成多个轴线重合的转动副时，各转动副作用相同，只计算一个，其余都是虚约束。 如图 2-19 所示，四缸活塞式空气压缩机的曲轴 1 由三个轴承支持，且三个支承同轴，此时三个约束重复只看作一个转动副。此类虚约束广泛应用于轴类零件的支承定位中，常用的轴系结构，特别是长轴的定位，一般都有不少于 2 个的支承。如图 2-20 所示的转碟式表面曝气机的轴，两端都有轴承支承，计算自由度时只计算一个转动副。

图 2-18　两构件间形成两个相互平行的移动副　　　　图 2-19　曲轴机构运动简图

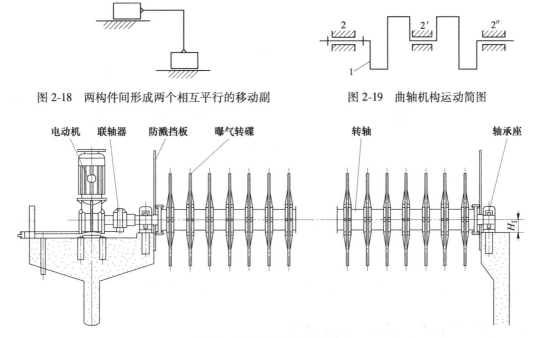

图 2-20　转碟式表面曝气机的轴

3）机构中传递运动重复作用的对称部分，计算自由度时只保留起独立作用的构件。 例如，图 2-21a 所示的行星轮系中，对称布置的三个行星轮中只有一个行星齿轮对传递运动起

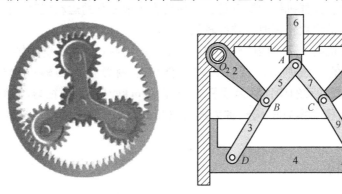

a) 对称布置的行星轮机构　　　　　b) 对称推动机构

图 2-21　对称机构中的虚约束

19

独立作用。图 2-21b 中，构件 2、3、5 和构件 7、8、9 组成完全对称的推动机构，仅有一侧起到独立传递运动的作用。

还有一些类型的虚约束需要通过复杂的数学证明才能判别，这里不一一列举。虚约束对运动虽不起作用，但可以增加构件的刚性、增大机构的承载能力或使构件受力均衡，因此机械设计中常常需要用到虚约束。构成虚约束的构件间必须满足某些特殊的几何条件，当这些特殊条件被破坏或加工精度及装配精度不能满足某些特殊条件时，虚约束将转变为实约束。

【例 2-4】 计算图 2-22a 所示运动筛执行机构的自由度。

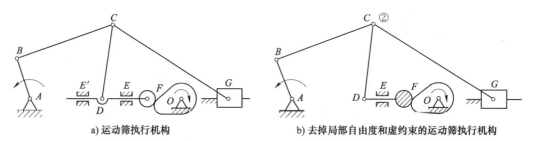

a) 运动筛执行机构　　　　　　　　　　b) 去掉局部自由度和虚约束的运动筛执行机构

图 2-22　运动筛执行机构

解：机构中转动副 F 处滚子的转动为局部自由度；顶杆与机架间在 E 和 E' 处组成 2 个共线的移动副，只计入一个；C 处为复合铰链。F 处在滚子的中心将滚子与顶杆焊成一体，去掉移动副 E'，在 C 点注明转动副个数，如图 2-22b 所示。则，$n = 8$，$P_L = 9$（7 个转动副，2 个移动副），$P_H = 1$，根据式（2-4）得

$$F = 3(n - 1) - 2P_L - P_H = 3 \times (8 - 1) - 2 \times 9 - 1 = 2$$

机构自由度等于 2，机构中具有两个原动件，自由度和原动件数相等。

2.3　平面连杆机构的特点及应用

平面连杆机构是由若干个刚性构件通过低副（转动副、移动副）连接而成的，又称平面低副机构。由于低副为面接触，具有压强小、磨损轻、易于加工等优点，因此广泛用于各种动设备和仪器设备中。连杆机构的缺点是：不易精确实现复杂的运动规律，且设计过程较为复杂；当构件数和运动副数较多时，效率较低。

最简单的闭链连杆机构——平面四杆机构由 3 个活动构件和 4 个铰链连接而成，应用广泛，而且是多杆机构的组成基础。**四杆机构中能绕定轴做整周回转的构件称为曲柄（crank），绕定轴做往复摆动的构件称为摆杆或摇杆（rocker），只做往复移动的构件称为滑块（slider），连接曲柄和摇杆的构件称为连杆（linkage），与机架相连接的构件称为连架杆。**

2.3.1　曲柄摇杆机构

图 2-23 中构件 4 为机架，构件 1、3 为连架杆，构件 2 为连杆，满足这样特征的机构称为铰链四杆机构（hinged four-bar mechanism）。铰链四杆机构的各转动副中，如果组成转动副的两构件能相对做整周转动，则称为周转副或整转副；反之，不能做相对整周转动者称为

摆转副。对于连架杆而言，能做整周回转者为曲柄，只能在一定范围内摆动者称为摇杆。根据两连架杆是曲柄或摇杆的不同，铰链四杆机构可分为三种基本形式：曲柄摇杆机构、双曲柄机构和双摇杆机构。当曲柄较短时，也可以采用如图 2-24 所示的偏心轮四杆机构，杆 1 为圆盘，转动中心 A 和几何中心 B 间的偏心距 e 即为曲柄 AB。

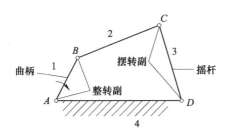

图 2-23　铰链四杆机构

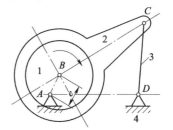

图 2-24　偏心轮四杆机构

铰链四杆机构是否具有整转副，取决于各杆的相对长度。如图 2-25 所示的曲柄摇杆机构，杆 1 为曲柄，杆 2 为连杆，杆 3 为摇杆，杆 4 为机架，各杆长度用 l_1、l_2、l_3、l_4 表示。则杆 1 与杆 4 的夹角 φ 变化范围为 $0° \sim 360°$，A 为整转副。为实现曲柄整周回转，杆 1 必须顺利通过与连杆共线的两个位置 AB' 和 AB''，此时摇杆处于左、右极限位置，因此杆 1 与杆 2 的夹角 β 的变化范围也是 $0° \sim 360°$，则 B 也为整转副。摇杆 3 与相邻杆 2、4 的夹角 ψ、γ 变化范围小于 $360°$，因此 C、D 为摆转副。

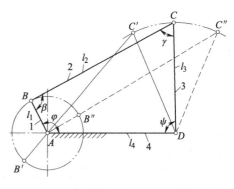

图 2-25　铰链四杆机构通过极限位置的形态

当杆 1 处于 AB' 位置时，形成 $\triangle AC'D$。根据三角形任意两边之和必大于（极限情况下等于）第三边的定理可得

$$l_4 \leqslant (l_2 - l_1) + l_3$$
$$l_3 \leqslant (l_2 - l_1) + l_4$$

整理得

$$l_1 + l_4 \leqslant l_2 + l_3 \tag{2-5}$$
$$l_1 + l_3 \leqslant l_2 + l_4 \tag{2-6}$$

当杆 1 处于 AB'' 位置时，形成 $\triangle AC''D$。可写出以下关系式：

$$l_1 + l_2 \leqslant l_3 + l_4 \tag{2-7}$$

将式（2-5）、式（2-6）、式（2-7）两两相加可得

$$l_1 \leqslant l_2, l_1 \leqslant l_3, l_1 \leqslant l_4$$

因此铰链四杆机构有整转副的条件是最短杆与最长杆长度之和小于或等于其余两杆长度之和，且整转副由最短杆与其相邻杆组成。

曲柄是连架杆，整转副处于机架上才能形成曲柄，因此具有整转副的铰链四杆机构是否存在曲柄，还应根据最短杆与机架的关系来判断。若最短杆与最长杆长度之和大于其余两杆长度之和，机构无法形成整转副，两连架杆均为摇杆，这种铰链四杆机构称为双摇杆机构。

图 2-26a 所示的非平行四边形铰链四杆机构，若存在整转副，且最短杆为连架杆，则连架杆 1（最短杆）为曲柄，连架杆 3 为摇杆，此铰链四杆机构称为曲柄摇杆机构。其中 A、B 为整转副，C、D 为摆转副，通常曲柄为原动件，并做匀速转动；摇杆为输出件，做变速往复摆动。第 1 章中图 1-1 所示摆臂式格栅除污机的执行机构为曲柄摇杆机构，其输出件为连杆，当减速器带动曲柄做匀速转动时，连杆做平面运动，根据清污要求首先确定清污耙的运动轨迹，进而可以完成该曲柄摇杆机构中所有构件的工艺尺寸设计。

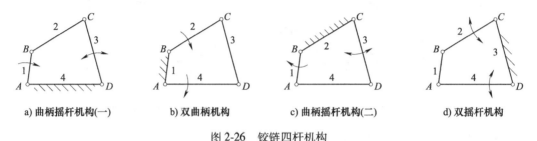

a) 曲柄摇杆机构(一)　　b) 双曲柄机构　　c) 曲柄摇杆机构(二)　　d) 双摇杆机构

图 2-26　铰链四杆机构

2.3.2　双曲柄机构

图 2-26b 所示的非平行四边形铰链四杆机构，若存在整转副，且最短杆 1 为机架，则两连架杆 2、4 均为曲柄，此铰链四杆机构称为双曲柄机构，其中 C、D 可以是整转副，也可以是摆转副。

双曲柄机构中应用最多的是平行四边形机构，或称平行双曲柄机构，机构运动简图如图 2-27a 所示的 AB_1C_1D。机构四个边由平行四边形组成，四个转动副均为整转副。当杆 1 等角速转动时，杆 3 以相等的角速度转动，连杆 2 则做平移运动。当机构运转到图 2-27a 所示的 AB_2C_2D 位置时，四个铰链共线，曲柄 1 由 AB_2 转到 AB_3 过程中，从动曲柄 3 可能转到 DC_3' 也可能转到 DC_3''，这种现象称为平行四边形机构的不确定性。为消除平行四边形机构的运动不确定性，可以在主、从动曲柄上错开一定角度再安装一组平行四边形机构，如图 2-27b 所示。当上一组平行四边形机构转到 $AB'C'D$ 共线位置时，下一组平行四边形机构 $AB_1'C_1'D$ 却处于正常位置，故机构仍然保持确定的运动。图 2-28 所示的步进式阶梯格栅除污机，做间歇式平移运动的动栅片就是平行四边形机构，机构中两个曲柄（两条短边）为同步的两个主动偏心轮，因此两曲柄均为原动件，通过同步驱动的方法避免运动的不确定性。

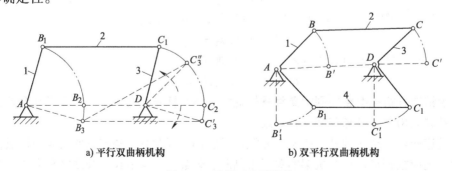

a) 平行双曲柄机构　　　　　　b) 双平行双曲柄机构

图 2-27　平行四边形机构

2.3.3　双摇杆机构

图 2-26d 所示的非平行四边形铰链四杆机构，若最短杆对边杆 3 为机架，由于 C、D 为摆转副，两连架杆 2、4 均为摇杆，此铰链四杆机构称为双摇杆机构，其中 A、B 可以是整转副，也可以是摆转副。

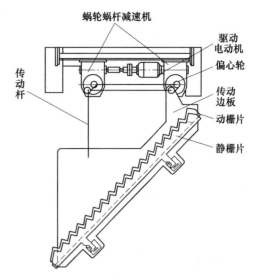

图 2-28　步进式阶梯格栅除污机执行机构示意图

以上通过变换机构机架派生出其他机构的方式，是机构的一种重要演化方式。虽然机构中任意两构件之间的相对运动关系不会因其中哪个构件是固定构件而发生改变，但变换机架后，连架杆随之变换，活动构件相对于机架的绝对运动发生了变化。例如，将图 2-26a 所示曲柄摇杆机构的机架由构件 4 改换为构件 1 时，则成为图 2-26b 的双曲柄机构；当构件 3 为机架时，成为双摇杆机构，如图 2-26d 所示；当取构件 2 为机架时，则仍为曲柄摇杆机构，如图 2-26c 所示。这种**通过更换机架而得到的新机构称为原机构的倒置机构，通过机构倒置得到新机构的方法是结构设计和创新的重要方法之一。**

2.3.4　含一个移动副的平面四杆机构

1. 曲柄滑块机构

如图 2-29 所示的四杆机构由 4 个构件通过 3 个转动副和 1 个移动副相连接而成，其中曲柄 1 作为输入构件，输出件 3 为滑块，滑块的直线运动轨迹称为作用线（line of action）；构件 2 为连杆，做一般平面运动。满足上述特征的机构称为曲柄滑块机构（crank slider mechanism）。图 2-29a 所示为对心（零偏置距）曲柄滑块机构，图 2-29b 所示为偏置（offset）曲柄滑块机构。曲柄滑块机构在环保设备中的应用也比较广泛，如螺旋传动滗水器和摆动式振动筛的执行机构。

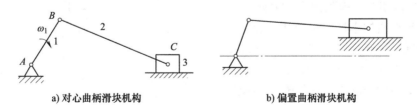

a) 对心曲柄滑块机构　　　　　　　　　b) 偏置曲柄滑块机构

图 2-29　曲柄滑块机构

图 2-30a 所示为往复运动振动式膜组件执行机构的运动简图，工作时曲柄匀速转动，安装在滑块上的膜组件以余弦加速度规律往复运动。在惯性和流体冲刷作用下，避免污染物附着在膜组件上而导致膜通量降低。图 2-30b 所示为螺杆传动旋转式滗水器执行机构的运动简图，工作时往复运行的滑块（螺母），通过连杆 AB 驱动曲柄 OB 在一定范围内摆动，也是曲柄滑块机构，只不过原动件是滑块。另外，工程实际中仅需要曲柄 OB 在一定角度范围内摆

动，并不需要做整周转动。但当仅分析该机构时，它是满足杆长条件的（$\overline{OB} \leqslant \overline{AB}$），因此仍需按照曲柄滑块机构看待。

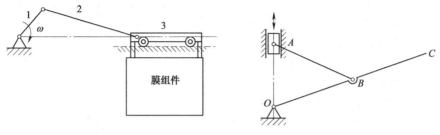

a) 振动式膜组件执行机构运动简图　　　　b) 螺杆传动旋转式滗水器执行机构运动简图

图 2-30　曲柄滑块机构的应用示列

当曲柄长度较小时，通常将曲柄设计为偏心轴或偏心轮的结构。当曲柄需安装在直轴两支承点中间时，偏心轴结构的曲柄还可避免连杆与曲柄的运动干涉。如图 2-31a 所示的偏心轴曲柄滑块机构，杆 1 为圆盘，其几何中心为 B，转动中心为 A，因其转动中心和几何中心不重合而被称为偏心轴或偏心轮，A、B 之间的距离 e 称为偏心距，也是曲柄的长度，机构的运动简图如图 2-31b 所示。

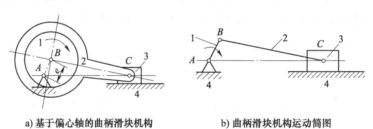

a) 基于偏心轴的曲柄滑块机构　　　　b) 曲柄滑块机构运动简图

图 2-31　具有偏心的四杆机构

2. 导杆机构

对曲柄滑块机构进行机构倒置，当杆 1（曲柄）为机架时，得到图 2-32a 所示的导杆机构。导杆机构中杆 4 为导杆，滑块 3 相对导杆滑动并一起绕 C 点转动，通常杆 2 为原动件。当 $l_1 < l_2$ 时（图 2-32a），两连架杆 2 和 4 均可相对于机架 1 整周转动，称为曲柄转动导杆机构或转动导杆机构；当 $l_1 > l_2$ 时（图 2-33），连架杆 4 往复摆动，称为曲柄摆动导杆机构或摆动导杆机构。

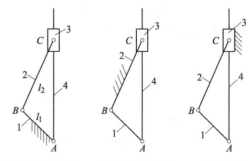

a) 曲柄转动导杆机构　b) 摆动滑块机构　c) 定块机构

图 2-32　曲柄滑块机构的演化

3. 摇块机构和定块机构

取曲柄滑块机构中的连杆（杆 2）为固定构件，得到图 2-32b 所示的摆动滑块机构（或称摇块机构）。在序批式活性污泥法污水处理工程配套使用的滗水和除污设备中，常利用该机构作为执行机构，如图 2-34 所示的电动推杆旋转式滗水器，当推杆在直线电动机推动下做直线运动时，执行构件便绕回转副中心 B 摆动，使安装在执行构件顶部的滗水堰升高或降低，实现滗水或抬起等动作。取曲柄滑块机构中的滑块 3 为固定构件，可得图 2-32c 所示固定滑块机构，或称定块机构。

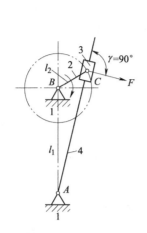
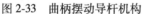

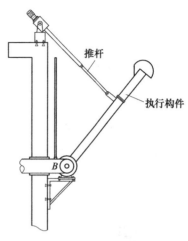

图 2-33　曲柄摆动导杆机构　　　　图 2-34　电动推杆旋转式滗水器

2.3.5　含两个移动副的四杆机构

含有两个移动副的四杆机构常称为双滑块机构。如图 2-35 所示的正切机构中，两个移动副不相邻，从动件 3 的位移正比于原动件转角 φ 的正切值。如图 2-36 所示的正弦机构中，两个移动副相邻，且一个移动副与机架相关联，从动件 3 的位移正比于原动件转角 φ 的正弦值。图 2-37a 所示为滑块联轴器的机构运动简图，其两个相邻移动副均不与机架相关联，主动件 1 与从动件 3 具有相等的角速度；图 2-37b 所示为滑块联轴器结构示意图。图 2-38 所示的椭圆仪，其两个移动副均与机架相关联，当滑块 1 和 3 沿机架的十字槽滑动时，连杆 2 上的各点便描绘出长、短轴不同的椭圆。

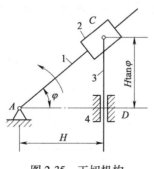

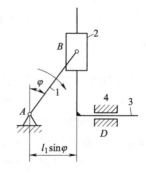

图 2-35　正切机构　　　　　　　图 2-36　正弦机构

2.3.6　四杆机构的扩展

除上述四杆机构外，生产中还用到许多类型的多杆机构。其中有些多杆机构可以看成是由若干个四杆机构组合扩展而成的。

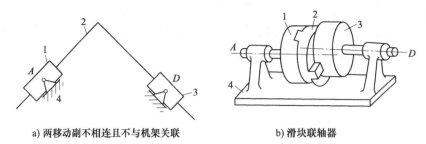

a) 两移动副不相连且不与机架关联   b) 滑块联轴器

图 2-37　滑块联轴器

如图 2-39 所示的筛料机执行机构的运动简图，这个六杆机构也可以看成由两个四杆机构组成。第一个是由原动曲柄 1、连杆 2、从动曲柄 3 和机架 6 组成的双曲柄机构，第二个是由曲柄 3（原动件）、连杆 4、滑块 5（筛子）和机架 6 组成的曲柄滑块机构。

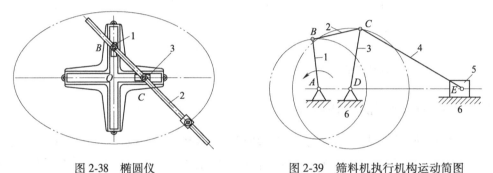

图 2-38　椭圆仪　　　　　　　图 2-39　筛料机执行机构运动简图

需要指出的是，多杆机构并不都是由若干四杆机构组成的。

2.4　平面四杆机构的基本特性

平面四杆机构的基本特性包括运动特性和传力特性两个方面，这些特性不仅反映了机构传递和变换运动与力的性能，也是选择四杆机构类型、进行机构设计的主要依据。

2.4.1　急回特性

如图 2-40 所示的曲柄摇杆机构，当原动件曲柄 AB 通过 AB_1 和 AB_2 时，铰链中心距离 AC_1 和 AC_2 分别为最短和最长，因此 C_1D 和 C_2D 必然为从动件摇杆的左、右极限位置。$\angle C_1DC_2$ 为摇杆摆动的最大角度，称为摇杆的摆角，用 ψ 表示；从动件在极限位置时，曲柄所在两个位置的夹角 $\angle C_1AC_2$ 称为极位夹角，用 "θ" 表示。

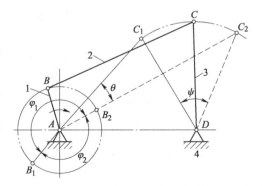

图 2-40　曲柄摇杆机构的极限位置

设曲柄以等角速度 ω 匀速转动，当其从位置 AB_1 顺时针转到位置 AB_2 时，转角 $\varphi_1 = 180° + \theta$，这时摇杆 CD 由左极限位置 C_1D 摆到右极限位置 C_2D，摆动时间 $t_1 = \varphi_1 / \omega$。当曲柄从位置

AB_2 返回位置 AB_1 时，顺时针转过的角度 $\varphi_2 = 180° - \theta$，摇杆由位置 C_2D 摆回到位置 C_1D，摆角仍为 ψ，摆回的时间 $t_2 = \varphi_2/\omega$。虽然摇杆来回摆动的摆角相同，但对应的曲柄转角不等（$\varphi_1 > \varphi_2$），时间也不等（$t_1 > t_2$），从而反映了摇杆往复摆动的快慢不同。显然 $\omega_1 < \omega_2$，将从动摆杆速度较慢的行程设为工作行程，则速度较快的行程为回程，这种空回行程速度大于工作行程速度的特性称为急回运动特性。往复式工作设备就可以利用急回运动特性来缩短非生产时间，进而提高生产效率。

急回运动特性可用行程速度变化系数（也称行程速比系数）K 表示，即

$$K = \frac{\omega_2}{\omega_1} = \frac{\dfrac{\psi}{t_2}}{\dfrac{\psi}{t_1}} = \frac{t_1}{t_2} = \frac{\varphi_1}{\varphi_2} = \frac{180° + \theta}{180° - \theta} \qquad (2\text{-}8)$$

因此机构具有急回特性时，$K > 1$。对式（2-8）进行整理得

$$\theta = 180° \frac{K - 1}{K + 1} \qquad (2\text{-}9)$$

式（2-9）表明机构的急回特性可用 $\theta = \angle C_1AC_2$ 角来表征，θ 越大，K 越大，急回特性越显著。具有急回运动特性的四杆机构除曲柄摇杆机构外，还有偏置曲柄滑块机构和摆动导杆机构等。

2.4.2　压力角和传动角

如图 2-41a 所示的曲柄摇杆机构，曲柄顺时针旋转，忽略各构件的质量和运动副中的摩擦，则连杆 2（BC）为二力杆，推动摇杆 3（CD）运动的力 F 来自连杆，因此 F 的方向与 BC 一致，如图 2-41 所示。**定义作用在输出构件上的驱动力 F 与该力作用点相对机架速度 v_C 间所夹锐角为压力角，用符号"α"表示。** F 在 v_C 方向的有效分力为 $F' = F\cos\alpha$，因此压力角越小，有效分力就越大，压力角可以用来评价机构传力性能。为了度量方便，将压力角 α 的余角 γ 定义为传动角，$\gamma = 90° - \alpha$。**α 越小，γ 越大，机构传力性能越好；反之，α 越大，γ 越小，机构传力性能越差，传动效率越低。**

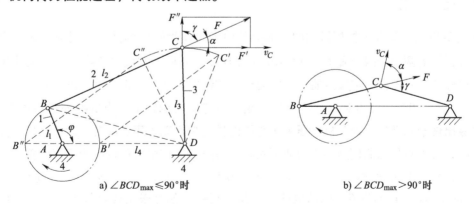

a) $\angle BCD_{max} \leqslant 90°$ 时　　　　　b) $\angle BCD_{max} > 90°$ 时

图 2-41　曲柄摇杆机构的压力角和传动角

为了保证机构正常工作，机械设计中必须限制最小传动角 γ_{min} 的下限。对于一般机械，通常取 $\gamma_{min} \geqslant 40°$；对于颚式破碎机、刮泥机等大功率机械，最小传动角应适当取大一些，

如 $\gamma_{min} \geqslant 50°$；对于小功率的控制机构和仪表，$\gamma_{min}$ 可略小于 $40°$。

如图 2-42 所示的摆动导杆机构，当曲柄 2 为原动件时，其压力角和传动角如图 2-42 所示，传动角始终等于 $90°$，具有很好的传力性能。

对曲柄摇杆机构出现最小传动角 γ_{min} 所在位置进行分析可知，最小传动角 γ_{min} 与 $\angle BCD$ 相关。由图 2-41a 中 $\triangle ABD$ 和 $\triangle BCD$ 可分别写出：

$$\overline{BD}^2 = l_1^2 + l_4^2 - 2l_1l_4\cos\varphi$$

$$\overline{BD}^2 = l_2^2 + l_3^2 - 2l_2l_3\cos\angle BCD$$

由此可得

$$\cos\angle BCD = \frac{l_2^2 + l_3^2 - l_1^2 - l_4^2 + 2l_1l_4\cos\varphi}{2l_2l_3} \qquad (2-10)$$

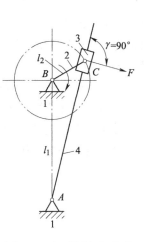

图 2-42　摆动导杆机构的
压力角和传动角

由式（2-10）可知，当 $\varphi=0°$ 时，得 $\angle BCD_{min}$；当 $\varphi=180°$ 时，得 $\angle BCD_{max}$。传动角通常用锐角表示。若 $\angle BCD$ 在锐角范围内变化，则如图 2-41a 所示，传动角 $\gamma = \angle BCD$，显然 $\angle BCD_{min}$ 即为传动角极小值，它出现在 $\varphi=0°$ 的位置。若 $\angle BCD$ 在钝角范围内变化，如图 2-41b 所示，其传动角 $\gamma = 180° - \angle BCD$，显然 $\angle BCD_{max}$ 对应传动角的另一极小值，出现在曲柄转角 $\varphi=180°$ 的位置。综上所述可知，**曲柄摇杆机构的最小传动角必出现在曲柄与机架共线（$\varphi=0°$ 或 $\varphi=180°$ 时）的位置。**校核压力角时只需将 $\varphi=0°$ 和 $\varphi=180°$ 代入式（2-10）求出 $\angle BCD_{min}$ 和 $\angle BCD_{max}$，则传动角的极值

$$\gamma = \begin{cases} \cos\angle BCD & (\cos\angle BCD \text{ 为锐角时}) \\ 180° - \cos\angle BCD & (\cos\angle BCD \text{ 为钝角时}) \end{cases} \qquad (2-11)$$

根据式（2-11）求出两个 γ，其中较小的一个即为该机构的 γ_{min}。

2.4.3　死点位置

在图 2-40 所示的曲柄摇杆机构中，如果将曲柄 1 作为输出构件，而把摇杆 3 作为输入构件，在摇杆的两个极限位置 C_1D 和 C_2D 时连杆 2 与曲柄 1 共线。忽略各构件的质量，当摇杆在极限位置时连杆 2 传递给曲柄 1 的力经过铰链中心 A，力的方向和速度方向垂直，压力角 $\alpha=90°(\gamma=0°)$，此力对点 A 不产生力矩，不能使曲柄转动。**当机构的传动角为零时，从动件会出现卡死现象，因此机构压力角为零的位置被定义为死点位置。**为消除死点位置的不良影响，可以对从动曲柄施加外力或利用构件自身惯性作用通过机构的死点位置。

死点位置对传动虽然不利，但是对某些装置却可用于防松。如图 2-43 所示，美国 Vulcan Industries 公司的粗格栅除污机的耙齿执行机构，就是采用死点位置来防止耙齿清污时反向运动的。当杆 3（耙齿）被压紧在格栅上时，杆 BC 与耙齿垂直，耙齿受到污物的反作用力 F 无论多大，也不能使杆 3 绕 A 点转动，保证耙齿工作的可靠性。耙齿向下运行时，只需驱动杆 1 沿滑动副斜向上运动，即可使耙齿抬起。

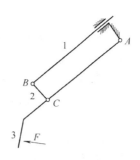

a) 粗格栅除污机实物图　　　　　　b) 耙齿执行机构运动简图

图 2-43　美国 Vulcan Industries 公司的粗格栅除污机及其耙齿执行机构

2.5　其他常用平面机构的特点及应用

2.5.1　凸轮机构

　　如图 2-44 所示,凸轮机构是采用具有一定曲线轮廓的凸轮,通过高副带动从动件按照特定规律运动的机构。最基本的凸轮机构是由凸轮(cam)、从动件(follower)和机架(frame)组成的三构件高副机构。凸轮机构可以通过凸轮轮廓(cam profile)设计,使从动件获得预期的任意复杂运动规律,从而满足给定的工作要求。工作时,凸轮为原动件,除平板凸轮原动件的运动为移动的外,大部分凸轮原动件的运动为定轴旋转运动,从动件的运动规律可以是如图 2-44a、b 所示在竖直方向的往复移动,也可以是如图 2-44c 所示在水平方向上的往复移动,或如图 2-44d 所示的绕定轴摆动。

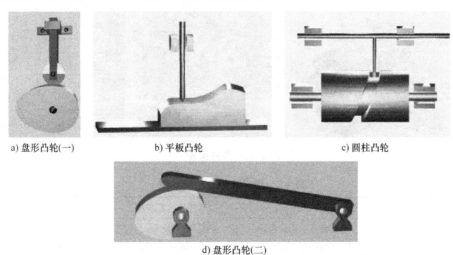

a) 盘形凸轮(一)　　　　b) 平板凸轮　　　　c) 圆柱凸轮

d) 盘形凸轮(二)

图 2-44　凸轮机构

　　凸轮机构的优点是构件数较少,结构简单,并且可以通过改变凸轮的轮廓线调整从动件的运动规律;缺点是凸轮与从动件之间为高副接触,在接触处会产生较大的摩擦和磨损。不同类型凸轮机构的摩擦种类及应用如下:

　　1)尖顶从动件凸轮机构——接触处为滑动摩擦,会产生严重的磨损,故实用中极少采用。

2）滚子从动件凸轮机构——接触处为滚动摩擦，从而使摩擦磨损大为降低，实际应用较广。

3）平底从动件凸轮机构——虽然接触处仍然为滑动摩擦，但由于在接触处容易形成油膜，且接触处的作用力（不计摩擦力时）始终垂直于平底，传动平稳，应用也较广泛。

虽然受结构特征的影响，凸轮机构的应用受到一定限制，但仍然被广泛应用于各种机械中，特别是自动机械及自动生产线中的机械控制。当然，凸轮机构在环保设备中也有应用。图2-45所示袋式除尘器的打袋机构，工作时凸轮1匀速转动，摆杆2在凸轮轮廓控制下带动振子3做特定加速度运动，进而使滤袋5有规律地振动。含尘气体自进口6进入滤袋5，由于滤料的阻留，粉尘被捕捉在滤袋的内表面上，净化后的气体从出口4排出，沉积在滤袋上的粉尘在振动作用下自滤料表面脱落，落入灰斗中，然后被定期从排尘口7清理出。

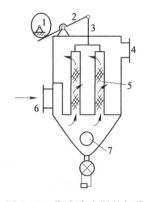

图2-45　袋式除尘器的打袋
执行机构运动简图
1—凸轮　2—摆杆　3—振子
4—出口　5—滤袋
6—进口　7—排尘口

2.5.2　齿轮机构与轮系

齿轮机构通过轮齿的啮合实现传动，传动精度高、工作可靠、效率高、寿命较长，绝大多数的减速设备都采用齿轮机构进行减速传动。齿轮机构要求制造和安装精度较高，远距离传动造价高、重量大。根据两个相互啮合传动齿轮机构的轴线相对位置及齿轮几何形状，可以将齿轮机构分为平行轴齿轮传动、交错轴齿轮传动和相交轴齿轮传动等几种，如图2-46和表2-2所示。

图2-46　各种齿轮

表2-2　常见齿轮机构的类型

	平面齿轮机构		
传递平行轴运动	外啮合直齿圆柱齿轮 （external straight gear）	内啮合直齿圆柱齿轮 （internal straight gear）	斜齿圆柱齿轮 （helical gear）
	齿轮齿条机构（pinion and rack）		人字齿轮机构（herringbone gear）
	空间齿轮机构		
传递相交轴运动	直齿锥齿轮机构 （bevel gears）	斜齿锥齿轮机构 （spiral bevel gears）	曲齿锥齿轮机构 （hypoid gears）
传递交叉轴运动	圆弧齿锥齿轮机构 （crossed helical gear）	蜗轮蜗杆机构 （worm and wheel gears）	

2.5.3　螺旋机构

螺旋机构是利用螺旋副来传递运动和动力的机构，如图 2-47 所示，除螺旋副外还有转动副和移动副。最简单的三构件螺旋机构由螺杆、螺母和机架组成，是人类最早发明的简单机械之一。在古代，螺纹被用来固定铠甲、提升物体、压榨油料和酒制品等。根据螺杆和螺母的相对运动关系，螺旋传动有 4 种不同的形式。

1. 螺母与机架固定连接，螺杆旋转并做直线运动

如图 2-48 所示，螺母固定在机架上，因此只有机架（构件 1）和螺杆（构件 2）两个构件。当螺旋副旋向为右旋，螺杆转速 n_2 按图示方向转动时，螺杆线速度 v_2 方向向右；螺杆向上转动时，螺杆线速度方向向左。当螺杆为左旋时，转动方向相同，则线速度 v_2 方向相反。转速 n_2 与线速度 v_2 之间的关系为

$$v_2 = n_2 P_\mathrm{h} \tag{2-12}$$

式中，P_h 为螺杆的导程。

图 2-47　螺旋机构

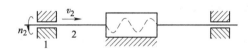

图 2-48　螺母固定的螺杆转动机构运动简图

2. 螺杆与机架固定连接，螺母转动并做直线运动

如图 2-49 所示，螺杆固定在机架上组成构件 1，螺母为活动构件 2，其转动并做直线运动。当螺旋副旋向为右旋，螺母以 n_2 按图示方向转动时，螺母线速度 v_2 方向向右；螺母反向转动时，螺杆线速度方向向左，转速与线速度之间的关系式仍可参照式（2-12）。

3. 螺杆转动、螺母移动

如图 2-50 所示机架为构件 1，此时螺杆为转动的活动构件 2，螺母为移动的活动构件 3。当螺旋副旋向为右旋，螺杆以 n_2 按图示方向转动时，螺母线速度 v_3 方向向左，线速度仍可参照式（2-12）计算。

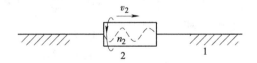

图 2-49　螺杆固定，螺母转动并直线
运动的机构运动简图

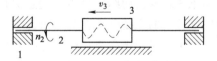

图 2-50　螺杆转动、螺母移动
的机构运动简图

4. 螺母转动、螺杆移动

如图 2-51 所示，机架为构件 1，螺杆为移动活动构件 2，螺母为转动活动构件 3。当螺旋副旋向为右旋，螺母以 n_3 按图示方向转动时，螺杆线速度 v_2 方向向左，线速度仍可参照式（2-12）计算。

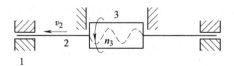

图 2-51　螺母转动、螺杆移动的
机构运动简图

螺旋机构结构简单、工作平稳可靠、传动精度高、传动比大，且容易实现自锁，因而被广泛应用于各种机械设备上，如仪器仪表、工装夹具、测量工具、环保设备等。图 2-52 所示的螺杆传动肘节式滗水器，当需要排水时，控制元件给出信号，指令螺旋机构工作，螺母旋转，螺杆匀速下降，使集水堰槽（滗水器本体）按设定速度下移，完成均量滗水。当滗水结束后，可由液位控制仪给出最低极限信号，电动机反转，牵引集水堰槽上移，回到顶部位置，等待下一个循环。

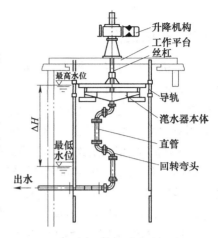

图 2-52　螺杆传动肘节式滗水器

事实上，以上所介绍的一些常用机构，都仅是机构族群中最基本或最典型的一小部分。根据各种不同的工作要求，多种多样的其他类型机构还被应用于众多机器中。此外，机构的创新永无止境，对机械设备功能的新要求总是呼唤并推动着新机构的出现。

2.5.4　间歇运动机构

在工业机械中，常常需要某些具有周期性的运动和停歇机构，能够完成这种运动和停歇交错出现的机构统称为间歇运动机构。典型的间歇运动机构包括棘轮机构、槽轮机构等。

1. 棘轮机构

如图 2-53 所示，典型的棘轮机构主要由摆杆（摇杆）、主动棘爪（pawl）、棘轮（ratchet）、止动棘爪、机架和弹簧等组成。弹簧作为缓冲附件，用来保证主动棘爪、止动棘爪与棘轮保持接触。摆杆为原动件，棘轮为输出构件。当摆杆顺时针摆动时，铰链在杆上的主动棘爪插入棘轮的齿内，推动棘轮转过一定角度。当摇杆逆时针摆动时，主动棘爪在棘轮的齿上滑过，在止动棘爪作用下棘轮保持静止。当摆杆做连续往复摆动时，主动棘爪重复以上动作，棘轮便做单向的间歇转动。

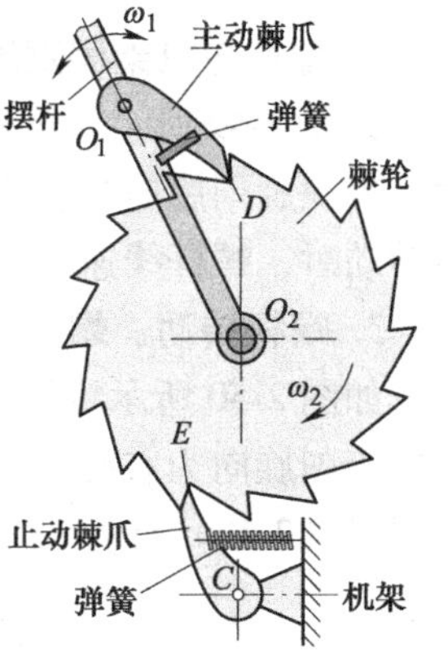

齿爪式棘轮机构结构简单、制造方便、运动可靠，然而由于回程时摆杆上的主动棘爪在棘轮齿面上滑行会引起噪声和齿尖磨损，因此不宜应用于高速和高运动精度的场合。

图 2-53　齿爪式棘轮机构的基本组成

棘轮机构所具有的单向间歇运动特性，在实际应用中可满足如送进、制动、分度、超越离合和转位等工艺要求。如自行车后轮就是采用超越式棘轮机构，向前骑行时棘爪带动棘轮转动，滑行过程中主动链轮可以停歇或反向旋转，且不影响自行车的正常前行。这个过程通过超越棘轮实现单方向的间歇运动，转换成自行车单方向间歇驱动，其结构如图 2-54 所示。

2. 槽轮机构（geneva mechanism）

槽轮机构也是常见的间歇运动机构，其机构运动简图如图 2-55 所示，主要由带若干直线沟槽的槽轮（geneva wheel）和带有圆柱销的拨盘及机架组成。拨盘为主动件，一般做等速运动；槽轮为从动件，做单向间歇转动。当圆柱销进入径向槽时，槽轮转动；当圆柱销退出径向槽时，槽轮静止不动。

槽轮机构具有结构简单、制造容易、工作可靠和机械效率较高等优点。但是槽轮机构在工作时有冲击，且冲击随着转速的增加及槽数的减少而加剧，故不宜用于高速场合，一般用于转速不是很高的自动机械、轻工业机械和仪器仪表中。槽轮机构常与其他机构组合，在自动生产线中作为工件传送或转位机构，如图 2-56 所示的冰淇淋灌装机的转位机构就是典型的槽轮机构。

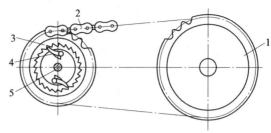

图 2-54　自行车后轮的超越式棘轮机构
1—大链轮　2—链条　3—小链轮　4—棘爪　5—后轮轴

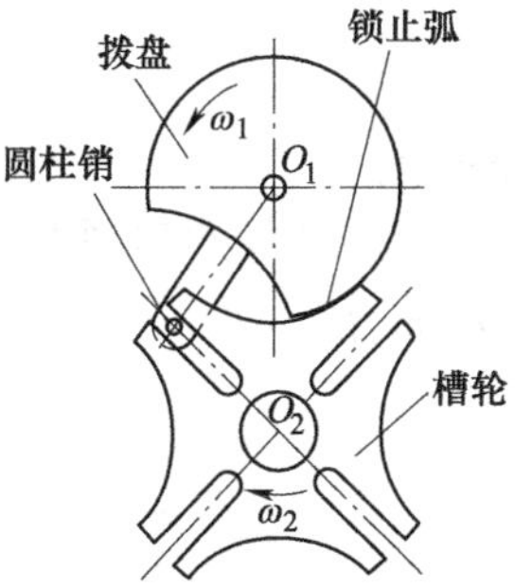

图 2-55　槽轮机构的组成

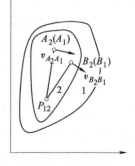

图 2-56　灌装机的转位机构

常用的间歇运动机构还有不完全齿轮机构、凸轮机构和星轮机构等，这里不再细述。

2.6　平面机构的运动学分析

2.6.1　平面机构的速度瞬心分析

1. 直接接触构件的速度瞬心

如图 2-57 所示，两个做相对平面运动的刚体，在任一瞬时，两者的相对运动可看作是绕某一重合点的相对转动，该重合点称为**速度瞬心**或**瞬时回转中心**，简称**瞬心**。由定义可知，**瞬心是两刚体上绝对速度相同的点**（简称同速点）。如果两个刚体都处于运动状态，其瞬心称为相对瞬心；如果有一个刚体为机架（处于静止状态），其瞬心称为绝对瞬心，绝对瞬心是运动刚体的瞬时转动中心。

发生相对运动的任意两构件间都有一个瞬心，如果机构由 K 个构件组成，则瞬心数

$$N = \frac{K(K-1)}{2} \tag{2-13}$$

图 2-57　速度瞬心

当两刚体的相对运动已知时，其瞬心位置可以根据瞬心的定义求出。如在图 2-57 中，设已知重合点 A_2 和 A_1 的相对速度 $\boldsymbol{v}_{A_2A_1}$ 的方向以及 B_2 和 B_1 的相对速度 $\boldsymbol{v}_{B_2B_1}$ 的方向，则两速

度矢量垂线的交点便是构件 1 和构件 2 的瞬心 P_{12}。两构件间通过运动副连接时，可以根据运动副特点确定瞬心：①由转动副连接的两构件，其瞬心为转动副中心，如图 2-58a 所示；②移动副连接的两构件，其相对速度平行于移动方向，所以瞬心位于垂直于导路的无穷远处，如图 2-58b 所示；③两构件组成如图 2-58c 所示的纯滚动高副时，瞬心在接触点；④两构件组成如图 2-58c 所示的滑动兼滚动高副时，瞬心在过接触点的公法线上，具体位置还要根据其他条件才能确定。

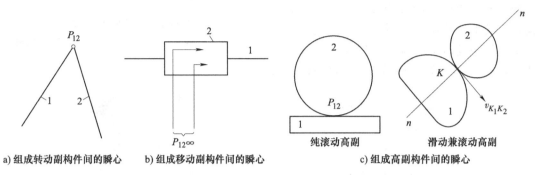

a) 组成转动副构件间的瞬心 b) 组成移动副构件间的瞬心 c) 组成高副构件间的瞬心

图 2-58 两个直接接触的构件间瞬心位置

2. 三心定理

三心定理：做平面运动的三个构件有三个瞬心，这三个瞬心位于同一直线上。

证明如下：如图 2-59 所示，按式（2-13），构件 1、2、3 共有三个瞬心。设构件 1 为固定构件，则 P_{12} 和 P_{13} 分别为构件 1、2 和构件 1、3 的绝对瞬心。假设 P_{23} 不在直线 $P_{12}P_{13}$ 上，而在任一位置 C

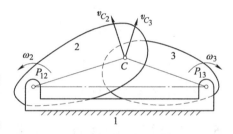

图 2-59 三心定理证明示意图

点，根据瞬心的定义知道，C 点上分别属于构件 2 和构件 3 的 C_2 和 C_3 的绝对速度 v_{C_2} 和 v_{C_3} 相等，P_{12} 和 P_{13} 为构件 2、3 的绝对瞬心，则 v_{C_2} 和 v_{C_3} 垂直于 CP_{12} 和 CP_{13}，显然只有当 C 点位于 $P_{12}P_{13}$ 线上时，重合点速度 v_{C_2} 和 v_{C_3} 的方向才可能一致，所以瞬心 P_{23} 必在 P_{12} 和 P_{13} 的连线上。

3. 辅助多边形或圆

求图 2-60a 所示曲柄滑块机构的速度瞬心，该机构由 4 个构件组成，有 6 个瞬心，瞬心 P_{12}、P_{23}、P_{34} 在各自的转动副中心，瞬心 P_{14} 在垂直导路方向无穷远处，如图 2-60b 所示。不直接接触构件间瞬心可以用三心定理进行寻找，寻找过程如下：先画一个圆，并根据构件数将圆等分，每个等分点代表一个构件，分别用与构件相同的标号 1、2、3 等数字标出。对任意两点进行连线，所得直线代表两个端点的瞬心。四构件机构则将圆 4 等分，顺序连接 4 个等分点组成如图 2-61 所示的四边形，连接四边形的对角线，可以得到两个三角形。每个三角形的顶点正好对应三心定理的 3 个构件，三角形的 3 个边对应 3 个瞬心，且这三个瞬心在一条直线上。求瞬心 P_{13} 时，可以分别通过找瞬心 P_{14} 和 P_{34} 的连线（三角形 134）以及瞬心 P_{12} 和 P_{23} 的连线（三角形 132），P_{13} 同时属于两条直线，即为两直线的交点。同样的方法可以求出瞬心 P_{24}。曲柄滑块机构所有瞬心如图 2-60c 所示。

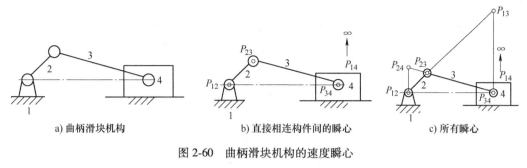

a) 曲柄滑块机构   b) 直接相连构件间的瞬心   c) 所有瞬心

图 2-60 曲柄滑块机构的速度瞬心

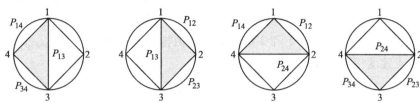

图 2-61 机构瞬心的辅助多边形

【例 2-5】 求图 2-62 所示铰链四杆机构的瞬心。

解： 该机构瞬心数 $N = 4 \times (4 - 1)/2 = 6$。转动副中心 A、B、C、D 各为瞬心 P_{12}、P_{23}、P_{34}、P_{14}。根据图 2-61 所示的辅助多边形和三心定理可知，P_{13}、P_{12}、P_{23} 三个瞬心位于同一直线上（三角形 132），P_{13}、P_{14}、P_{34} 位于同一直线上（三角形 134），因此 $P_{12}P_{23}$ 和 $P_{14}P_{34}$ 两直线的交点就是瞬心 P_{13}。

同理，直线 $P_{14}P_{12}$（三角形 142）和直线 $P_{34}P_{23}$（三角形 143）的交点就是瞬心 P_{24}。因构件 1 是机架，所以 P_{12}、P_{13}、P_{14} 是绝对瞬心，而 P_{23}、P_{34}、P_{24} 是相对瞬心。

4. 利用瞬心进行机构的运动分析

如图 2-62 所示，P_{24} 是构件 4 和构件 2 的瞬心，因此 P_{24} 为构件 4 和构件 2 上绝对速度相等的重合点，即在点 P_{24} 处有：$v_2 = v_4 = v_{P_{24}}$。

由于 P_{14} 是构件 4 的绝对瞬心，P_{14} 为构件 4 的转动中心，所以构件 4 上 P_{24} 点的绝对速度

$$v_{P_{24}} = \omega_4 l_{P_{24}P_{14}}$$

构件 2 的绝对瞬心为 P_{12}，因此，构件 2 上 P_{24} 点的绝对速度

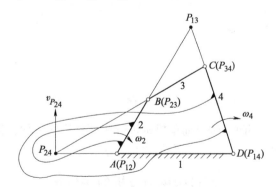

图 2-62 铰链四杆机构的瞬心

故有

$$v_{P_{24}} = \omega_2 l_{P_{24}P_{12}}$$
$$\omega_2 l_{P_{24}P_{12}} = \omega_4 l_{P_{24}P_{14}}$$
$$\frac{\omega_2}{\omega_4} = \frac{l_{P_{24}P_{14}}}{l_{P_{24}P_{12}}} = \frac{\overline{P_{24}P_{14}}}{\overline{P_{24}P_{12}}} \tag{2-14}$$

若 P_{24} 在 P_{14} 和 P_{12} 的同一侧，如图 2-62 所示，则 ω_2 和 ω_4 方向相同；若 P_{24} 在 P_{12} 和 P_{14}

之间，则 ω_2 和 ω_4 方向相反。

如图 2-63 所示，回转中心 A 和 B 是绝对瞬心 P_{13} 和 P_{23}。相对瞬心 P_{12} 应在过接触点的公法线上，又应位于 P_{13} 和 P_{23} 的连线上，因此两直线的交点就是 P_{12}。P_{12} 是构件 1 和 2 的等速点，即

$$v_{P_{12}} = \omega_1 l_{P_{12}P_{13}} = \omega_2 l_{P_{12}P_{23}} \qquad (2\text{-}15)$$

$$\frac{\omega_1}{\omega_2} = \frac{l_{P_{12}P_{23}}}{l_{P_{12}P_{13}}} = \frac{\overline{P_{12}P_{23}}}{\overline{P_{12}P_{13}}} \qquad (2\text{-}16)$$

式（2-16）可以用于分析高副机构运动特性。如图 2-64 所示，P_{13} 位于凸轮的回转中心，P_{23} 在垂直于从动件导路的无穷远处。过 P_{13} 作导路的垂线代表 P_{13} 和 P_{23} 的连线，它与法线 n—n 的交点就是 P_{12}。P_{12} 是构件 1 和 2 的等速点。由构件 1 可得，$v_{P_{12}} = \omega_1 l_{P_{12}P_{13}}$；构件 2 为平动构件，各点速度相同，故

$$v_2 = v_{P_{12}} = \omega_1 l_{P_{12}P_{13}}$$

$$l_{P_{12}P_{13}} = \frac{v_2}{\omega_1} \qquad (2\text{-}17)$$

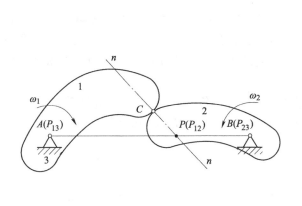

图 2-63　齿轮机构或摆动凸轮机构的瞬心

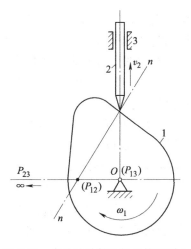

图 2-64　直动从动件凸轮机构的瞬心

用瞬心法对简单机构进行速度分析很方便，但是当构件数量较多时瞬心数目太多，求解费时，且作图时常有某些瞬心落在图纸之外。

2.6.2　平面机构运动分析的解析法

使用解析法进行平面机构的运动分析，旨在建立和求解机构中某构件或某点的位置、速度和加速度方程，其方程一般为非线性方程，建立和求解方法不同，则解析方法也有所差异。一般常用的方法有封闭矢量多边形法（也称矢量法、复数法等）、基本杆组法和几何约束法等，这里仅对封闭矢量多边形法进行介绍。

将机构中每个构件都看成一个矢量，对于绝大多数为封闭式运动链的机构而言，机构在运动过程中可简化为一个或多个封闭的矢量多边形，由此建立矢量封闭的约束方程，并求解。平面多杆机构的封闭矢量多边形如图 2-65 所示。

如图 2-66 所示的铰链四杆机构，已知各构件的尺寸以及主动件 1 的角速度 ω_1 和角加速度 α_1，试分析构件 2、3 的角位移、角速度、角加速度，以及连杆 2 上任意一点 P 的位移、速度和加速度。取 l_4 正方向为 x 轴，设定构件 1 和 x 轴的夹角为 φ，建立如图 2-66 所示的坐标系 Axy。

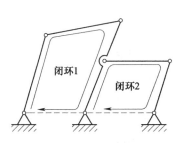

图 2-65　平面多杆机构的封闭矢量多边形示意图

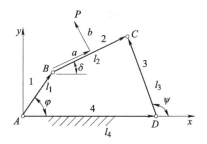

图 2-66　铰链四杆机构

1. 位置分析

根据各构件构成的封闭矢量多边形有

$$l_1 + l_2 = l_3 + l_4 \tag{2-18}$$

如果矢量用复数或向坐标轴投影变成代数量，则又可分为复数法、坐标投影法等。这里仅就坐标投影法进行介绍。将式（2-18）分别向 x 轴和 y 轴投影有

$$\begin{cases} l_1\cos\varphi + l_2\cos\delta = l_4 + l_3\cos\psi \\ l_1\sin\varphi + l_2\sin\delta = l_3\sin\psi \end{cases} \tag{2-19}$$

式（2-19）为机构的位置方程，其中仅含有两个未知数 δ、ψ，采用数学计算软件 MAT-LAB 或三角函数方程组求解非线性方程组，可以求得构件 2 和 3 的角位移分别为

$$\psi = 2\arctan \frac{-B \pm \sqrt{B^2 - 4AC}}{2A} \tag{2-20}$$

$$\delta = 2\arctan \frac{-B \pm \sqrt{B^2 - 4DE}}{2D} \tag{2-21}$$

式（2-20）和式（2-21）中

$$A = -\frac{l_4}{l_1} + \left(1 - \frac{l_4}{l_3}\right)\cos\varphi + \frac{l_4^2 + l_1^2 - l_2^2 + l_3^2}{2l_1l_3}$$

$$B = -2\sin\varphi$$

$$C = \frac{l_4}{l_1} - \left(1 + \frac{l_4}{l_3}\right)\cos\varphi + \frac{l_4^2 + l_1^2 - l_2^2 + l_3^2}{2l_1l_3}$$

$$D = -\frac{l_4}{l_1} + \left(1 + \frac{l_4}{l_2}\right)\cos\varphi + \frac{-l_4^2 - l_1^2 - l_2^2 + l_3^2}{2l_1l_2}$$

$$E = \frac{l_4}{l_1} - \left(1 - \frac{l_4}{l_2}\right)\cos\varphi + \frac{-l_4^2 - l_1^2 - l_2^2 + l_3^2}{2l_1l_2}$$

式（2-20）和式（2-21）中的正负号表示给定输入角度时对应两个输出值，即机构同时存在两种满足输入条件的位形，当 B、C、D 三点按顺时针分布时取 "$-$"，当 B、C、D 三

点按逆时针分布时取"+"。

连杆上 P 点的坐标为

$$\begin{cases} x_P = l_1\cos\varphi + a\cos\delta + b\cos(\delta + 90°) \\ y_P = l_1\sin\varphi + a\sin\delta + b\sin(\delta + 90°) \end{cases} \tag{2-22}$$

2. 速度和加速度分析

将式（2-19）对时间求导，整理得

$$\begin{cases} -\omega_2 l_2\sin\delta + \omega_3 l_3\sin\psi = \omega_1 l_1\sin\varphi \\ \omega_2 l_2\cos\delta - \omega_3 l_3\cos\psi = -\omega_1 l_1\cos\varphi \end{cases} \tag{2-23}$$

式（2-23）即为图 2-66 所示铰链四杆机构中 P 点的速度方程式，结合位置分析结果可解出构件 2、3 的角速度 ω_2 和 ω_3。在此基础上对式（2-22）求导完成 P 点速度计算如下：

$$\begin{cases} v_{P_x} = -\omega_1 l_1\sin\varphi - \omega_2 a\sin\delta - \omega_2 b\sin(90° + \delta) \\ v_{P_y} = \omega_1 l_1\cos\varphi + \omega_2 a\cos\delta + \omega_2 b\cos(90° + \delta) \end{cases} \tag{2-24}$$

点 P 的速度由两个速度分量合成，其大小为 $v_P = \sqrt{v_{P_x}^2 + v_{P_y}^2}$。

采用相同的方法，分别对式（2-23）和式（2-24）求导，依次可以求得构件 2、3 的角加速度 α_2 和 α_3，以及 P 点的加速度 a_P，此处不再赘述。

2.6.3 基于仿真软件的运动分析

计算机软硬件技术的迅速发展为机构分析带来了革命性变革，大量的机构建模、分析与设计专用算法以及计算机辅助工具软件先后被开发出来。这些算法可以从近 30 年间国内外出版的机构学（机械原理）教材及专著、机构学学术期刊论文等文献中得以体现，其中部分算法已经固化到各类工具软件包中。

最早的机构分析软件 KAM（运动分析方法，kinematic analysis method）由 IBM 公司于 1964 年发布，可对平面与空间机构的位置、速度、加速度及力进行分析。KAM 采用的基本算法源于切斯（Chace）提出的矢量多边形（vector polygon）法。近年来很多大型通用 CAD/CAE 软件如 NASTRAN、ANSYS 等可用于分析与力载荷相关的静力、应力，还可以用于分析构件的弹性变形等。专用的运动学及动力学分析软件主要包括 ADAMS、DADS 等，ADAMS 由美国密歇根（Michigan）大学开发，DADS 由美国艾奥瓦（Iowa）州立大学协同 CADSI 公司开发。这两款软件的功能都较强，包括碰撞监测、冲击、弹性及控制等功能，并含有专门的设计模块。功能相对较简单的机构分析软件包括 UG/Scenario、Pro/Mechanism、SolidWorks、CATIA/KIN、MSC/Working Model 等。

【例 2-6】 如图 2-67a 所示的水力摇床执行机构，图 2-67b 所示为水力摇床执行机构的运动简图。结构尺寸：曲柄 $l_{AB} = 30$mm，$l_{BC} = l_{BE} = 600$mm，$l_{CD} = 460$mm，$l_{EF} = 580$mm，$y_1 = 100$mm，$x_1 = 100$mm，$y_2 = 108$mm。①若已知曲柄以 150r/min 的恒定转速旋转，分析滑块运动规律；②已知滑块受到的最大阻力为 1.0kN，分析 A 点的受力。

解： 由图 2-67b 可知，该机构为曲柄摇杆机构和摆动滑块机构组成的 6 杆机构，以 UG/Scenario 软件操作为例，UG（Unigraphics NX）（2007 被西门子公司收购）是 Siemens PLM

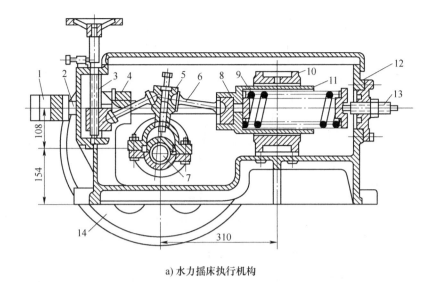

a) 水力摇床执行机构

1—连动座　2—往复杆　3—调节杆　4—调节滑块　5—摇动杆　6—肘板　7—偏心轴
8—肘板座　9—弹簧　10—轴承座　11—后轴　12—箱体　13—调节螺杆　14—带轮

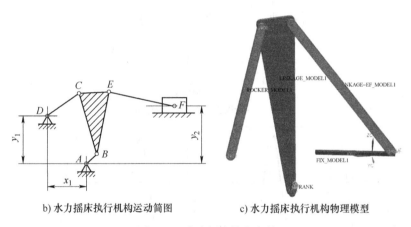

b) 水力摇床执行机构运动简图　　　　c) 水力摇床执行机构物理模型

图 2-67　水力摇床执行机构

Software 公司于 1969 年开发的一个交互式 CAD/CAM/CAE(计算机辅助设计、计算机辅助制造、计算机辅助工程) 系统，包括实体建模、数控加工、机构运动仿真、构件的应力分析等多个模块，UG/Scenario 为 UG 系统中机构运动仿真模块。

　　首先，在 UG 的三维建模模块中绘制物理模型，如图 2-67c 所示。进入软件的运动仿真模块，按照运动关系设置 6 个连杆，其中机架设置为固定连杆，其他设置为活动连杆；将转动副 A、B、C、D、E、F 设置为旋转副，其中 A 为恒定速度的驱动转动副，速度设为 150r/min，滑块与机架间设置为移动副。设置滑块受力类型和方向，新建计算方案，选择"运动学/动力学"菜单，设置运动时间（超过 1 个周期）并求解。单击"动画"按钮生成动画，可以形象地查看各杆的运行动画。在导航栏中右击选择"x-y 作图"，选择"新建"，依次输出滑块速度、加速度和 A 点受到的支反力，输出的工作构件（滑块）速度、加速度和 A 点转动副所受到的支反力随时间变化趋势如图 2-68 所示。

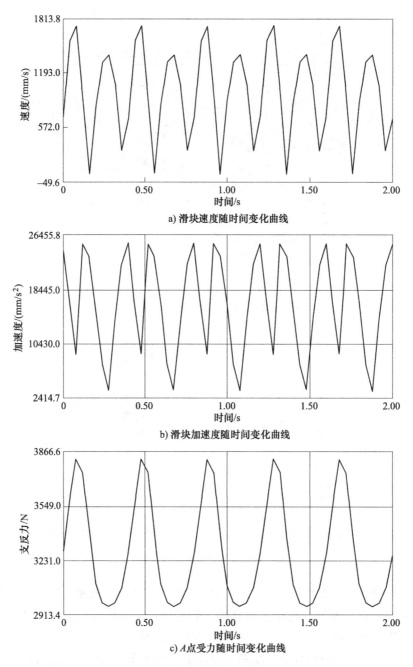

a) 滑块速度随时间变化曲线

b) 滑块加速度随时间变化曲线

c) A点受力随时间变化曲线

图 2-68　水力摇床执行机构分析图

2.7　平面四杆机构的设计

　　平面四杆机构设计的主要任务是：根据给定的运动条件确定未知构件的尺寸。设计中不仅需要考虑几何条件，还需要考虑动力条件，如最小传动角 γ_{min}。设计方法有解析法和作图法，作图法直观，而解析法精确。

四杆机构的设计可以分为以下两类问题：①按照给定从动件的运动规律（位置、速度、加速度）设计四杆机构；②按照给定点的运动轨迹设计四杆机构。

2.7.1　按照给定的行程速度变化系数设计四杆机构

对于有空行程的执行机构，为减少空行程的运行时间常采用有急回运动特性的四杆机构，这类机构的设计中可以按照实际需要先给定行程速度变化系数 K，然后根据机构在极限位置时的几何关系，结合其他辅助条件来确定各构件的尺寸。

1. 曲柄摇杆机构

若已知摇杆长度 l_3、摆角 ψ 和行程速度变化系数 K。设计的主要任务是确定剩下三杆 l_1、l_2 和 l_4 的尺寸，具体设计步骤如下：

（1）计算极位夹角 θ　根据行程速度变化系数 K 计算极位夹角 θ 值。

（2）确定极限位置　选取适当比例和固定铰链中心 D 的位置，如图 2-69 所示，作出摇杆两个极限位置 C_1D 和 C_2D。

（3）找外接圆　以直线 C_1C_2 为直角边，θ 为直角边 C_1C_2 的对角，另一顶点为 P 作直角三角形 $\triangle PC_1C_2$，如图 2-69 所示，$\angle C_1PC_2 = \theta$；因同一圆弧所对圆周角相等，则 $\triangle PC_1C_2$ 外接圆的 $\overset{\frown}{C_1C_2}$ 所对圆周角必然等于 θ。如图 2-69 所示，在 $\triangle PC_1C_2$ 外接圆中避开弧 C_1C_2 和弧 EF，任取一点 A 作为曲柄的固定铰链中心。连接 AC_1 和 AC_2，故 $\angle C_1AC_2 = \angle C_1PC_2 = \theta$。

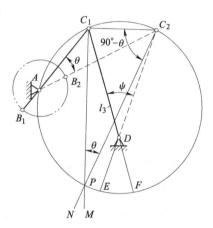

图 2-69　按 K 值设计曲柄摇杆机构

（4）量取尺寸　极限位置处曲柄与连杆共线，故 $AC_1 = l_2 - l_1$，$AC_2 = l_2 + l_1$，则曲柄长度 $l_1 = (AC_2 - AC_1)/2$，连杆长度 $l_2 = (AC_2 + AC_1)/2$，$l_4 = AD$。

根据步骤（3）可知，只考虑行程速度变化系数 K 时，固定铰链点 A 可取 $\triangle C_1PC_2$ 外接圆上任选的点，因此有无穷多的解。如欲获得良好的传动性能，还应依据最小传动角最优或其他辅助条件来确定 A 点的位置。

2. 摆动导杆机构

如图 2-70 所示的摆动导杆机构，若已知机架 $AD(l_4)$ 长度和行程速度变化系数 K，试确定曲柄 $AB(l_1)$ 长度。

由图 2-70 可知，导杆在极限位置时，BD 与 B 点的轨迹圆相切，即 $AB \perp BD$，由此可以推导出导杆的摆角 ψ 等于极位夹角 θ。用作图法确定曲柄 AB 长度的设计步骤如下：

（1）计算极位夹角 θ　按式（2-9）计算极位夹角 θ，导杆摆角 $\psi = \theta$。

（2）确定极限位置　选取适当比例和固定铰链中心 D 的位置，如图 2-70 所示，作出导杆两极限位置 B_1 和 B_2。

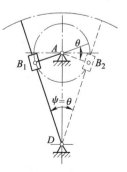

图 2-70　按 K 值设计
摆动导杆机构

（3）找转动中心 作摆角 ψ 的平分线，并使 $AD=l_4$，从而得固定铰链中心 A 的位置。

（4）量取尺寸 过 A 点作导杆极限位置的垂线 AB_1（或 AB_2），曲柄长度 $l_1=AB_1$，如图 2-70 所示。

2.7.2 按给定连杆位置设计四杆机构

如图 2-71 所示的翻转机构，采用曲柄滑块+双摇杆机构实现两个工作位置的转换，曲柄摇杆机构包括原动件滑块 6、连杆 5、从动曲柄 2，从动曲柄 2 同时作为双摇杆机构的原动件摇杆。工件 7、8 固定在双摇杆机构的连杆 3 上，9 为固定构件，4 为双摇杆机构的从动摇杆。当油压推动活塞 6 移动时，输出构件 8 从实线位置 Ⅰ 转到虚线位置 Ⅱ。

给定连杆 3 的长度 $l_3=BC$ 和两个位置 B_1C_1 和 B_2C_2，要求确定双摇杆机构中固定铰链中心 A 和 D 的位置，并求出两个摇杆的长度 l_2 和 l_4。由图 2-71 可知，连杆 3 上 B、C 两点分别绕固定铰链 A、D 转动，所以 A、D 分别在 B_1B_2 和 C_1C_2 的中垂线上。设计步骤如下：

1）选取适当比例，绘出连杆 3 的两个位置 B_1C_1 和 B_2C_2。

2）分别连接 B_1 和 B_2、C_1 和 C_2，作 B_1B_2、C_1C_2 的中垂线 b_{12}、c_{12}。

3）固定铰链中心 A 和 D 可以在直线 b_{12} 和 c_{12} 的任意位置，故有无穷多解。如欲获得良好的传动性能，此处也应依据最小传动角最优或其他辅助条件来确定 A、D 点的位置。若受设备的结构限制，A、D 两点必须在同一水平线上，且 $AD=BC$，则可以直接在图中确定 A、D 两点的位置。

若某些工作设备需要确定连杆的三个位置时，设计中可以确定 B_1、B_2、B_3 和 C_1、C_2、C_3 的位置，用三点求圆心的方法，作 B_1B_2、B_2B_3 的中垂线和 C_1C_2、C_2C_3 的中垂线，两个交点分别为固定铰链中心 A 和 D，连接 AB_1C_1D 即为所求的四杆机构，如图 2-72 所示。

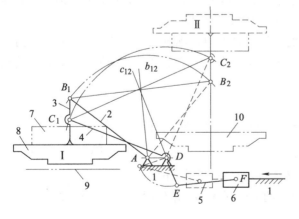

图 2-71 翻转机构

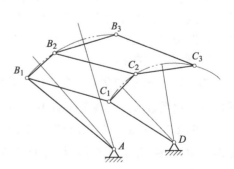

图 2-72 给定连杆三个位置的设计

2.7.3 按照给定两连架杆对应位置设计四杆机构

如图 2-73 所示的铰链四杆机构，已知连架杆 AB 和 CD 的三对对应位置 φ_1、ψ_1，φ_2、ψ_2 和 φ_3、ψ_3，计算杆 l_1、l_2、l_3 和 l_4 的长度。

建立如图 2-73 所示的坐标系 Axy，令 $l_1 = 1$。铰链四杆机构的四个杆组成封闭多边形，各杆向 x 轴和 y 轴投影，有

$$\begin{cases} \cos\varphi + l_2\cos\delta = l_4 + l_3\cos\psi \\ \sin\varphi + l_2\sin\delta = l_3\sin\psi \end{cases} \quad (2\text{-}25)$$

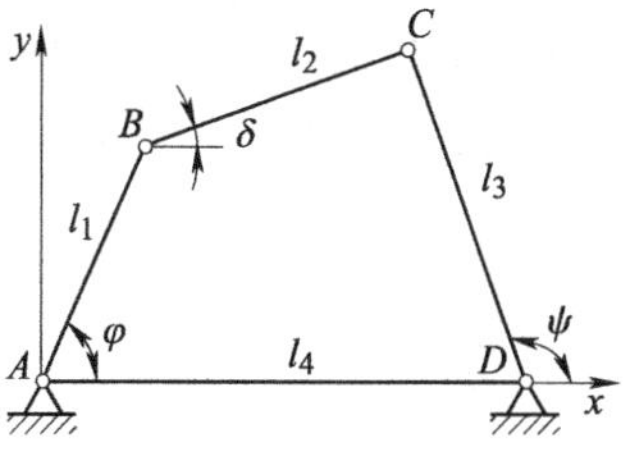

将 $\cos\varphi$ 和 $\sin\varphi$ 移到等式右边，并消去 δ，有

$$\cos\varphi = \frac{l_4^2 + l_3^2 + 1 - l_2^2}{2l_4} + l_3\cos\psi - \frac{l_3}{l_4}\cos(\psi - \varphi)$$

令

$$P_0 = l_3,\quad P_1 = -\frac{l_3}{l_4},\quad P_2 = \frac{l_4^2 + l_3^2 + 1 - l_2^2}{2l_4} \quad (2\text{-}26)$$

图 2-73　机构封闭多边形

则有

$$\cos\varphi = P_0\cos\psi + P_1\cos(\psi - \varphi) + P_2 \quad (2\text{-}27)$$

式（2-27）为两连架杆转角之间的关系式。将已知的三对对应转角 φ_1、ψ_1，φ_2、ψ_2 和 φ_3、ψ_3 分别代入式（2-27）可得到方程组

$$\begin{cases} \cos\varphi_1 = P_0\cos\psi_1 + P_1\cos(\psi_1 - \varphi_1) + P_2 \\ \cos\varphi_2 = P_0\cos\psi_2 + P_1\cos(\psi_2 - \varphi_2) + P_2 \\ \cos\varphi_3 = P_0\cos\psi_3 + P_1\cos(\psi_3 - \varphi_3) + P_2 \end{cases} \quad (2\text{-}28)$$

由方程组解出三个未知数 P_0、P_1 和 P_2，并代入式（2-26），求得 l_2、l_3 和 l_4。以上求出的杆长 l_1、l_2、l_3 和 l_4 可同时乘以大于零的任意常数，所得机构都能实现对应的转角关系。

若仅给定两连架杆的两对位置，则由式（2-27）只能得到两个方程，P_0、P_1、P_2 三个参数中的一个可以任意给定，有无穷解。若给定两连架杆的位置超过三对，则不可能有精确解，只能用优化或试凑的方法求其近似解。

2.7.4　现代机构学研究的发展趋势

从 1959 年 F. Freudenstain 首次将计算机技术引入连杆机构的分析中，应用 Newton-Raphson 迭代法求解机构的非线性方程组开始，智能算法模型逐渐被广泛应用于机构的优化设计中，如遗传算法（genetic algorithm，GA）、人工神经网络（artificial neural network，ANN）等。

现代机构学研究的热点集中在：①机构设计的新理论和新方法；②实现特殊功能的机构设计理论以及关键技术；③微操作和微尺度机械的机构学、机构与机器人动力学、新型移动与操作机器人、仿生机器人和纳米机器人等。

现代机构学研究的最高任务是揭示自然和人造机械的机构组成原理、创造新机构、研究基于特定性能的机构分析与设计理论，为现代机械与机器人的设计、创新和发明提供系统的理论基础和有效实用的方法。

【习题】

2-1　什么是运动副？平面低副所提供的约束有几个？

2-2 绘出图 2-74 中所示机构的机构运动简图。图 2-74a 中摇杆 1 为原动件，导杆 3 为工作构件；图 2-74b 中带轮 1 为原动件，缸 2 和活塞 3 组成柱塞泵的主体；图 2-74c 所示电动推杆旋转式滗水器中电动推杆 4 为原动件，驱动电动机为 3，1、2 为电动机支座，5 为集水堰槽，7 为集水管支架，8 为排水管，9 为集水管，10 为回转接头，11 为执行构件，12 为铰链，13 为穿墙套管；图 2-74d 所示旋转式可调堰门滗水器中 1 为驱动装置，2 为丝杠，3 为吊耳，4 为门板，5 为侧板，6 为底梁。

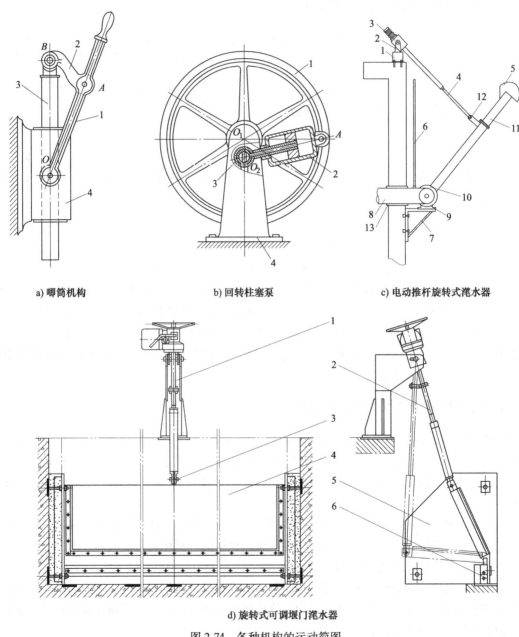

a) 唧筒机构　　　　b) 回转柱塞泵　　　　c) 电动推杆旋转式滗水器

d) 旋转式可调堰门滗水器

图 2-74　各种机构的运动简图

2-3 简述机构的定义。指出图 2-75 所示机构运动简图中有几个低副？几个高副？如果有复合铰链、局部自由度、虚约束，请详尽指出；计算各机构的自由度，若图中标箭头的构件为原动件，试说明机构是否有确定运动。

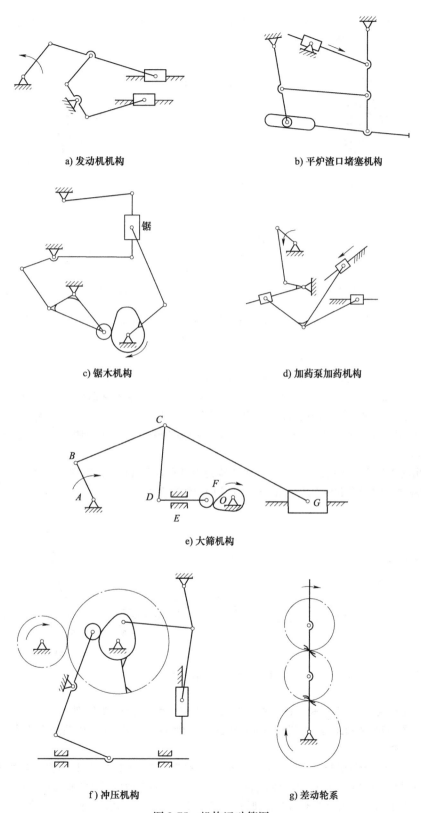

a) 发动机机构

b) 平炉渣口堵塞机构

c) 锯木机构

d) 加药泵加药机构

e) 大筛机构

f) 冲压机构

g) 差动轮系

图 2-75 机构运动简图

2-4 图 2-76 所示为美国 Vulcan Industries 公司生产的阶梯式格栅除污机，分析该类型格栅除污机的清污耙执行机构，并绘制其运动简图。

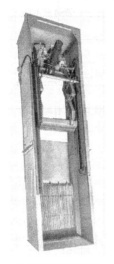 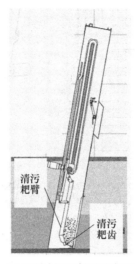 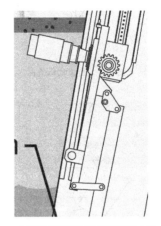

a) 阶梯式格栅除污机实物　　b) 阶梯式格栅除污机侧视图　　c) 阶梯式格栅除污机局部放大图

图 2-76　阶梯式格栅除污机

2-5 如图 2-77 所示的铰链四杆机构，试指出其中的连架杆、连杆及机架。如果 $AD=30\text{mm}$，$AB=20\text{mm}$，$BC=50\text{mm}$，$CD=45\text{mm}$，试说明该机构是否存在曲柄，为什么？如果要使该机构为双曲柄机构，应该以哪个构件作为机架？

2-6 题 2-5 中 $AD=30\text{mm}$，$BC=50\text{mm}$，$CD=35\text{mm}$，如果使该机构为双曲柄机构，请确定 AB 杆的尺寸取值范围。

2-7 写出图 2-78 中各机构的名称；判断各机构是否具有急回特性，说明理由；并画出各机构的传动角和压力角（图中标注箭头的构件为原动件）。

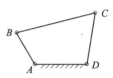

图 2-77　铰链四杆机构

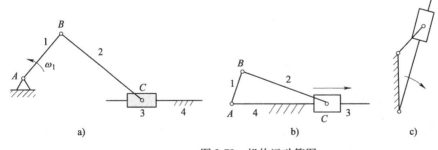

图 2-78　机构运动简图

2-8 什么是速度瞬心？什么是三心定理？并指出绝对瞬心和相对瞬心的区别。

2-9 求出图 2-78a 所示曲柄滑块机构的全部瞬心，指出哪些是相对瞬心，哪些是绝对瞬心，并写出构件 3 的速度表达式。

2-10 已知一摆动导杆机构的机架长度 $l_4=80\text{mm}$，行程速度变化系数 $K=1.4$，试用图解法求曲柄长度。

2-11 曲柄摇杆机构是否必然存在急回特性？已知一无急回特性曲柄摇杆机构的摇杆长度 $l_3=100\text{mm}$，摆角 $\psi=60°$ 且摇杆 CD 的一个极限位置与机架间的夹角 $\angle CDA=90°$，试用图解法确定其余三杆的长度（单位为 mm，无须保留小数位）。

2-12（大作业）　图 2-79 所示为摆臂式格栅除污机的两个工况位置，其执行机构为曲柄摇杆机构，原动件曲柄安装在减速器的输出轴上，连杆末端的耙齿按照给定格栅的形状运行，从而将格栅上的污物清理出来。为方便加工，格栅设计为圆弧形，耙齿要清除格栅上拦截下的污染物，耙齿在水下的运动轨迹必须和格栅相似，即为圆弧形。查阅专利"一种摆臂式格栅除污机"，理解如何采用解析法设计曲柄摇杆机构，列出相应的方程，参考相关文献确定格栅的常用尺寸，绘制结构运动简图，找出全部瞬心。利用 UG/Scenario、Pro/Mechanism、SolidWorks、CATIA/KIN、MSC/Working Model 等软件中的一种，对摆臂式格栅除污机执行机构进行运动分析，整理设计说明书，制作 PPT。

图 2-79　摆臂式格栅除污机的两个工况位置

第 3 章

机械系统的动力学分析基础

机械类环保设备工作时，作用在设备构件上的力包括驱动力、工作阻抗力、摩擦力和惯性力等。在第 2 章的机构运动分析中，假设输入构件匀速运动，同时忽略了运动副间的摩擦力和构件惯性力的影响。实际上，环保设备机械系统（简称机械系统，下同）的运动性能与作用于其上的外力（驱动力、工作阻抗力、摩擦力等）、构件惯性力等有着密切关系，因此分析这些力对机械系统运动性能的影响对于机械系统设计（特别是高速、重载、高精度等场合）十分重要，也是机械系统设计的重要内容之一。本章在介绍机械系统中机构受力分析时忽略了运动副中的间隙，主要内容包括：①介绍机械系统中的作用力、刚性构件构成的平面机构中运动副间摩擦力，以及在摩擦力影响下机构自锁的条件和机械效率的初步计算方法；②分析周期性变化外力引起主动件的速度波动规律，输入、输出功与主动件速度变化的关系，根据输入、输出功的变化情况求解盈亏功，进而完成速度波动调节飞轮的设计；③介绍机械系统中刚性回转构件偏心质量引起的离心力系不平衡问题，以及静平衡和动平衡的原理和计算方法。

3.1 作用在机械上的力

3.1.1 机械上作用力的分类

当机械运动时，作用在构件上的力包含给定力和反力两大类。给定力分为外力和惯性力，外力包括驱动力、阻抗力和重力。

作用在平面运动构件上的力，凡是其作用方向与作用点的运动速度方向相同或成锐角的均称为驱动力（drive force），与构件角速度方向一致的力矩称为驱动力矩（drive torque）。 原动机输出的力（矩）是驱动力（矩），驱动力（矩）做的功称为驱动功（drive work）或输入功。常用的原动机有电动机、液压或气压马达、内燃机等。原动机输出的驱动力/矩与某些运动参数（位移、速度、时间等）的函数关系称为机械特性（mechanical behavior）。内燃机的驱动力矩 M_d 与输出轴转角 φ 的函数关系如图 3-1a 所示，交流异步电动机的驱动力矩 M_d 与电动机转速 ω 的函数关系如图 3-1b 所示，液压或气压马达的驱动力 F_d 与位移 s 的函数关系如图 3-1c 所示。

在平面运动构件上，凡是力的作用方向与构件上力作用点的运动速度方向相反或成钝角的力称为阻抗力，简称阻力；与构件角速度方向相反的力矩称为阻力矩。 阻力（矩）还可分为工作阻力（矩）和有害阻力（矩）。工作阻力（矩）所做的功称为输出功或有益功（effective work），如转碟式曝气机的曝气转碟旋转时受到水的阻力就是工作阻力。阻碍做有益功的力（矩）称为有害阻力（矩），如离心机工作时，机械密封处的摩擦力是有害阻

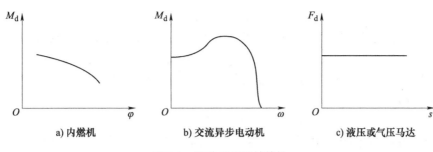

图 3-1　原动机的机械特性

力，造成能量损失、密封件磨损、降低密封件的使用寿命。不同用途的机械有不同的工作阻力特性：

1）工作阻力为常数，如链板式刮泥机、行车式刮砂机等。

2）工作阻力为主动件的位置函数，如往复式压缩机、曲柄压力机、打包机等。

3）工作阻力为执行构件的速度函数，如鼓风机叶轮、离心泵叶片、搅拌机等。

4）工作阻力为时间的函数，有些特殊的工作机，如球磨机、食品机械的和面机等，其工作阻力随工作时间变化而变化。

克服有害阻力（矩）所做的功为损耗功。重力作用在构件的重心上，当重心下降时为驱动力，重心上升时为阻力。在一个运动循环中重力所做的功为零，构件较轻时重力可忽略不计。惯性力（矩）是由于构件的变速运动而产生的，当构件加速运动时是阻力（矩），当构件减速运动时又变成了驱动力（矩）。单独由惯性力（矩）引起的反力称为附加动压力。反力对机构而言是内力，对构件而言则是外力。

3.1.2　构件惯性力和惯性力矩的确定

在机械运动过程中，各构件产生的惯性力不仅与构件的质量、绕过质心轴的转动惯量、质心的加速度、构件的角加速度等参数有关，而且与构件的运动形式有关，一般可分为下列三种情况。

（1）做平面移动的构件　因移动构件的角加速度为零，故只可能有惯性力。如图 3-2a、b 所示，曲柄滑块机构中的滑块 3，若其质量为 m_3、质心加速度为 a_{S3}，则其惯性力为

$$F_{I3} = -m_3 a_{S3} \tag{3-1}$$

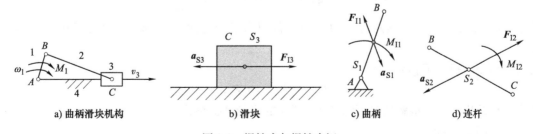

a) 曲柄滑块机构　　　　b) 滑块　　　　c) 曲柄　　　　d) 连杆

图 3-2　惯性力与惯性力矩

（2）绕定轴转动的构件　首先考虑绕过质心轴转动的构件，其质心的加速度为零，故只可能有惯性力矩。假设绕过质心轴转动的构件，其转动惯量为 J_S、角加速度为 ε，则其惯性力矩为

$$M_I = -J_S \varepsilon \tag{3-2}$$

绕不过质心轴转动的构件，其运动可以看成随质心的移动和绕该质心转动的合成。因此惯性力与惯性力矩同时存在，并可通过式（3-1）和式（3-2）分别求得。如图3-2c所示，若曲柄的质量为 m_1、转动惯量为 J_{S1}、质心加速度为 a_{S1}、角加速度为 ε_1，则其惯性力 F_{I1} 和惯性力矩 M_{I1} 分别为

$$F_{I1} = -m_1 a_{S1}, \quad M_{I1} = -J_{S1} \varepsilon_1 \tag{3-3}$$

（3）做一般平面复合运动的构件　做一般平面复合运动的构件，其惯性力系可简化为一个通过质心的惯性力和一个惯性力矩，如图3-2d所示。若连杆的质量为 m_2、转动惯量为 J_{S2}、质心加速度为 a_{S2}、角加速度为 ε_2，则其惯性力 F_{I2} 和惯性力矩 M_{I2} 分别为

$$F_{I2} = -m_2 a_{S2}, \quad M_I = -J_{S2} \varepsilon_2 \tag{3-4}$$

3.2　运动副的摩擦力

在相互接触的两个物体间，只要存在正压力和相对运动（或者具有相对运动趋势），就会产生摩擦。摩擦具有两面性，既有有害的一面，又有可利用的一面。本节在对机构进行力分析时，着重讨论摩擦对构件运动与受力的影响，并进一步了解摩擦在某些机械中的应用。

平面机构中属于低副的移动副和转动副中只考虑滑动摩擦，而高副中既有滑动摩擦，又有滚动摩擦。由于滚动摩擦系数较滑动摩擦系数小很多，故常常忽略不计。运动副中摩擦分析的重要问题是确定运动副中全反力（total nesting force）的大小、方向及作用点位置，从而方便地判断摩擦力对构件运动和受力的影响。

3.2.1　移动副中的摩擦

如图3-2a所示的曲柄滑块机构中，滑块3在连杆2推力 F_{23} 的作用下向右移动，如图3-3a所示。滑块3与机架4构成移动副，滑块3作用在机架4上的法向力 F_{N34} 为铅垂载荷（包括自重和 F_{23} 在竖直方向的分力），F_{N43} 为机架4对滑块3作用的法向反力，F_{N43} 的大小与接触面的几何形状相关，当图3-3a的右视图分别为图3-3b、c、d所示的平面、圆弧面、楔形面时，F_{N43} 分别为

$$F_{N43} = -F_{N34}, \quad F_{N43} = kF_{N34}, \quad F_{N43} = \frac{F_{N34}}{\sin\theta} \tag{3-5}$$

式中，k 为常数，点或线接触时 $k=1$，当接触面为半圆柱面时 $k=\pi/2$，其他情况时 $k=1\sim\pi/2$。

则滑块所受摩擦力 F_{f43} 的大小为

$$F_{f43} = fF_{N43} = f_v F_{N34} \tag{3-6}$$

式中，f_v 是相对平面接触情况下的摩擦系数 f 的当量摩擦系数。

1）平面接触时，

$$f_v = f \tag{3-7}$$

2）圆柱面接触时，

$$f_v = kf \tag{3-8}$$

3）楔形面接触时，

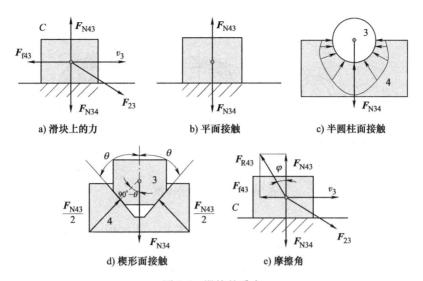

a) 滑块上的力　　　　b) 平面接触　　　　c) 半圆柱面接触

d) 楔形面接触　　　　e) 摩擦角

图 3-3　滑块的受力

$$f_v = \frac{f}{\sin\theta} \tag{3-9}$$

当量摩擦系数的引入可将不同接触面形状移动副中摩擦力的计算统一起来。

对于楔形面摩擦而言，$\sin\theta \leqslant 1$，$f_v \geqslant f$。因此其他条件不变时，调整楔形面接触角 θ 可以控制接触面的当量摩擦系数。

运动副中的法向反力与摩擦力的合力称为运动副中的全反力，如图 3-3e 中的 F_{R43} 所示。**全反力 F_{R43} 与法向反力 F_{N43} 之间的夹角 φ 称为摩擦角**，且

$$\varphi = \arctan f_v \tag{3-10}$$

3.2.2　转动副中的摩擦

在实际机械中，转动副的结构形式有很多种。以轴与滑动轴承组成的转动副为例，与轴承孔配合的轴段称为轴颈（journal），轴颈与轴承构成转动副。结合图 3-4a 所示的轴截面来进行分析，半径为 r 的轴颈上作用有径向载荷 G，且不考虑整个转动副的受力变形问题，在轴上未加驱动力矩 M 时轴颈 1 与轴承 2 在底部 C 点接触，对应着三维空间内的线接触。轴上施加驱动力矩 M 后，由于滚动摩擦远小于滑动摩擦，轴颈在轴承中瞬间先做纯滚动，接触点由 C 点移至 A 点，然后在 A 点轴颈相对轴承产生滑动摩擦，轴颈绕轴心转动，如图 3-4b 所示。这时轴承 2 对轴颈 1 作用有法向反力 F_{N21} 和摩擦力 F_{f21}，其中摩擦对轴颈的摩擦力矩 M_f 为

$$M_f = F_{f21}r = fF_{N21}r = f_v Gr \tag{3-11}$$

轴承 2 对轴颈 1 的作用力也可以用全反力 F_{R21} 来表示，根据力平衡条件，有

$$F_{R21} = -G \tag{3-12}$$

$$M = F_{R21}\rho = M_f \tag{3-13}$$

$$M_f = F_{R21}\rho = F_{R21}r\sin\varphi \tag{3-14}$$

式中，ρ 为 F_{R21} 到轴心 O 的距离。

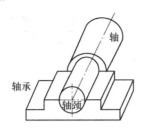 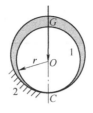 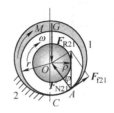

a) 轴颈与滑动轴承构成的转动副　　　　b) 转动副中的摩擦

图 3-4　转动副中的摩擦

对于一个具体的轴颈而言，f_v 及 r 均为定值，因此 ρ 为定值，**定义以转动中心为圆心、以 ρ 为半径的圆为摩擦圆**。通常摩擦角 φ 很小，因此有 $\sin\varphi \approx \tan\varphi = f_v$，则

$$\rho = r\sin\varphi \approx r\tan\varphi = f_v r \tag{3-15}$$

只要轴颈相对轴承滑动，轴承对轴颈的全反力 F_{R21} 将始终与摩擦圆相切，且与 G 大小相等、方向相反。由此可知，摩擦力对轴心的力矩即为阻止轴转动的摩擦力矩 M_f，其方向一定与轴的转动角速度 ω 方向相反。

以上在轴颈和轴承间存在较大间隙的假设前提下进行摩擦分析，也没有考虑受力变形问题。不同机器及同一机器在不同的工作时间上，轴颈与轴承间的间隙、表面粗糙度与润滑等情况不同；但是摩擦力矩仍可按式（3-11）计算，其中当量摩擦系数 f_v 需根据实际情况进行计算，或查阅有关设计手册、试验测定等方法得出。

3.3　运动副的自锁与机械效率

由于存在摩擦和其他条件，**一个原为静止的构件，当驱动力（或驱动力矩）从零增大到无穷大时，构件仍不能产生运动，这种现象称为自锁（self locking）**。为了说明自锁在机械中的意义，先介绍正行程和反行程两个概念。当驱动力作用在主动件上，运动和动力从主动件传递到从动件时，称为正行程。反之，当生产阻力作用在从动件上，使运动向相反方向传递时，称为反行程。在正行程中，为使机械能够实现预期的运动，必须避免在所需运动方向发生自锁。而在反行程中，有些执行机构又需要具有自锁性。如拧紧螺钉，螺纹副应具有自锁性，使得在连接件的反向作用力下不能使螺钉松开。**凡反行程自锁的机构通称为自锁机构**。

3.3.1　典型运动副的自锁

1. 平面移动副的自锁

如图 3-5 所示，滑块和机架间组成移动副，滑块 1 沿水平方向运动，速度为 v_1，作用于其上的推力 F 与接触面的法线成 β 角，机架对滑块的全反力为 F_{R21}。将力 F 分解为水平分力 F_t 和垂直外力 F_n。其中，F_t 是推动滑块 1 运动的有效分力，且

$$F_t = F\sin\beta = F_n\tan\beta \tag{3-16}$$

分力 F_n 不仅不会使滑块运动，还会产生摩擦力 F_f 阻止滑块的运动。F_n 产生的最大摩擦力为

$$F_{fmax} = F_n f = F_n \tan\varphi \qquad (3\text{-}17)$$

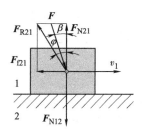

图 3-5 平面移动副的
自锁条件

对比式（3-16）与式（3-17）可知：

1）当 $\beta > \varphi$ 时，$F_t > Ff_{max}$，滑块做加速运动。

2）当 $\beta = \varphi$ 时，$F_t = Ff_{max}$，滑块做等速运动或静止。

3）当 $\beta < \varphi$ 时，$F_t < Ff_{max}$，如果原来滑块是运动的则将做减速运动；若原来滑块是静止的，则无论推力 F 有多大都无法使滑块运动，这种物理现象称为自锁，该几何条件称为自锁条件。

由上面的分析可知，平面移动副的自锁条件是 $\beta \le \varphi$。

2. 径向转动副的自锁

如图 3-6 所示，轴颈 1 受铅垂载荷 G（包括自重）和驱动力矩 M 作用而在轴承 2 中转动。将驱动力矩 M 和铅垂载荷 G 进行合成，得到轴颈 1 加在轴承 2 上的总作用力 G'，该力的大小等于 G、方向与 G 相同，假设作用线到 G 间的距离为 e，则 M、G、e 之间存在下列关系：

$$e = M/G, \text{ 或者 } M = Ge \qquad (3\text{-}18)$$

因 G 与轴颈 1 受到的总支反力 F_{R21} 大小相等、方向相反，故摩擦力矩 M_f 为

$$M_f = F_{R21}\rho = G\rho \qquad (3\text{-}19)$$

对比式（3-18）与式（3-19）可知：

1）当 $e > \rho$，即外力（矩）合力作用线在摩擦圆之外时，$M > M_f$，轴加速转动。

2）当 $e = \rho$，即外力（矩）合力作用线与摩擦圆相切时，$M = M_f$，轴等速转动或静止。

3）当 $e < \rho$，即外力（矩）合力作用线在摩擦圆之内时，$M < M_f$，轴静止或减速到静止。

由上面的分析可知，径向轴颈的自锁条件是 $e \le \rho$。

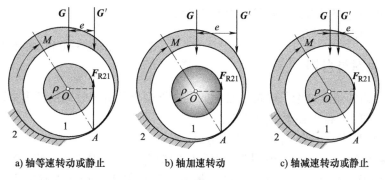

a) 轴等速转动或静止 b) 轴加速转动 c) 轴减速转动或静止

图 3-6 径向轴颈的自锁条件

3.3.2 机械效率的概念与计算

机械运转时，输入功总有一部分要消耗在克服有害阻力上而损失掉。机器稳定运转时，输入功 W_d 等于输出功 W_r 与损失功 W_f 之和，即

$$W_d = W_r + W_f \qquad (3\text{-}20)$$

机械效率（mechanical efficiency）η 表示机械功在传递过程中的有效利用程度，等于输出功与输入功的比值，即

$$\eta = \frac{W_r}{W_d} = \frac{W_d - W_f}{W_d} = 1 - \frac{W_f}{W_d} = 1 - \xi \tag{3-21}$$

式中，ξ 为机械损失系数（损失率）。

分别以 P_d、P_r 和 P_f 表示输入功率、输出功率和损失功率，则由式（3-20）、式（3-21）很容易导出

$$P_d = P_r + P_f \tag{3-22}$$

$$\eta = \frac{P_r}{P_d} = 1 - \frac{P_f}{P_d} = 1 - \xi \tag{3-23}$$

在匀速运转或忽略动能变化的条件下，也可用驱动力（矩）或工作阻力（矩）来表示机械效率。例如，图3-7所示的电动推杆旋转式滗水器，集水堰槽上升行程中，假设电推杆（原动件）输入的驱动拉力为 F_d，回缩的速度为 v_d；集水堰槽（从动件）上升时需要克服的工作阻力为 F_r（重力和水的阻力在质心位置的合力），质心处的线速度为 v_r，并假设速度和力的方向一致（此时阻力最大），则式（3-23）可表示为

$$\eta = \frac{P_r}{P_d} = \frac{F_r v_r}{F_d v_d} \tag{3-24}$$

为得到更高的机械效率，应尽量减少机械中的损耗，主要是摩擦损耗。因此一方面应尽量简化机械传动系统，减少运动副数目；另一方面，应设法减少运动副中的摩擦，如用滚动摩擦代替滑动摩擦、改善润滑状况等。

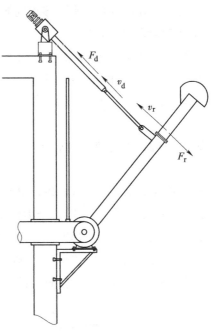

图3-7 电动推杆旋转式滗水器的受力分析

3.3.3 机械效率与自锁

前面已从受力的角度讨论了机构的自锁问题，下面再从机械效率的角度来研究同样的问题。由 $\eta = 1 - W_f/W_d$ 可得出如下重要结论：

1）在实际机械中，因为 $W_f \neq 0$，所以 $\eta < 1$。

2）如果 $W_f = W_d$，则 $\eta = 0$，说明驱动力所做的功完全被无用地消耗掉。如果机械系统原来正在运动，则仍能维持其运动状态；若机械系统原来静止，则无论驱动力有多大（$W_f = W_d$），机械系统总不能运动，即发生自锁。

3）如果 $W_f > W_d$，则 $\eta < 0$，说明此时驱动力所做的功尚不足以克服有害阻力做的损耗功。如果机械系统原来正在运动，则必将减速直至停止不动；若机械系统原来静止，则仍静止不动，也即发生自锁。

由上所述，从机械效率的角度可得发生自锁的条件为

$$\eta \leqslant 0 \tag{3-25}$$

需要说明的是，$\eta < 0$ 是一种计算效率，已不是原有意义上的机械效率。实际上 η 不会为负值，因为在计算时，都假设机械系统做等速运动，则各运动副中摩擦力都达到最大值，在此条件下可计算出 $\eta < 0$。实际上机械自锁不能运动，此时摩擦力并未达到最大值。

【例 3-1】　如图 3-8 所示，滑块 1 置于具有倾角 α 的斜面 2 上。已知滑块与斜面间的摩擦系数 f 及加于滑块 1 上的铅垂载荷 G（包含滑块自重）。请分析滑块在水平外力 F 作用下，沿斜面等速上升或下降时的机械效率及自锁条件。

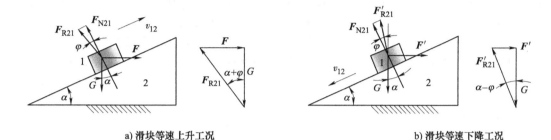

a) 滑块等速上升工况　　　　　　　　　　b) 滑块等速下降工况

图 3-8　斜面机构的受力分析

解：（1）滑块等速上升　滑块在水平驱动力 F 作用下，克服载荷 G 使滑块沿斜面等速上升，如图 3-8a 所示。根据受力平衡条件可知，斜面给予滑块的全反力为 F_{R21}，则

$$F + F_{R21} + G = 0 \tag{3-26}$$

其力封闭三角形如图 3-8a 中右图所示。由图示几何关系有

$$F = G\tan(\alpha + \varphi) \tag{3-27}$$

如果滑块与斜面间无摩擦（理想机械），摩擦角 $\varphi = 0$，可得理想水平驱动力 F_0 的大小为

$$F_0 = G\tan\alpha \tag{3-28}$$

由式（3-23）可得滑块等速上升时斜面的效率为

$$\eta = \frac{F_r v_r}{F_d v_d} = \frac{F_0 v_{12}}{F v_{12}} = \frac{F_0}{F} = \frac{\tan\alpha}{\tan(\alpha + \varphi)} \tag{3-29}$$

（2）滑块等速下降　如图 3-8b 所示，滑块在载荷 G 作用下沿斜面下滑，此时 G 变为驱动力。为使滑块受力平衡（使滑块能等速下滑），加上水平工作阻力 F'。滑块除了受以上两个力外，还有斜面给予的全反力 F'_{R21}，则力的平衡方程为

$$F' + F'_{R21} + G = 0 \tag{3-30}$$

其力封闭三角形如图 3-8b 中右图所示。由图示几何关系可得工作阻力 F' 为

$$F' = G\tan(\alpha - \varphi) \tag{3-31}$$

同理，如果滑块与斜面间无摩擦（理想机械），$\varphi = 0$，可得理想工作阻力 F'_0 的大小为

$$F'_0 = G\tan\alpha \tag{3-32}$$

由式（3-23）可得滑块等速下滑时斜面的效率为

$$\eta' = \frac{F_r v_r}{F_d v_d} = \frac{F' v_{12}}{F'_0 v_{12}} = \frac{F'}{F'_0} = \frac{\tan(\alpha - \varphi)}{\tan\alpha} \tag{3-33}$$

斜面机构在应用时，通常滑块上升为正行程，下降为反行程。由式（3-29）和式（3-33）可以看出，正、反行程的效率不等。若要求反行程自锁，即滑块 1 在载荷 G 作用下，

无论 G 有多大，滑块都不能下滑，必须使 $\eta' \le 0$。由式（3-33）可得，其自锁条件为 $\alpha \le \varphi$。

3.4 机械运转周期性速度波动的调节

由以上分析可知，原动件的运动规律受特定机构中各构件的质量、转动惯量和作用于其上的驱动力、阻力等因素影响。当各构件的质量、尺寸以及作用在机构上的外力等参数确定后，便可得出主动件的真实运动规律。一般而言，主动件的速度往往存在波动。过大的速度波动会引起附加波动惯性力，进而造成机械系统振动、降低机械系统寿命及工作效率。因此应将速度波动的幅值限制在允许范围内，这就需要对机械系统运动速度波动进行调节，机械系统中通常用添加飞轮的方法减小周期性速度波动。

3.4.1 机械的运转

如图 3-9 所示，机械系统从起动到停止，通常经历三个阶段：起动阶段、稳定运转阶段（即正常工作阶段）、停车阶段。在机械运转的三个阶段中，外力（驱动力和工作阻力）特性、运动特性及功-能转换特性见表 3-1。当然，并非所有的机械系统工作过程都有上述三个阶段，例如间歇式活性污泥法工艺专用滗水器的滗水过程，就没有明显的稳定运转阶段。

表 3-1 机械系统运转的三个阶段及其特征

阶段	外力特性	运动特性	功-能转换特性
起动	驱动力>0 工作阻力=0	角速度 ω 由零逐渐上升至稳定运转时的平均角速度 ω_m	驱动功 W_d 大于阻抗功 W_r，并转换为机构的动能 E，即 $W_d - W_r = E > 0$
稳定运转	驱动力>0 工作阻为>0	一般角速度 ω 在平均值 ω_m 上、下周期性波动	驱动功 W_d 克服阻抗功 W_r，总体上 $W_d = W_r$，$\Delta E = 0$；瞬时 $W_d \ne W_r$，$W_d - W_r = \Delta E \ne 0$
停车	驱动力=0 工作阻力>0	角速度 ω 由稳定运转时的平均值 ω_m 逐渐减小至零	$W_d = 0$，机械的剩余动能逐渐消耗于阻抗功，即 $E = W_r$

起动阶段与停车阶段统称为机械系统运转过程的过渡阶段，稳定运转阶段常为工作阶段。为缩短起动和停止阶段的运行时间，可以通过空载起动或者增大起动功率的方法达到快速起动的目的，而利用制动装置来缩短停车时间。图 3-9 中的虚线表示施加制动力矩后，停车阶段主动件角速度随时间的变化关系。一般机械系统起动和停车两个阶段的时间较短暂，不作为重点研究内容，本节重点介绍稳定运转阶段。

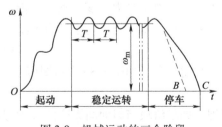

图 3-9 机械运动的三个阶段

3.4.2 周期性速度波动产生的原因

大部分机械系统在稳定运转阶段，其主轴角速度总是围绕某一平均值做周期性波动。当瞬时输入功与输出功不相等，而在一个周期内相等时，机械系统的动能在每经一个运动循环后又回到原来数值的现象称为周期性速度波动。

对于单自由度平面机械系统，构件的运动形式为包括平动和转动的一般平面运动，一般平面运动中任一运动构件 i 的动能 E_i 可表示为

$$E_i = \frac{1}{2}J_{Si}\omega_i^2 + \frac{1}{2}m_iv_{Si}^2 \tag{3-34}$$

式中，m_i 为第 i 个运动构件的质量；J_{Si} 为第 i 个运动构件绕质心 S_i 的转动惯量；ω_i 为第 i 个运动构件的角速度；v_{Si} 为第 i 个运动构件在质心 S_i 处的线速度。一个具有 n 个运动构件的机械系统，其动能 E 为

$$E = \sum_{i=1}^{n}E_i = \sum_{i=1}^{n}\left(\frac{1}{2}J_{Si}\omega_i^2 + \frac{1}{2}m_iv_{Si}^2\right) \tag{3-35}$$

绕质心做定轴转动的构件 $v_{Si}=0$，平动构件 $\omega_i=0$。设作用在机械系统上第 j 构件上的力为 F_j，力矩为 M_j，力 F_j 作用点的速度为 v_j，构件的角速度为 ω_i，则瞬时系统动能的变化量为

$$\mathrm{d}E = \mathrm{d}\sum_{i=1}^{n}E_i = \mathrm{d}\sum_{i=1}^{n}\left(\frac{1}{2}J_{Si}\omega_i^2 + \frac{1}{2}m_iv_{Si}^2\right) = \mathrm{d}W = \sum_{j=1}^{n}\left(M_j\omega_j \pm F_jv_j\cos\alpha_j\right)\mathrm{d}t \tag{3-36}$$

式中，α_j 为作用在 j 构件上外力 F_j 与速度 v_j 的夹角；而"$\pm$"号的选取则取决于作用在构件 j 上的力矩 M_j 与该构件的角速度 ω_i 的方向是否相同，相同时取"$+$"号，反之取"$-$"号。

以图 3-2a 所示的曲柄滑块机构为例，选择原动件（曲柄）1 的速度 φ_1 为独立的广义坐标，则系统的瞬时动能变化量为

$$\mathrm{d}\left\{\frac{\omega_1^2}{2}\left[J_1 + J_1\left(\frac{\omega_2}{\omega_1}\right)^2 + m_2\left(\frac{v_{S2}}{\omega_1}\right)^2 + m_3\left(\frac{v_3}{\omega_1}\right)^2\right]\right\} = \omega_1\left(M_1 - F_3\frac{v_3}{\omega_1}\right)\mathrm{d}t \tag{3-37}$$

令

$$J_v = J_1 + J_1\left(\frac{\omega_2}{\omega_1}\right)^2 + m_2\left(\frac{v_{S2}}{\omega_1}\right)^2 + m_3\left(\frac{v_3}{\omega_1}\right)^2 \tag{3-38}$$

$$M_v = M_1 - F_3\frac{v_3}{\omega_1} \tag{3-39}$$

由式（3-38）可以看出，J_v 具有转动惯量的量纲，故称为等效转动惯量（equivalent moment of inertia）。式中，各速比 ω_2/ω_1、v_{S2}/ω_1 以及 v_3/ω_1 都是广义坐标 φ_1 的函数。式（3-39）中，M_v 具有力矩的量纲，称为等效力矩（equivalent moment）。同理，式中的速比 v_3/ω_1 也是广义坐标 φ_1 的函数。由上述推导可知，单自由度机械运动可简化为该系统等效构件的运动分析。

图 3-10a 所示为某机械系统在稳定运转过程中，转化构件在任意一个周期 φ_T 内受等效驱动力矩 $M_d(\varphi)$ 与等效阻力矩 $M_r(\varphi)$ 的变化曲线。当转化构件自周期开始位置 φ_a 转过角度 φ 时，其等效驱动力矩和等效阻力矩所做功之差（或称功之代数和），即

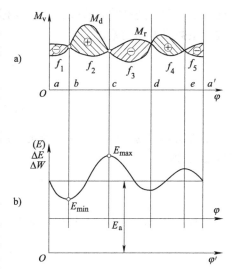

图 3-10　等效力矩与动能周期变化曲线

$$\Delta W = \int_{\varphi_a}^{\varphi} M_d \mathrm{d}\varphi - \int_{\varphi_a}^{\varphi} M_r \mathrm{d}\varphi \tag{3-40}$$

式中，ΔW 为盈亏功。在 ab、cd、ea' 区段间，ΔW_{ab}、ΔW_{cd}、$\Delta W_{ea'}$ 为负，称为亏功；在 bc、de 区段内，ΔW_{bc}、ΔW_{de} 为正，称为盈功。

按 $M_d(\varphi)$ 和 $M_r(\varphi)$ 两曲线所围面积的大小及正负，即可作出 ΔW-φ 的变化曲线，如图 3-10b 所示。因为 $\Delta W = \Delta E$，ΔW-φ 曲线也是 ΔE-φ 曲线，如果考虑到机械进入稳定运转前的初始动能 E_a（为常值），只需将 φ 轴向下平移 E_a，至 φ' 位置，此时纵轴就代表总动能 E。

由以上分析，机械系统存在周期性速度波动的原因为：

1）转化构件自周期开始位置 φ_a 至任一瞬时位置，M_d 和 M_r 所做功不相等，也即盈亏功 $\Delta W \neq 0$，所以存在系统动能的变化 ΔE，由此引起角速度波动 $\Delta \omega$。

2）在一个周期内，M_d 和 M_r 所做功相等，两曲线所围面积代数和为零，即 $f_1 + f_2 + f_3 + f_4 + f_5 = 0$，一个周期的盈亏功 $\Delta W = 0$，动能变化量 $\Delta E = 0$，因此周期终了的角速度 ω_a 恢复到周期开始时的角速度 ω_a，由此说明角速度的波动呈现周期性。

可以证明，在稳定运转阶段，若机构的运转速度呈现周期性波动，则其等效转动惯量与等效力矩均为转化构件角位移的周期性函数。

3.4.3 周期性速度波动的衡量指标

由于过大的速度波动幅度不利于机械系统正常运转，在设计时需要按照机械系统特性要求将运转不均匀性限制在一定范围内，此即机械系统运转周期性速度波动的调节。

图 3-11 给出了等效构件在一个周期内角速度的变化曲线。显然速度波动程度与最大角速度 ω_{max} 和最小角速度 ω_{min} 有关。可是，对于高速机械系统和低速机械系统来说，即使它们角速度的最大差值一样，对机械系统工作造成的影响也有所不同。为此，工程上采用角速度的最大差值与其平均角速度 ω_m 的比值来反映机械系统转动的速度波动程度，比值 δ 称为速度波动系数或不均匀系数，即

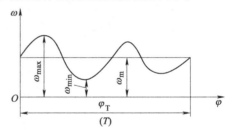

图 3-11　等效构件在一个周期内角速度的变化曲线

$$\delta = \frac{\omega_{max} - \omega_{min}}{\omega_m} \tag{3-41}$$

$$\omega_m = \frac{1}{\varphi_T} \int_0^{\varphi_T} \omega(\varphi) \mathrm{d}\varphi \tag{3-42}$$

工程实际中为了简化计算，当角速度 ω 变化不是太大时，常按算术平均值计算平均角速度 ω_m，即

$$\omega_m = \frac{\omega_{max} + \omega_{min}}{2} \tag{3-43}$$

将式（3-41）与式（3-43）相乘后，可得不均匀系数 δ 的另外一种表达式，即

$$\delta = \frac{\omega_{max}^2 - \omega_{min}^2}{2\omega_m^2} \tag{3-44}$$

由式（3-44）可知，速度波动系数是一个角速度波动的相对值。如果角速度差值

（$\omega_{\max}-\omega_{\min}$）一定，$\omega_m$ 越小，则速度波动越严重；反之，ω_m 越大，机械系统运转越平稳。不同性质的机械系统，对速度波动系数 δ 的要求也不相同。如动态旋流分离器转速的波动将会引起分离器流场的紊乱，从而造成分离性能降低，需要严格控制不均匀系数大小，使其不超过许用不均匀系数，即保证 $\delta \leqslant [\delta]$。表 3-2 给出了常用机械系统的许用不均匀系数 $[\delta]$，作为设计时的参考。目前，一些机械类环保设备的许用不均匀系数尚没有规定或标准可以参考，如离心机、动态旋流分离器等，建议参考泵的不均匀系数进行设计。

表 3-2　常用机械系统的许用不均匀系数 $[\delta]$

机械种类	$[\delta]$	机械种类	$[\delta]$
破碎机	1/5 ~ 1/20	纺纱机	1/60 ~ 1/100
压力机、剪床、锻床	1/7 ~ 1/20	船用发动机	1/20 ~ 1/150
泵、风机	1/5 ~ 1/30	压缩机	1/50 ~ 1/100
轧钢机	1/10 ~ 1/25	内燃机	1/80 ~ 1/150
农业机器	1/5 ~ 1/50	直流发电机	1/100 ~ 1/200
织布机、印刷机、制粉机	1/10 ~ 1/50	交流发电机	1/200 ~ 1/300
金属切削机床	1/20 ~ 1/50	航空发动机	<1/20
汽车与拖拉机	1/20 ~ 1/60	汽轮发电机	<1/20

3.4.4　周期性速度波动调节的基本原理

速度波动的程度与最大角速度 $\omega_{\max}$ 和最小角速度 $\omega_{\min}$ 有关，也即与动能变化的程度有关。为简化计算、突出主要因素，假设等效转动惯量 J_v 为常值，于是有

$$\Delta E_{\max} = E_{\max} - E_{\min} = \frac{1}{2} J_v (\omega_{\max}^2 - \omega_{\min}^2) \qquad (3-45)$$

转化构件的动能增量来源于等效力矩所做的盈亏功，即最大盈亏功 $\Delta W_{\max} = \Delta E_{\max}$。当等效力矩在一个周期内的变化规律确定后，$\Delta W_{\max}$ 为确定值，即 $\Delta E_{\max}$ 为确定值。式（3-45）等号左侧为确定值时，若人为加大等号右侧的等效转动惯量 J_v，则可减小 $\omega_{\max}^2 - \omega_{\min}^2$ 的值，从而可减小速度波动的幅值（即波动系数 δ 的大小）。

人为增加的转动惯量为 J_F 的盘状构件称为飞轮（flywheel），其所起的作用是当等效力矩做盈功时，以动能的形式将增加的能量储存起来，从而使转化构件角速度上升的幅度减小；反之，当等效力矩做亏功时，飞轮又释放出所储存的能量，使转化构件角速度下降的幅度减小，如图 3-12 所示。从某种意义上讲，飞轮在此中的作用相当于一个容量较大的储能器。

一般机械系统中，由于所加飞轮的转动惯量 J_F 比 J_v

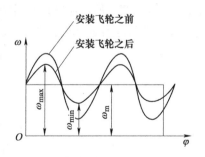

图 3-12　飞轮的作用示意图

大很多，故可忽略 J_v 的变化，近似取其平均值，即取 $J_v = J_0$，并为常值。这样原机械系统的等效转动惯量为 J_0，所加飞轮转动惯量为 J_F，总的等效转动惯量为 J_0+J_F。在一个稳定运转周期内，等效力矩和盈亏功（即动能增量）的关系为

$$\Delta W_{\max} = \Delta E_{\max} = E_{\max} - E_{\min} = \frac{1}{2}(J_0 + J_F)(\omega_{\max}^2 - \omega_{\min}^2) = (J_0 + J_F)\omega_m^2[\delta] \quad (3\text{-}46)$$

$$[\delta] = \frac{\Delta W_{\max}}{\omega_m^2(J_0 + J_F)} \quad (3\text{-}47)$$

可得到所需飞轮转动惯量 J_F 为

$$J_F = \frac{\Delta W_{\max}}{[\delta]\omega_m^2} - J_0 = \frac{\Delta E_{\max}}{[\delta]\omega_m^2} - J_0 \quad (3\text{-}48)$$

根据主轴的额定转速 n，可以确定平均角速度 $\omega_m(\omega_m = \pi n/30)$，按照机械系统特性确定合适的许用不均匀系数 $[\delta]$ 后，便可根据式（3-48）计算出飞轮转动惯量的大小。

由式（3-48）可知，计算飞轮转动惯量的关键是准确确定最大盈亏功 $\Delta W_{\max}$ 或最大动能变化量 $\Delta E_{\max}$，为此应先确定机械系统最大动能 $E_{\max}$ 和最小动能 $E_{\min}$ 出现的位置。注意，$\Delta E_{\max}$ 值只与稳定运动时最大动能和最小动能的差值有关，而与机械系统进入周期性稳定运动前的初始动能无关。**从减轻飞轮重量角度考虑，应将飞轮装在机械系统中速度较高的轴上。**

还需要特别指出，通过加装飞轮来调节机械系统的周期性速度波动，并不能使机械系统的速度波动完全消失，而只能将其限制在某一允许范围内。从周期性速度波动产生的原因来看，主要是外力的等效力矩为周期性变化，使盈亏功 ΔW 不会始终为零，从而产生动能波动。

【例 3-2】 某机械系统在一个稳定运转循环中，等效阻力矩 M_v 变化规律如图 3-13 所示，设等效驱动力矩 M_D 为常数，等效转动惯量 $J_v = 3\mathrm{kg} \cdot \mathrm{m}^2$，主轴平均角速度 $\omega_m = 30\mathrm{rad/s}$，要求运转速度不均匀系数 $\delta = 0.05$。试确定 $\omega_{\max}$ 和 $\omega_{\min}$ 出现的位置，并计算安装在等效构件上的飞轮转动惯量 J_F。

解：（1）计算等效驱动力矩 M_D 在一个稳定运转周期内，等效驱动力矩所做正功应等于等效阻力矩所做负功，即

$$2\pi M_D = \frac{1}{2} \times 1000\mathrm{N} \cdot \mathrm{m} \times 2\pi$$

解得 $M_D = 500\mathrm{N} \cdot \mathrm{m}$，等效驱动力矩如图 3-13 中虚线所示。

（2）确定 $\omega_{\max}$ 和 $\omega_{\min}$ 出现的位置 首先找出等效驱动力矩曲线与等效阻力矩曲线的交点 φ_a 和 φ_b，交点所对应的最有可能是最大盈亏功出现的位置，具体如图 3-14 所示。通过比例关系，可以得到 φ_a 和 φ_b 的具体位置分别为

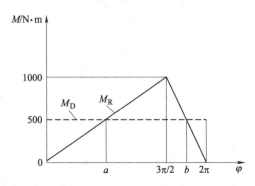

图 3-13 一个运动循环的等效力矩变化曲线

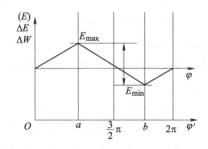

图 3-14 能量变化图

$$\varphi_a = \frac{3\pi}{4}, \quad \varphi_b = \frac{7\pi}{4}$$

Oa 段，$M_D > M_R$，ΔW_{Oa} 为盈功，动能逐渐增加，增加量为

$$\Delta E_{Oa} = \Delta W_{Oa} = \frac{1}{2} \times 500 \times \frac{3\pi}{4} \mathrm{J} = 187.5\pi \mathrm{J}$$

ab 段，$M_D < M_R$，ΔW_{ab} 为亏功，动能逐渐降低，减少量为

$$\Delta E_{ab} = \Delta W_{ab} = \frac{1}{2} \times 500 \times \left(\frac{7\pi}{4} - \frac{3\pi}{4} \right) \mathrm{J} = 250\pi \mathrm{J}$$

b 点到 2π 段，$M_D > M_R$，ΔW_{bO} 为盈功，能逐渐增加，增加量为

$$\Delta E_{bO} = \Delta W_{bO} = \frac{1}{2} \times 500 \times \left(2\pi - \frac{7\pi}{4} \right) \mathrm{J} = 62.5\pi \mathrm{J}$$

画出动能变化曲线，如图 3-14 所示，由图可知 a 点机械系统动能最大，因此 a 点处角速度最大；同理，b 点角速度最小。

（3）计算最大盈亏功 ΔW_{max} 根据最大盈亏功的定义可以得到

$$\Delta W_{max} = \Delta E_{max} = E_{max} - E_{min} = \frac{1}{2} \times 500 \times \left(\frac{7\pi}{4} - \frac{3\pi}{4} \right) \mathrm{J} = 250\pi \mathrm{J}$$

（4）计算安装在等效构件上的飞轮转动惯量 J_F 由式（3-48）可得

$$J_F = \frac{\Delta W_{max}}{[\delta] \omega_m^2} - J_0 = \left(\frac{250\pi}{0.05 \times 900} - 3 \right) \mathrm{kg \cdot m^2} = 12.7 \mathrm{kg \cdot m^2}$$

3.5 机械系统的平衡

如图 3-15 所示的转子，其质量为 12.5kg，转速为 6000r/min，由于安装误差、材料不均匀等原因造成转动中心与质心的偏心距离为 e，则其离心惯性力 $F_1 = me\omega^2 = 4930\mathrm{N}$，方向呈周期性变化。离心惯性力在转动副处所带来的约束反力是转子自重的 40 倍。这种由转动中心和质心不重合而产生的附加离心惯性力被称为不平衡惯性力，周期性变化的不平衡惯性力在运动副中产生的附加反作用力会加剧运动副的摩擦、造成强迫振动和噪声，进而影响设备性能和使用寿命。为消除不平衡惯性力的不利影响，将不平衡惯性力平衡掉的方法称为惯性力的平衡，俗称机械系统的平衡。

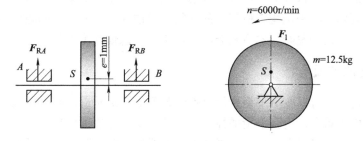

图 3-15 转子的离心惯性力

由离心力计算公式可知，不平衡惯性力与角速度的二次方成正比，因此中高速转动构件的设计中需要考虑平衡问题，另外在重型转动件和精密设备的设计中也要减少不平衡惯性力

的影响。

3.5.1 机械系统平衡的分类

机械系统中各构件的运动形式及结构均不相同，其平衡问题也不相同。根据平衡对象不同，机械系统平衡分为以下两类。

1. 回转构件（转子）的平衡

绕固定轴转动的构件常称为转子，其惯性力、惯性力矩的平衡问题称为转子平衡。在现代机械系统中，如汽轮机、航空发动机转子等，由于受径向尺寸的限制，轴向尺寸较大（即径宽比很小），且质量大、转速高。在运转过程中，此类转子本身会发生明显的弯曲变形，由此产生挠度，称这类会发生弹性变形的转子为挠性转子，而一般机械系统中的转子为刚性转子。显然，挠性转子的平衡问题要复杂得多，这里暂不涉及，本章所研究的回转构件平衡都是指刚性转子的平衡。

刚性转子的结构及几何形状不同，产生不平衡惯性力的原因不同，平衡惯性力的方法也不同。

如果转子的径宽比（转子的径向尺寸 D 与轴向尺寸 l 之比）$D/l \geqslant 5$，如单个齿轮、带轮、链轮、盘形凸轮、风机叶轮、曝气盘等轮盘类转子，可忽略转子厚度平衡过程转换为平面汇交力系问题。转子转动时偏心质量产生周期变化的离心惯性力，静止时不平衡质量总会转到最低位置，这种在静止时就有明显不平衡的现象称为静不平衡，相应的转子称为静不平衡转子。

如果径宽比 $D/l < 5$，如风机或泵的主轴、离心机转子等轴类转子，轴向尺寸的影响无法忽略，则不平衡质量分布于若干个平行的回转平面内。即使轴类转子质心与转动中心重合，也会因离心惯性力不在同一平面内而产生附加力矩，使转子处于不平衡状态。这种只有运动时方能显示出来的不平衡的现象称为动不平衡。

2. 机构的平衡

含有做往复运动或一般平面运动构件的机构如曲柄摇杆机构、曲柄滑块机构等，单个构件无法平衡掉其自身产生的惯性力、惯性力矩，只能从机构的角度进行研究，因此这类平衡为机构平衡。由于不平衡惯性力是由质心加速度造成的，因此机构平衡的方法是实现所有构件产生的惯性力、惯性力矩合成为一个静止的总惯性力和惯性力矩。机构中机架是唯一静止构件，所以机构的平衡是该合成总惯性力和总惯性力矩作用于机架上，从而实现完全或部分平衡。此类平衡问题又称为机构在机架上的平衡。总惯性力矩的平衡问题必须综合考虑驱动力矩与阻力矩，情况较为复杂，本章只介绍平面机构中总惯性力平衡的一般原理及方法。

3.5.2 静平衡原理及方法

对于轮盘类转子，可以在不平衡质量对称位置添加平衡质量，或直接减去不平衡质量即可使质心与回转中心重合，达到平衡惯性力的目的，这种方法称为静平衡（static balance）。

从力学原理分析，静平衡原理属于平面汇交力系的平衡问题，其静平衡条件表示为：平衡后各偏心质量的惯性力合力为零，即

$$\sum F = 0 \tag{3-49}$$

例如，图 3-16a 所示的三叶搅拌桨，桨叶可用位于各自质心处的集中质量来代替，则该

回转构件可以简化为图 3-16b 所示的模型。三个相同大小的质量块位于同一半径的圆周上，并相隔 120° 均匀分布。如果由于制造误差未能满足上述均匀条件，就会产生不平衡的惯性力。若能测定出其位置偏差（如角位置偏差）值，就可通过计算，确定出为使惯性力达到平衡应加平衡质量的大小及方位。

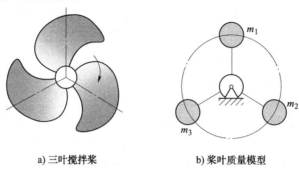

a) 三叶搅拌桨　　　　　　b) 桨叶质量模型

图 3-16　搅拌器桨叶的集中质量模型

将其转换为如图 3-17a 所示的平面汇交力系模型，在同一回转面内的偏心质量分别为 m_1、m_2、m_3，各偏心质量所在位置用矢径分别表示为 r_1、r_2、r_3。若转子以定角速度 ω 转动，各偏心质量所产生的离心惯性力分别为 F_1、F_2、F_3。在平面内增加一个平衡质量 m_b 用于平衡离心惯性力，平衡质量所在位置的矢径为 r_b，产生的离心惯性力为 F_b。当转子达到静平衡时，应满足

$$\sum \boldsymbol{F} = \boldsymbol{F}_b + \boldsymbol{F}_1 + \boldsymbol{F}_2 + \boldsymbol{F}_3 = 0 \tag{3-50}$$

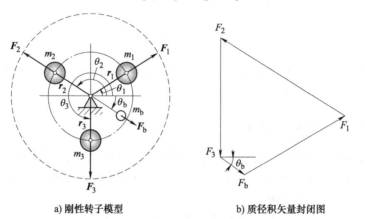

a) 刚性转子模型　　　　　　b) 质径积矢量封闭图

图 3-17　刚性转子

若转子的总质量为 m、总质心相对转动中心的矢径为 e，则

$$\sum m\omega^2 \boldsymbol{e} = m_b\omega^2 \boldsymbol{r}_b + m_1\omega^2 \boldsymbol{r}_1 + m_2\omega^2 \boldsymbol{r}_2 + m_3\omega^2 \boldsymbol{r}_3 = 0 \tag{3-51}$$

显然，静平衡后该转子的总质心将与其回转中心重合，即 $e=0$。同一个刚性转子，其角速度相同，约去式中的角速度，式（3-51）写为

$$\sum m\boldsymbol{e} = m_b\boldsymbol{r}_b + m_1\boldsymbol{r}_1 + m_2\boldsymbol{r}_2 + m_3\boldsymbol{r}_3 = 0 \tag{3-52}$$

由式（3-52）可知，质量与矢径的乘积可以用来表征各不平衡质量离心惯性力的相对大小与方位。将**质量与矢径的乘积定义为质径积**，质径积是个具有惯性力的性质的矢量，其大

小同惯性力成正比, 方向与惯性力相同。式 (3-52) 中 $m_1\boldsymbol{r}_1$、$m_2\boldsymbol{r}_2$、$m_3\boldsymbol{r}_3$ 为已知量, 求解 $m_b\boldsymbol{r}_b$ 的常用方法有图解法和解析法两种。

1. 图解法

由平面汇交力系平衡所有力的矢量首尾相连组成封闭多边形可知, 满足式 (3-52) 中的质径积矢量首尾相连必然形成封闭的多边形。图解法就是按照比例绘制此质径积矢量多边形, 然后直接从图中量取质径积 $m_b\boldsymbol{r}_b$ 的大小和方位角 θ_b, 作图过程如下:

1) 计算各偏心质量的质径积 $m_i\boldsymbol{r}_i (i=1, 2, \cdots, n)$。

2) 取作图比例尺, 确定各质径积的图示长度。

3) 按式 (3-52) 作质径积矢量封闭图, 如图 3-17b 所示。

4) 从图上直接量取质径积 $m_b\boldsymbol{r}_b$ 的长度 $m_b r_b$ 和相位角 θ_b, 如图 3-17b 所示。

由此可看出作图法简明、直观、力学概念清晰; 且无论回转构件上有多少个偏心质量, 只需确定出一个平衡质量, 即可实现回转构件的惯性力平衡, 因此回转构件静平衡条件可表示为

$$m_b\boldsymbol{r}_b + \sum_{i=1}^{n} m_i\boldsymbol{r}_i = 0 \tag{3-53}$$

2. 解析法

以转动中心为坐标原点建立坐标系, 将矢量方程——式 (3-53) 中各分量向两个坐标轴投影, 得到两个代数方程, 即

$$\begin{cases} m_b r_b \cos\theta_b + \sum_{i=1}^{n} m_i r_i \cos\theta_i = 0 \\ m_b r_b \sin\theta_b + \sum_{i=1}^{n} m_i r_i \sin\theta_i = 0 \end{cases} \tag{3-54}$$

对式 (3-54) 求解, 得出平衡质量质径积的大小 $m_b r_b$ 和相位角 θ_b。选择平衡质量 m_b 或其所在半径 r_b, 确定另外一个。

3.5.3 静平衡试验的基本原理

受限于制造精度、材质均匀性等客观原因影响, 几何对称的旋转件仍然存在惯性力不平衡的问题, 且这类不平衡质量的大小及方位无法通过计算确定。工程上常采用静平衡试验的方法来确定不平衡质量的大小和方位。

静平衡试验原理是轴盘类转子在静止状态下质心 (也即重心) 总是处于最低位置。静平衡试验用设备称为静平衡架, 常用的平衡架有导轨式静平衡架和圆盘式静平衡架。图 3-18a 所示为导轨式静平衡架, 两个刀口形导轨在同一水平面内, 且互相平行, 如图 3-18b 所示。试验时将转子的轴颈支承在两导轨上, 则受到偏心重力的作用, 转子会在刀口形导轨上滚动。理论上当构件停止滚动后, 其质心 S 位于转轴的铅垂下方, 如图 3-18c 所示, 在反方向 (即正上方) 上的某个适当位置, 放置适量的胶泥 (或磁块) 粘贴在构件上代替平衡质量。重复上述过程, 并根据转子停止位置调整胶泥 (或磁块) 的大小或径向位置, 直到转子可以停止在任意位置, 并都能保持静止不动, 此时所粘贴胶泥 (或磁块) 的质径积即为应加平衡质量的质径积 $m_b\boldsymbol{r}_b$。最后根据转子的具体结构和 $m_b\boldsymbol{r}_b$ 确定的平衡质量大小和方向

完成转子的平衡。

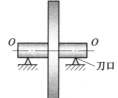
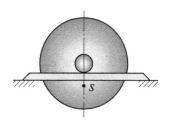

a) 导轨式静平衡架三维模型　　b) 导轨式静平衡架主视图　　c) 导轨式静平衡架测量的静不平衡状态

图 3-18　导轨式静平衡架

3.5.4　动平衡的力学分析与设计

前面提到，对于径宽比 $D/l<5$ 的刚性转子，其不平衡质量分布于若干个不同的回转面内，如图 3-19 所示的曲轴即为一个典型例子，此时各偏心质量产生的离心惯性力分布在多个相互平行的平面内。无法在一个平面内加平衡质量（或减质量），使回转构件达到惯性力和惯性力矩的平衡，这种情况为动不平衡，可以利用工程力学中空间平行力系的方法解决。

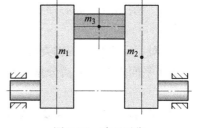

图 3-19　动不平衡

根据平行力的合成与分解原理，可将一个力分解成两个与其平行的分力。依据此方法，将多个分布在相互平行平面内的不平衡质量分解到两个固定的平面内，然后计算每个平面内所需增加的平衡质量数目、大小及方位，以使所设计的转子在理论上达到动平衡。针对如图 3-19 所示的曲轴，将曲轴的偏心质量设在图 3-20 中的 T'、T'' 平面上，用静平衡方法直接在平面 T'、T'' 上平衡掉 m_1、m_2。对于偏心质量 m_3 产生的偏心力 F_3，位于平面 T'、T'' 之间，由工程力学的知识可知

$$F'_3 = \frac{l''}{L}F_3, F''_3 = \frac{l'}{L}F_3 \tag{3-55}$$

式中，F'_3、F''_3 分别为平面 T' 和 T'' 内矢径为 $\boldsymbol{r}_1$ 和 $\boldsymbol{r}_2$ 的偏心质量 m'_3 及 m''_3 所产生的离心惯性力，且

$$F'_3 = m'_3\omega^2\boldsymbol{r} = \frac{l''}{L}m_3\boldsymbol{r}, F''_3 = m''_3\omega^2\boldsymbol{r} = \frac{l'}{L}m_3\boldsymbol{r} \tag{3-56}$$

因此有

$$m'_3 = \frac{l''}{L}m_3, m''_3 = \frac{l'}{L}m_3 \tag{3-57}$$

同理可得，任意不平衡质量均可分解到两个指定平面内，即

$$m'_i = \frac{l''_i}{l}m_i, m''_i = \frac{l'_i}{l}m_i \tag{3-58}$$

可见，任意平面内的偏心质量完全可用平面 T' 和 T'' 内的偏心质量来替代，将刚性转子的动

平衡设计问题转化平面 T' 和 T'' 内的静平衡设计问题。

对于平面 T' 和 T''，由式（3-50）可知

$$m'_b \boldsymbol{r}'_b + \sum_{i=1}^{n} m'_i \boldsymbol{r}_i = 0, \quad m''_b \boldsymbol{r}''_b + \sum_{i=1}^{n} m''_i \boldsymbol{r}_i = 0$$

$$(3-59)$$

采用图解法或解析法，均可求出平衡质量质径积 $m'_b \boldsymbol{r}'_b$ 与 $m''_b \boldsymbol{r}''_b$ 的大小和方位，适当选择矢径 $\boldsymbol{r}'_b$、$\boldsymbol{r}''_b$ 的大小，即可求出 T' 和 T'' 平面内的平衡质量 m'_b、m''_b。这样，转子上所有平面内的偏心质量均被平面 T' 和 T'' 内的质量 m'_b、m''_b 所平衡。由此可以得出如下结论。

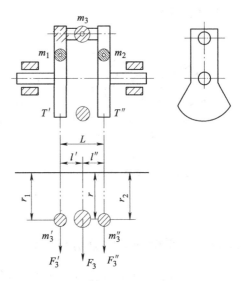

图 3-20　动平衡转子

1）刚性转子的动平衡条件是：转子上所有不平衡质量产生的空间离心惯性力的合力及合力矩均为零。

2）对于动不平衡的轴类转子，需要先将各不平衡质量分解到两个平衡平面内，然后对两个平衡平面内的不平衡分量进行平衡。因此动平衡也称为双面平衡，而静平衡称为单面平衡。

3）平衡基面的选取需要考虑转子的结构和安装条件限制，以便于添加或去除平衡质量为准。另外，两平衡基面间的距离和平衡质量的矢径都应适当大一些，以提高力矩的平衡效果、减小平衡质量。

4）由于动平衡同时需满足静平衡的条件，故经过动平衡设计的刚性转子一定满足静平衡条件；反之，静平衡刚性转子不一定满足动平衡条件。

【例 3-3】　如图 3-21 所示一个安装有带轮的轴。已知带轮上的偏心质量 $m_1 = 0.5\text{kg}$，$r_1 = 80\text{mm}$，滚筒上的偏心质量 $m_2 = m_3 = m_4 = 0.4\text{kg}$，$r_2 = r_3 = r_4 = 100\text{mm}$，分布如图 3-21 所示，试对该轴进行动平衡设计。

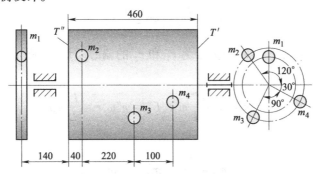

图 3-21　滚筒轴的动平衡

解：（1）选择平衡平面　为使滚筒轴达到动平衡，必须任选两个平衡平面，并在两个平衡平面内各加一个合适的平衡质量。可选择滚筒轴的两个端面 T' 和 T'' 为平衡平面。

（2）不平衡质量的分解　根据平行力的合成与分解原理，将各偏心质量分解到平衡平

面 T' 和 T'' 内，并保持各偏心向径不变。

在 T' 平面内各不平衡质量的质径积大小分别为

$$m_1'r_1 = \frac{l_1''}{L}m_1r_1 = -\frac{140}{460} \times 0.5 \times 80\text{kg} \cdot \text{mm} = -12.2\text{kg} \cdot \text{mm}$$

$$m_2'r_2 = \frac{l_2''}{L}m_2r_2 = \frac{40}{460} \times 0.4 \times 100\text{kg} \cdot \text{mm} = 3.5\text{kg} \cdot \text{mm}$$

$$m_3'r_3 = \frac{l_3''}{L}m_3r_3 = \frac{260}{460} \times 0.4 \times 100\text{kg} \cdot \text{mm} = 22.6\text{kg} \cdot \text{mm}$$

$$m_4'r_4 = \frac{l_4''}{L}m_4r_4 = \frac{360}{460} \times 0.4 \times 100\text{kg} \cdot \text{mm} = 31.3\text{kg} \cdot \text{mm}$$

在 T'' 平面内各不平衡质量的质径积大小分别为

$$m_1''r_1 = \frac{l_1'}{L}m_1r_1 = \frac{460+140}{460} \times 0.5 \times 80\text{kg} \cdot \text{mm} = 52.2\text{kg} \cdot \text{mm}$$

$$m_2''r_2 = \frac{l_2'}{L}m_2r_2 = \frac{420}{460} \times 0.4 \times 100\text{kg} \cdot \text{mm} = 36.5\text{kg} \cdot \text{mm}$$

$$m_3''r_3 = \frac{l_3'}{L}m_3r_3 = \frac{200}{460} \times 0.4 \times 100\text{kg} \cdot \text{mm} = 17.4\text{kg} \cdot \text{mm}$$

$$m_4''r_4 = \frac{l_4'}{L}m_4r_4 = \frac{100}{460} \times 0.4 \times 100\text{kg} \cdot \text{mm} = 8.7\text{kg} \cdot \text{mm}$$

（3）确定平衡平面 T' 和 T'' 内，各偏心质量的方向角（相径与 x 轴夹角）

$-\theta_1' = \theta_1'' = \theta_1 = 90°$，$\theta_2' = \theta_2'' = \theta_2 = 120°$，$\theta_3' = \theta_3'' = \theta_3 = 240°$，$\theta_4' = \theta_4'' = \theta_4 = 330°$

平衡平面 T' 和 T'' 内不平衡质量分布相位如图 3-22a、b 所示。

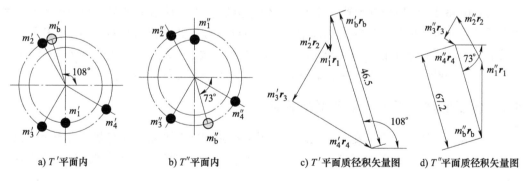

a) T' 平面内　　b) T'' 平面内　　c) T' 平面质径积矢量图　　d) T'' 平面质径积矢量图

图 3-22　不平衡质量分布图和质径积矢量图

（4）确定平衡平面 T' 和 T'' 内需要添加的平衡质量质径积　设 $r_b' = r_b'' = r_b = 100\text{mm}$，用图解法计算平衡质量质径积的大小及方向角，平衡平面 T' 和 T'' 内的平衡力系如图 3-22c、d 所示。

（5）计算平衡质量　平面 T' 和 T'' 内所添加平衡质量的位置如图 3-22a、b 所示。平衡平面 T' 和 T'' 内应增加的平衡质量分别为

$$m_b' = \frac{m_b'r_b'}{r_b'} = \frac{46.5}{100}\text{kg} = 0.465\text{kg}, m_b'' = \frac{m_b''r_b''}{r_b''} = \frac{67.2}{100}\text{kg} = 0.672\text{kg}$$

3.5.5 动平衡试验简介

对于几何形状对称的回转构件，如电动机转子、离心机转子等，由于制造误差、材质不均等原因引起的动不平衡，若无法准确确定不平衡质量块的大小及方位，只能通过动平衡试验来确定应加平衡质量的大小及方位。

当不平衡的回转构件转动时，离心惯性力周期性地作用在支座上，使支座产生振动。动平衡试验的力学原理就是通过测量其支座的振动参数，来确定回转构件动不平衡的情况。

进行回转构件动平衡试验的专用设备——动平衡机的类型很多，主要有机械式和电测式两大类。近年来，随着测试手段日趋先进，平衡精度和平衡效率都得到了大幅提高，电测式动平衡机应用更为广泛。无论采用何种类型的动平衡机来确定平衡质量，都是基于上述平衡计算的力学原理，即通过测试手段来确定两个平衡平面内应加的平衡质量（质径积大小及其方位）。图3-23所示为电测式动平衡机的工作原理

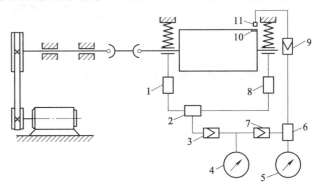

图 3-23　电测式动平衡机的工作原理示意图

1、8—传感器　2—解算电路　3—信号放大器　4、5—仪表
6—鉴相器　7、9—整形放大器　10—转子标记　11—光电头

示意图，由驱动、试件支承和不平衡量测量三个主要部分组成。常采用变速电动机加一级 V带传动，并用双万向联轴器与试验回转构件连接。回转试件被支承在弹簧支架上，试件旋转后的不平衡惯性力将引起弹簧支架的微振动。传感器 1、8 监测弹簧支架上的微振动信号，并输入解算电路 2。经信号放大器 3 放大后的信号由仪表 4 显示出不平衡质径积的大小。整形放大器 7 将放大后的信号转换为脉冲信号，并将此信号送到鉴相器 6 的一端。鉴相器的另一端接受基准信号，基准信号来自光电头 11 和整形放大器 9，其相位与转子标记 10 相对应。鉴相器 6 两端信号的相位差由仪表 5 显示，即为不平衡质径积的相位。

3.5.6 转子的许用不平衡量及平衡品质

平衡试验后，转子的不平衡已大大减少，但无法做到绝对平衡，在有些场合更是不需要进行过高的平衡，否则会增加成本。因此，根据工作要求，对转子规定适当的许用不平衡也很有必要。

1. 转子不平衡量的表示方法

转子不平衡的表示方法一般有两种：质径积表示法与偏心距表示法。若一个质量为 m、偏心距为 e 的转子，回转时产生的离心惯性力用在矢径 r_b 处的平衡质量 m_b 加以平衡（$me = m_b r_b$），该转子的不平衡量可用质径积的大小 $m_b r_b$ 表示。

对于质径积相同而质量不同的两个转子，其不平衡度显示不同，此时可采用偏心距来表征不同转子的不平衡量，即

$$e = \frac{m_b r_b}{m}$$

因此，根据转子工作条件的不同，规定不同的许用不平衡质径积 $[mr]$ 或许用偏心距 $[e]$。

2. 转子的许用不平衡及平衡品质

转子平衡状态的优良程度称为平衡品质，转子运转时不平衡量所产生的离心惯性力与转子角速度 ω 有关，工程上常用 $e\omega$ 来表征转子的平衡品质。国际标准化组织（ISO）以平衡精度作为转子平衡品质的等级标准，其值为

$$A = [e]\omega/1000 \tag{3-60}$$

对于静不平衡的转子，许用不平衡偏心距 $[e]$ 在选定 A 值（通过查 ISO 相关表格）后可由式（3-60）求得；而对于动不平衡的转子，先选定 A 值后求出 $[e]$，再求得许用不平衡质径积 $[mr]$，最后将其分配在两个平衡基面上。

3.5.7　平面连杆机构的平衡

平面连杆机构中往复运动和做复杂平面运动的构件存在速度变化，构件的惯性力与惯性力矩会给机架附加的动压力。由力学原理可知，可以将机构中各运动构件产生的惯性力和惯性力矩合成为一个过机构总质心 S 的总惯性力 F 和总惯性力矩 M。机构总惯性力矩的平衡问题必须综合考虑机构驱动力矩和工作阻力矩的共同作用，情况较为复杂，故本小节只介绍机构总惯性力在机架上的平衡问题。设机构的总质量为 m，总质心位置在 S 处，总质心 S 的加速度为 a_S，则机构平衡时的总惯性力 F 为

$$F = -ma_S = 0 \tag{3-61}$$

依据式（3-61）判断，只有使机构在任何运动位置时的质心加速度 $a_S = 0$，也即机构的总质心 S 应该做匀速直线运动或静止不动，才能使机构总惯性力 F 在任何运动位置都等于零。由于平面连杆机构做平面运动，S 的运动轨迹一般为一封闭曲线，很难使其质心做匀速直线运动。**因此平面连杆机构的平衡思路是：通过质量、构件合理布置、附加平衡机构或质量（或称质量代替）等方法，使机构总质心位置保持静止不动，或者说，将质心位置调整到静止的机架上。**

1. 附加平衡质量法

附加平衡质量法也称质量代换法，以若干集中质量来代换构件的质量，并保持动力学效应不变。

如图 3-24 所示的铰链四杆机构，设运动构件 1、2、3 的质量分别为 m_1、m_2、m_3，其质心分别位于 S_1、S_2、S_3。为完全平衡掉该机构的总惯性力，可利用公式（3-57）将构件 2 的质量 m_2 代换为 B、C 两点处的集中质量，即

$$m_{2B} = \frac{l_{CS_2}}{l_{BC}}m_2, \quad m_{2C} = \frac{l_{BS_2}}{l_{BC}}m_2$$

然后，在构件 1 的延长线上加一个平衡质量 m'，并使 m'、m_1 及 m_{2B} 的质心位于 A 点。假设 m' 的中心至 A 点的距离为 r'，则 m' 的大小为

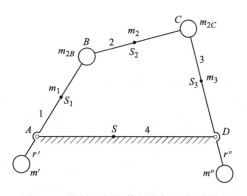

图 3-24　铰链四杆机构的附加平衡质量法

69

$$m' = \frac{m_{2B}l_{AB} + m_1 l_{AS_1}}{r'}$$

同理，可在构件3的延长线上加一个平衡质量 m''，并使 m''、m_3 及 m_{2C} 的质心位于 D 点。假设 m'' 的中心至 D 点的距离为 r''，则平衡质量 m'' 的大小为

$$m'' = \frac{m_{2C}l_{CD} + m_3 l_{DS_3}}{r''}$$

包括平衡质量 m'、m'' 在内的整个机构总质量为

$$m = m_A + m_D$$

式中，$m_A = m_1 + m_{2B} + m'$，$m_D = m_3 + m_{2C} + m''$。

于是，机构的总质量 m 可认为集中在 A、D 两个固定不动的点上。机构的总质心 S 应位于直线 AD（即机架）上，且

$$\frac{l_{AS}}{l_{DS}} = \frac{m_D}{m_A}$$

这样，机构在运动时其总质心 S 静止不动，即加速度恒为 0，说明该机构的总惯性力得到了完全平衡。

2. 对称布置法

为了使机构的惯性力得到平衡，还可以采用将相同机构按对称方式进行布置的设计方法。例如，采用如图 3-25a、b 所示的对称布置方式，使机构的总惯性力得到完全平衡。由于左、右两部分关于 A 点中心对称，因此机构在运动过程中的质心始终保持静止不动。采用对称布置法可以获得良好的平衡效果，也可以使惯性力引起的作用在支承 A 上的动压力完全得到平衡，但机构的体积会显著增大。

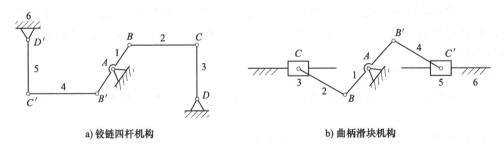

a) 铰链四杆机构   b) 曲柄滑块机构

图 3-25 对称布置法的原理示意图

研究表明，完全平衡含 n 个构件单自由度机构的惯性力，应至少添加 $n/2$ 个平衡质量。因此若采用附加平衡质量法平衡惯性力，将使机构总质量大大增加，尤其将平衡质量安装在做一般平面运动的连杆上时，对结构更为不利；而采用对称布置法时，将使机构体积增加、结构趋于复杂。因此工程实际中多数采用部分平衡方法，以减小机构总惯性力所产生的不良影响。

在图 3-26 所示的机构中，当曲柄 AB 转动时，两摇杆的角加速度方向相反，其惯性力的方向也相反。但由于采用非完全对称布置，两摇杆的运动规律并不完全相同，故两连杆及两摇杆的惯性力在机架上得到部分抵消。

3. 附加平衡机构法

如图 3-27 所示的曲柄滑块机构平衡的近似对称布置法，在曲柄 AB 的反方向上加一个平衡曲柄滑块机构 $AB'C'$。机构运动时，两连杆与两滑块的惯性力部分抵消。有时也可采用附加连杆机构的方法来实现机构总惯性力的部分平衡，例如图 3-28 中所示的高速冷镦机主体机构，就是以铰链四杆机构作为曲柄滑块机构的平衡机构。若连架杆 $C'D$ 较长，则 C' 点的运动近似为直线，故可在 C' 点附加平衡质量 m'，以达到平衡的目的。

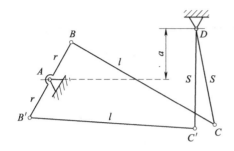

图 3-26　曲柄摇杆机构平衡的
近似对称布置法

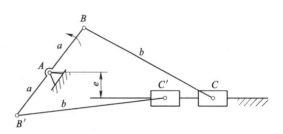

图 3-27　曲柄滑块机构平衡的
近似对称布置法

4. 附加弹簧

如图 3-29 所示，通过合理选择弹簧的刚度系数和安装位置，可使铰链四杆机构中连杆的惯性力得到部分平衡。

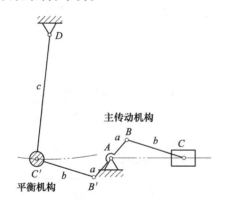

图 3-28　采用附加连杆机构实现
高速冷镦机的部分平衡

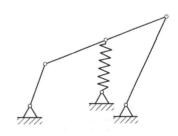

图 3-29　铰链四杆机构平衡的
附加弹簧法

【习题】

3-1　简述当量摩擦系数 f_v 及当量摩擦角 φ_v 的定义，列举 3 种当量摩擦系数 f_v 与实际摩擦系数 f 的关系式。

3-2　自锁机械能否运动？试举 2~3 个利用自锁的实例，并介绍其实现自锁的方法。

3-3　什么是静平衡？什么是动平衡？并分别介绍其平衡方法。

3-4　机械系统速度波动有何危害？如何调节？

3-5　飞轮为什么可以调速？能否利用飞轮来调节非周期性速度波动？为什么？

3-6 图 3-30 所示为一钢制圆盘，盘厚 $b=10mm$。位于 I 处有一直径 $\phi50mm$ 的通孔，位置 II 处有一质量 $m_2=50g$ 的重块。为使圆盘平衡，拟在圆盘上半径为 200mm 处制一通孔，试求此通孔的直径和位置（钢的密度 $\rho=7.8g/cm^3$）。

3-7 图 3-31 所示为装有带轮的轴，已知偏心质量 $m_1=1kg$，$m_2=3kg$，$m_3=4kg$，各偏心质量的方向如图所示（长度单位为 mm）。若将平衡基面（I 面和 II 面）选在轴的两个端面上，两平衡基面中平衡质量的回转直径均取 600mm，试求两平衡质量的大小及方位。

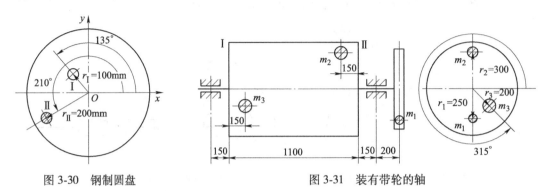

图 3-30 钢制圆盘　　　　　　　　　　　图 3-31 装有带轮的轴

3-8 某机器稳定运动阶段，主轴上的等效驱动力矩 M_D 的变化规律如图 3-32 所示。等效阻力矩 M_R 按常数计算，各构件等效到主轴上的总转动惯量 $J_v=0.05kg \cdot m^2$。已知主轴平均转速 $n_m=1460r/min$，机器运转的速度不均匀系数 $\delta \leq 0.05$，试求：①等效阻力矩 M_R；②ω_{max} 和 ω_{min} 出现的位置；③最大盈亏功 ΔW_{max}；④安装在主轴上的飞轮转动惯量 J_F。

3-9 图 3-33 所示为小型移动式空气压缩机，由电动机通过带传动带动活塞式空气压缩机，将空气压缩后泵入储气罐。若中途停机，当储气罐中剩余空气压力较高时，若想重新起动压缩机，一般起动不起来（会出现跳闸或熔丝熔断），这时需要把储气罐中的压缩空气放掉一部分才能起动。试分析出现上述现象的原因。

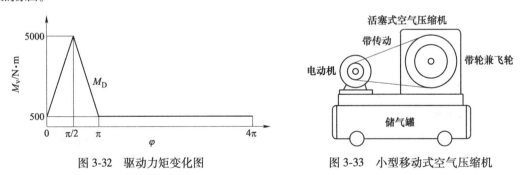

图 3-32 驱动力矩变化图　　　　　　　图 3-33 小型移动式空气压缩机

3-10（大作业） 第 2 章习题 2-12 中，在连杆末端耙齿处施加按照线性规律增加的阻力，最小值为 0，最大值设为 1.0kN，然后利用 UG/Scenario、Pro/Mechanism、SolidWorks、CATIA/KIN、MSC/Working Model 等软件中的一种，分析摇杆末端固定铰链处和曲柄末端固定铰链处的支反力变化规律、曲柄末端固定铰链处的平衡力矩变化规律，并根据平衡力矩变化规律给出原动机功率选择的合理范围。

第2篇

设备零部件设计的选材、成形与基本准则

　　本书涉及的设计过程仅指狭义上的设备技术性设计过程，是一个"我思故'设备'在"的创造性工作，同时也是一个应该尽可能"站在巨人肩膀上"利用已有成功经验的工作。只有将继承与创新有机结合，才能设计出高质量的设备。技术性设计的目标是绘制总装配草图、部件装配草图，通过草图设计确定出设备各部件的外形及基本尺寸，包括各部件之间的连接，零部件外形及基本尺寸。最后绘制零件的工程图、部件装配图和总装配图。

　　为确定机械类环保设备零件的基本尺寸，必须完成的工作有：①机械系统的运动学设计、动力学设计计算；②标准零部件的选用、零件的工作能力设计；③零部件配合关系的确定、部件装配草图及总装配草图的设计；④主要零件的校核、工程图（包括装配图和零件图）的绘制等。对于容器类环保设备而言，除了基本上不涉及运动学设计、动力学设计之外，其他内容则同样会或多或少地涉及。本篇中将从常用工程材料及改性处理、零部件的设计准则、零部件的配合关系等几个方面进行讲述，重点介绍：①与工程材料相关的标准规定、工程应用场合；②安全系数和许用应力的经验参数、零部件标准化和尺寸的优先数等，展示人类在设备设计方面总结的宝贵经验，为设计者提供基础性支撑或落脚点。

常用工程材料及其改性处理与加工成形

人类文明的发展史就是一部利用材料、制造材料和创造材料的历史，新材料的使用不仅引起生产力的大发展，也是划分时代的重要标志，如石器时代、青铜器时代、铁器时代等。以铁和钢为代表的黑色金属是目前设备制造的主要材料，占金属材料的95%，而有色金属（金、银、铜、钛、铝、镁等）仅占5%。20世纪80年代以来，新材料如复合材料、纳米材料等开始进入实用化阶段，其中直接用于环保产业领域的包括过滤材料、催化材料、膜分离材料等。本章将介绍各类常用工程材料，包括金属材料、高聚物材料、复合材料等的成分、结构、性能、应用特点及牌号表示方法；各种成形工艺方法的工艺特点及应用范围；热处理和表面改性技术，以及腐蚀和防腐处理等基本概念。

4.1 工程材料的分类与性能

4.1.1 工程材料的分类

材料涉及的范围很广，本章涉及的材料仅指设备设计中使用的、能够用于制造零件的特定工程材料。按材料性能可分为结构材料和功能材料两大类。结构材料以满足零件设计中的力学性能要求为主，兼有一定的物理、化学性能；功能材料以满足设计中特殊的物理、化学性能要求为主，如具有声、光、电、磁、热等功能和效应的材料。本章主要介绍结构材料。根据材料的组成和化学键的性质，可将结构材料分为四大类：金属材料、无机非金属材料、高分子材料和复合材料。

（1）金属材料 金属材料是工业上所使用的金属及合金的总称，通常分成两大类：一类为黑色金属，如铁、铬、锰等；另一类为有色金属，即为除铁、铬、锰之外的所有金属，如铜、铝、锌等。金属材料具有良好的力学性能、物理性能、化学性能及加工工艺性能，且加工制造比较简单、经济，因此是目前应用最广泛的材料。

（2）无机非金属材料 无机非金属材料主要指水泥、玻璃、陶瓷材料和耐火材料等。这类材料不可燃、不老化，而且硬度高、耐压性能良好、耐热性和化学稳定性高、资源丰富，在电力、建筑、环保等行业中有广泛的应用。随着技术进步，无机非金属材料，特别是陶瓷材料，在结构和功能方面发生了很大变化，应用领域不断扩展。

（3）高分子材料 高分子材料（或高聚物材料）包括塑料、橡胶、合成纤维、胶粘剂、涂料等，其中力学性能好、可以代替金属材料使用的塑料称为工程塑料。高聚物因其具有资源丰富、成本低、加工方便等优点，发展极其迅速，已经成为工程材料中必不可少的重要组成部分。

（4）复合材料 复合材料指由两种或两种以上组分组成、具有明显界面和特殊性能的人工合成多相固体材料。复合材料的组成包括基体和增强材料两个部分，能够综合金属材料、高分子材料、无机非金属材料的优点，通过材料设计使各组分的性能相互补充并彼此关联，从而获得新的性能。复合材料范围广、品种多、性能优异，具有很大的发展前景。

4.1.2 材料的化学性能

材料的化学性能是指它在所处介质中的化学稳定性，一般包括抗氧化性和耐蚀性。

（1）抗氧化性 抗氧化性是指材料在加热、光照等环境下抵抗氧化反应的能力，在高温高压环境中工作的设备所用材料要求具有良好的抗氧化性，如电脱水（盐）设备、换热设备等。

（2）耐蚀性 耐蚀性是指材料在特定工作环境中抵抗氧气、水蒸气及其他腐蚀性介质侵蚀破坏的性能。材料在常温下和周围介质发生化学或电化学作用而遭到破坏的现象称为腐蚀，包括化学腐蚀和电化学腐蚀。化学腐蚀一般在干燥气体及非电解液中进行，腐蚀时没有电流产生；电化学腐蚀一般发生在电解液中，腐蚀过程中伴随有微电流。

根据介质腐蚀能力的强弱，在不同介质中工作的金属材料，其耐蚀性要求也不相同。如用于处理含有氯离子的污水处理设备，必须耐氯离子腐蚀；处理酸性污水的设备则必须具有较强的耐酸性。一种金属材料在某种介质、某种环境下耐腐蚀，而在另一种介质或环境下就可能不耐腐蚀。例如，镍铬不锈钢在氧化酸（硝酸、硫酸）中耐蚀性很好，而在还原酸（盐酸等）中却不耐腐蚀或不够耐腐蚀；铜及铜合金在一般大气中耐腐蚀，但在氨水中却不耐腐蚀。

4.1.3 材料的物理性能

材料的物理性能包括它的密度、熔点、导热性、导电性、热膨胀性、磁性等。

导热性是指材料传导热量的快慢，通常用热导率来衡量，符号为 λ，单位是 $W/(m \cdot K)$。热导率越大，导热性越好。导电性是指传导电流的能力，用电阻率来衡量，单位是 $\Omega \cdot m$。电阻率越小，导电性越好。热膨胀性是指材料随温度变化而膨胀或收缩的特性。一般而言，物质受热时膨胀、体积增大，冷却时收缩、体积缩小。热膨胀性用线胀系数 α_l 和体胀系数 α_V 来表示，线胀系数 α_l 的计算式为

$$\alpha_l = \frac{L_2 - L_1}{L_1 \Delta t} \tag{4-1}$$

式中，α_l 为线胀系数（1/K 或 1/℃）；L_1 为膨胀前长度（m）；L_2 为膨胀后长度（m）；Δt 为温度变化量（K 或℃）。

4.1.4 材料力学性能

1. 强度（strength）

材料的力学性能是指材料在承受各种载荷时的行为。常见外载荷的形式如图 4-1 所示，有拉伸载荷、压缩载荷、弯曲载荷、剪切载荷和扭转载荷，对应的材料力学性能判据分别为抗拉强度（R_m）、抗压强度（R_{mc}）、抗弯强度（σ_{bb}）、抗剪强度（τ_b）和抗扭强度（τ_m）等。

强度和塑性（plasticity）一般通过拉伸试验来测定。对于圆柱形标准试样，其在轴向拉伸载荷（拉力）作用下产生变形，随拉力的增加变形量逐渐增加直至断裂。作用在试件上

的拉力在其横截面上产生的拉应力 R 为

$$R = \frac{F}{S_o} \qquad (4-2)$$

式中，R 为拉应力（MPa）；F 为拉力（N）；S_o 为试件的初始横截面面积（mm^2）。

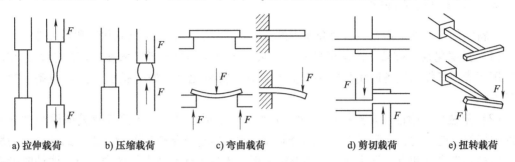

| a) 拉伸载荷 | b) 压缩载荷 | c) 弯曲载荷 | d) 剪切载荷 | e) 扭转载荷 |

图 4-1　常见外载荷的形式

拉伸时所产生的应变 e 为

$$e = \frac{\Delta L}{L_o} \qquad (4-3)$$

式中，ΔL 为试件伸长量（mm）；L_o 为试件的原始长度（mm）。

低碳钢（mild steel）试件在拉伸过程中分别表现出弹性变形、屈服、强化、缩颈和断裂几个变形阶段，以 R 为纵坐标，e 为横坐标，绘出的应力-应变曲线如图 4-2 所示。由图 4-2 可见，低碳钢试件在拉伸过程中存在三个特征点，分别为弹性变形阶段、屈服阶段和强化阶段。

（1）弹性变形阶段（elastic deformation stage）
在该阶段试样的应变（e）与应力（R）成正比，载荷卸掉后，试样恢复到原来的尺寸。图 4-2 中在试样开始出现弹性变形 e 点处对应的应力为弹性极限，用 σ_e 表示。在弹性变形阶段，应力随应变呈线性变化，图中 p 点应力应变关系为

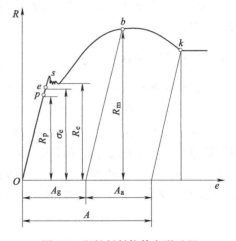

图 4-2　塑性材料拉伸变形过程

$$R_p = Ee \qquad (4-4)$$

式中，E 为弹性模量（elastic modulus）（MPa）。

E 值越大，材料的刚度越大，即在一定应力作用下产生的应变越小。**弹性模量对材料组织不敏感，其值主要取决于材料本身特性和原子间作用力，热处理、合金化、冷变形对其影响不大。**

（2）屈服阶段（yield stage）　该阶段不仅有弹性变形，而且还有塑性变形。即载荷卸掉后，有一部分变形无法恢复，不能恢复的变形称为塑性变形。如图 4-2 中 s 点附近试样应力变化很小而塑性变形很大，这种现象称为屈服，此时所需的应力为屈服强度。在 s 点试样发生屈服而应力首次下降前的最高应力为上屈服强度（upper yield strength），用 R_{eH} 表示；**屈服期间不计初始瞬时效应的最小应力称为下屈服强度，用 R_{eL} 表示，机械设计中用来判断**

塑性材料是否失效的极限应力为下屈服强度（已废止国家标准 GB/T 228—1987 中屈服点用 σ_s 表示），**其值为**

$$R_{eL} = \frac{F_s}{S_o} \qquad (4\text{-}5)$$

式中，F_s 为试件开始发生明显塑性变形时的外加拉力（N）；其值为不计初始瞬时效应的最小拉力。

不少材料（如可锻铸铁）没有明显的屈服现象，则用试件残余应变为 0.2% 时的应力值 $R_{p0.2}$ 来表示其屈服强度，其值为

$$R_{p0.2} = \frac{F_{0.2}}{S_o} \qquad (4\text{-}6)$$

式中，$F_{0.2}$ 为试件残余应变为 0.2% 时的外加拉力（N）。

（3）强化阶段（hardening stage）　材料发生屈服变形后继续增加载荷，塑性变形随之增大，材料变形所需要的应力先增大，当载荷达到最大值时，试样的直径发生局部收缩，称为"缩颈"；此后试样变形所需的载荷开始逐渐减小，直到试样发生断裂；这一过程中试样能承受的最大拉应力称为抗拉强度（强度极限）R_m。

2. 塑性

应力作用下，材料产生永久变形的能力称为塑性，常用伸长率和断面收缩率来表示。材料的伸长率（A）和断面收缩率（Z）数值越大，表示材料的塑性越好。

伸长率（A）是指试样拉断后标距 L_u（试样上所刻标记距离）的伸长量 ΔL 与原始标距 L_o 的百分比，即

$$A = \frac{\Delta L}{L_o} = \frac{L_u - L_o}{L_o} \times 100\% \qquad (4\text{-}7)$$

伸长率的大小与试件尺寸有关，若原始标距不为 $5.65\sqrt{S_o}$（S_o 为试样的原始横截面面积）或 $5.65\sqrt{S_o} - 5\sqrt{\dfrac{4S_o}{\pi}}$ 时，A 应加下标，例如 $A_{11.3}$ 表示原始标距为 $11.3\sqrt{S_o}$，A_{80mm} 表示原始标距为 80mm 的断后伸长率。

断面收缩率（Z）是指试样拉断后，缩颈处截面面积的最大缩减量 ΔS 与原横截面面积的百分比，即

$$Z = \frac{\Delta S}{S_o} = \frac{S_o - S_u}{S_o} \times 100\% \qquad (4\text{-}8)$$

式中，S_u 为试样拉断后缩颈处的最小横截面面积（mm^2）。

3. 硬度（hardness）

硬度是材料抵抗其他硬物压入的能力，即在受压时抵抗局部塑性变形的能力。常用的硬度表达方式有布氏硬度（HBW）、洛氏硬度（HRA、HRB、HRC 等）、维氏硬度（HV）、肖氏硬度（HS）等。

如图 4-3 所示，布氏硬度测量方法是对一定直径 D 的碳化钨合金球施加试验力 F 压入试样表面，并保持规定时间，卸除试验力后测量压痕直径 d。硬度值为压痕单位面积上的平均压力，符号为 HBW，其计算公式为

$$HBW = 0.102 \frac{2F}{\pi D(D - \sqrt{D^2 - d^2})} \tag{4-9}$$

式中，F 为试验力（N）；D 为球体压头直径（mm）；d 为压痕平均直径（mm）。

如图 4-4 所示，洛氏硬度测量方法是将特定尺寸、形状和材料的压头按照规定分两级试验力压入试样表面，初试验力加载后，测量初始压痕深度。随后施加主试验力，在卸除主试验力后保持初试验力时测量最终压痕深度，洛氏硬度根据最终压痕深度和初始压痕深度的差值 h 及全量程常数 N 和标尺常数 S 通过下式计算给出：

$$洛氏硬度 = N - \frac{h}{S} \tag{4-10}$$

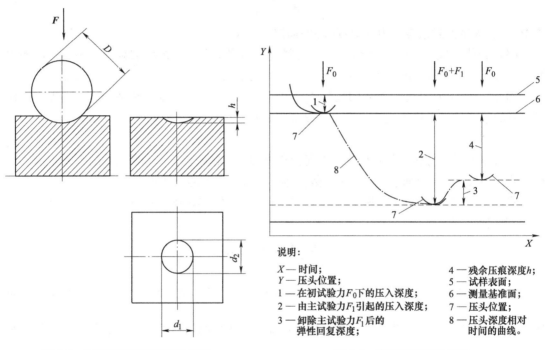

说明：

X — 时间；
Y — 压头位置；
1 — 在初试验力 F_0 下的压入深度；
2 — 由主试验力 F_1 引起的压入深度；
3 — 卸除主试验力 F_1 后的弹性回复深度；
4 — 残余压痕深度 h；
5 — 试样表面；
6 — 测量基准面；
7 — 压头位置；
8 — 压头深度相对时间的曲线；

图 4-3　布氏硬度试验原理示意图　　　图 4-4　洛氏硬度测量原理

GB/T 230.1—2018 规定了标尺为 A、B、C、D、E、F、G、H、K、15N、30N、45N、15T、30T 和 45T 的金属材料洛氏硬度。

4. 韧性（toughness）

材料抵抗冲击载荷的能力称为韧性，用冲击韧度 a_K 来表示，单位为 J/m²。测量方法为夏比摆锤冲击试验，其值为冲击吸收能量 $K(J)$ 与试样缺口处截面面积 S_g（单位为 m²）之比，即

$$a_K = \frac{K}{S_g} \tag{4-11}$$

a_K 值越大，则材料的韧性越好。

5. 疲劳强度（fatigue strength）

长时间在变应力下工作的零件，即使应力小于材料的屈服强度，也会产生裂纹或发生突然断裂，这一过程称为材料的疲劳。材料承受的变应力越大，则断裂时应力循环次数越少。

材料在无限周期循环下仍然不破坏的最大应力值称为材料的疲劳极限，也称疲劳强度。

6. 断裂韧度（fracture toughness）

由于构件或零件内部存在着或大或小、或多或少的裂纹和类似裂纹的缺陷，在应力作用下这些缺陷因失稳而逐渐扩展，最终导致零件突然破断，材料抵抗裂纹失稳扩展的能力称为断裂韧度。裂纹扩展的临界状态所对应的应力场强度因子称为临界应力场强度因子，用 K_{Ic} 表示，单位为 $MN/m^{3/2}$。常用材料的断裂韧度值见表 4-1。

表 4-1　常用材料的断裂韧度

材　料	$K_{Ic}/(MN/m^{3/2})$	材　料	$K_{Ic}/(MN/m^{3/2})$	材　料	$K_{Ic}/(MN/m^{3/2})$
纯塑性金属（Cu、Ni、Al 等）	96~340	高碳工件钢	约 19	有机玻璃	0.9~1.4
压力容器钢	约 155	钢筋混凝土	9~16	聚酯	约 0.5
高强钢	47~149	硬质合金	12~16	木材（横向）	0.5~0.9
低碳钢	约 140	木材（纵向）	11~14	Si_3N_4	3.7~4.7
钛合金（Ti6Al4V）	50~118	聚丙烯	约 2.9	SiC	约 2.8
玻璃纤维复合材料	19~56	聚乙烯	0.9~1.9	MgO 陶瓷	约 2.8
铝合金	22~43	尼龙	约 2.9	Al_2O_3	2.8~4.7
碳纤维复合材料	31~43	聚苯乙烯	约 1.9	水泥	约 0.1
中碳钢	约 50	聚碳酸酯	0.9~2.8	钠玻璃	0.6~0.8
铸铁	6~19	—		—	

4.2　金属材料及其性能强化

铁碳合金是现代各产业领域使用最为广泛的金属材料，也是制造环保设备的主要材料。铁碳合金是由 95%（质量分数）以上的铁、0.05%~4%（质量分数）的碳以及 1%（质量分数）左右杂质元素组成的合金，其主要优点包括：①优良的力学性能，既有高的强度，又有好的塑性和韧性；②优良的铸造、锻造、焊接及切削等加工工艺性能，便于制成各种形状的零件和设备；③优良的物理和化学和耐热性能，如导热性、导电性、磁性，在空气中的耐蚀性等。

4.2.1　铁碳合金及其组织结构

铁碳合金在固体下以晶体形式存在，体心立方晶格（8 个角上和体心各有 1 个原子）的纯铁称为 α-Fe，面心立方晶格（8 个角上和 6 个面心各有 1 个原子）的纯铁称为 γ-Fe。α-Fe 在高温下可转变为 γ-Fe，反之高温下的 γ-Fe 经冷却可转变为 α-Fe。**这种在固态下晶体结构随温度变化而改变的现象，称为同素异构转变。**同素异构转变是铁原子在固态下重新排列的过程，也是一种结晶过程，是钢热处理的依据，纯铁的同素异构转变温度为 910℃。

碳溶解在 α-Fe 中形成的固溶体称铁素体（ferrite），但室温下碳在 α-Fe 中的溶解度只有 0.006%。碳溶解在 γ-Fe 中形成的固溶体称奥氏体（austenite），碳在 γ-Fe 中的溶解度较大，723℃时为 0.8%，1147℃时达到最大值为 2.06%。不能溶入 α-Fe 或 γ-Fe 的碳，会和铁反应生产一种复杂结构的间隙化合物 Fe_3C，称为渗碳体（cementite），其熔点约为 1600℃，硬度高（约 800HBW），塑性几乎等于零。塑性很好的铁素体基体上散布一些硬度高的渗碳体微粒，可以大大提高材料的强度。

铁碳合金组织比较复杂，不同碳含量或相同碳含量而温度不同时，有不同的组织状态，性能也不一样。图 4-5 所示的铁碳合金相图表示随着碳含量和温度变化时，铁碳合金的组织状态，是研究钢铁的重要依据，也是铸造、锻造及热处理工艺的主要理论依据。

1. 铁碳合金状态图中主要点、线的含义

图 4-5 中 AC、CD 两曲线称为"液相线"，合金在这两条曲线以上均为液态，从这两条曲线以下开始结晶。A 点为纯铁的熔点，D 为渗碳体的分解点。AEF 线称为"固相线"，合金在该线以下全部结晶为固态。

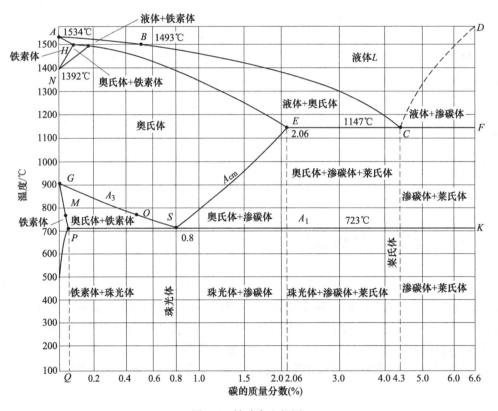

图 4-5　铁碳合金相图

ECF 水平线段，温度为 1147℃，在这个温度时剩余液态合金将同时析出奥氏体和渗碳体的机械混合物——莱氏体（ledeburite），莱氏体具有较高的硬度。ECF 线又称"共晶线"，其中 C 点称为"共晶点"。

$ES(A_{cm})$ 与 $GS(A_3)$ 分别为奥氏体的溶解度曲线，在 ES 线以下奥氏体开始析出二次渗碳体，在 GS 线以下析出铁素体。

$PSK(A_1)$ 线为"共析线"，在 723℃ 的恒温下，奥氏体将全部转变为铁素体和渗碳体的共析组织——珠光体（pearlite）。S 点为共析点，即奥氏体全部转化为珠光体。珠光体的力学性能介于铁素体和渗碳体之间，即其强度、硬度比铁素体有显著提高；塑性、韧性比铁素体差，但比渗碳体要好得多。

2. 铁碳合金的分类

当铁碳合金中的碳含量小于 0.02%（质量分数，下同）时，称为工业纯铁。其中的铁含量在 99.50%~99.90% 之间，其他元素越少越好。一般工业纯铁的质地特别软，韧性特别大，电磁性能很好，是用于冶炼精密合金、高温合金、超低碳不锈钢、电热合金等的重要原材料。工业纯铁主要由电弧炉、氧气转炉、电弧炉加炉外真空脱碳、氧气转炉加炉外真空脱碳等方法生产。

当铁碳合金中的碳含量在 0.0218%~2.11% 时，称为碳素钢（carbon steel），简称碳钢。当然，其中一般还含有少量的硅、锰、硫、磷。通常来说，碳钢中碳含量越高则硬度越大，强度也越高，但塑性越低。按碳含量可以把碳素钢分为低碳钢（≤0.25%）、中碳钢（0.25%~0.6%）和高碳钢（>0.6%）。后面将会进行详细介绍。

当铁碳合金中的碳含量大于 2% 时，渗碳体分解为铁和碳，其中碳以石墨形式出现。铁碳合金中，碳和硅的含量越高，冷却越慢，越有利于碳以石墨形式析出，析出的石墨散布在合金组织中。部分碳以石墨形式存在于铁碳合金中，这种合金称为铸铁。碳含量大于 4% 的铸铁极脆，它与工业纯铁的工程应用价值都很低。

4.2.2　一般工业用铸铁

工业上常用的铸铁含有大于 2% 的碳（图 4-5 中 E 点右侧，碳含量大于奥氏体最大溶碳量）以及 S、P、Si、Mn 等杂质。**含石墨和较多渗碳体的铸铁塑性极差，抗拉强度较低，属于脆性材料，具有良好的铸造性、耐磨性、减振性及切削加工性，在一些介质（浓硫酸、醋酸、盐溶液、有机溶剂等）中具有相当好的耐蚀性。**铸铁的生产设备和工艺简单、生产成本低廉、价格便宜，因此在工业中得到普遍应用。铸铁可以用来制造各种机器零件，如：机床的床身、床头箱；空气压缩机的气缸体、缸套、活塞环；水泵、鼓风机的泵体、机身及底座等。铸铁可分为灰铸铁、可锻铸铁、球墨铸铁、蠕墨铸铁和特殊性能铸铁等。

1. 灰铸铁

灰铸铁是价格便宜、应用最广泛的铸铁材料。在各类铸铁的总产量中，灰铸铁占 80% 以上。灰铸铁中的碳大部分或全部以自由状态的片状石墨形式存在，断面呈暗灰色，一般碳含量在 2.5%~3.6% 之间。灰铸铁的抗压强度较大、抗拉强度很低、冲击韧度低，不适于制造承受弯曲、拉伸、剪切和冲击载荷的零件。但是灰铸铁的耐磨性、耐蚀性较好，与其他钢材相比，具有优良的铸造性、减振性，较小的缺口敏感性和良好的可加工性，可制造承受压应力及要求消振、耐磨的零件，如支架、阀体、泵体（机座、管路附件等）。

GB/T 9439—2010 规定，灰铸铁的牌号用"灰铁"的拼音首字母"HT"和最低抗拉强度（MPa）表示，常用灰铸铁的牌号和力学性能见表 4-2。

表 4-2　灰铸铁的牌号和力学性能（摘自 GB/T 9439—2010）

牌号	铸件壁厚/mm		最小抗拉强度 R_m/MPa		铸件本体最小预期抗拉强度 R_m/MPa
	>	≤	单铸试棒	附铸试棒或试块	
HT100	5	40	100	—	—
HT150	5	10	150	—	155
	10	20		—	130
	20	40		120	110
	40	80		110	96
	80	150		100	80
	150	300		*90*	—
HT200	5	10	200	—	205
	10	20		—	180
	20	40		170	155
	40	80		150	130
	80	150		140	115
	150	300		*130*	—
HT225	5	10	225	—	230
	10	20		—	200
	20	40		190	170
	40	80		170	150
	80	150		155	135
	150	300		*145*	—
HT250	5	10	250	—	250
	10	20		—	225
	20	40		210	195
	40	80		190	170
	80	150		170	155
	150	300		*160*	—
HT275	10	20	275	—	250
	20	40		230	220
	40	80		205	190
	80	150		190	175
	150	300		*175*	—
HT300	10	20	300	—	270
	20	40		250	240
	40	80		220	210
	80	150		210	195
	150	300		*190*	—

（续）

牌号	铸件壁厚/mm		最小抗拉强度 R_m/MPa		铸件本体最小预期抗拉强度 R_m/MPa
	>	≤	单铸试棒	附铸试棒或试块	
HT350	10	20	350	—	315
	20	40		290	280
	40	80		260	250
	80	150		230	225
	150	300		*210*	—

注：1. 当铸铁壁厚超过300mm时，其力学性能由供需双方商定。

　　2. 当某牌号的铁液浇注壁厚均匀、形状简单的铸件时，壁厚变化引起抗拉强度的变化，可从本表查出参考数据，当厚度不均匀或有型芯时，此表只能给出不同壁厚处大致的抗拉强度值，铸件的设计应根据关键部位的实测值进行。

　　3. 表中斜体字数值表示指导值，其余抗拉强度值均为强制性值，铸件本体预期抗拉强度值不作为强制性值。

2. 球墨铸铁

球墨铸铁简称球铁（QT），是指分布在铁素体中的石墨颗粒大体上呈球状。球墨铸铁具有很高的强度，又有良好的塑性和韧性，其综合力学性能接近于碳素钢。因其铸造性能好、成本低廉、生产方便，在工业中得到了广泛应用。在酸性介质中，球墨铸铁耐蚀性较差，但在其他介质中的耐蚀性比灰铸铁好。球墨铸铁兼有普通铸铁与碳素钢的优点，且价格低于碳素钢，有些用碳素钢和合金钢制造的重要零件，如曲轴、连杆、主轴、中压阀门等，已有不少改用球墨铸铁。

球墨铸铁的牌号（GB/T 1348—2019），用QT+最低抗拉强度（MPa）和伸长率（%）表示，其牌号和力学性能见表4-3。

表 4-3　球墨铸铁的牌号和力学性能（摘自 GB/T 1348—2019）

牌　号	铸件壁厚 t/mm	最小屈服强度 $R_\mathrm{p0.2}$/MPa	最小抗拉强度 R_m/MPa	最小断后伸长率 A[①]（%）
QT350-22L	$t \leqslant 30$	220	350	22
	$30 < t \leqslant 60$	210	330	18
	$60 < t \leqslant 200$	200	320	15
QT350-22R	$t \leqslant 30$	220	350	22
	$30 < t \leqslant 60$	220	330	18
	$60 < t \leqslant 200$	210	320	15
QT350-22	$t \leqslant 30$	220	350	22
	$30 < t \leqslant 60$	220	330	18
	$60 < t \leqslant 200$	210	320	15
QT400-18L	$t \leqslant 30$	240	400	18
	$30 < t \leqslant 60$	230	380	15
	$60 < t \leqslant 200$	220	360	12

（续）

牌　号	铸件壁厚 t/mm	最小屈服强度 $R_{p0.2}/MPa$	最小抗拉强度 R_m/MPa	最小断后伸长率 $A^{①}(\%)$
QT400-18R	$t \leq 30$	250	400	18
	$30 < t \leq 60$	250	390	15
	$60 < t \leq 200$	240	370	12
QT400-18	$t \leq 30$	250	400	18
	$30 < t \leq 60$	250	390	15
	$60 < t \leq 200$	240	370	12
QT400-15	$t \leq 30$	250	400	15
	$30 < t \leq 60$	250	390	14
	$60 < t \leq 200$	240	370	11
QT450-10	$t \leq 30$	310	450	10
	$30 < t \leq 60$	供需双方商定		
	$60 < t \leq 200$			
QT500-7	$t \leq 30$	320	500	7
	$30 < t \leq 60$	300	450	7
	$60 < t \leq 200$	290	420	5
QT550-5	$t \leq 30$	350	550	5
	$30 < t \leq 60$	330	520	4
	$60 < t \leq 200$	320	500	3
QT600-3	$t \leq 30$	370	600	3
	$30 < t \leq 60$	360	600	2
	$60 < t \leq 200$	340	550	1
QT700-2	$t \leq 30$	420	700	2
	$30 < t \leq 60$	400	700	2
	$60 < t \leq 200$	380	650	1
QT800-2	$t \leq 30$	480	800	2
	$30 < t \leq 60$	供需双方商定		
	$60 < t \leq 200$			
QT900-2	$t \leq 30$	600	900	2
	$30 < t \leq 60$	供需双方商定		
	$60 < t \leq 200$			

注：1. 从试样测得的力学性能并不能准确地反映铸件本体的力学性能，铸件本体的拉伸性能指导值参考 GB/T 1348—2019 中的附录 C。

2. 本表数据适用于单铸试样、附铸试样和并排铸造试样。

3. 字母"L"表示低温，字母"R"表示室温。

① 伸长率在原始标距 $L_e = 5d$ 上测得，d 是试样上原始标距处的直径，其他规格的标距见 GB/T 1348—2019 中的 9.1 和附录 D。

4.2.3　一般工业用钢

工业用钢是主要的金属材料，占据工程材料的重要地位。按照用途，钢可分为**结构钢**、**工具钢和特殊钢**。结构钢用于制造各种机械零件和工程结构的构件；工具钢主要用于制造各种刀具、模具和量具；特殊钢（如不锈钢、耐热钢、耐酸钢等）用于制造在特殊环境下工作的零件。按照化学成分，钢又可分为碳素钢和合金钢。前已述及，碳素钢的性质主要取决于碳含量，碳含量越高则钢的强度越高，但塑性越低。为了改善钢的性能，加入一些合金元素的钢称为合金钢。

1. 普通碳素结构钢

其碳含量一般不超过 0.9%（基本上在共析点 S 的左侧），根据碳含量可分为低碳钢、中碳钢和高碳钢。低碳钢的碳含量小于 0.25%，塑性好、具有良好的焊接性，适于冲压、焊接等，但是抗拉强度和屈服强度较低。低碳钢常用来制作螺钉、螺母、垫圈、轴和焊接构件等。碳含量为 0.1%~0.2% 的低碳钢还可被用来制造渗碳的零件，如齿轮、链轮等。通过渗碳和淬火可以大幅度提高零件的表面硬度、耐磨性，并可以保留较高的心部韧性和耐冲击性。中碳钢碳含量为 0.25%~0.6%，具有较好的综合力学性能，既有较高的强度，又有一定的塑性和韧性，常用来制作受力较大的螺栓、螺母、键、齿轮和轴等零件。高碳钢碳含量大于 0.6%，具有较高的强度和弹性，多用来制作普通的板弹簧、螺旋弹簧或钢丝绳等。

普通碳素结构钢的牌号，由代表屈服强度的 Q+屈服强度数值+质量等级代号+脱氧方式组成。质量等级代号有 A、B、C、D 四个级别，脱氧方式用符号 F、Z、TZ 表示沸腾钢、镇静钢和特殊镇静钢，Z 和 TZ 可以省略。这类钢冶炼简单、价格低廉，能够满足一般工程结构与普通机械结构零件的性能要求，通常有圆钢、方钢、工字钢、钢筋等，一般无须进行热处理。表 4-4 列出了部分普通碳素结构钢的牌号、力学性能及用途。

表 4-4　普通碳素结构钢的牌号、力学性能及用途（摘自 GB/T 700—2006）

牌号	屈服强度 R_{eH}/MPa ≥ 厚度或直径/mm				抗拉强度 R_m/MPa	用　途
	≤16	>16~40	>40~60	>60~100		
Q195	195	185	—	—	315~430	用于载荷较小的零件、钢丝、垫铁、垫圈、开口销、拉杆、冲压件及焊接件
Q215A/B	215	205	195	185	335~410	用于拉杆、垫圈、渗碳零件及焊接件
Q235 A/B/C/D	235	225	215	205	375~500	用于金属构件、心部强度要求不高的渗碳或碳氮共渗零件、拉杆、连杆、吊钩、车钩、螺栓、螺母、套筒轴、焊接件；C、D 级用于重要的焊接件
Q275 A/B	275	265	255	245	415~540	用于转轴、心轴、吊钩、拉杆、摇杆、键等强度要求不高的零件，焊接性能尚可
Q275 C/D	275	265	255	245	415~540	用于轴类、链轮、齿轮、吊钩等强度要求较高的零件

在碳素结构钢的基础上，**加入合金元素总质量分数不大于 5% 的钢，称为低合金高强度结构钢，**其强度远高于普通碳素结构钢，常用于制造承载大、自重轻、高强度的工程结构件，如高压容器、管道等。其牌号与普通碳素结构钢相同，如 Q355、Q390、Q420、Q460、Q500M、Q550M、Q620M、Q690M 等。通常加入的微量元素包括 Mn（锰）、Si（硅）、Mo（钼）、V（钒）、Nb（铌）、RE（混合稀土元素）等。

2. 优质碳素钢

优质碳素钢中硫、磷等有害杂质元素含量较少，冶炼工艺严格，钢材组织均匀，表面质量高，能严格保证钢材的化学成分和力学性能。**优质碳素钢的牌号仅用两位数字表示，牌号数字表示钢中平均碳含量的万分之几**。如 45 钢表示钢中碳含量平均为 0.45%（0.42%～0.50%）。锰含量较高的优质碳素钢，应将锰元素标出，如 65Mn 表示平均碳含量为 0.65%，锰含量较高的优质碳素结构钢。

依据碳含量的不同，优质碳素钢可分为优质低碳钢（碳含量≤0.25%）、优质中碳钢（碳含量为 0.30%～0.60%）、优质高碳钢（碳含量>0.6%）。常见的优质碳素钢以钢棒、钢管、钢板、钢带、钢丝等形式供货，使用前一般都要经过热处理。部分优质碳素结构钢的牌号、性能及用途见表 4-5。

表 4-5　部分优质碳素结构钢的牌号、性能和用途（摘自 GB/T 699—2015）

牌号	R_m/MPa	R_{eL}/MPa	A(%)	性　　能	用途示例
	≥				
08	325	195	33	低碳钢：塑性高、焊接性能好，易制冲压件、焊接件及一般螺钉、铆钉、垫圈、渗碳件等	薄板、薄带
10	335	205	31		螺钉、拉杆
15	375	225	27		焊接容器
20	410	245	25		杠杆轴、变速叉
30	490	295	21	中碳钢：综合力学性能优良，易制造承载力较大的零件，如连杆、曲轴、主轴、活塞杆等	低温、低载零件
40	570	335	19		轴、齿轮
45	600	355	16		轴、齿轮
50	630	375	14		轧辊、主轴
60	675	400	12	高碳钢：屈服强度高，易制造弹性元件和耐磨零件，如各类螺旋弹簧、板簧等	弹簧、钢丝绳
65	695	410	10		弹簧件
70	715	420	9		弹簧、轮圈
80	1080	930	6		抗磨零件
15Mn	410	245	26	含锰优质结构钢：渗碳零件、耐磨零件及较大尺寸的各类弹性元件等	齿轮、曲轴
30Mn	540	315	20		螺栓、螺母
45Mn	620	375	15		高耐磨零件
65Mn	735	430	11		铁道钢条
70Mn	785	450	8		大应力耐磨件

3. 合金结构钢

在碳素结构钢中添加适量的合金元素可以显著提高钢的性能，添加合金元素后的碳素钢称为合金结构钢。**合金结构钢的牌号由"两位数字+元素符号+数字"表示，前面的两位数字为碳的名义质量分数的万分数，元素符号及其后面的数字则表示所添加合金元素的种类和该合金元素的质量分数的百分数，当合金的质量分数低于 1.5%时，略去元素后面的数字，平均质量分数为 1.5%～2.49%、2.5%～3.49%……时，相应地标以 2、3……**。如 40Cr 合金结构钢，碳的名义质量分数为 0.4%，合金元素 Cr 的质量分数在 1.5%以下。5CrMnMo 钢，碳的名义质量分数为 0.5%，主要含合金元素为 Cr、Mn、Mo，且合金元素的质量分数均在

1.5%以下。36Mn2Si 合金结构钢，碳的名义质量分数为 0.36%，含合金元素 Mn 的质量分数在 1.5%~2.49%，Si 的质量分数在 1.5%以下。

合金结构钢在使用时大多需要经过热处理，根据热处理方式的不同又分为表面硬化钢、弹簧钢、调质结构钢（quenched and tempered steel）、低碳马氏体钢、非调质结构钢等。表面硬化钢是指用表面淬火、渗碳、渗氮等表面热处理工艺方法处理后的合金钢或碳素钢。常用渗碳钢的牌号、性能和用途见表 4-6。

表 4-6　常用渗碳钢的牌号、性能和用途（摘自 GB/T 3077—2015）

牌号	力学性能（不小于）					用　　途
	R_{eL}/MPa	R_m/MPa	$A(\%)$	$Z(\%)$	KU_2/J	
20Mn2	590	785	10	40	47	代替 20Cr
15Cr	490	685	12	45	55	船舶主机螺钉、活塞销、凸轮、机车小零件及心部韧性高的渗碳零件
20Cr	540	835	10	40	47	机床齿轮、齿轮轴、蜗杆、活塞销及气门顶杆等
20MnV	590	785	10	40	55	代替 20Cr
20CrMnTi	853	1080	10	45	55	工艺性优良，用于制造汽车、拖拉机的齿轮、凸轮，是 Cr-Ni 钢代用品
12CrNi3	685	930	11	50	71	大齿轮、轴
20CrMnMo	885	1175	10	45	55	代替镍含量较高的渗碳钢，制作大型拖拉机齿轮、活塞销等大截面渗碳件
20MnVB	885	1080	10	45	55	代替 20CrMnTi、Cr-Ni 钢
12Cr2Ni4	835	1080	10	50	71	大齿轮、轴
20Cr2Ni4	1080	1175	10	45	63	大型渗碳齿轮、轴及飞机发动机齿轮
18Cr2Ni4WA	835	1175	10	45	78	同 12Cr2Ni4

注：表中 KU_2 表示采用 U 形缺口试样在 2mm 锤刃下的冲击吸收能量，余同。

将调质后使用的中碳结构钢或合金结构钢称为调质结构钢，调质结构钢具有良好的综合力学性能，常用调质钢的牌号、力学性能和用途见表 4-7。

表 4-7　常用调质钢的牌号、力学性能和用途（摘自 GB/T 3077—2015）

牌号	力学性能（不小于）					用　　途
	R_{eL}/MPa	R_m/MPa	$A(\%)$	$Z(\%)$	KU_2/J	
40Mn2	735	885	10	45	47	制造万向联轴器、蜗杆、齿轮、连杆、摩擦盘
40Cr	785	980	9	45	47	重要调质零件，如齿轮、轴、曲轴、连杆螺栓
35SiMn	735	885	15	45	47	除要求低温（−20℃以下）韧性很高的情况外，可全面代替 40Cr
42SiMn	735	885	15	40	47	与 35SiMn 相同，并可制造表面淬火零件
40MnB	785	980	10	45	47	代替 40Cr
40CrV	735	885	10	50	71	机车连杆、强力双头螺栓、高压锅炉给水泵轴
40CrMn	835	980	9	45	47	代替 40CrNi、42CrMo 制造高速高载荷而冲击载荷不大的零件

（续）

牌号	力学性能（不小于）					用　途
	R_{eL}/MPa	R_m/MPa	A(%)	Z(%)	KU_2/J	
40CrNi	785	980	10	45	55	汽车、拖拉机、机车的轴、齿轮、连接机件螺栓、电动机轴
40CrMo	930	1080	12	45	63	代替镍含量较高的调质钢，也作为重要大锻件用钢，机车牵引大齿轮
30CrMnSi	885	1080	10	45	39	高强度钢、高速载荷砂轮轴、齿轮、轴、联轴器、离合器等重要调质件
35CrMo	835	980	12	45	63	代替40CrNi制造大截面齿轮与轴、汽轮发电机转子，480℃以下工作的紧固件
38CrMoAlA	835	980	14	50	71	高级渗氮钢，制作硬度高于900HV的渗氮件，如镗床镗杆、蜗杆、高压阀门
37CrNi3	980	1130	10	50	47	高强度、高韧性的重要零件，如活塞、凸轮轴、齿轮、重要螺栓、连杆
40CrNiMoA	835	980	12	55	78	受冲击载荷的高强度零件，如锻压机床的传动偏心轴、压力机曲轴等大断面重要零件
25Cr2Ni4WA	930	1080	11	45	71	断面200mm以下、完全淬透的重要零件，与12Cr2Ni4相同，可制作高级渗碳零件
40CrMnMo	785	980	10	45	63	代替40CrNiMoA

4. 铸钢

对于结构复杂、力学性能要求较高的铸造零件，当铸铁力学性能难以满足要求时，常用铸造碳钢（简称铸钢）制造。**工程铸造碳钢牌号用"ZG+屈服强度-抗拉强度"表示**，工程用铸造碳钢是用废钢等有关原料配料后经熔炼，随即浇注而成，其牌号、力学性能和用途见表4-8。与铸铁相比，铸钢的液态流动性差，铸钢件收缩率大，所以采用普通砂型铸造时，要求壁厚不小于10mm，且需要较大的圆角和较大的壁厚过渡距离。

表4-8　工程用铸钢的牌号、力学性能和用途（摘自 GB/T 11352—2009）

牌号	力学性能（不小于）					用　途
	R_{eH}/MPa	R_m/MPa	A(%)	Z(%)	KV/J	
ZG200-400	200	400	25	40	30	良好的塑性、韧性和焊接性能。用于受力不大的零件，如机座、变速器壳等
ZG230-450	230	450	22	23	25	一定的强度和好的塑性、韧性、焊接性。用于受力不大的零件，如外壳、轴承座、阀体等
ZG270-500	270	500	18	25	22	较高的强度和较好的塑性、焊接性，良好的铸造性、切削加工性。用于轴承座、连杆、曲轴、缸体等
ZG310-570	310	570	15	21	15	强度和切削加工性好，塑性、韧性低。用于载荷较高的大齿轮、缸体、制动轮毂、辊子、机架
ZG340-640	340	640	10	18	10	较高的强度、耐磨性和较好的切削加工性，焊接性、铸造性较差，裂纹敏感性较大。用于加工齿轮、棘轮等

5. 不锈钢

具有特殊物理性能或化学性能的钢称为特殊性能钢，这类钢及合金的种类很多，并正在迅速发展，如不锈钢、耐热钢及低温用钢、耐磨钢等。**不锈钢通常是不锈钢和耐酸钢的统称**，也称不锈耐酸钢。一般耐空气、蒸汽和水等介质弱腐蚀的钢称为不锈钢，而能抵抗化学介质（酸、碱、盐等）强烈腐蚀的钢称为耐酸钢。但不锈钢在有氯离子的环境中（如食盐、汗迹、海水、海风、土壤等）腐蚀得很快，腐蚀速度甚至会超过普通低碳钢。

不锈钢种类繁多，性能各异，按热处理后的显微组织可分为铁素体不锈钢、奥氏体不锈钢（主要是 Cr18-Ni18 系及其衍生品）、奥氏体-铁素体双相不锈钢和马氏体不锈钢（主要是 Cr13 系列）及沉淀硬化不锈钢五大类。不锈钢中的关键元素为铬（Cr），当钢中含有质量分数为 10.5% 以上的铬时，其可与空气中的氧气结合形成一层非常稳定的惰性氧化层（钝化膜）。另外，铬的加入还使得铁基固溶体电极电位提高。为了保持不锈钢所固有的耐蚀性，一般要求铬的质量分数超过 12%，并低于 46%（防止 475℃ 时发生脆化）。

不锈钢中含有的碳会与铬反应生成 $Cr_{23}C_6$ 的碳化物，对奥氏体不锈钢施行焊接时，焊接热会导致碳在晶界处析出，析出的碳与铬发生反应，导致铬含量降低，从而引起晶界腐蚀并形成裂纹。为此奥氏体不锈钢焊接后需进行固溶热处理，或将碳的当量降低到 0.02% 以下，以及添加碳当量 4 倍以上的钛（Ti）或铌（Nb），以形成稳定的 TiC 或 NbC。

GB/T 20878—2007 规定，不锈钢和耐热钢的牌号与合金结构钢的牌号相同，即"两位或三位数字+元素符号+数字"，前两位数字表示碳的质量分数的万分数。常用不锈钢的牌号、性能和用途见表 4-9。

表 4-9 常用不锈钢的牌号、性能和用途（摘自 GB/T 20878—2007）

类别	美国钢铁学会（AISI）牌号	统一数字代号	牌号	力学性能（不小于）				用　途
				$R_{p0.2}$ /MPa	R_m /MPa	A (%)	硬度 HBW	
马氏体型	410S	S41008	06Cr13	345	490	24	—	汽轮机叶片、水压机阀、螺栓等弱腐蚀介质下冲击零件
	410	S41010	12Cr13	343	540	25	159	汽轮机叶片、水压机阀、螺栓等弱腐蚀介质下冲击零件
	420	S42030	30Cr13	540	735	12	217	热油泵轴、阀门、刃具等耐磨零件
	440A	S44070	68Cr17	—	—	—	—	轴承、刃具、阀门、量具等
铁素体型	405	S11348	06Cr13Al	177	410	20	183	汽轮机材料、复合钢、淬火部件等
	430	S11710	10Cr17	205	450	22	183	通用钢、建筑装饰、家庭用具等
	—	S13091	008Cr30Mo2	295	450	20	228	C、N 含量低、耐蚀，制作氢氧化钠设备及有机酸设备
奥氏体型	303	S30317	Y12Cr18Ni9	205	520	40	187	加工性好，螺栓、螺母等
	304	S30408	06Cr19Ni10	205	550	40	187	食品设备、化工设备、核工业等，应用最广泛
	304L	S30403	022Cr19Ni10	175	480	40	187	碳含量较 06Cr19Ni10 低，建议用作焊接部件
	321	S32168	06Cr18Ni11Ti	205	520	40	187	焊芯、抗磁仪表、医疗器械、耐酸容器、输送管道

（续）

类别	美国钢铁学会（AISI）牌号	统一数字代号	牌号	力学性能（不小于）				用　　途
				$R_{p0.2}$/MPa	R_m/MPa	A（%）	硬度HBW	
铁素体-奥氏体型	—	S21860	14Cr18Ni11Si4AlTi	440	715	25	—	抗高温、浓硝酸介质的零件和设备，如排酸阀等
	—	S21953	022Cr19Ni5Mo3Si2N	390	588	20	30HRC	石油化工行业热交换设备或冷凝器等
沉淀硬化型	632	S51770	07Cr17Ni7Al	960	1140	5	363	弹簧垫圈、机械部件

6. 其他类型工程用钢及压力容器用钢

为适应各种条件用钢的特殊要求，对低合金钢的成分、工艺及性能做了相应的调整和补充，发展出了许多专门用途的钢材，如轴承钢、工具钢、锅炉用钢、焊接气瓶用钢等。**工具钢用T+一位或两位数字+合金元素表示，数字表示碳的质量分数的千分数，当碳的质量分数超过1%时，碳的质量分数不标出。**

环保产业中往往用到大量的压力容器，如沉降罐、气浮罐、加压溶气罐、污泥热水解反应器等。如果在使用过程中发生爆炸，往往会造成灾难性事故。为确保容器达到安全要求，GB/T 150.2—2011规定了压力容器受压元件用钢材允许使用的钢牌号及其标准，钢材的附加技术要求，钢材的使用范围（温度和压力）和许用应力等。压力容器用材料牌号的后缀加R（容器拼音的首字母），部分压力容器常用材料的性能见表4-10。

表4-10　部分压力容器常用材料的性能（摘自GB/T 150.2—2011）

钢牌号	钢板标准	使用状态	钢板厚度/mm	使用温度下限/℃	室温强度指标		在下列温度（℃）下的许用应力/MPa			
					R_m/MPa	R_{eL}/MPa	≤20	100	150	200
Q245R	GB/T 713	热轧、控轧、正火	3~16	-20（冲击试验）	400	245	148	147	140	131
			16~36		400	235	148	140	133	124
			36~60		400	225	148	133	127	119
			60~100		390	205	137	127	117	109
Q345R	GB/T 713	热轧、控轧、正火	3~16	-20（冲击实验）	510	345	189	189	189	183
			16~36		500	325	185	185	183	170
			36~60		490	315	181	181	173	160
			60~100		490	305	181	181	167	150
18MnMoNbR	GB/T 713	正火加回火	30~60	-10（冲击试验）	570	400	211	211	211	211
			60~100		570	390	211	211	211	211
13MnNiMoR	GB/T 713	正火加回火	30~100	-20（冲击试验）	570	390	211	211	211	211
			100~150		570	380	211	211	211	211
15MnNiDR	GB/T 3531	正好，正火加回火	6~16	-45（冲击试验）	490	325	181	181	181	173
			16~36		480	315	167	167	157	147
			36~60		470	305	178	178	178	160

（续）

钢牌号	钢板标准	使用状态	钢板厚度/mm	使用温度下限/℃	室温强度指标		在下列温度（℃）下的许用应力/MPa			
					R_m/MPa	R_{eL}/MPa	≤20	100	150	200
16MnDR	GB/T 713	正火加回火	6~16	−30（冲击试验）	490	315	181	181	180	167
			16~36		470	295	174	174	167	157
			36~60		460	285	170	170	160	150
			60~100	−40（冲击试验）	450	275	167	167	157	147
			100~120		440	265	163	163	153	143
08Ni3DR	—	正火，正火加回火，调质	6~60	−100（冲击试验）	490	320	181	181	—	—
			60~100		480	300	178	178	—	—
06Ni9DR	—	调质	6~30	−196（冲击试验）	680	560	252	252	—	—
			30~40		680	550	252	252	—	—
07MnMoVR	GB/T 19189	调整	10~60	−40（冲击试验）	610	490	226	226	226	226

4.2.4　钢的强化

钢材在加工成零件后，仍然可以通过热处理或表面处理等方法，改变其显微组织的变化规律，达到强化钢材力学性能的目的。

1. 热处理

在固态下对铁碳合金进行加热、保温，然后用控制其冷却速度的方式改变金相组织，进而获得所要求物理、化学与力学性能的加工工艺方法称为热处理。热处理工艺不仅可以改善钢和铸铁的性能，也可以用于改善其他材料的性能。钢的常用热处理有退火、正火、淬火、回火和化学热处理等多个种类。

（1）退火　退火（annealing）是将零件放置在炉中缓慢加热到临界点以上的某一温度，保温一段时间后，随炉缓慢冷却的热处理工艺。退火的主要作用是降低硬度，增加工件的冷加工性能；细化晶粒，消除组织缺陷；消除内应力，减小工件变形和裂纹扩展倾向。

（2）正火　正火（normalization）是将加热后的工件置于空气中冷却，冷却速度比退火快一些，因而晶粒更细一些，钢的韧性可显著提高。铸、锻及淬火工件在切削加工前一般要进行退火或正火处理。

（3）淬火　淬火（quenching）是将工件加热至临界温度线 *GSK* 以上 30~50℃，保温一段时间后投入淬火剂中进行快速冷却的热处理工艺。铁碳合金从高温下急冷后获得的马氏体组织硬度高，但塑性差，抗冲击载荷能力低。淬火工业中冷却速度是关键，太快容易引起零件的变形甚至出现裂纹，太慢又达不到技术要求。因此不同的钢应选用不同的淬火剂以控制冷却速度，常用淬火剂有空气、油、水、盐水等，其传热系数按上述顺序递增。碳钢一般在水和盐水中淬火，热导率较低的合金钢则在油中淬火。钢接受淬火的能力常用淬透性表示，添加 Mn、Cr、Ni 等合金元素可以提供碳钢的淬透性。

（4）回火 淬火后再将工件加热到较低温度进行冷却的热处理工艺称为回火（tempering）。回火的目的是降低或消除淬火零件的内应力、提高韧性、稳定金相组织、减少裂纹扩散趋势等。根据加热的温度不同，回火又分为低温回火、中温回火和高温回火等三种。低温回火的加热温度为150~250℃，回火后的金相组织主要为回火马氏体，其具有较高的硬度和耐磨性。要求硬度高、强度大、耐磨的零件一般进行低温回火处理。如果期望零件具有较高硬度的同时又要有一定的弹性和韧性，如轴类、轴套等零件，则采用中温回火。中温回火的加热温度是300~450℃。齿轮和受力螺栓等要求具有较高的强度、韧性、塑性等综合性能。这类零件需要进行高温回火，回火温度为500~680℃。淬火+高温回火的操作称为"调质处理"，调质处理比其他热处理工艺能更好地改善材料的综合力学性能，广泛应用于各种重要零件的加工中。

（5）化学热处理 化学热处理是将零件置于某种化学介质中进行加热、保温、冷却，化学介质渗入零件表面，改变零件表面层的化学成分和组织结构，从而使零件表面具有某些特殊性能的热处理工艺。化学热处理有渗碳、渗氮、渗铬、渗硅、渗铝、碳氮共渗等。其中，渗碳（carburization）、碳氮共渗可提高零件的硬度和耐磨性；渗铝可提高耐热、抗氧化性；渗氮（nitriding）与渗铬的零件，表面比较硬，可显著提高耐磨和耐蚀性；渗硅可提高耐酸性等。不同工况下轴类零件的选材及热处理方案见表4-11。

表4-11 不同工况下轴类零件的选材及热处理方案

序号	工作条件	材料	热处理	硬度	原因	应用举例
1	与滚动轴承配合；低转速，中、轻载荷；运动精度要求低；低冲击静载荷	45	调质	220~250HBW	调质保证强度和一定韧性	曝气机主轴
2	与滚动轴承配合；较高转速，中、轻载荷；运动精度要求低；低冲击忽略变载荷	45	调质后整体淬硬	42~47HRC	轴颈及装配处有较高硬度	立式铣床主轴
3	与滑动轴承配合；低转速，中、轻载荷；运动精度要求低；冲击和变载荷不大	45	正火，调质，轴颈处表面淬硬	170~217HBW，220~250HBW，48~53HRC	正火或调质后保证主轴具有一定的强度和韧性；轴颈处有高的硬度	大型车床的主轴；搅拌机主轴
4	同3，但是冲击载荷较大	40Cr，42MnVB	调质，轴颈处部分表面淬硬	220~250HBW，48~53HRC	调质后主轴有较高强度和韧性；轴颈处需要较高硬度	大重型车床主轴
5	与滑动轴承配合；较高转速，中载荷；运动精度要求较高；较高的变冲击载荷	40Cr，42MnVB	调质，轴颈处部分表面淬火，装配处表面淬硬	220~250HBW，52~57HRC，48~53HRC	调质后主轴有较高强度和硬度；良好的耐磨性；装配处有一定的硬度	车床主轴（φ80mm以下）

（续）

序号	工作条件	材料	热处理	硬度	原因	应用举例
6	与滑动轴承配合；较高转速，重载荷；运动精度要求极高，轴间隙小于 3μm；承受很高的疲劳应力和冲击载荷	38CrMoAlA	正火或调质渗氮	250~280HBW，>900HV	有很高的心部强度；达到很高的表面硬度，耐磨，保持精加工稳定；优良的耐疲劳性能；畸变最小	高精度磨床的主轴
7	与滑动轴承配合；转速很高，中载荷；运动精度要求不高；较高疲劳应力，不大的变冲击载荷	20Cr，20MnVB，20Mn2B	渗碳后淬硬	表面硬度58~63HRC	心部强度不高，受力易扭曲变形；表面硬度高，适用于高速低载荷主轴	高精度车床、磨床的主轴

2. 表面强化处理

工程材料的很多失效形式往往发生在表面，包括磨损、腐蚀、表面损伤等。一般疲劳断裂失效也是先从表面开始。在材料本体保持承载能力的前提下，通过表面处理能够提高表面抗失效能力。表面处理方法主要分为表面强化处理和表面防护处理两大类，常用的表面强化处理工艺有热喷涂、堆焊、气相沉积、喷焊、喷丸、滚压、氧化处理、电镀、化学镀、搪瓷、热浸渡、磷化、涂装等。

热喷涂是将喷涂材料加热熔化，以高速气流的方式将其雾化成极细的颗粒，并以一定的速度喷射到事先准备好的工作表面上，形成涂层。喷涂用合金粉末分为结合层粉末和工作层粉末两大类，结合层粉末目前多为镍铝合金粉末；工作层粉末分为镍基、钴基、铁基、铜基四大类。镍基、钴基粉末所形成的涂层具有耐蚀、耐磨损、抗氧化等特点，但价格较贵；铁基粉末价格便宜，适用于 400℃以下轻微腐蚀的工作条件；铜基合金粉末用于易加工、摩擦系数要求小的工件。

喷焊是采用气体火焰或等离子焰将自熔性粉末熔化或半熔化后，高速喷射到预热后的工作表面，继续加热使合金熔化，经冷凝形成涂层的方法。

4.2.5　有色金属及其合金

有色金属是指除了铁、锰、铬的金属，一般价格比较昂贵。与碳素钢相比，有色金属及其合金具有一些特殊的机械、物理和化学性能，如良好的导电性、导热性，密度小、熔点高，低温韧性好，在空气、海水以及一些酸、碱介质中耐腐蚀等。

环保产业领域的许多设备及其零部件都采用有色金属及其合金制造，以满足腐蚀、高压、高温等特殊的工况。有色金属种类很多，工业上常用的有铝、铜、钛、镍、铅等。

1. 铝及铝合金

铝是目前工业中用量最大的有色金属，高纯铝的密度为 2.7g/cm³，仅为铁的 1/3；铝的导电性、导热性好，仅次于银、铜和金；铝在氧化性介质中易形成 Al_2O_3 保护膜，因此在大气中、有氧化剂的盐溶液中、浓硝酸及干氯化氢、氨气中都具有较好的耐蚀性。但含有卤素离子的盐类、氢氟酸以及碱溶液都会破坏铝表面的氧化膜，因此应避免在这些介质中使用。铝的塑性很好，可以冷压成形，切削性能和铸造性能极好。另外，铝无低温脆性；磁化率极低，接近于非铁磁性材料；对光和热的反射能力强，耐辐射，受冲击时不产生火花。

由于上述优点，铝及铝合金在电气工程、航空及宇航工业、一般机械和轻工业中都有应用，例如：可以用来制作存放挥发性介质的容器（受冲击时不产生火花）、热交换器（导热性好），也可在某些情况下代替不锈钢制作设备和容器。此外，自来水厂和污水处理厂也开始使用铝合金制作操作平台、设备支架及扶梯栏杆等，既美观轻巧，又耐潮湿空气腐蚀，维护管理比钢材方便得多。工程上常用铝合金的牌号、力学性能、供货形式和用途见表4-12，表中的力学性能指铝合金板、带的力学性能；或者热挤压成形材的室温纵向力学性能。

表4-12 常用铝合金的牌号、力学性能、供货形式和用途

（摘自 GB/T 6892—2015 和 GB/T 3191—2019）

类别	牌号	壁厚/mm	力学性能			供货形式和用途
			$R_{p0.2}$/MPa	R_m/MPa	$A(\%)$	
防锈铝	5A05	—	130	255	15	板、棒、管、深冷设备；耐蚀性好，加工性好，制造焊接件、管道、容器、铆钉等
	5A06	—	160	315	15	板、棒、管、型材、深冷设备；耐蚀性好，强度高，制造焊接容器、受力零件、骨架零件等
	3A21	—	—	185	16	板、箔、棒、管、型材、深冷设备；耐蚀性好，加工性差，制造焊接件、油箱、油管、铆钉等
硬铝合金	2A11	≤10	190	335	10	板、棒、管、型材、锻件；制造螺旋桨、螺栓等
	2A12	≤5	295	390	8	板、箔、棒、管、线材；高强度铝，制造高负荷零件
超硬铝	7A04	≤10	430	500	4	板、棒、管、型材、锻件；制造高负荷零件，如梁、肋
锻铝合金	2A50	≤150（直径）	—	355	12	棒、锻件；制造形状复杂的中强度锻件和冲压件
	2A70	≤150（直径）	—	355	8	板、棒、管、锻件；制造活塞和高温下的复杂锻件，如汽轮机、鼓风机叶轮等
	2A14	≤22（直径）	—	440	8	棒、锻件；承受高负荷和形状简单的锻件，热加工困难

2. 铜及铜合金

在所有金属中，铜的导电性仅略逊于银，导热性也很好；同时具有优良的减摩性、耐磨性、高的弹性模量和疲劳强度。铜的耐蚀能力很高，耐稀硫酸、亚硫酸、中等浓度以下的盐酸、乙酸、氢氟酸及其他非氧化性酸等介质的腐蚀，对淡水、大气、碱类溶液耐蚀能力很强。铜不耐各种浓度的硝酸、氨和铵盐溶液的腐蚀。铜的加工性能优良，容易冷、热成形；切削加工性能优良，铸造铜合金有很好的铸造性能，焊接方便易行。因此铜及铜合金在环保产业领域也得到了广泛应用。

根据杂质含量的不同，工业纯铜牌号有T1、T2、T3，编号数字越大，纯度越低；TU1、TU2为无氧铜，纯度高，可制作真空器件；TP1、TP2为磷脱氧铜，多制作管材。铜中加入合金元素后，可获得较高的强度、硬度和韧性，同时保持纯铜的某些优良性能。一般铜合金分为黄铜、青铜和白铜三大类。黄铜的牌号用"H+主要合金元素+铜的质量分数+主要合金含量"表示。青铜的牌号为"Q+主要合金元素符号+主要合金元素的质量分数+其他元素的质量百分数"表示,如 QSn4-3 表示含锡 40%,含锌 3%。铸造黄铜或青铜是在编号前加"Z"字。常用黄铜、青铜的牌号、力学性能及用途见表 4-13 和表 4-14。

表 4-13 常用黄铜的牌号、力学性能和用途(摘自 GB/T 2040—2017)

类别	牌号	厚度/mm	状态	力学性能		供货形式和用途
				R_m/MPa	$A_{11.3}$(%)	
普通黄铜	H90	0.3~10	O60	≥245	≥35	双金属片、供水和排水管、证章、艺术品(又称金色黄铜)
			H02	330~440	≥5	
			H04	≥390	≥3	
	H70 H68	4~14	M20	≥290	≥40	复杂的冷冲压件,散热器外壳、弹壳、导管、波纹管
		0.3~10	H01	325~410	≥35	
			H02	355~440	≥25	
			H04	410~540	≥10	
			H06	520~620	≥3	
	H62 H63	4~14	M20	≥290	≥30	销钉、铆钉、螺钉、螺母垫片、弹簧、夹线板、散热器
		0.3~10	H02	350~470	≥20	
			H04	410~630	≥10	
特殊黄铜	HSn62-1	4~14	M20	≥340	≥20	与海水、汽油接触的零件(海军黄铜)
		0.3~10	O60	≥295	≥35	
			H02	350~400	≥15	
	HMn58-2	0.3~10	O60	≥380	≥35	弱电用件
			H02	440~610	≥25	
	HPb59-1	4~14	M20	≥370	≥18	易切削黄铜,销、螺钉、螺母、轴套
		0.3~10	H02	390~490	≥12	

表 4-13 中 M20 表示型材由热轧加工成形,O60 为材料的软化退火状态,H 代表冷加工。轧制和拉制的板、带、棒、线材,金属的冷加工变形程度越大,其强度和硬度也越高,这一现象称为加工硬化,铜及铜合金冷轧或冷拉时也有加工硬化现象。退火态金属加工硬化所获得的强度大致与冷变形量成比例关系,变形量由 Browne 和 Shape(B&S)尺度号数表示,B&S 尺度号数每增加一级,厚度(直径)缩减 10%左右。表 4-13 和表 4-14 状态一列中 H 后的数字与 B&S 尺度号数相一致,例如 H01 表示加工前后厚度(直径)缩减 10%,H02 表示前后厚度(直径)缩减 20%……。

表 4-14　常用青铜的牌号、力学性能和用途（摘自 GB/T 2040—2017 和 GB/T 1176—2013）

类别	牌号	厚度/mm	状态或铸造方法	力学性能		供货形式和用途
				R_m/MPa	$A(\%)$	
加工锡青铜	QSn4-3 QSn4-0.3	0.2~12	O60	≥295	≥40	弹性元件、管件、化工设备中的耐磨和抗磁零件
			H04	540~690	≥8	
	QSn6.5-0.1	9~14	M20	≥290	≥38	弹簧、接触片、振动片、精密仪器中的耐磨零件
		0.2~12	O60	≥315	≥40	
		0.2~12	H02	490~610	≥8	
		3~12	H04	540~690	≥5	
		0.2~5	H06	635~720	≥1	
铸造锡青铜	ZCuSn10P1	—	S、R	220($R_{p0.2}$=130)	3	重要的减磨零件，如轴承、轴套、蜗轮、摩擦轮、丝杠
		—	J	310($R_{p0.2}$=170)	2	
	ZCuZn40Mn3Fe1	—	S、R	440	18	耐海水腐蚀的零件，300℃以下工作的管配件，制造船舶螺旋桨等大型铸件
		—	J	490	15	
	ZCuSn5Pb5Zn5	—	S、R、J	200($R_{p0.2}$=90)	13	低速中载的轴承、轴套及蜗轮等耐磨零件
特殊青铜	QAl7	0.4~12	H02	585~740	≥10	重要用途的弹簧和弹性元件
			H04	≥635	≥5	
	ZCuAl10Fe3	—	S	490($R_{p0.2}$=180)	13	耐磨零件，蒸汽、海水中工作的高强度耐蚀零件
		—	J	540($R_{p0.2}$=200)	15	

注：S—砂型铸造，J—金属型铸造，R—熔模装置。

4.3　金属材料的腐蚀与防护

环保产业领域废水、废气、废渣及处理所用的药剂往往具有强烈的腐蚀性（如酸、碱、盐和腐蚀性气体等），腐蚀（corrosion）导致设备的失效占总失效的 40% 以上。铁生锈、铜发绿（绿锈）、铝生白斑点等都属于金属的腐蚀。

4.3.1　金属腐蚀与防护基本原理

1. 化学腐蚀

化学腐蚀指因化学反应而导致的腐蚀，往往只发生在金属表面，腐蚀过程中没有电流产生。常发生在干燥气体（氧化、硫化、卤化、氢蚀等）、非电解质溶液等环境下。

碳素钢在加热时形成氧化铁皮，就是比较常见的化学腐蚀现象，当钢铁在高温环境下氧化，能形成致密氧化物覆盖在金属表面，并能阻碍氧原子向金属内部扩散时，这种氧化物就成为防止金属继续氧化的保护膜，从而达到防护的目的。环境温度为 200~300℃ 时，在空气中钢铁的表面便出现可见的氧化膜，随着环境温度的升高，氧化膜厚度增厚。钢铁氧化膜的结构较复杂，在 570℃ 以下时，生成的氧化物以结构致密的 Fe_3O_4 和 Fe_2O_3 为主，钢铁的氧化速度较低；当环境温度超过 570℃时，氧化膜内会有结构疏松、晶格缺陷密度高的 FeO 产生，金属离子和氧离子容易迁移，氧化速度急剧增大。温度高于 800℃时，表面上就开始形成多孔、疏松的"氧化皮"，氧化皮结构疏松，稍受振动便会一层层脱落下来。

2. 电化学腐蚀

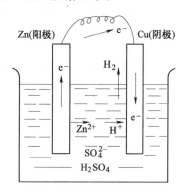

图 4-6　锌铜原电池示意图

金属与电解质溶液间产生电化学作用导致的腐蚀称电化学腐蚀，如存在酸、碱、盐等电解质溶液的环境中金属与电解质形成微电池，因电化学反应而导致金属腐蚀，腐蚀过程中有电流产生。例如图 4-6 中的锌和铜在稀硫酸溶液中构成了电化学反应，由于锌的电位较铜低，电流从高电位流向低电位，低电位的锌形成阳极，在阳极上锌失去电子而被溶解，化学反应式为

$$Zn \rightarrow Zn^{2+} + 2e^- \tag{4-12}$$

高电位的铜形成阴极，在阴极上氢离子得到电子而形成氢气，化学反应式为

$$2H^+ + 2e^- \rightarrow H_2 \uparrow \tag{4-13}$$

由此可见，原电池作用导致了金属的电化学腐蚀。这种由不同金属在同一种电解质溶液中形成的腐蚀电池称为腐蚀宏电池。同样，在碳素钢法兰与不锈钢螺栓之间也会形成腐蚀。

金属材料内部组织的不均匀也会形成电位差，当其工作在电解质溶液中时，也可以构成原电池而被腐蚀。例如，钢材中杂质的电极电位高于钢的基体、渗碳体的电极电位高于铁素体等，当其工作环境中有电解质时就会形成微电池，而使钢受到严重腐蚀，这种由同一种金属形成的原电池也称微电池。

电化学腐蚀过程比化学腐蚀要复杂得多，且危害也大得多，是造成金属腐蚀的主要因素。

3. 金属腐蚀破坏的形态

金属腐蚀破坏的形态可分为均匀腐蚀和局部腐蚀。均匀腐蚀是指腐蚀均匀发生在金属表面，如图 4-7a 所示。均匀腐蚀使金属构件截面尺寸或厚度减小，直至完全破坏，因为只要设备或零件具有足够的截面尺寸或厚度，其力学性能因腐蚀而引起的改变就不大，危害性相对较小。

　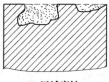　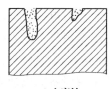　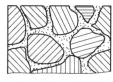

a) 均匀腐蚀　　　　b) 区域腐蚀　　　　c) 点腐蚀　　　　d) 晶间腐蚀

图 4-7　腐蚀破坏的形式

局部腐蚀只发生在金属表面的局部，整个设备或零件的强度取决于最弱的断面，因而局部腐蚀造成的局部强度大大降低，常常造成整个设备失效。局部腐蚀是设备腐蚀破坏的一种重要形式，在环保、化工、机械行业的腐蚀破坏事例中，局部腐蚀占了 80%以上。虽然材料局部腐蚀的平均腐蚀量不大，但有时会在没有明显预兆的情况下导致设备突发

性破坏。

局部腐蚀又可分为区域腐蚀、点腐蚀、晶间腐蚀等，如图 4-7b、c、d 所示。微生物和水生物作用下的生物腐蚀也属于局部腐蚀。此外，当有应力存在时，腐蚀和应力协同作用，将引起应力腐蚀、腐蚀疲劳及磨损腐蚀等腐蚀开裂问题。微生物腐蚀常见于环保设备的腐蚀中，如厌氧细菌腐蚀、好氧细菌腐蚀、厌氧与好氧细菌联合作用下的腐蚀。

4.3.2 防止和减缓腐蚀的方法

为了防止设备被腐蚀，设计设备时应选择合适的耐蚀材料，还需采用多种防腐蚀措施。

1. 衬覆保护层

在金属表面衬覆一层保护性覆盖层使金属与腐蚀介质隔开，是防止金属腐蚀的常用方法。保护性覆盖层分为金属保护层和非金属保护层两大类。

(1) 金属保护层 用耐蚀金属覆盖在不耐蚀金属表面，形成金属保护层。常用电镀（如镀铬、镀镍等）、热镀（镀铝、镀锌等）、喷镀、渗镀以及化学镀的方法制备金属保护层，也可以在设备钢板表面衬不锈钢或用复合钢板衬覆金属保护层。

(2) 非金属保护层 非金属保护层常称为非金属涂层，可分为无机涂层和有机涂层。无机涂层指搪瓷或玻璃涂层、硅酸盐水泥涂层和化学转化涂层等，也可以在钢制设备内壁粘贴瓷砖、瓷板、辉绿岩板、不透性石墨等。有机涂层包括涂料涂层、塑料涂层和硬橡胶涂层。塑料涂层是用层压法将塑料薄片直接粘接在金属材料表面，常用的塑料薄片有聚氯乙烯等。硬橡胶涂层是将硬橡胶覆盖于钢材及其他金属表面，使其具有耐酸、耐蚀的特性，在许多环保设备中得到应用。硬橡胶涂层的缺点是受热后变脆，只能在 50℃ 以下使用。

2. 电化学保护

根据金属腐蚀的电化学原理，人为地降低金属电位，使其难于失去电子，就可以降低金属的腐蚀速度，甚至使金属的电化学腐蚀完全停止。同样，提高设备主体的电位，使金属表面生成难溶而致密的氧化膜，也可以降低金属的腐蚀速度。这种通过改变金属电位来控制金属腐蚀的方法称为电化学保护。电化学保护法包括阴极保护法与阳极保护法。

(1) 阴极保护法 阴极保护法分为外加阴极保护法和牺牲阳极保护法。如图 4-8a 所示，外加阴极保护法需要增加一个直流电源，电源负极与被保护的金属设备相连，电源正极与辅助阳极相连。接通后，电源给金属设备以阴极电流，使整个金属设备极化为阴极，当被保护金属的电位降至腐蚀电池的阳极起始电位时，金属设备的腐蚀即可停止。外加阴极保护法用来防止工作在海水或河水中金属设备的腐蚀非常有效，并已应用到受海水腐蚀的设备和各种输送管道上。外加阴极保护法中，辅助阳极常用石墨、硅铸铁、镀铂钛、镍、铅银合金和钢铁等造价低且具有一定力学强度的材料。牺牲阳极保护法是在被保护的金属上连接一块电位更低的金属材料作为牺牲阳极，如图 4-8b 所示，牺牲阳极的电位比被保护金属低，更容易失去电子，使金属设备变为阴极进而得到保护。

(2) 阳极保护法 阳极保护法是把被保护设备与外加直流电源阳极相连，把金属阳极极化到一定电位，使金属离子与电解质反应生成致密的钝化膜，通过隔离主体材料的措施达

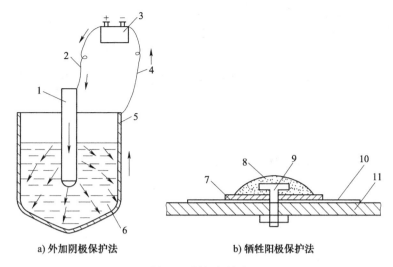

a) 外加阴极保护法　　　　　　b) 牺牲阳极保护法

图 4-8　阴极保护法

1—辅助阳极　2—导线　3—直流电源　4—导线　5—被保护金属　6—溶液

7—垫片　8—牺牲阳极　9—螺栓　10—涂层　11—设备

到降低金属腐蚀的目的。阳极保护法只有当金属在介质中能钝化时才能应用，否则阳极极化会加速金属的阳极溶解。

3. 对腐蚀性介质进行处理

对于腐蚀性较强的介质，通过改变介质的性质可以降低或消除材料的腐蚀，例如加入缓蚀剂可以阻止或减缓环境介质中腐蚀物质对金属的腐蚀作用。缓蚀剂的选用应根据设备的具体操作条件通过试验来确定。常用缓蚀剂有重铬酸盐、过氧化氢、磷酸盐、亚硫酸钠、硫酸锌、硫酸氢钙等无机缓蚀剂以及有机胶体、氨基酸、酮类、醛类等有机缓蚀剂。在酸性介质中可以选用硫脲、若丁（二邻甲苯硫脲）、乌洛托平（六亚甲基四胺），在碱性环境下选用硝酸钠，在中性介质中选用重铬酸钠、亚硝酸钠、磷酸盐等。

环保设备常常在含有金属腐蚀细菌的环境下工作，这时需要控制细菌对设备的腐蚀。主要措施有添加高效、低毒且无腐蚀性的杀菌剂或抑菌剂；提高介质的 pH 值及工作温度（pH 值 >9.0、温度 >50℃）；排泄积水，改善通气条件，减少有机物营养源；涂覆非金属覆盖层或金属镀层使构件表面光滑，避免细菌附着，减少细菌成垢的机会；采用阴极保护法使构件表面附近形成碱性环境，抑制细菌活动等。

4. 设计合理的设备结构

设备的腐蚀在很多场合下与其结构相关，不合理的结构通常引起机械应力、热应力、液体停滞、局部过热等，这些均会引起金属的腐蚀或加剧金属的腐蚀。设计较合理的设备结构，是减轻腐蚀的一种有效措施。

焊缝处通常最容易发生腐蚀，在高温下进行焊接时，加热、冷却不均匀容易产生残余应力，且焊缝附近的化学成分与主体金属不同，在接触化学介质时，容易形成应力腐蚀。这种腐蚀可通过热处理（退火）或选择适当的焊条加以解决。例如大型合成氨装置的 CO_2 再生塔与碱性溶液接触，未经退火的焊缝在使用了 6 个月后，由于溶液中的初生态氢渗入钢中，与焊接时产生的残余应力相互结合，促使焊缝处发生裂纹，而经过消除焊接残余应力的焊缝就不会发生裂纹。在设计设备焊缝时，应尽可能采用对接焊缝；搭接焊或角接焊的局部过热较严重，易引起腐蚀。不同厚度的钢材焊接时，厚度相差不能太大。设备与接管的焊接，从防腐蚀角度考虑，最好不采用角焊缝，而采用对接焊缝，如图4-9所示。

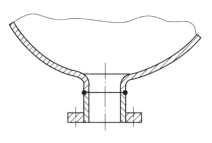

图4-9 对接焊示意图

在设计设备结构时，应尽量避免形成如图4-10所示的死角。有了死角，就会造成液体停滞，形成浓度差，促进腐蚀；不均匀的污垢和沉淀也可能加速腐蚀。

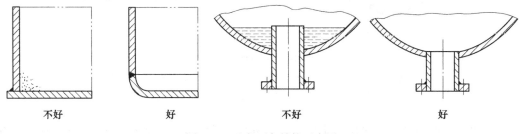

图4-10 避免死角结构示意图

4.4 非金属材料与复合材料

与金属材料相比，非金属材料的耐蚀性更好，且原料来源更丰富、品种多样。非金属材料既可以单独作为制造设备的结构材料，又可以作为设备的防腐衬里或涂层，还可以作为设备的密封材料、保温材料和耐火材料等。非金属材料主要分为无机非金属材料和有机非金属材料两大类。无机非金属材料包括耐酸陶瓷（化工陶瓷）、搪瓷、玻璃、岩石等，耐蚀性好，但质脆、耐温度剧变性差，不能机加工。有机非金属材料主要是有机高分子材料，包括橡胶、塑料、耐蚀涂料等；成形加工性好、耐蚀、密度小，但不耐高温，不耐氧化性介质，不耐溶剂。近几十年来发展起来的复合材料，如玻璃钢、不透性石墨等，大部分也属于非金属材料。

4.4.1 无机非金属材料

1. 陶瓷

陶瓷包括微晶陶瓷、无机玻璃、晶体陶瓷等，具有高硬度、高刚性、高熔点、高介电常数，线胀系数比金属低，耐热性和化学稳定性好等特点，但其塑性低，容易产生脆性断裂，急冷急热时容易产生较大的热应力而导致开裂。

陶瓷一般分为普通陶瓷和特种陶瓷两种，普通陶瓷也称为传统陶瓷，将黏土、石英和长石按比例混合，有时再加上高岭土，在窑中烧结成瓷。普通陶瓷主要用于家用电器、化工、建筑等部门，按照用途可分为建筑卫生陶瓷、电工陶瓷、化学化工陶瓷等。化工陶瓷又称耐酸陶瓷，主要用来制造耐酸容器、储槽、搅拌器、泵、阀门、管道等，如酸性废水的下水管道；也用来制作防腐衬里的耐酸瓷砖以及填充塔的耐酸填料。

特种陶瓷又称现代陶瓷、精细陶瓷，为化学合成陶瓷，一般采用类似粉末冶金的方法制备，即采用破碎-混合-压制-烧结的工艺过程，其力学性能要高于普通陶瓷。常用特种陶瓷的名称、力学性能和用途见表4-15。

表4-15　常用特种陶瓷的名称、力学性能和用途

名　　称		弹性模量/10^3MPa	硬　　度	抗拉强度/MPa	抗压强度/MPa	熔点/℃	最高使用温度（空气中）/℃	用　　途
氧化铝（Al_2O_3）		350～415	莫氏硬度9	265	2100～3000	2050	1980	耐火材料，轴承、叶轮、机械密封环、活塞、阀等耐蚀、耐磨零件
氧化锆（ZrO_2）		175～252	莫氏硬度7	140	1440～2100	2700	2400	
氧化镁（MgO）		214～301	莫氏硬度5、6	60～80	780	2800	2400	
氧化铍（BeO）		300～385	莫氏硬度9	97～130	800～1620	2700	2400	
氮化硼（BN）	六方	—	莫氏硬度2	100	238～315	—	1100～1400	自润滑高温轴承、模具
	立方	—	8000～9000HV	345	800～1000	—	2000	高硬度磨料和高速刀具
氮化硅（Si_3N_4）	反应烧结	161	70～85HRC	141	12300	2173	1100～1400	轴承、叶轮、活塞、阀等耐蚀、耐磨零件
	热压烧结	302	2000HV	150～275	3600	2173	1850	燃气轮机的转子、发动机叶片、高温轴承、刀具
碳化硅（SiC）		392～417	2500～2550HK	70～280	574～1688	3110	1400～1500	机械密封环

2. 不透性石墨

石墨可分为天然石墨和人造石墨两种。天然石墨含有大量杂质（质量分数在10%以上），耐蚀性差，在工程中主要应用人造石墨。由于石墨含有许多孔隙，影响了其机械强度和加工性能，并造成腐蚀介质的渗漏。所以，通过利用各种浸渍剂（酚醛树脂、呋喃树脂等）或黏结剂（水玻璃等）对天然石墨进行浸渍、压形和浇注等，加工处理制成不透性石墨。

不透性石墨具有优良的耐蚀性，如酚醛树脂浸渍石墨，除强氧化性酸和强碱外，能耐大部分酸类腐蚀。呋喃树脂浸渍石墨具有优良的耐酸性和耐碱性，优良的导热性（热导率是一般碳素钢的2倍以上），热膨胀系数小，耐温度急变性好；不污染介质，能保证产品纯度。另外，不透性石墨还具有密度低、易于加工成形的特点，但其缺点是机械强度低、脆。

不透性石墨已成功用于制造热交换器、管道、管件等。在各种污水处理的电解槽中，不透性石墨是最廉价的优良阳极材料。

4.4.2　高分子材料

高分子材料（polymers）与金属材料、陶瓷材料一起构成了工程材料的三大支柱。高分子材料是由相对分子质量在10^4以上的化合物构成的材料，是以聚合物为基本组分的材料，所以又称聚合物材料或高聚物材料。高分子材料种类繁多，根据材料来源、性能、结构和用途不同，可以有多种不同的分类方法。按高分子材料性能和产品用途，分为塑料、橡胶、纤维、共混聚合物、高分子合金、聚合物基复合材料、黏合剂和涂料等。目前常用的高分子材料命名方法主要有两种。一种是根据商品的来源或性质确定名称，如有机玻璃（聚甲基丙

烯酸甲酯）、电木（酚醛塑料）、电玉（脲醛塑料）、维纶或维尼纶（聚乙烯醇纤维）、腈纶或人造羊毛（聚丙烯腈纤维）、塑料王（聚四氟乙烯）等，这类命名方法的优点是简短、通俗，但不能反映高分子化合物的结构和特性。另一类是根据单体原料名称命名，并在其前面加一个"聚"字，如聚乙烯、聚氯乙烯；对于缩聚反应和共聚反应生成的聚合物，则在单体后面加"树脂"或"橡胶"，如（苯）酚（甲）醛树脂、乙（烯）丙（烯）橡胶、丁（二烯）腈（丙烯腈）橡胶。有一些工程塑料，如环氧树脂、聚氨酯、聚酯，则以该类材料的特征化学单元如环氧基、氨基、酯基为基础来命名。许多聚合物化学名称的英文缩写简便易记也广泛地被采用，例如 PS 代表聚苯乙烯、PVC 代表聚氯乙烯、PE 代表聚乙烯、PP 代表聚丙烯等。

1. 主要性能特点

与金属材料相比，高分子材料在性能上具有以下的特点：质轻、有透明的品种；多数具有柔软性，橡胶类或塑胶材料具有高弹性；大多数摩擦系数小、易滑动；有缓冲作用、能吸收振动和声音；是电的绝缘体；难导热；耐水，大多数能耐酸、碱、盐、溶剂、油脂；有蠕变、应力松弛现象的黏弹特性；热膨胀较大，低温会发脆，耐热性差；使用过程中会出现"老化"等现象。在上述诸多性能中，高弹性是其他材料不具有的性能。高分子材料还能同时表现出黏性液体和弹性固体力学行为的黏弹性，所以又称黏弹性材料。黏弹性是高分子材料的又一重要力学性能，而且该性能对温度和时间的依赖性特别强烈。

2. 工程塑料

塑料是以树脂为主要成分，适当加入添加剂并可在加工中塑化成形的一类高分子材料。塑料和树脂的主要区别在于：树脂为纯聚合物，而塑料是以树脂为主的聚合物制品。根据塑料受热后的性能变化，塑料可分为两类：热塑性塑料和热固性塑料。热塑性塑料的特点是：加热后可熔融并可多次反复加热使用。常用热塑性工程塑料的成形方法、性能特点和用途见表 4-16。

热固性塑料的特点是初加热时软化，可塑造成形，但固化之后再加热，将不再软化，也不溶于溶剂。它具有耐热性高、受压不易变形等优点，缺点是力学性能不好；加入填料制成层压塑料或模压塑料，可以提高强度。常用热固性工程塑料的成形方法、性能特点和用途见表 4-17。

3. 橡胶

橡胶是一类具有高弹性的高分子材料，在很宽的温度范围内（$-50 \sim 50℃$）具有优异的弹性，所以又称高弹体，还有较好的抗撕裂、耐疲劳特性，在使用中经多次弯曲、拉伸、剪切和压缩不受损伤；并具有不透水、不透气、耐酸碱和绝缘等特性。橡胶被广泛应用于设备的密封、防渗、防腐蚀、防渗漏、减振、耐磨、绝缘以及安全防护等。橡胶和盐酸接触能够生成固有的保护膜，许多年来橡胶衬里的钢管、容器已成为盐酸输送、储运的"标准"设备。但是使用中应注意，除某些品种外，橡胶一般不耐油、不耐溶剂和强氧化性介质，容易老化。

按照原料来源，橡胶可分为天然橡胶和合成橡胶两大类。合成橡胶主要有七大类，包括丁苯橡胶（SBR）、顺丁橡胶（BR）、丁基橡胶（HR）、丁腈橡胶（NBR）、氯丁橡胶（CR）、乙丙橡胶（EPDM）和异戊橡胶。常用橡胶的性能和用途见表 4-18。在通用橡胶中，产量最大、应用最广的是丁苯橡胶（SBR），其用量约占合成橡胶总量的 80%。SBR 由丁二烯单体和苯乙烯单体共聚而成，常用牌号有丁苯-10、丁苯-30、丁苯-50，其中数值表示苯乙烯在单体总量中的百分数。一般苯乙烯所占百分数越大，则橡胶的硬度和耐磨性越高，但其弹性和耐寒性下降。

表 4-16　常用热塑性工程塑料的成形方法、性能特点和用途

名　称	成形方法	性能特点	不耐化学介质	力学性能	使用温度（空气中）/℃	用　途
超高分子聚乙烯（HUMPE）	冷压烧结、热压、机加工、焊、粘接	耐磨、耐应力开裂、抗疲劳、减磨、无表面吸附力	松节油、石油醚	$R_m=30\sim40\text{MPa}$ $\sigma_{bb}=35\sim37\text{MPa}$ $E=680\sim950\text{MPa}$ $K=19\sim20\text{J}$	$-35\sim150$	制作冲击耐磨件，如轴承、轴瓦、蜗轮、滑轨、阀门等
增强聚丙烯（RPP）	注射	吸湿极小、静电度高；耐光泽差、易老化	强氧化剂	$R_m=45\sim100\text{MPa}$ $\sigma_{bb}=50\sim130\text{MPa}$ $K=2.5\sim8\text{J}$	$-30\sim160$	板、阀泵壳、管件等
ABS树脂（ABS）	注射、挤压、可机加工、粘接、焊接	耐磨、低温抗冲击、尺寸稳定、可染色；可燃、耐候性差	醛、酮、酸、氯化氢	$\sigma_{bb}=50\sim70\text{MPa}$ $K\geq5\text{J}$	$-40\sim50$	齿轮、叶片、轴承、壳体、内衬、发泡剂
聚甲基丙烯酸甲酯（PMMA/有机玻璃）	模压、吹塑等、可机械加工	高透明、耐候；耐磨性差、易划伤	芳烃、氯代烃、丙酮	$R_m=50\sim80\text{MPa}$ $\sigma_{bb}=100\sim120\text{MPa}$ $K\geq1.4\text{J}$	$-40\sim50$	透明和一定强度的零件，如舱盖、车灯、管道、模型等
聚酰胺（PA/尼龙）	注射、浇注烧结、喷涂等	耐磨、减磨、消声、耐应力开裂、蠕变大、吸水尺寸不稳定	强吸性溶剂、沸水、某些无机盐	$R_m=40\sim140\text{MPa}$ $\sigma_{bb}=70\sim90\text{MPa}$ $K=10\sim45\text{J}$	$-40\sim100$	齿轮、轴承、泵、阀门、连接件、油管、导轨等
聚碳酸酯（PC）	注射、挤压、真空、吹塑等	高透明、尺寸稳定、自熄、抗冲击	碱、胺、酮、氯代烃、沸水	$R_m=60\sim110\text{MPa}$ $\sigma_{bb}=90\sim140\text{MPa}$ $K=0.4\sim6\text{J}$	$-60\sim120$	防爆玻璃、传动件、小结构件
聚酚氧树脂（PPOR）	注射、挤压、真空、吹塑管等	透明、耐磨、尺寸稳定、阻氧、耐候和紫外线差	有机极性溶剂，如甲乙酮	$R_m=63\sim67\text{MPa}$ $K=0.5\sim6\text{J}$	$-50\sim77$	结构复杂的摩擦件，如精密齿轮、电器件、容器、管件等
聚邻苯二甲酸二丙烯酯（PDAP）	注射、挤压、压制	耐应力开裂、耐老化、尺寸精确	苯、酮、氯仿	$R_m=30\sim300\text{MPa}$ $\sigma_{bb}=80\sim100\text{MPa}$ $K\geq1\text{J}$	$-60\sim200$	复杂零部件、绝缘件、容器
增强聚对苯二甲酸乙二酯（RPET）	注射	低吸湿、减磨、耐应力开裂	强酸、碱、热水	$R_m=60\sim120\text{MPa}$ $\sigma_{bb}=100\sim200\text{MPa}$ $K=2.5\sim6\text{J}$	$-60\sim140$	连接件、齿轮、轴承、泵壳、叶轮

（续）

名　称	成形方法	性能特点	不耐化学介质	力学性能	使用温度（空气中）/℃	用　途
增强聚对苯二甲酸丁二酯（RPBT）	注射	耐磨、减磨、尺寸稳定、低吸湿	碱、硝酸、浓硫酸	R_m=60~130MPa σ_{bb}=100~120MPa K=2~6J	-60~140	润滑、耐蚀、耐冲击的零部件，如轴承、防护板
聚甲醛（POM）	注射、挤压等、可机械加工	耐磨、抗疲劳、抗蠕变和应力松弛、耐水；耐燃差	强酸、酚类、有机卤化物	R_m=50~60MPa K=5~10J	-40~100	轴承、齿轮、导轨、阀门、管道
聚氨酯（PENTONE）	注射、挤压、喷涂	耐磨、尺寸稳定；低温脆性大	硝酸、过氧化氢、环己酮、吡啶	R_m=44~56MPa	-20~100	泵、阀门、轴承、密封件、管道
聚苯醚（PPO）	注射、挤压、吹塑	吸水性极小	浓硫酸、硝酸、碱	R_m=56~190MPa σ_{bb}=100~310MPa K≥8J	-150~150	制造无声齿轮、轴承
聚砜（PSF）	注射、挤压、模压	尺寸稳定、透明；耐候和紫外线差	浓硫酸、硝酸、酯、酮、氯氯烷	R_m=50~100MPa σ_{bb}=110~180MPa K=7~37J	-100~150	泵体、齿轮管道、容器
聚芳砜（PAS）	注射、挤压	抗氧化、耐水解、耐辐射、耐应力开裂	有机极性溶剂	R_m=82~205MPa σ_{bb}=138~282MPa K≥13J	-240~260	代替铝、锌制造机械零件
聚苯醚砜（PES）	注射、挤压、模压	线膨胀系数小、尺寸稳定、抗氧化、耐应力开裂	高浓含氯酸、酮、氯烃	R_m≥90MPa σ_{bb}≥135MPa K≥10J	-180~200	耐热绝缘件、灯头帽、齿轮箱、气密部件
聚四氟乙烯（PTFE/F4/塑料王）	冷压烧结、可机械加工	自润滑、耐候、不燃、耐水王	气态氟、熔融钠	R_m=14~40MPa	-250~260	耐辐射、水下绝缘
聚醚醚酮（PEEK）	注射、挤压、压制	耐热和水蒸气、耐辐射	浓硫酸	R_m≥130MPa K≥3.8J	-220~240	活塞环、泵壳、叶轮、耐水汽工件

注：R_m 为抗拉强度，σ_{bb} 为抗弯强度，K 为冲击吸收能量。

表 4-17　常用热固性工程塑料的成形方法、性能特点和用途

名称	成形方法	性能特点	不耐化学介质	力学性能	使用温度(空气中)/℃	用途
不饱和聚酯塑料(UP)	冷压喷涂、注射	强度高而质轻、耐候、耐燃、透光	浓碱	$R_m \geq 290MPa$ $\sigma_{bb} \geq 280MPa$ $K=15\sim50J$	$-60\sim120$	玻璃钢制品，如头盔、护板等
聚氨酯塑料(PUR)	可机械加工、粘连	质软、高弹、隔热、耐辐射	强氧化剂、氯仿、丙酮	$R_m=0.07\sim0.2MPa$ $\sigma_{bb}=0.0017\sim0.5MPa$ $K=2.5\sim8J$	$-60\sim120$	防振、消声、吸油材料；密封件、传送带
酚醛塑料(PF/电木)	压制、注射、发泡	耐磨、尺寸稳定、可用水润滑	强碱	$R_m=25\sim290MPa$ $\sigma_{bb}=40\sim220MPa$ $K=0.3\sim40J$	$-60\sim105$	无声齿轮、轴瓦、耐酸泵、阀门
环氧塑料(EP)	浇注、模塑、层压发泡	尺寸稳定、化学稳定	强酸、极性溶剂	$R_m=40\sim70MPa$ $\sigma_{bb}=90\sim120MPa$ $K\geq1.2J$	$-60\sim200$	模具、量具、结构件
有机硅塑料(SI)	模压、层压	耐候、耐火、耐老化、尺寸稳定、憎水	芳烃	$R_m=100\sim265MPa$ $\sigma_{bb}=50\sim110MPa$ $K=7.1J$	$-269\sim300$	高温自润滑轴承、高频绝缘件、齿轮
聚酰亚胺塑料(PI)	模压、注射、发泡	耐辐射、尺寸稳定、减磨、耐火	强酸、碱	$R_m=110\sim130MPa$ $\sigma_{bb}=166\sim169MPa$ $K=8.1\sim15.5J$	$-269\sim315$	高温自润滑轴承、活塞环、密封圈、与液氮接触的阀门

表 4-18　常用橡胶的性能和用途

橡胶类型	拉伸强度/MPa	伸长率（%）	抗撕性	使用温度上限/℃	耐磨性	回弹性	耐油性	耐碱性	耐老化性	使用性能	工业应用举例
天然橡胶（NR）	25~30	65~900	好	<100	中	好	—	—	—	高强度、防振	通用制品、轮胎
丁苯橡胶（SBR）	15~21	500~800	中	80~120	好	中	—	—	—	耐磨	胶布、胶板、胶管
丁基橡胶（HR）	18~25	450~800	中	120	好	好	—	—	—	耐磨、耐寒	耐寒运输带、减振器、V带
顺丁橡胶（BR）	17~21	650~800	中	120~170	中	中	中	好	好	耐磨、防振	轮胎面、化工衬里、运输带
氯丁橡胶（CR）	25~27	800~1000	好	120~150	中	中	好	好	—	耐酸、耐水、气密	管道胶带、电缆皮、封条
丁腈橡胶（NBR）	15~30	300~800	中	120~170	中	中	好	—	—	耐油、耐碱、耐燃	耐油垫圈、油管、油槽衬
乙丙橡胶（EPDM）	10~25	400~800	好	150	中	中	—	—	好	耐水	散热管、耐热运输带、汽车配件
聚氨酯（PUR）	20~35	300~500	中	80	中	中	好	差	—	高强度、耐磨	实心轮胎、较辊、耐磨件
氟橡胶（FPM）	20~22	100~500	中	300	中	中	好	好	好	耐油、耐碱、耐热	高级密封件、真空橡胶件
硅橡胶	4~10	50~500	差	-100~300	差	差	—	—	—	耐热	耐高温零件、管道接头
聚硫橡胶	9~15	100~700	差	80~130	差	差	好	好	好	耐油、酸碱	丁腈橡胶胶性

橡胶具备的高弹性、高阻尼性，使其成为制作密封件的优质材料，制作密封件的常用橡胶有丁腈橡胶、氢化丁腈橡胶、氟橡胶、丙烯酸酯橡胶等。按照运动方式，橡胶密封件可分为静密封和动密封两大类。动密封又可分为往复式运动密封、旋转式运动密封。橡胶密封件主要有"O"形密封圈、油封和唇形密封圈等。

4.4.3　复合材料

复合材料是指由两种及其以上组分组成的、具有明显界面和特殊性能的人工合成多相固体材料。复合材料的性能优于其组成材料，使组成材料取长补短，充分发挥各自的优点，从而创造出单一材料没有的性能（或功能），或者使它们的性能优点在同一时间发挥作用。复合材料具有强度高、密度小、刚性大、抗疲劳性能、减振性能和高温性能好等特点，最早应用于航空、航天等尖端科学技术领域，近年来在汽车、建筑和环保、过程设备等领域也推广使用复合材料。随着科技的不断发展，复合材料的生产工艺将不断完善和简化，成本不断降低。

1. 性能特点

（1）比强度和比模量高　比强度是材料抗拉强度与其质量之比，比模量是材料弹性模量与其质量之比。比强度和比模量是设计选材时考虑材料承载能力的重要指标，在同样强度条件下，比强度越高的材料，零部件的重量越轻；在同样模量条件下，比模量越高的材料，零部件的刚度越大。复合材料一般都具有较高的比强度和比模量，玻璃钢的比强度是钢的4倍，碳纤维增强环氧材料的比强度是钢的约7倍，比模量是钢的4倍左右。

（2）疲劳极限高　由于纤维自身的疲劳抗力很高、基体材料的塑性较好，因此纤维增强复合材料对缺口和应力集中的敏感性小，难以萌发微裂纹，并能钝化裂纹尖端、阻止疲劳裂纹的扩展，因此复合材料具有较高的疲劳极限。由于复合材料中含有大量纵横交错的纤维，即使外力使少数纤维断裂，载荷也会很快重新分配到其他未断的纤维上，裂纹的扩展常常要经过曲折和复杂的路径，因此复合材料构件不会在短时间发生突然破坏，具有良好的破断安全性。

（3）高温性能好　相比较而言，纤维增强复合材料比基体材料的高温性能好。许多纤维增强体具有很高的熔点和较高的高温强度，能显著改善复合材料的高温性能。例如，玻璃纤维增强耐热酚醛树脂可以在200～300℃下安全工作。硼纤维或者碳化硅纤维增强铝在400～500℃仍然具有较高的强度和弹性模量，而单纯铝合金在此时的弹性模量几乎为零，强度也显著降低。

（4）减振性能好　构件的自振频率与材料比模量的二次方根成正比，复合材料的比模量大，所以其自振频率很高，在一般服役条件下不易发生共振。另外，复合材料的纤维和基体构成的是非均质多相体系，大量的纤维/基体界面有吸收能量的作用，因此振动在复合材料中的衰减很快。

2. 纤维增强复合材料

纤维增强复合材料一般以树脂、塑料、橡胶或金属为基本相，以无机纤维为增强相。典型的为玻璃钢，其增强相为玻璃纤维，基相是树脂。玻璃钢的突出优点是比强度高，因此常应用于有轻量化要求的结构，如汽车、游艇等。玻璃纤维具有高的拉伸强度，无明显的屈服极限、塑性阶段，呈脆性材料特征。直径在10μm以下的玻璃纤维拉伸强度可达1.0×

10^9Pa，直径为 $10\mu m$ 的可达 2.4×10^9Pa 以上，大大超过天然纤维和合成纤维的强度，也超过普通钢材的强度。玻璃纤维是一种优良的绝热材料和耐热材料，250℃以下玻璃纤维的强度没有明显变化，高温下玻璃纤维不会燃烧。玻璃纤维除了氢氟酸、浓碱和热的磷酸（30℃以上），对其他化学药品都有一定的耐蚀性。

玻璃钢的耐化学腐蚀性取决于纤维、树脂、固化剂和表面处理剂。玻璃钢不导电，在电解质溶液中不会有离子溶解出来，对一般浓度的酸、碱、盐等的介质而言，其化学稳定性好。对强非氧化性酸和 pH 值变化范围大的介质具有良好的耐蚀性。用玻璃钢管道输送流体时，表面很少有腐蚀产物，不易积垢，因此内流阻力小、摩擦系数低。玻璃钢加工工艺好，适合于大型、整体和结构复杂的防腐设备施工要求，更适合于现场的施工和组装。

玻璃钢是纤维增强塑料中发展最早的复合材料，1932 年在美国面世。起初，玻璃钢主要应用于军事工业，随后扩大到建筑、船舶、汽车等领域，是工业部门中发展较快的产品之一。环保工程中经常会遇到各种强腐蚀性物质，相关设备应有良好的耐蚀性，以保证这些设备在不同介质、不同温度和不同压力条件下能正常工作或延长使用寿命。用玻璃钢制造的各种罐、管道、泵、阀门、储槽等，在某些情况下比不锈钢、铅、铜、橡胶等材料更符合使用要求。我国每年都有大量各种规格的耐蚀玻璃钢管投入使用，成为玻璃钢应用最多的品种之一。储槽的制造有手糊成形也有机械缠绕整体成形，现场组装手糊成形储罐的最大容积已达 $600m^3$，最大塔容器尺寸为 $\phi3m\times12m$（直径×高度），排放废气的烟囱尺寸达到 $\phi1.2m\times12m$（直径×高度）。生物滤塔、冷却塔、接触氧化池的塔体、池体和填料，小型生活污水生物处理装置的生化反应器、沉淀槽、消毒槽，废气处理系统的设备和管道等，均可用玻璃钢加工制作。另外，大型生物转盘的盘片、罩壳，电动机、水泵、加药罐、机械格栅的防护罩以及风机叶片、法兰、水泵零件等形状复杂的构件也都可以用玻璃钢制造。

3. 颗粒增强复合材料

颗粒增强通常是为了提高刚性和耐磨性，减少热膨胀系数。在原理上和纤维增强复合材料类似，靠弥散性颗粒来阻止金属体的错位滑移或高分子材料基本分子链的滑脱来实现增强。颗粒的种类、含量、直径及分布对增强效果有很大影响。一般增强相颗粒的直径为 $0.01\sim0.1\mu m$。在颗粒增加复合材料中，增加相粒子一般为陶瓷或金属。常用的颗粒增加复合材料为金属粒子增强树脂基复合材料、陶瓷粒子增强金属基复合材料等。

4. 层状复合材料

层状复合材料是指复合材料中的增强相分层铺叠，在层与层之间通过胶合、熔合、轧合、喷涂等工艺方法来实现复合，从而获得与层状组织物不同性能的复合材料。常用层状复合材料有双金属带复合材料、塑料涂层复合材料、夹层结构复合材料等。

5. 混凝土

混凝土以砂、石、水泥搅拌混合而成，具有较高的抗压强度，以及良好的防锈性、吸振性，其内阻尼是钢的 15 倍、铸铁的 5 倍。但是，混凝土的弹性模量和抗拉强度较低，弹性模量为 33GPa，抗拉强度为 4MPa，受拉时容易发生裂纹而破坏。因此，把钢筋加入混凝土中形成钢筋混凝土，可以大大提高其抗拉和抗弯能力。混凝土中的主要成分为水泥，通用水泥按混合材料的品种和掺量分为硅酸盐水泥、普通硅酸盐水泥，以及矿渣、火山灰质、粉煤灰、复合硅酸盐水泥等。几种硅酸盐水泥的初凝时间均小于 45min；硅酸盐水泥凝结较快，终凝时间<390min；其他几种水泥的终凝时间<600min；其标号和力学性能见表4-19。

表 4-19　通用硅酸盐水泥的标号和力学性能（摘自 GB 175—2020）

强度等级	抗压强度/MPa		抗折强度/MPa	
	3d	28d	3d	28d
32.5	≥12.0	≥32.5	≥3.0	≥5.5
32.5R	≥17.0		≥4.0	
42.5	≥17.0	≥42.5	≥4.0	≥6.5
42.5R	≥22.0		≥4.5	
52.5	≥22.0	≥52.5	≥4.5	≥7.0
52.5R	≥27.0		≥5.0	
62.5	≥27.0	≥62.5	≥5.0	≥8.0
62.5R	≥32.0		≥5.5	

（1）**硅酸盐水泥**　硅酸盐水泥凝结时间短、快硬、早强、高强、抗冻、耐磨、耐热、不透水性强，但是水化放热集中、水化放热大、抗硫酸盐侵蚀能力差。硅酸盐水泥适用于配制高强度混凝土、先张法预应力制品、道路、低温下施工工程和一般受热工程（<250℃）；不适用大体积混凝土、地下工程，特别是有化学侵蚀的工程。

（2）**普通硅酸盐水泥**　普通硅酸盐水泥与硅酸盐水泥性能相近，增强了抗硫酸盐侵蚀能力，但是早期强度增进率低、抗冻性和耐磨性差。若无特殊要求，普通硅酸盐水泥可用于任何工程；不适用于受热工程、道路、低温下施工工程、大体积混凝土、地下工程，特别是有化学侵蚀的工程。

（3）**矿渣硅酸盐水泥**　矿渣硅酸盐水泥具有需水性小、早强低后期增长大、水化热低、抗硫酸盐侵蚀能力强、受热性好等优点，但保水性和抗冻性差。矿渣硅酸盐水泥可用于无特殊要求的一般结构工程，适用于地下、水利和大体积混凝土工程，在一般受热工程（<250℃）和蒸汽养护构件中可优先采用；不宜用于需要早强和冻融循环、干湿交替的工程。

（4）**火山灰质硅酸盐水泥**　火山灰质硅酸盐水泥具有抗硫酸盐侵蚀能力强、保水性和水化热低等优点；缺点是需水量大、低温凝结慢、干缩性大、抗冻性差。相对而言，粉煤灰硅酸盐水泥需水量小、干缩性小，同时具有与火山灰质硅酸盐水泥相近的性能。火山灰质和粉煤灰硅酸盐水泥可用于一般无特殊要求的结构工程，适用于地下、水利和大体积混凝土工程；不宜用于冻融循环、干湿交替的工程。

（5）**复合硅酸盐水泥**　复合硅酸盐水泥除具有矿渣硅酸盐水泥、火山灰质和粉煤灰硅酸盐水泥所具有的水化热低、耐蚀性好、韧性好的优点外，还能通过混合材料的复掺优化水泥性能，如改善保水性、降低需水性、减少干燥收缩、适宜的早期和后期强度发展。复合硅酸盐水泥可用于无特殊要求的一般结构工程，适用于地下、水利和大体积混凝土工程，特别是有化学侵蚀的工程，不宜用于需要早强和冻融循环、干湿交替的工程。

4.5　材料加工成形工艺概述

4.5.1　金属材料的铸造成形

铸造成形是指熔炼金属、制造铸型，并将熔融金属浇注、压射或吸入铸型型腔，凝固后获得特定形状和性能零件或毛坯的金属成形工艺。铸造的特点是使金属一次成形，工艺灵活性大，各种成分、尺寸、形状和重量的铸件几乎都能适应，且成本低廉。铸造适于形状十分复杂，特别是具有复杂内腔的毛坯，如各类箱体、环保设备基座等。铸件的形状、尺寸与零件十分接近，采用铸件可节约金属和机械加工工作量。但是，铸件的力学性能低于同样金属制成的锻件；铸造生产的工序多，且精度难以控制，使得铸件的质量不够稳定、工人的劳动条件较差等。大多数铸件还需要经机械加工后才能使用，故铸件一般为设备零件的毛坯。

铸造方法很多，按照铸型特点可分为砂型铸造和特种铸造两大类。砂型铸造是最基本的铸造方法，目前用砂型铸造生产的铸件占铸件总产量的90%以上，除砂型铸造以外的铸造方法统称为特种铸造，如熔模铸造、金属型铸造、压力铸造等。影响金属材料铸造性能的因素有：液体金属的流动性、收缩性、偏析（segregation）、氧化和吸气等。

（1）流动性 熔融金属的流动能力称为流动性。流动性好的金属容易充满铸型，从而获得外形完整、尺寸精确、轮廓清晰的铸件。常用铸造合金中，灰铸铁、硅黄铜的流动性最好，铸钢的流动性最差。

（2）收缩性 金属从液态凝固并冷却到室温的过程中，体积减小的现象称为收缩性。收缩是铸造金属的物理本性，也是铸件产生缩孔、疏松、内应力、变形和开裂等缺陷的基本原因，故铸造前必须了解金属材料的收缩规律。

（3）偏析 金属凝固后，铸锭或铸件化学成分和组织的不均匀现象称为偏析。偏析大会使铸件各部分的力学性能有很大差异，降低铸件的质量。

4.5.2 金属材料的压力加工

压力加工是使材料产生塑性变形的加工方法，包括轧制、挤压、拉拔、锻压和冲压加工等。前三种方法主要生产各类型材，后两种方法主要生产毛坯或零件。变形量小可用冷加工，变形量大可用热加工，在冷或热状态的压力作用下，材料产生塑性变形的能力称压力加工性能。压力加工性能主要取决于金属材料的塑性和变形抗力。金属的塑性越好，变形抗力越小，其压力加工性能越好。

压力加工性能包括必需的固态活动性，对模具壁较低的摩擦阻力，强的抵抗氧化起皮及热裂能力，低的冷作硬化及皱褶、开裂倾向等。

铜合金和铝合金在室温状态下就有良好的塑性，因此即使在常温下其也具有很好的压力加工性能。碳钢的压力加工性能随塑性的增加而增加，在加热状态下低碳钢最好，中碳钢次之，高碳钢较差，属于脆性材料的铸铁不能进行压力加工。低合金钢的压力加工性能接近于中碳钢，高合金钢较差。

4.5.3 金属材料的焊接加工

焊接性能较难用特定的性能指标来衡量，目前常用碳当量和冷裂纹敏感系数两个指标来评估钢的焊接性能。碳钢中碳和合金元素的含量决定了钢材的焊接性能，两者的质量分数越高，焊接性能越差。低碳钢中碳的质量分数低于0.18%的合金钢有较好的焊接性能，碳的质量分数大于0.45%的碳钢、碳的质量分数大于0.35%的合金钢的焊接性能较差，灰铸铁的焊接性能最差。铜合金和铝合金的焊接性能都较差。

4.5.4 金属材料的切削加工

切削加工性能也称机加工性能，一般用切削后的表面质量和刀具寿命来表示。影响切削加工性能的主要因素有材料的化学成分、组织、硬度、韧性、导热性和形变硬化等。金属材料具有适当的硬度（170~230HBW）和足够的脆性时，切削性能好。铸铁具有较好的加工性能，低碳钢经退火处理，高碳钢经行球化退火处理可提其切削加工性能。

4.5.5 非金属材料的加工成形概述

1. 高聚物材料的成形方法

高聚物材料的成形方法主要包括注射成形、挤出成形、吹塑成形、压延成形和浇注成形，其中注射成形、挤出成形和压延成形应用最多。

1）注射成形是将颗粒状或粉状塑料从注射机的料斗送进加热的机筒，经加热熔化至黏流态后，由柱塞或螺杆推出注入温度较低的闭合模具中。充满模具的熔料在受压情况下，经冷却固化后即可获得模具型腔所赋予的形状。注射成形成形周期短、生产率高、能一次完成形状复杂构件的成形，对多种塑料的适应性强，且生产过程易于实现自动化，是热塑性塑料的重要成形方法之一。塑料制品总量的 25% 为注射成形制成，包括管件、阀类、轴套、齿轮、箱体类、凸轮等。

2）挤出成形是把粉末状或粒状塑料树脂等原料加入挤出机机筒中，借助螺杆旋转的挤压和推动作用，使塑料原料在高温、高压下熔融塑化，然后挤出到模具中成形。挤出成形主要用于生产棒（管）材、板材、线材、薄膜等连续性的塑料型材。

3）橡胶制品的生胶在成形前需经过塑炼和混炼，然后通过硫化成形。塑炼的目的是通过机械挤压或辊轧使生胶分子链断裂，从高弹性状态转变为可塑性状态，改善成形工艺。混炼是将各种配料混入经过塑炼的生胶，制成质量均匀的混炼胶。混炼胶再通过压延或挤压制坯，然后按模具型腔形状和大小用圆盘刀或压力机进行裁切。模压硫化是橡胶成形的主要工序，硫化使线型分子结构交联成网状结构，成为具有高弹性的橡胶制品。

2. 陶瓷材料的成形方法

陶瓷制品的生产过程一般由配料、制坯、成形、烧结以及后续加工等工序构成。配料是指按瓷料组成来精确称量各种原料的过程；制坯是按不同的成形方法，将配料以球磨或搅拌等机械混合法，均匀混合后制备成不同形式坯料的过程，如悬浮液、料浆、塑性料或造粒粉料；成形是将坯料制备成一定形状和尺寸规格的坯件（生坯），以便烧结成具有一定强度陶瓷制品的过程。成形后的坯件水分含量较高，为提高强度，必须进行干燥。干燥后的坯件是由许多固体颗粒堆积起来的聚集体，通过在炉中加热到高温进行烧结，其内部发生一系列物理化学变化（大部分物料仍处于固态），使坯件瓷化成陶瓷制品。对于高温、高强度构件或表面要求平整而光滑的制品，烧结后往往要经过表面处理，如研磨、抛光等。

3. 典型复合材料的成形方法

1）金属基复合材料的主要成形方法有固态法（如扩散结合、粉末冶金）和液相法（如压铸、精密铸造、真空吸铸等），由于这类复合材料加工温度高，工艺复杂，界面反应难于控制，成本高，故应用还不是很广泛，目前主要用于航空航天领域。

2）树脂基复合材料有手糊成形、层压成形、模压成形和缠绕成形等，其中手糊成形和层压成形应用最为广泛。手糊成形是用不饱和聚酯树脂或环氧树脂将增强材料粘结在一起，是制造玻璃钢制品最常用和最简单的成形法，可生产波形瓦、浴缸、汽车壳体、飞机机翼、大型化工容器等。层压成形是将纸、布、玻璃布等浸胶，制成浸胶布或浸胶纸制品，然后将一定量的浸胶布（或纸）层叠在一起，送入液压机，使其在一定温度和压力下压制成板材（或玻璃钢管材）的工艺方法。

3）陶瓷复合材料的成形方法分为两类：一类针对短纤维、晶须、晶片和颗粒等增强体，采用传统的陶瓷成形工艺；另一类针对连续纤维增强体，采用料浆浸渗热压烧结法和化学气相渗透法。

【习题】

4-1 金属材料的基本性能包括哪些？其力学性能有哪些具体指标？

4-2 写出下列材料的名称，并按小尺寸试件查出该材料的抗拉强度（MPa）、屈服强度（MPa）：Q235，45，40MnB，ZG270-500，HT200，QT500-7，ZCuSn10P1，ZAlSi12。

4-3 热处理通过改变毛坯或零件的内部组织来改善其力学性能。试列举钢的4种以上的常用热处理方法，并简述其应用场合。

4-4 铝、铜及其合金的主要性能特点是什么？主要用于什么场合？

4-5 无机非金属材料包括哪些品种？简述它们的性能特点及主要应用场合。

4-6 热固性塑料和热塑性塑料有何区别？试列举5个常见品种。

4-7 何谓复合材料？复合材料有哪些性能特点？列举复合材料在环保设备中的应用。

4-8 金属的化学腐蚀和电化学腐蚀有什么不同？

4-9 均匀腐蚀和局部腐蚀有何不同？局部腐蚀包括哪些类型？

4-10（大作业） 以油田酸性采出水处理设备、市政污水处理设备、印染废水处理设备或造纸白水处理设备之一为切入点，进行文献调研。确定特定工作环境下设备可能发生的腐蚀类型，详细分析造成这些腐蚀的主要因素。利用所学知识为这类设备选择合适的材料，给出选择依据，并制订详尽的设备防止腐蚀方案。撰写说明书，并制作汇报PPT。

第 5 章

设备零部件设计的基本准则与方法

本着"传承"的原则，本章重点对现行设备零部件的相关设计标准和设计方法进行介绍，给出通用设计准则与设计方法，并介绍部分设计尺寸的标准规定值和经验数据。首先围绕机械类设备零件设计计算中的共性问题，对零部件的常用标准、零部件间配合关系、零部件表面粗糙度选择方法以及零部件的许用应力的计算方法等进行介绍。在此基础上，介绍常压、低压和中压薄壁压力容器等容器类设备筒体和封头的设计准则、壁厚以及许用压强的计算方法。

5.1 零部件标准化与公差配合准则

5.1.1 设计加工中的标准化（standardization）

1. 实施标准化的意义和含义

标准化是指以制定标准和贯彻标准为主要内容的全部活动过程，就工业产品的标准化而言，是指对产品的品种、规格、质量、检验或安全、卫生要求等制定标准并加以实施。作为设计人员，应尽可能选择已经标准化的零部件，这样不仅可以大幅度减少设计工作量，也是保障所设计产品质量的有效措施。产品标准化包括三个方面的内容：

（1）**产品品种规格的系列化** 将同一类产品的主要参数、形式、尺寸、基本结构等依次分档，制成系列化产品，以较少的品种规格满足用户的无限需求。

（2）**零部件的通用化** 将同一类或不同类型产品中用途、结构相似的零部件经过统一后实现通用和互换，如螺栓、轴承、联轴器和减速器等。

（3）**产品质量的标准化** 产品质量是一切企业的"生命线"，设计、加工、装配、检验以及包装储运等环节的标准化有利于保证产品质量的合格和稳定。

2. 标准的分类

国际标准化组织（ISO）、国际电工委员会（IEC）所制定的标准以及 ISO 所出版的国际标准题目关键词索引（KWIC index）中收录的其他国际组织制定的标准等，称为国际标准。我国的标准分为国家标准、行业标准、地方标准和企业标准四级。按照标准实施的强制程度，国家标准又分为强制性（GB）和推荐性（GB/T）两种。例如：GB 3100—1993《国际单位制及其应用》是强制性标准，必须执行；GB/T 271—2017《滚动轴承 分类》为推荐性标准，鼓励企业自愿采用。一般机械设计手册或机械工程手册（以后简称手册）中都收录摘编了常用的标准和资料。

3. 标准的表示方法

标准的表示方法一般由标准代号、标准编号、标准批准年代号、标准名称四部分组成，例如 GB/T 150.1—2011《压力容器 第1部分：通用要求》中各部分字符的含义为：

1）GB/T——标准代号，由大写汉字拼音字母构成，表示标准的类别，此处 GB/T 表示推荐性国家标准。

2）150.1——标准编号，由数字组成，表示标准发布顺序号。

3）2011——标准发布年份，该标准于 2011 年发布。

4）压力容器 第1部分：通用要求——标准名称。

国务院标准化行政主管部门审查确定并正式公布的部分标准代号见表5-1，国外部分标准代号见表5-2。

表5-1　国内部分标准代号

标准代号	标准类别或行业	标准代号	标准类别或行业	标准代号	标准类别或行业
GB	强制性国家标准	JB	机械	QB	轻工
GB/T	推荐性国家标准	GA	公共安全	IIJ	环境保护
GBn	国家内部标准	YB	冶金	CJ	城镇建设
GBJ	国家工程建设标准	YS	有色冶金	JG	建筑工业
HG	化工	SY	石油天然气	JC	建材
SH	石油化工	MT	煤炭	SL	水利

表5-2　国外部分标准代号

标准代号	名称	标准代号	名称
ISO	国际标准化组织标准	NF	法国标准
EN	欧洲标准化委员会标准	JIS	日本机械工程师协会标准
ANSI	美国国家标准学会标准	ASME	美国机械工程师协会标准
BS	英国标准	ASTM	美国材料试验协会标准
DIN	德国标准	AISI	美国钢铁学会标准

5.1.2　优先数系

优先数系是将型号、尺寸、转速和功率等量值进行合理分级，以便于组织生产和降低成本。

GB/T 321—2005 规定的优先数系有四种基本系列，即：R5 系列，公比为 $\sqrt[5]{10} \approx 1.6$；R10 系列，公比为 $\sqrt[10]{10} \approx 1.25$；R20 系列，公比为 $\sqrt[20]{10} \approx 1.12$；R40 系列，公比为 $\sqrt[40]{10} \approx 1.06$。例如，R10 系列的数值为 1、1.25、1.6、2、2.5、3.15、4、5、6.3、8、10。其他系列的数值详见相关设计手册。优先数系中任何一个数值称为优先数。对于大于10的优先数，可将以上数值乘以 10、100 或 1000 等。优先数和优先数系是一种科学的数值制度，在确定量值的分级时，必须最大限度地采用上述优先数及优先数系。

5.1.3　部分环保设备零部件标准

大部分环保设备特别是静设备及其附属零部件已经实现了标准化，如各类容器、储罐及

114

其配套的封头、法兰、支座、管件等零部件。钢制容器中，直径大于 150mm、工作压力在 0.1~35MPa、工作温度在−269~900℃的压力容器，必须按照 GB/T 150.1~4—2011 的相关规定进行设计、制造和检验，并经相关部门检验合格后才能投入使用。如图 5-1 所示的卧式压力容器，其主体部分为筒体（或称壳体），筒体两端为封头（或称端盖），支承设备为支座，除此之外还有接管、人孔、液位计等附件。

1. 筒体的标准

筒体标准的最基本参数是公称直径 DN，如 DN1000 表示直径为 1000mm 的容器。用钢板卷制的筒体，其公称直径即为筒体内径。较小直径的筒体常采用无缝钢管制作，其公称直径标准为钢管的标准，其数值为钢管的外径。设计时应将工艺计算初步确定的设备直径，调整为符合表 5-3 所规定的公称直径。

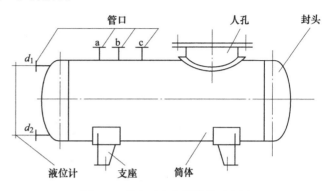

图 5-1　卧式压力容器结构示意图

表 5-3　压力容器的公称直径 DN（摘自 GB/T 9019—2015）　（单位：mm）

筒体由钢板卷制而成		DN<1000 时按 50 递增；DN>1000 时按 100 递增					
筒体由无缝钢管制成	公称直径	150	200	250	300	350	400
	外径	168	219	273	325	356	406

2. 管子的标准

管子的公称直径是略小于外径的数值，只要管子的公称直径一定，其外径也就可以确定。管子的内径需要根据壁厚进行计算确定。直径相同的管子，在不同压力下工作时需要的壁厚显然不同，GB/T 1048—2019 规定管子的公称压力 PN 系列为 PN2.5、PN6、PN10、PN16、PN25、PN40、PN63、PN100、PN160、PN250、PN320、PN400 等 12 个等级，优先选用的管子公称直径 DN 见表 5-4，GB/T 17395—2008 规定了各类无缝钢管的壁厚。然而，到目前为止尚没有将管子壁厚系列和公称压强系列关系起来的标准，选用管子及管件时仍然需要根据厂家给定的管子系列进行选择。

表 5-4　优先选用的管子公称直径 DN（摘自 GB/T 1047—2019）

DN6	DN8	DN10	DN15	DN20	DN25	DN32	DN40	DN50	DN65	DN80	DN100	DN125	DN150
200~1200 按 50 递增；1200~3000 按 100 递增，3000~4000 按 200 递增													

3. 封头的标准

GB/T 25198—2010 规定了基于碳素钢、低碳合金钢、高合金钢，由冲压、旋压及卷制成形的压力容器用封头的名称、断面形状、类型代号以及参数关系，见表 5-5。封头的总深度 H、内表面积 A、容积 V、名义厚度 δ_n 和封头质量 W 等参数在 GB/T 25198—2010 中也进行了规定，在此不再赘述。

表 5-5　封头的名称及型式参数（摘自 GB/T 25198—2010）

名　　称		断面形状	类型代号	型式参数关系
半球形封头			HHA	$DN = D_i$
椭圆形封头	以内径为基准		EHA	$DN = D_i$ $\dfrac{D_i}{2(H-h)} = 2$
	以外径为基准		EHB	$DN = D_o$ $\dfrac{D_o}{2(H_o-h)} = 2$
碟形封头	以内径为基准		THA	$DN = D_i$ $R_i = D_i$ $r_i = 0.1D_i$
	以外径为基础		THB	$DN = D_o$ $R_o = D_o$ $r_o = 0.1D_o$
球冠形封头			SDH	$DN = D_o$ $R_i = D_i$

（续）

名　　称	断面形状	类型代号	型式参数关系
平底形封头	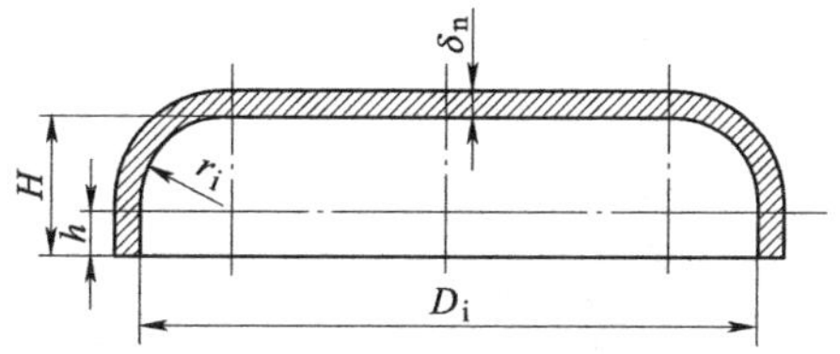	FHA	$DN = D_i$ $r_i \geqslant 3\delta_n$ $H = r_i + h$
锥形封头	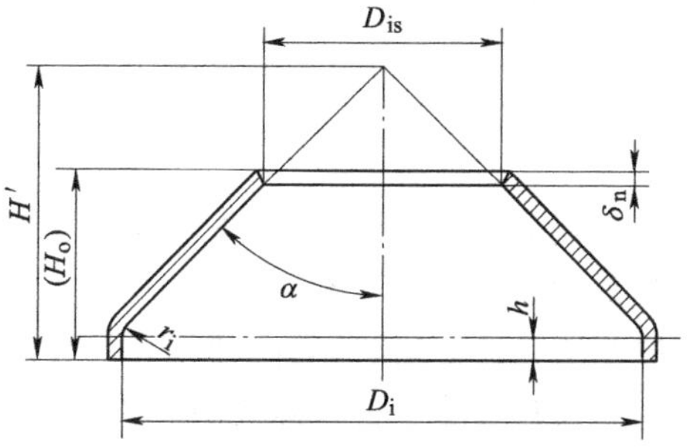	CHA（30）	DN 以 D_i / D_{is} 表示 $r_i \geqslant 0.1 D_i$ 且 $r_i \geqslant 3\delta_n$ $\alpha = 30°$
		CHA（45）	DN 以 D_i / D_{is} 表示 $r_i \geqslant 0.1 D_i$ 且 $r_i \geqslant 3\delta_n$ $\alpha = 45°$
	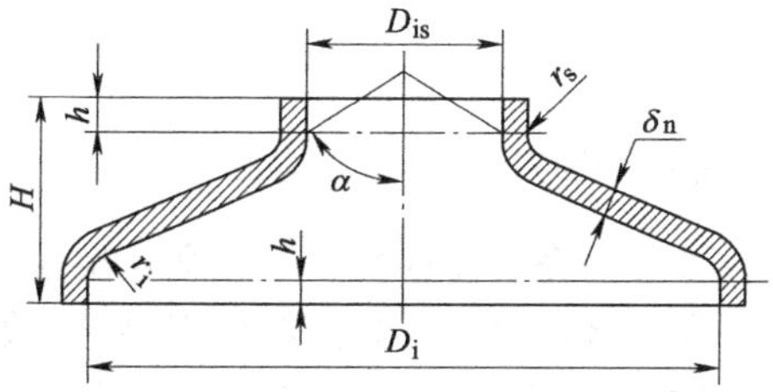	CHA（60）	DN 以 D_i / D_{is} 表示 $r_i \geqslant 0.1 D_i$ 且 $r_i \geqslant 3\delta_n$ $r_s \geqslant 0.05 D_{is}$ 且 $r_s \geqslant 3\delta_n$ $\alpha = 60°$

注：半球形封头有三种型式，即不带直边的半球（$H = R_i$）、带直边的半球（$H = R_i + h$）和准半球（接近半球 $H < R_i$）。

4. 法兰与法兰连接的标准

法兰连接具有密封可靠、强度高、适用性强、拆装方便等诸多优点，被广泛应用于管子、设备之间的连接。图 5-2 所示为法兰连接的一对管口。图 5-3 所示为完整的法兰连接剖视图。从图中可见，法兰连接包括若干螺栓、螺母、垫片和一对焊接在管子上的法兰。放置在法兰密封面间的环形垫片，在螺栓预紧力作用下，被压紧而变形，从而填满法兰密封面上的微观凹凸处，实现密封。当设备或管道工作时，介质内压有将法兰分开并降低密封面和垫片间压紧力的趋势，当压紧力降低到某一数值时密封失效。为此，设备或管道在操作投运前，就需要拧紧螺栓、螺母，从而给垫片一个适当的预紧力，拧紧力的大小将在螺栓连接部分详细介绍。在适当预紧力作用下的垫片，既能产生必要的变形，又不至于被压溃或挤出。工作时，当法兰密封端面之间被拉大距离后，垫片材料应具有足够的回弹能力，以继续保持良好的密封性能。

从尺寸大小的角度来看，垫片的宽度要适当，宽度大则所需的预紧力大，对螺栓及法兰的尺寸要求也越大，否则不足以保持其强度与刚度。从材料选择的角度来看，垫片的材料有非金属和金属两大类。非金属垫片多为石棉、橡胶、合成树脂等，与金属垫片相比，其耐温耐压能力差，耐蚀性及弹性高，适用于中压、低压和常温、中温设备与管法兰连接，尺寸较小的法兰间的密封也可以选用 O 形圈代替垫片。金属垫片的材料有软铝、铜、软钢、铬钢

117

等，用于中压、高压和中温、高温设备与管法兰连接。还有一种组合式垫片，在非金属材料外包覆金属薄片，以改善其强度和耐热性；或将薄钢带与石棉带一起绕制成缠绕式垫片，其耐热性和弹性都较好，应用广泛。

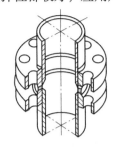
图 5-2　法兰连接的管道

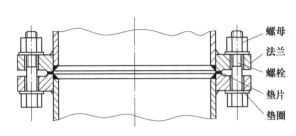
图 5-3　法兰连接剖面图

法兰是法兰连接的主体，按照法兰与设备（或管道）的连接型式可分为焊接法兰、松套法兰、螺纹法兰等 3 类。按照法兰密封面的型式可分为平面密封法兰、凹凸密封面法兰、榫槽密封面法兰、环密封面法兰；按照法兰端面形状可分为圆形法兰、方形法兰和腰圆形法兰等多个种类。我国法兰的标准较多，仅管法兰的国标就有 GB/T 9124.1—2019 和 GB/T 9124.2—2019 等多个标准，除了国标外还有原国家机械工业部（JB）和化工工业部（HG）的标准，此处不进行一一介绍，请设计者根据需要查阅相关的标准或手册。

5.1.4　零件的互换性（interchangeability）

根据零部件互换性程度的不同，可分为完全互换性和不完全互换性。完全互换性简称为互换性，是指零部件不需要选择、修配直接可以满足装配和使用要求，如螺栓、螺钉、螺母等连接类零件。不完全互换性也称有限互换性，是指在零件装配时允许有附加的选择或调整。不完全互换性可以用分组装配法、调整法或者其他方法来实现，常用于精度要求较高的配合零件间的装配，以降低零件的加工难度。

1. 互换性的作用

互换性是设备设计中的重要原则和有效技术措施，合理应用互换性可以大幅度降低设备的设计、加工制造和运行维护成本。读者不难理解，螺栓、螺钉、螺母、轴承、阀门、法兰、垫片、管子等常用零部件的互换性对于日常生活或社会经济发展的极端重要性。尤其是在现代制造业中，互换性原则已成为提高生产水平和促进技术进步的强有力手段，其作用表现在如下几个方面：

（1）在设计方面　设计中应最大限度地采用标准零部件和通用件，以减少绘图和计算等工作量，缩短设计和加工周期，还对发展系列化产品和促进产品结构和性能的不断改善有较好的促进作用。

（2）在制造方面　互换性有利于组织专业化的生产，有利于采用先进工艺和高效率的专用设备，如采用计算机辅助制造（CAM），有利于实现加工过程和装配过程机械化、自动化，从而使产品的数量和质量明显提高，使成本显著降低。

（3）在使用和维修方面　零部件具有互换性，可以及时更换已经磨损或损坏的零部件，因此可以减少设备的维修时间和费用。在某些情况下，互换性所起到的作用难以衡量，特别是在工业、军事方面零部件具有互换性具有极为重要的作用。

综上所述，互换性在提高产品质量和可靠性、提高经济效益等方面具有重大意义。互换性原则已成为现代制造业一个普遍遵守的原则。当然，互换性原则并非适用于任何情况，有时只有采用单个配制才符合经济原则，这时零件虽不能互换，但也存在公差与检测要求。

2. 互换性生产的实现

任何设备都由若干最基本的零件构成，无论采用何种加工方式，都难以避免尺寸、形状、位置和表面粗糙度等几何量的误差。从零件的功能上看，零件几何量也并非绝对准确，同一规格的零件尺寸只要不影响其装配和使用就可以近似满足要求，尺寸允许变动的范围称为公差。换言之，只要保证同一规格的零件加工后几何量误差在公差允许的范围内，这些零件就都能满足装配和使用要求，就实现了互换。**因此，建立零件几何量的公差标准是实现对零件误差控制、保证其互换性的基础。**

零件是否满足公差要求，要通过检测来判断。检测不仅用来评定产品质量，而且用于分析产生不良品的原因，及时调整生产，监督工艺过程，预测不良品产生，从而保证零件互换性生产的实现。

现代工业生产具有规模大、分工细、协作单位多、互换性要求高等特点。为适应生产中各部门的协调和各生产环节的衔接，必须有一种手段，使分散的、局部的生产部门和生产环节保持必要的技术统一，成为一个有机的整体，以实现互换性生产。标准化正是联系这种关系的主要途径和手段，是互换性生产的基础。因此，采用标准化合理地确定零件几何量公差与正确地进行检测是保证产品质量、实现互换性生产的必不可少的条件和手段。

5.1.5　零件尺寸极限（limit）与配合（fit）的选择

互换性要求进行几何尺寸允许范围的设计，也就是根据设备的使用性能要求，考虑制造及工艺性等进行尺寸精度的设计。"极限"是指零件几何量的最大或最小值，用于协调使用要求与制造要求的矛盾，"配合"是指组成设备的零件间的装配关系。"极限与配合"的标准化，有利于设备的设计、制造、使用、维修，直接影响产品的精度、性能和使用寿命，是评定产品质量的重要指标，也是确定设计精度的关键指标。

我国的极限与配合（GB/T 1800.1—2020 等）采用国际公差制，它既能适应于我国生产发展的需要，也有利于国际技术交流与经济协作，是国际上公认的特别重要的基础标准之一。如图 5-4 所示，设计给定的尺寸称为公称尺寸（也称为工艺尺寸）。上、下极限偏差所限定的区域称为公差带。配合则指同一公称尺寸孔与轴的装配关系，根据两者公差带的相对位置，配合分为间隙配合、过渡配合和过盈配合三大类。**间隙配合孔比轴大，用于动连接，如轴颈与滑动轴承；过盈配合的孔比轴小，用于静连接；过渡配合可能具有间隙，也可能具有过盈，用于要求具有良好同轴度而又便于装拆的静连接，如带轮、链轮、联轴器的毂孔等与轴径的配合。**

国家标准规定，孔与轴的公差带位置各有 28 个，分别用大写和小写拉丁字母表示。还规定了 20 个公差等级（即尺寸精度等级），用阿拉伯数字表示。例如，H7 表示孔的公差带为 H，后继数字表示公差等级为 IT7；又如 f8 表示轴的公差带为 f，公差等级为 IT8。

1. 配合制的选择

配合制有基孔制和基轴制两种。**基孔制的孔是基准，其下极限偏差为零，代号为 H，通**

过改变轴的公差带实现不同的配合特性，如图5-5所示。**基轴制的轴是基准轴，其上极限偏差为零，代号为h，各种配合特性靠改变孔的公差带来实现。**

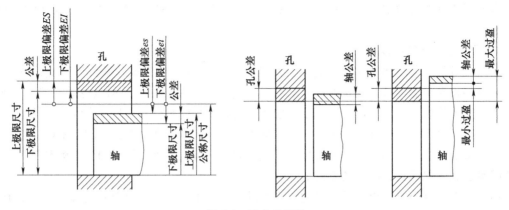

图5-4 配合的种类

正确、合理地选择极限与配合，可保证产品质量，降低生产成本。主要包括确定配合制、公差等级和配合种类。

为了减少加工孔用的刀具（如铰刀、拉刀）品种，工程中优先采用基孔制。但有时仍需采用基轴制，例如滚动轴承外径与轴承孔配合时、标准销轴与孔配合时。

2. 公差等级的选择

公差等级选用要合理，否则影响零件的使用和经济性。机械制造中最常用的公差等级是IT4~IT11，IT4、IT5用于特别精密的零件。

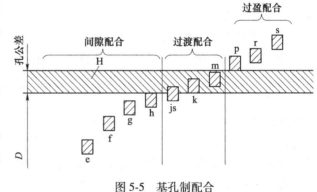

图5-5 基孔制配合

IT6~IT8用于重要的零件，是现代生产中采用的主要公差等级。IT8、IT9用于工作速度中等及具有中等精度要求的零件，IT10~IT11用于低精度零件，允许直接采用棒材、管材或精密锻件而不需要再做切削加工。

选用时，在满足使用要求的前提下尽量选用较低的公差等级。当公称尺寸≤500mm时，孔比同级轴的加工难度大，当标准公差等级≤IT8时，采用孔比轴低一级的配合；标准公差等级>IT8或公称尺寸>500mm时，采用同级孔、轴配合。表5-6为常用零件的推荐配合。

3. 配合种类的选择

配合种类的选择实际上是确定相配件的基本偏差代号。对于间隙配合，孔的公差带始终在轴的公差带上方，相配件基本偏差的绝对值等于最小间隙，故可按最小间隙确定相配件的基本偏差代号。对于过盈配合，由于孔的公差带始终位于轴的公差带之下，故可按最小过盈量与基准件公差所得的计算值来选定相配件的基本偏差代号。对于过渡配合，应根据最大过盈和最大间隙计算出相配件的上、下极限偏差，并取其中接近公称尺寸位置的那个偏差来确定相配件的基本偏差代号。配合种类的选择和优先配合选用说明见表5-7和表5-8。

表 5-6 常用零件的推荐配合

配合零件		推荐配合	装拆方法
一般齿轮、蜗轮、链轮、带轮、联轴器与轴	一般情况	$\dfrac{H7}{r6}$	用压力机拆装
	较少拆装	$\dfrac{H7}{n6}$	用压力机拆装
	小锥齿轮及经常拆装处	$\dfrac{H7}{m6}$ $\dfrac{H7}{k6}$	用锤子拆装
滚动轴承内圈与轴	轻载荷（$P \leqslant 0.07C$；C 为额定载荷）	j6、k6	用温差或压力机拆装
	正常载荷（$0.07C < P \leqslant 0.15C$）	k5、m5、m6、n6	
滚动轴承外圈与箱体轴承座孔		H7	用木锤或徒手拆装
轴承端盖与箱体轴承座孔		$\dfrac{H7}{d11}$、$\dfrac{H7}{h8}$、$\dfrac{H7}{f9}$	徒手拆装
轴承套杯与箱体轴承座孔		$\dfrac{H7}{js6}$、$\dfrac{H7}{h6}$	
套筒、挡油盘与轴		$\dfrac{H7}{h6}$ $\dfrac{D11}{k6}$	徒手拆装

表 5-7 配合种类的选择

无相对运动	需要传递转矩	精确定心	不可拆卸	过盈配合
			可拆卸	过渡配合或基本偏差为 H(h) 的间隙配合，加键、销紧固件
		不需传递转矩		间隙配合，加键、销紧固件
	不需要传递转矩			过渡配合或过盈量较小的过盈配合
有相对运动	缓慢转动或移动			基本偏差为 H(h)、G(g) 等间隙配合
	转动、移动或复合运动			基本偏差为 A~F(a~f) 等间隙配合

表 5-8 优先配合选用说明

优先配合		说　明
基孔制	基轴制	
$\dfrac{H11}{c11}$	$\dfrac{C11}{h11}$	间隙非常大，液体摩擦较差，易产生湍流配合，用于很松的、转动很慢的动配合；要求大公差与大间隙的外漏组件，装配方便、很松的配合
$\dfrac{H9}{d9}$	$\dfrac{D9}{h9}$	间隙很大的灵活转动配合，液体摩擦情况尚好，用于精度非主要要求，或有大的温度变化、高转速或大的轴颈压力等转动配合，如一般通用机械中的平键连接，滑动轴承及较松的带轮与轴等
$\dfrac{H8}{f7}$	$\dfrac{F8}{h7}$	具有中等间隙，液体摩擦良好的转动配合，适用于中等转速及中等轴颈压力的一般精度的传动，也用于装配较易的长轴或多支承的中等精度定位配合，如离合器活动爪与轴的配合
$\dfrac{H7}{g6}$	$\dfrac{G7}{h6}$	间隙很小的滑动配合，适用于有一定相对运动，不要求自由转动，且精确定位的配合。也适用于转动精度高、转速不高，以及转动时有冲击但要求一定同轴度或紧密性的配合，如矩形花键的定心直径

（续）

优先配合		说　明
基孔制	基轴制	
$\dfrac{H7}{h6}$、$\dfrac{H8}{h7}$、$\dfrac{H9}{h9}$、$\dfrac{H11}{h11}$	$\dfrac{H7}{h6}$、$\dfrac{H8}{h7}$、$\dfrac{H9}{h9}$、$\dfrac{H11}{h11}$	均为间隙定位配合，有较好的同轴度，零件可自由装拆，而工作时一般相对静止不动，在最大实体条件下的间隙为零，在最小实体条件下的间隙由公差等级决定，如低精度的铰链连接
$\dfrac{H7}{k6}$	$\dfrac{K7}{h6}$	过渡配合，用于精密定位
$\dfrac{H7}{n6}$	$\dfrac{N7}{h6}$	过渡配合，允许有较大过盈的精密定位
$\dfrac{H7}{p6}$	$\dfrac{P7}{h6}$	过盈定位配合，即小过盈配合，用于定位精度特别重要时，能以最好的定位精度达到部件的刚性及对中性要求，而对内孔承受压力无特殊要求，不依靠配合的紧固性传动摩擦负荷
$\dfrac{H7}{s6}$	$\dfrac{S7}{h6}$	中等压入配合，适用于一般钢件；或用于薄壁件的冷缩配合，用于铸铁件可得到最紧的配合
$\dfrac{H7}{u6}$	$\dfrac{U7}{h6}$	重型压入配合中较松的一种过盈配合，用压力机或温差大的装配，适用于可承受高压入力的零件，不需要紧固件即可得到十分牢固的连接

图 5-6 所示为一齿轮减速器的轴系配合标注示例。由于常用滚动轴承为标准件，其外圈与孔只需标注孔的配合，如 $\phi 80H7$；其内圈与轴只需标注轴的配合，如 $\phi 40k6$。

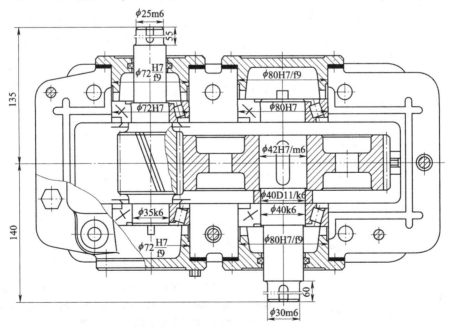

图 5-6　齿轮减速器的轴系配合标注示列

5.1.6　表面粗糙度的选择

表面粗糙度的概念在"工程制图"课程中已有介绍，此处不再赘述。本书主要围绕如何选择零件表面粗糙度进行介绍，选择零件表面粗糙度主要包括评定参数和表面粗糙度参数值的选择。

1. 选择评定参数

零件表面粗糙度国家标准 GB/T 1031—2009 规定了 2 项表面粗糙度评定参数和 2 项附加评定参数，表面粗糙度评定参数为轮廓的算术平均偏差 Ra 和轮廓的最大高度 Rz；附加评定参数为轮廓单元的平均宽度 Rsm 和轮廓的支承长度率 $Rmr(c)$。

在常用的表面粗糙度参数范围内，Ra 的范围为 $0.025 \sim 6.3\mu m$，Rz 的范围为 $0.1 \sim 25\mu m$。Ra 易于测量，一般优先选用，某些零件的表面粗糙度要求特别高或低时，即 $Ra > 6.3\mu m$ 或 $Ra < 0.025\mu m$ 时，则应选用 Rz 的参数。

由于某些功能的需要，例如涂漆性能、耐蚀性、抗振性、避免深度冲击引起裂纹、减小流体流动摩擦阻力等要求，用 Rsm 来控制表面微观不平横向间距的细密度。当零件表面有高的耐磨性、接触刚度、强度等功能需要时，用附加轮廓的支承长度率 $Rmr(c)$ 来控制相接触构件在微观表面上实际承载面积（或接触面积），$Rmr(c)$ 越大，实际接触承载面积越大。

2. 表面粗糙度参数值的选用原则

以满足功能要求、降低制造成本为原则，选用表面粗糙度参数的较大值。常用零件表面粗糙度参数值选择时一般遵循工作表面小于非工作表面、摩擦表面小于非摩擦表面、滚动摩擦表面小于滑动摩擦表面、运动速度高的表面小于运动速度低的表面、压力大的表面小于压力小的表面、承载变载荷表面小于承载静载荷的表面等。选择时通常用类比参考零件的加工方法而确定，表面粗糙度的适用范围和表面状况可参考表 5-9。

表 5-9　部分表面粗糙度的适用范围和表面状况

表面粗糙度		表面状况	适 用 范 围
$Ra/\mu m$	$Rz/\mu m$		
100	400	刀痕明显	粗加工后的表面，很少采用
25	100	可见刀痕	较精确的粗加工表面、非结构表面，如轴的端部、钻孔；链轮、齿轮、带轮的侧面，不重要的安装支承面，垫圈的接触面等
12.5	50	可见加工刀痕	半精加工表面。不重要零件的非配合表面，如轴非配合段；外壳、衬套、盖等的端面；平键及键槽上下面；楔键侧面；花键非定心表面；齿轮顶圆表面
6.3	25	微见加工刀痕	较精确的半精加工表面。有连接而不形成配合的表面；键和键槽的工作表面；不重要的紧固螺纹的表面，轴与毡圈摩擦面，非传动用的梯形螺纹的摩擦表面；低速下工作的支承轴肩、推力滑动轴承及中间垫片的工作表面等
3.2	12.5	不见加工痕迹	接近于精加工表面。要求粗略定心的配合表面及固定支承表面，如衬套、轴承和定位销的压入孔；不要求定心及配合特性的活动支承面，如活动关节、花键结合、8 级齿轮的齿面、传动螺纹工作面、低速转动（30~60r/min）的轴颈、楔形键及键槽的工作面、轴承凸肩表面、端盖内侧面；V 带轮槽的表面，电镀前金属表面等
1.6	6.3	可辨加工痕迹方向	要求保证定心及配合特性的表面，如圆锥销与圆柱销的表面；与滚动轴承配合的孔、中速转动（60~1200r/min）的轴颈；过盈配合的孔（H7）、间隙配合的孔（H8、H9）、花键轴上的定心表面

（续）

表面粗糙度		表面状况	适 用 范 围
$Ra/\mu m$	$Rz/\mu m$		
0.8	3.2	微辨加工痕迹方向	要求长期保持所规定的配合特性的 IT7 轴和孔配合面、高速转动（1200r/min 以上）轴颈和衬套工作面、间隙配合中 IT7 孔（H7）、7 级齿轮的工作面，7~8 级蜗杆齿面、滚动轴承轴颈；滑动轴承轴瓦工作表面、阻尼阀的针面；较重要零件过盈配合面，与橡胶油封相配合的轴表面
0.4	1.6	不可辨加工痕迹的方向	工作时承受反复应力的重要零件表面；保证零件的疲劳强度、耐蚀性和耐久性，并在工作时不破坏配合特性的表面，如轴颈表面、活塞和柱塞表面；要求气密的表面和支承表面，圆锥定心表面；公差等级为 IT5、IT6 配合的表面；3、4、5 级精度齿轮的工作表面；/P4 级精度滚动轴承配合的轴颈；齿轮泵轴颈

5.2 零件的设计计算准则与强度判断条件

5.2.1 零件的设计计算准则

设备设计应在满足预期功能的前提下，尽量提高设备的性能、效率，降低成本；在预定使用期限内安全可靠、操作方便、维修简单和造型美观等。简而言之，所设计的零件既要工作可靠，又要成本低廉。

失效（inactivation）是指由于某种原因导致零件不能正常工作，如断裂或塑性变形、过大的弹性变形、工作表面的过度磨损或损伤、摩擦传动的打滑等。例如：轴的失效可能是由于疲劳断裂，也可能是由于过大的弹性变形（即刚度不足）导致轴的挠度大于许用值；若轴上装有齿轮则轮齿受载便不均匀，以致影响正常工作。在前一种情况下，轴的承载能力取决于轴的疲劳强度；在后一种情况下则取决于轴的刚度。显然，两者中的较小值决定了轴的承载能力。又如，轴承的润滑、密封不良时，轴瓦或轴颈就可能由于过度磨损而失效。此外，当周期性干扰力的频率接近轴的自振频率时引起的共振，导致轴的振幅增大而失去振动稳定性也是失效。**由此可见，诸如发生解体（断裂）或失去原有的几何形态（如产生塑性变形）等的破坏一定导致零件的失效，但零件的失效不限于零件的破坏。**防止零件失效条件的发生或称其安全工作的限度，称为工作能力（working capacity），习惯上又称为承载能力（carrying capacity）。

影响设备零件失效的主要因素有强度、刚度、耐磨性、稳定性和温度等。根据导致失效的主要因素，设定零件的工作能力判定条件，**称为工作能力计算准则，运用计算准则进行设计时也称为设计计算准则。**例如：当强度为主要因素时，强度为工作能力条件判定，即应力≤许用应力（allowable stress）；当刚度为主要因素时，刚度为工作能力的条件判定，即变形量≤许用变形量。

设计计算准则有强度计算准则、刚度计算准则、耐磨性计算准则、振动稳定性计算准则和可靠性计算准则等。其中，振动稳定性是指零件在周期性外力强迫振动情况下不产生共振，不会造成破坏的能力，要求其固有频率 f 远离受迫振动频率 f_p，即

$$f_p < 0.85f \text{ 或 } f_p > 1.15f \tag{5-1}$$

可靠性计算准则是指产品在规定条件下和规定时间内完成规定功能的概率，用可靠度（reliability）R 来表示。R 是产品完成规定功能的百分比，设计时要求零件的可靠度 R 大于或等于许用可靠度 $[R]$，即

$$R \geq [R] \tag{5-2}$$

例如，在轴承的寿命计算中，同一批生产的同一型号轴承在相同条件下运转，寿命也不尽相同，有的其至相差几十倍。因此很难确切预知特定轴承的准确寿命，但大量的轴承寿命试验表明，其寿命随可靠性的变化规律如图 5-7 所示。定义轴承寿命的可靠度为一组相同轴承能达到或超过规定寿命的百分率，如图 5-7 所示，当寿命 L 为 10^6r（转）时，可靠度 R 为 90%；L 为 5×10^6r 时，可靠度 R 为 50%。

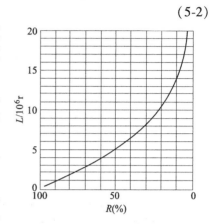

图 5-7 轴承寿命曲线

将可靠度为 90% 时的寿命定义为基本额定寿命（basic rating life），换言之，有 90% 的轴承在失效前能达到或超过基本额定寿命。对单个轴承来讲，能够达到或超过此寿命的概率为 90%。需要说明的是，随着检测技术的不断发展进步，在一些重要场合已经可以对轴承进行实时监测，而不再按照传统的可靠度进行轴承设计计算和确定更换时间。如高铁用的轴承，在采用在线实时监测技术后，轴承的使用寿命提高了 90%，大幅度降低了更换轴承的成本。

设计设备零件时，需根据具体工作条件，采用一个或几个设计计算准则，确定零件的形状和主要尺寸。**一般设计步骤为：①抽象出零件的力学简图；②确定作用在零件上的主要载荷；③选择合适的材料；④根据零件可能出现的失效形式，选用相应的设计计算准则，确定零件的形状和主要几何尺寸并按照标准确定最终尺寸；⑤绘制零件工程图、标注必要的公差和技术条件。**

以上所述为设备零件的设计计算步骤，在实际工作中常常还会采用相反的方式——校核计算。这时先参照实物（或图样）和经验数据，再用有关的判定条件进行验算，确认零件的承载能力是否能够达到预期目标。另外必须指出的是，在一般设备中，**往往只有一部分关键零件需要依据设计计算准则确定其形状和尺寸，其余零件往往仅根据工艺要求和结构要求进行基于主观判断的设计，最终确定形状和尺寸即可。**

5.2.2 零件的强度判断条件

在理想的平稳工作条件下，作用在零件上的载荷称为名义载荷（nominal load）。按照名义载荷确定的应力，称为名义应力。设备实际工作中，零件还会承受各种附加载荷，这些附加载荷的计算难度较大，通常用载荷系数（load factor）K 来估计这些因素的影响（有时只考虑工作情况的影响，则用工作情况系数 K）。载荷系数与名义载荷的乘积，称为计算载荷，由计算载荷计算出的应力，称为计算应力。当以强度为设备设计判断准则时，常用许用应力法或安全系数法判断零件是否满足工作要求。

许用应力法的判断准则是危险截面处计算应力（σ、τ）小于零件材料的许用应力（$[\sigma]$、$[\tau]$），即

$$\left.\begin{array}{l} \sigma \leqslant [\sigma], \quad [\sigma] = \dfrac{\sigma_{\text{lim}}}{S} \\[4mm] \tau \leqslant [\tau], \quad [\tau] = \dfrac{\tau_{\text{lim}}}{S} \end{array}\right\} \tag{5-3}$$

式中，σ_{lim}、τ_{lim} 分别为极限正应力和极限切应力；S 为安全系数。

安全系数法的判断准则是危险截面处的安全系数 S 大于设备工况的许用安全系数 $[S]$，即

$$\left.\begin{array}{l} S = \dfrac{\sigma_{\text{lim}}}{\sigma} \geqslant [S] \\[4mm] S = \dfrac{\tau_{\text{lim}}}{\tau} \geqslant [S] \end{array}\right\} \tag{5-4}$$

材料的极限应力尚没有办法通过理论计算给出，目前常通过试验的方法确定。许用应力取决于应力的种类、零件材料的极限应力和安全系数等。为了简便，在本章下面的论述中以正应力 σ 代替。研究切应力 τ 时，将 σ 更换为 τ 即可。

5.2.3 零件的极限应力及其许用应力

1. 应力的分类

应力分为静应力和变应力，如图 5-8a 所示为静应力，其值不随时间变化而变化或变化较缓慢，如单向恒速驱动轴的扭转切应力。图 5-8b、c、d 所示的变应力，其值随时间变化而变化，若应力随时间呈周期性变化，称为循环变应力，图 5-8b 中的 T 为应力循环周期。

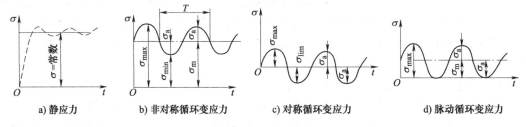

a) 静应力   b) 非对称循环变应力   c) 对称循环变应力   d) 脉动循环变应力

图 5-8　应力的种类

定义平均应力 σ_{m} 和应力幅 σ_{a} 分别为

$$\left.\begin{array}{l} \sigma_{\text{m}} = \dfrac{\sigma_{\text{max}} + \sigma_{\text{min}}}{2} \\[4mm] \sigma_{\text{a}} = \dfrac{\sigma_{\text{max}} - \sigma_{\text{min}}}{2} \end{array}\right\} \tag{5-5}$$

用循环特性系数 r 来表示变应力的变化情况，其为最小应力与最大应力之比，即

$$r = \frac{\sigma_{\text{min}}}{\sigma_{\text{max}}} \tag{5-6}$$

如图 5-8c 所示的对称循环变应力 $\sigma_{\text{a}} = \sigma_{\text{max}} = -\sigma_{\text{min}}$，$\sigma_{\text{m}} = 0$，$r = -1$。当 $\sigma_{\text{max}} \neq 0$、$\sigma_{\text{min}} = 0$，$\sigma_{\text{a}} = \sigma_{\text{m}} = \sigma_{\text{max}}/2$ 时，$r = 0$，称为脉动循环变应力，如图 5-8d 所示。静应力可看作变应力的特例，其 $\sigma_{\text{max}} = \sigma_{\text{min}}$，循环特性系数 $r = 1$。

2. 静应力下的许用应力

静应力作用下，**塑性材料的失效形式表现为塑性变形，材料的下屈服强度 R_{eL} 为极限应力，许用应力为**

$$[\sigma] = \frac{R_{eL}}{S} \tag{5-7}$$

脆性材料的失效形式为断裂，材料的抗拉强度 R_m 为极限应力，许用应力为

$$[\sigma] = \frac{R_m}{S} \tag{5-8}$$

对于有夹渣、气孔及石墨等内部组织不均匀的材料，如灰铸铁计算时无需考虑外部应力集中的影响。对于淬火后低温回火的高强度钢，组织均匀且性脆的材料，计算时必须考虑应力集中的影响。

3. 变应力下的极限应力

变应力作用下疲劳断裂是零件的主要失效形式，疲劳断裂具有以下特征：①导致疲劳断裂的极限应力远低于静应力作用下材料的强度极限；②不管是脆性材料还是塑性材料，其疲劳断口均表现为无明显的塑性变形；③疲劳断裂是损伤的积累，且断裂具有突然性，初期会在零件表面或表层产生微裂纹，微裂纹随着应力循环次数的增加而逐渐扩展，直至余下的未裂开的截面面积不足以承受外载荷时，零件就突然断裂。轴发生弯曲疲劳断裂后的断口形状如图 5-9 所示有明显的两个区域，一个是裂纹两边相互摩擦形成的光滑区，另一个是最终发生脆性断裂时的粗粒状区。

疲劳应力 σ 与应力循环次数 N 之间的关系曲线称为疲劳曲线，如图 5-10 所示，图中横坐标为循环次数 N，纵坐标为断裂时的循环应力 σ，从图中可以看出，应力越小，试件能经受的循环次数越多。通过大量的黑色金属材料疲劳试验发现，循环次数 N 超过某一极限值 N_0 后，曲线趋向水平。这一极限值 N_0 称为应力循环基数，钢材的循环基数 $N_0 \approx 1 \times 10^7 \sim 25 \times 10^7$。对应于 N_0 的应力称为材料的疲劳极限，通常用 σ_{-1} 表示材料在对称循环变应力下的疲劳极限。

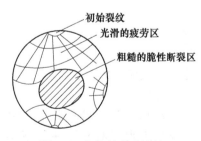

图 5-9 疲劳断裂后的断口

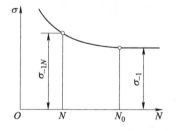

图 5-10 疲劳曲线

没达到疲劳极限时，应力和循环次数的近似方程为

$$\sigma_{-1N}^m N = \sigma_{-1}^m N_0 = C \tag{5-9}$$

式中，σ_{-1N} 为在循环次数为 N 时的对称应力疲劳极限；C 为常数；m 为与应力状态相关的幂指数。

4. 影响零件疲劳强度的主要因素

影响设备零件疲劳强度的因素有应力集中、零件尺寸、表面状态、环境介质、加载顺序和应力的变化频率等，其中前三种最为重要。

(1) 应力集中的影响 由于结构要求，实际零件一般都有截面形状的突然变化处（如孔、圆角、键槽、缺口等），零件受载时这些位置都会引起应力集中。常用有效应力集中系数 k_σ 来表示疲劳强度的真正降低程度。有效应力集中系数定义为材料、尺寸和受载情况都相同时无应力集中与有应力集中疲劳极限的比值，即

$$k_\sigma = \frac{\sigma_{-1}}{(\sigma_{-1})_k} \tag{5-10}$$

式中，σ_{-1} 和 $(\sigma_{-1})_k$ 分别为无应力集中试样和有应力集中试样的疲劳极限。如果同一截面上同时有几个应力集中源，应采用其中最大有效应力集中系数进行计算。

(2) 零件尺寸的影响 尺寸较大的零件，内部晶粒粗，出现缺陷的概率大，加工制造后的表面冷作硬化层相对较薄，疲劳裂纹容易形成。因此，当其他条件相同时，零件尺寸越大，疲劳强度越低。零件尺寸对疲劳极限的影响可用绝对尺寸系数 ε_σ 表示，该系数定义为：直径为 d 的试样疲劳极限 $(\sigma_{-1})_d$ 与直径 $d_0 = 6 \sim 10\text{mm}$ 的试样疲劳极限 $(\sigma_{-1})_{d0}$ 的比值，即

$$\varepsilon_\sigma = \frac{(\sigma_{-1})_d}{(\sigma_{-1})_{d0}} \tag{5-11}$$

(3) 表面状态的影响 表面状态包括表面粗糙度和表面处理情况，表面粗糙度值小或经过强化处理（如喷丸、热处理等），零件的疲劳强度高。表面状态对疲劳极限的影响可用表面状态系数 β 表示，该系数定义为：试样在某种表面状态下的疲劳极限 $(\sigma_{-1})_\beta$ 与经抛光试样（未经强化处理）疲劳极限 $(\sigma_{-1})_{\beta0}$ 的比值，即

$$\beta = \frac{(\sigma_{-1})_\beta}{(\sigma_{-1})_{\beta0}} \tag{5-12}$$

5. 疲劳强度许用应力计算

对称循环变应力作用下材料的极限应力为疲劳极限，许用应力计算公式为

$$[\sigma_{-1}] = \frac{\varepsilon_\sigma \beta \sigma_{-1}}{k_\sigma S} \tag{5-13}$$

脉动循环变应力作用下的许用应力为

$$[\sigma_0] = \frac{\varepsilon_\sigma \beta \sigma_0}{k_\sigma S} \tag{5-14}$$

式中，S 为安全系数；σ_0 为材料的脉动循环疲劳极限；有效应力集中系数 k_σ、绝对尺寸系数 ε_σ 及表面状态系数 β 的数值可在《机械设计手册》中查得。

若零件在整个使用期限内，循环总次数 N 小于循环基数 N_0，可根据式（5-9）求得对应于 N 的疲劳极限 σ_{rN}。代入式（5-13）或式（5-14）求得"有限寿命"下零件的许用应力。

6. 接触应力及其许用应力

低副接触时，零件的承载面积较大，这种应力状态下的零件强度称为整体强度。对于点接触或线接触状态的高副连接零件，较小的承载面积导致零件表层产生较大的局部应力，这种应力称为接触应力（contact stress），零件抵抗接触应力的能力称为接触强度。

接触应力通常为变应力，在外载荷重复作用下会在零件表面深约 $20\mu\text{m}$ 处（最大切应力处）产生初始疲劳裂纹，随着应力循环次数的增加，裂纹逐渐扩展（若有润滑油，被挤进

裂纹中的润滑油会产生高压，使裂纹加快扩展），但裂纹扩展至表面时，表层金属将呈小片状剥落，脱落后的零件表面形成图 5-11 所示的小坑，这种现象称为疲劳点蚀。发生疲劳点蚀后，零件的光滑表面被破坏、承载能力降低，还会引起振动和噪声。

对于任意两个弹性曲面体在外载荷作用下发生初始接触为点接触的情况，德国学者 Heinrich Rudolf Hertz（海因里希·鲁道夫·赫兹）1881 年通过假设接触应力为半椭球体分布，用半逆解答法开创性地、圆满地进行了求解，给出了

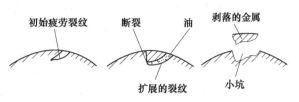

图 5-11　疲劳点蚀

椭圆接触区域长半轴和短半轴、最大接触应力、两个曲面体弹性趋近量的解析表达式。如图 5-12 所示，当两个圆柱体的轴向长度相等或都为无限长时，赫兹认为接触面积为一狭长矩形，最大接触应力发生在接触区的轴向中线上，且其大小为

$$\sigma_{\mathrm{H}} = \sqrt{\dfrac{F_{\mathrm{n}}}{\pi L_{\mathrm{eff}}} \dfrac{\dfrac{1}{r_1} \pm \dfrac{1}{r_2}}{\dfrac{1 - \mu_1^2}{E_1} + \dfrac{1 - \mu_2^2}{E_2}}} \qquad (5\text{-}15)$$

式中，E_1、E_2 分别为两个接触体材料的弹性模量（MPa）；μ_1、μ_2 分别为两个接触体材料的泊松比；r_1、r_2 分别为两个接触体在初始接触处的曲率半径（mm）；F_{n} 为作用在圆柱体上的外载荷（N）；σ_{H} 为最大接触应力或赫兹应力（MPa）；L_{eff} 为有效轴向接触长度（mm）。

令 $\dfrac{1}{r_1} \pm \dfrac{1}{r_2} = \dfrac{1}{r}$，$\dfrac{1}{E_1} \pm \dfrac{1}{E_2} = 2\dfrac{1}{E}$，对于钢或铸铁材料取泊松比 $\mu_1 = \mu_2 = \mu = 0.3$，则式（5-15）可化简为

$$\sigma_{\mathrm{H}} = \sqrt{\dfrac{1}{2\pi(1 - \mu^2)} \dfrac{F_{\mathrm{n}} E}{r L_{\mathrm{eff}}}} = 0.418 \sqrt{\dfrac{F_{\mathrm{n}} E}{r L_{\mathrm{eff}}}} \qquad (5\text{-}16)$$

式中，r 为综合曲率半径（mm），$r = \dfrac{r_1 r_2}{r_2 \pm r_1}$；正号用于图 5-12a 所示的外接触，负号用于图 5-12b 所示的内接触；E 为综合弹性模量（MPa），$E = \dfrac{2 E_1 E_2}{E_2 + E_1}$。

式（5-15）、式（5-16）也被称为经典赫兹线接触理论有关最大接触应力的计算公式。需要指出的是，虽然经典赫兹线接触理论给出了接触区半宽、最大接触应力的解析表达式，但未能像弹性点接触问题那样给出两个接触体弹性趋近量的计算公式。

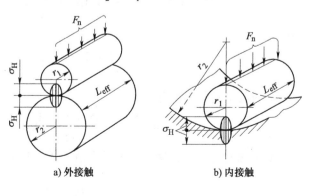

a) 外接触　　　　　　b) 内接触

图 5-12　两圆柱的接触应力

接触疲劳强度的判定条件为

$$\sigma_H \leqslant [\sigma_H] = \frac{\sigma_{Hlim}}{S_H} \tag{5-17}$$

式中，σ_{Hlim} 为由试验测得的材料的接触疲劳极限应力；S_H 为安全系数。

对于钢，接触疲劳极限应力的经验计算公式为

$$\sigma_{Hlim} = (2.76HBW - 70)MPa \tag{5-18}$$

当两接触体（零件）材料的硬度不同时，常以较软零件的接触疲劳极限为准。由图 5-12 可以看出，作用在**两圆柱体上的接触应力具有大小相等、方向相反、左右对称、稍离接触区中线即迅速降低**等特点。由于接触应力属于局部应力，且由式（5-15）或式（5-16）可知，应力的增长与载荷 F_n 并不呈线性关系，因此安全系数 S_H 可取等于或稍大于 1。

【例 5-1】 以图 5-13 所示全桥式周边传动刮泥机的驱动轮为例，由于驱动钢轮与平面轨道接触。若驱动轮直径 $D_1 = 100mm$，$D_2 = \infty$，驱动轮宽 $b = 100mm$，如图 5-14 所示。驱动轮为主动轮，主动轴传递功率 $P = 1.5kW$、转速 $n_1 = 20r/min$，传动较平稳，载荷系数 $K = 1.25$，摩擦系数 $f = 0.15$。试求：①保证驱动轮不打滑时所需的法向压紧力 F_n；②驱动轮和轨道接触处的最大接触应力；③若驱动轮材料的硬度为 300HBW，驱动轮表面是否会出现疲劳点蚀。

图 5-13 周边传动刮泥机

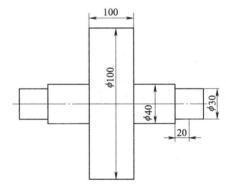

图 5-14 非传动支承轮轴

解：（1）求法向压紧力 F_n 传动在接触处的最大摩擦力为 fF_n，驱动刮泥机旋转刮泥的圆周力为 F，考虑附加载荷的影响，并保证刮泥过程中驱动轮无打滑，所需驱动圆周力为 KF。为了防止打滑，应使 $fF_n \geqslant KF$。于是，驱动轮的转矩

$$T_1 = 9.55 \times 10^6 \frac{P}{n_1} = 9.55 \times 10^6 \times \frac{1.5}{20} N \cdot mm = 7.16 \times 10^5 N \cdot mm$$

圆周力

$$F = \frac{2T_1}{D_1} = \frac{2 \times 7.16 \times 10^5}{100} N = 14.32kN$$

不打滑的最小法向压紧力

$$F_n = \frac{KF}{f} = \frac{1.25 \times 14.32}{0.15} kN = 119.33kN$$

（2）计算接触应力 接触应力的最大值按式（5-16）计算得

$$\sigma_H = 0.418 \sqrt{\frac{F_n E}{b\rho}}$$

钢的弹性模量 $E = 2.06 \times 10^5$ MPa，$b = 30$ mm，综合曲率半径 $\rho = \rho_1 = 100$ mm，则

$$\sigma_H = 0.418 \sqrt{\frac{F_n E}{b \rho}} = 0.418 \sqrt{\frac{119.33 \times 10^3 \times 2.06 \times 10^5}{100 \times 100}} \text{MPa} = 655.4 \text{MPa}$$

（3）验算表面接触强度　如前述，对于钢可取接触疲劳极限

$$\sigma_{Hlim} = (2.76 HBW - 70) \text{MPa} = (2.76 \times 300 - 70) \text{MPa} = 758 \text{MPa}$$

轮子点蚀不会造成安全隐患，取安全系数 $S_H = 1$，则许用接触应力

$$[\sigma_H] = \sigma_{Hlim} = 758 \text{MPa} > 655.4 \text{MPa} = \sigma_H$$

因此，驱动轮的表面不会出现疲劳点蚀。

5.2.4　零件的安全系数

导致设备失效的因素很多，到目前为止，尚没有关于零件尺寸计算的精确理论模型。为此，很多设备设计都是基于长期生产实践获得的经验，然后以安全系数的方式对理论计算尺寸进行放大，以弥补设备设计中理论基础的不足。安全系数取值对零件尺寸有很大影响，取值过大，零件尺寸大、结构笨重；取值过小，又不够安全，其取值原则如下：

1）静应力下，材料的塑性可以缓和过大的局部应力，塑性较好的材料安全系数取值相对小一些，$S = 1.2 \sim 1.5$；塑性较差的材料（如屈强比 > 0.6）或铸钢件的安全系数取值略大一些，$S = 1.5 \sim 2.5$；脆性材料的安全系数取较大值，$S = 3 \sim 4$。

2）变应力下，只能选用塑性材料，材料比较均匀且计算精度较高时，安全系数取值小一些，$S = 1.3 \sim 1.7$；材料不够均匀或计算不够精确时，安全系数取值大一些，$S = 1.7 \sim 2.5$。

如果有导致设备失效的因素较多，可以根据各因素影响程度，给出各个因素的安全系数，用这些系数的乘积来表示总的安全系数。例如用 S_1 表示载荷及应力计算的准确性；S_2 表示材料力学性能的均匀性；S_3 表示零件的重要性，则总安全系数

$$S = S_1 S_2 S_3 \tag{5-19}$$

【例 5-2】　对于例 5-1 中的全桥式周边传动刮泥机，其非传动支承轮轮轴的受力如图 5-14 所示。已知 $F_r = 2F = 40$ kN，轴台阶处倒 1.5 mm $\times 45°$ 的圆角，轴的材料为 Q275，$R_m = 500$ MPa，$\sigma_{-1} = 200$ MPa，规定最小安全系数 $S_{min} = 1.5$。试校核 A—A 截面的疲劳强度。

解： 虽然载荷 F 的大小、方向不变，但当轴转动时，微观上弯曲的轴线以上部分受压应力，而下部受拉应力，轴转动 $180°$ 后，则上面的转到下面，而下面的转到上面，相当于同一部位受力方向相反，因此轴的弯曲应力为对称循环变应力，循环特性系数为 -1。

（1）计算 A—A 截面的弯曲应力

1）弯矩　　　　　　　$M_A = 20 \times 10^3 \times 20 \text{N} \cdot \text{mm} = 4 \times 10^5 \text{N} \cdot \text{mm}$

2）抗弯截面系数　　$W = \dfrac{\pi d^3}{32} = \dfrac{\pi \times 30^3}{32} \text{mm}^3 = 7.9 \times 10^3 \text{mm}^3$

3）弯曲应力　　　　$\sigma_{bb} = \sigma_{max} = \dfrac{M_A}{W} = \dfrac{4 \times 10^5}{7.9 \times 10^3} \text{MPa} = 50.6 \text{MPa}$

（2）求各项系数（可查《机械设计手册》，轴的精确校核计算中圆角处有应力集中）

由 $R_m = 500$ MPa，$\dfrac{D-d}{r} = \dfrac{10}{1.5} = 6.7$，$\dfrac{r}{d} = \dfrac{0.5}{30} = 0.02$ 查得，弯曲时有效应力集中系数 $k_\sigma =$

1.96，绝对尺寸系数 $\varepsilon_\sigma = 0.91$；此外，按表面粗糙度 $Ra1.6\mu m$ 及 $R_m = 500MPa$，查得表面状态系数 $\beta = 0.95$。

（3）疲劳强度校核 弯曲时安全系数

$$S_\sigma = \frac{\sigma_{-1}}{\dfrac{k_\sigma}{\varepsilon_\sigma \beta} \sigma_{\max}} = \frac{200}{\dfrac{1.96}{0.91 \times 0.95} \times 50.6} = 1.7 > S_{\min}$$

因此非传动支承轮轴安全。

用另一种形式的判定条件 $\sigma \leqslant [\sigma_{-1}]$，可得出同样结论。

5.3　容器类设备关键零件的设计计算准则与强度判断条件

容器主要有方形或矩形容器、球形容器、圆筒形容器等3种。方形或矩形容器由平板焊成，制造简单，但承压能力差，只用作小型常压储槽；球形容器承压能力好，但是制造加工困难；圆筒形容器安装方便，承压能力较好，是压力容器中应用最为广泛的形状，本节仅对圆筒形容器的失效与强度判断进行介绍。由图5-1可知，圆筒形容器类设备的主体通常包括筒体、封头或端盖两大部分。

5.3.1　压力容器的失效形式

压力容器失效是指压力或其他载荷超过许用极限时，容器丧失正常工作的能力。圆筒形压力容器的失效形式有强度失效、刚度失效、稳定性失效和腐蚀失效等4种。

（1）强度失效 强度失效是指最大应力超过屈服应力，容器因发生塑性变形而导致的失效。

（2）刚度失效 刚度失效是指容器在使用、运输或安装过程中发生的弹性变形量大于其允许变形范围而导致的失效。

（3）稳定性失效 稳定性失效也称失稳，是指在外压或其他外部载荷的作用下，其稳定的平衡状态被打破时，形状的突然变化而导致的容器失效。

（4）腐蚀失效 腐蚀失效是压力容器失效的重要类型之一，且都与其工作环境相关。腐蚀的预防和控制方法请参考第4章相关内容，此处不再赘述。

5.3.2　压力容器的设计准则和许用应力

GB/T 150.1~4—2011 的编制采用了弹性失效准则，设计准则假定容器的载荷为静载荷，并以平均应力作为设计基础，最大承载能力为所用材料在设计温度下的屈服强度 $R_{eL}^t(R_{p0.2}^t)$，忽略了应力集中、载荷分布不均匀等因素的影响，计入安全系数，许用应力为 $[\sigma]^t$。

压力容器的许用应力仍按照式（5-3）进行计算，按 GB/T 150.1—2011 确定压力容器常用钢材的许用应力，见表5-10和表5-11。表中，R_m 为材料的抗拉强度，R_{eL}^t 和 $R_{p0.2}^t$ 为设计温度下材料的屈服强度，R_D^t 和 R_n^t 分别为高温持久强度和设计温度下的蠕变强度。

表 5-10　钢材（螺栓材料除外）许用应力的取值

材料	许用应力/MPa（取下列各值中的最小值）
碳素钢、低合金钢	$\dfrac{R_m}{2.7},\ \dfrac{R_{eL}}{1.5},\ \dfrac{R_{eL}^t}{1.5},\ \dfrac{R_D^t}{1.5},\ \dfrac{R_n^t}{1.0}$
高合金钢	$\dfrac{R_m}{2.7},\ \dfrac{R_{eL}\ (R_{p0.2})}{1.5},\ \dfrac{R_{eL}^t\ (R_{p0.2}^t)}{1.5},\ \dfrac{R_D^t}{1.5},\ \dfrac{R_n^t}{1.0}$
钛及钛合金	$\dfrac{R_m}{2.7},\ \dfrac{R_{p0.2}}{1.5},\ \dfrac{R_{p0.2}^t}{1.5},\ \dfrac{R_D^t}{1.5},\ \dfrac{R_n^t}{1.0}$
镍及镍合金	$\dfrac{R_m}{2.7},\ \dfrac{R_{p0.2}}{1.5},\ \dfrac{R_{p0.2}^t}{1.5},\ \dfrac{R_D^t}{1.5},\ \dfrac{R_n^t}{1.0}$
铝及铝合金	$\dfrac{R_m}{3.0},\ \dfrac{R_{p0.2}}{1.5},\ \dfrac{R_{p0.2}^t}{1.5}$
铜及铜合金	$\dfrac{R_m}{3.0},\ \dfrac{R_{p0.2}}{1.5},\ \dfrac{R_{p0.2}^t}{1.5}$

注：1. 对奥氏体高合金钢制受压元件，当设计温度低于蠕变范围，且允许有微量的永久变形时，可适当提高许用应力至 $0.9R_{p0.2}^t$，但不超过 $R_{p0.2}/1.5$。此规定不适用于法兰或其他有微量永久变形就产生泄漏或故障的场合。

2. 如果引用标准规定了 $R_{p1.0}$ 或 $R_{p1.0}^t$，则可以选用该值计算其许用应力。

3. 根据设计使用年限选用 $1.0\times10^5 h$、$1.5\times10^5 h$、$2.0\times10^5 h$ 等持久强度极限值。

表 5-11　钢制螺栓材料许用应力的取值

材料	螺栓直径/mm	热处理状态	许用应力/MPa（取下列各值中的最小值）	
碳素钢	≤M22	热轧、正火	$\dfrac{R_{eL}^t}{2.7}$	
	M24~M48		$\dfrac{R_{eL}^t}{2.5}$	
低合金钢、马氏体高合金钢	≤M22	调质	$\dfrac{R_{eL}^t\ (R_{p0.2}^t)}{3.5}$	$\dfrac{R_D^t}{1.5}$
	M24~M48		$\dfrac{R_{eL}^t\ (R_{p0.2}^t)}{3.0}$	
	≥M52		$\dfrac{R_{eL}^t\ (R_{p0.2}^t)}{2.7}$	
奥氏体高合金钢	≤M22	固溶	$\dfrac{R_{eL}^t\ (R_{p0.2}^t)}{1.6}$	
	M24~M48		$\dfrac{R_{eL}^t\ (R_{p0.2}^t)}{1.5}$	

5.3.3　压力容器设计的载荷条件

压力容器的设计必须按照 GB/T 150.1~4—2011 及其他有关规定进行，环保设备中大多容器为常压（设计压力 $p<0.1\mathrm{MPa}$）容器、低压（$0.1\mathrm{MPa}\leqslant p<1.6\mathrm{MPa}$）容器和中压（$1.6\mathrm{MPa}\leqslant p<10\mathrm{MPa}$）容器，其中常压容器的设计不属于 GB/T 150.1~4—2011 的规定范围。

中压容器、低压容器通常为薄壁容器，高压容器（$10\mathrm{MPa}\leqslant p<100\mathrm{MPa}$）与超高压容器（$p\geqslant100\mathrm{MPa}$）通常为厚壁容器。区别厚壁与薄壁的指标为径比 K，即

$$K=\frac{D_o}{D_i} \tag{5-20}$$

式中，D_o 为容器外径（mm）；D_i 为容器内径（mm）。$K>1.2$ 时称为厚壁容器；$K<1.2$ 时称为薄壁容器。

压力容器设计的名义载荷条件为设计压力和设计温度，设计压力数值应为不低于正常工作情况下容器可能达到的最高压力；内压容器和外压容器的设计压力取值见表 5-12。设计温度是指容器在正常工作情况下，容器零部件所能达到的最高温度，是介质温度和环境温度集中作用的结果。容器壁面温度可由实测类似设备获得，也可由传热过程计算确定。当无法计算或实测壁面温度时，应按以下原则确定：①设计温度不得低于容器任意零部件工作时可能达到的最高温度绝度值（元件温度低于 0℃，设计温度不得高于零部件可能达到的最低温度；零部件温度高于 0℃，设计温度不得低于零部件可能达到的最高温度）；②容器内壁与介质直接接触，且有外保温时，其设计温度按表 5-13 选取。

表 5-12　容器的设计压力

类　型		设　计　压　力
内压容器	无安全泄放装置	1.0~1.1 倍工作压力；容器在泵或压缩机入口侧时，需要以 0.1MPa 外压进行校核；容器在泵出口侧时，取下列三者的最大值：①泵正常入口压力加 1.2 倍泵的正常工作扬程；②泵的最大入口压力加泵的正常工作扬程；③泵正常入口压力加关闭扬程（即泵出口全关闭时的扬程）；容器在压缩机出口侧时，取压缩机出口压力
	装有安全阀	不低于安全阀开启压力（安全阀开启压力取 1.05~1.10 倍工作压力）；若安全阀安装在出口管线上，设计压力应不低于安全阀开启压力加上流体从容器流至安全阀处的压力降
	装有爆破片	取爆破片设计爆破压力的上限
外压容器	外压容器	$p_c>\Delta p_{max}$
	真空容器	有安全控制元件时，$p_c=\min\ (1.25\Delta p_{max},\ 0.1MPa)$；否则 $p_c=0.1MPa$
	夹套容器	由两个或两个以上压力室组成的容器，应分别确定各压力室的计算压力

注：p_c 为计算压力，Δp_{max} 为工作中可能出现的最大内外压差。

表 5-13　容器设计温度的选取

介质工作温度 t_0	设计温度 t
$t_0\leqslant-20℃$	介质正常工作温度减 0~10℃ 或取最低工作温度
$-20℃<t_0\leqslant15℃$	介质正常工作温度减 0~10℃ 或取最低工作温度
$15℃<t_0\leqslant350℃$	介质正常工作温度加 5~30℃ 或取最高工作温度
$t_0>350℃$	介质正常工作温度加 5~15℃

压力容器设计的计算载荷条件为计算压力 p_c，p_c 是在相应设计温度下用以确定零部件厚度的压力，等于设计压力加上内装液体产生的液柱静压力，以及内构件、填料的自重等附加载荷，当壳体各部分或零部件所承受的液柱静压力小于 5% 设计压力时，可以忽略不计。由两个或两个以上压力室组成的容器，如夹套容器，确定计算压力时，应考虑各室之间的最大压力差。

5.3.4　压力容器的计算应力

1. 内压圆筒

承受内压的薄壁容器，若忽略壳体的厚度，则在压力作用下壳体均匀膨胀。如图 5-15

所示，无厚度壳体的横截面上不存在弯矩，设计中可以只考虑轴向拉应力 σ_z 和周向拉应力 σ_θ。轴向拉应力 σ_z 是沿着筒体母线方向的应力，周向拉应力 σ_θ 是垂直于筒体母线方向的应力。这种无厚度壳体的假设，称为薄膜应力理论。

根据薄膜应力理论，$\sigma_\theta = 2\sigma_z$，因此设计时只要周向拉应力小于许用应力即可满足设计要求，GB/T 150.3—2011 也以周向拉应力作为计算应力。

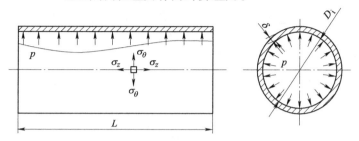

图 5-15　内压圆筒受力示意图

考虑工况系数和焊接对筒体承载能力的影响，GB/T 150.3—2011 规定：当计算压力 $p_c \le 0.4\,[\sigma]^t\phi$ 时（ϕ 为焊接接头系数，取值参考表 5-14），设计温度下圆筒壁厚和计算应力的计算公式为

$$\delta = \frac{p_c D_i}{2\,[\sigma]^t\phi - p_c} \tag{5-21}$$

或

$$\delta = \frac{p_c D_o}{2\,[\sigma]^t\phi + p_c} \tag{5-22}$$

$$\sigma^t = \frac{p_c(D_i + \delta_e)}{2\delta_e} \text{ 且 } \sigma^t \le [\sigma]^t\phi \tag{5-23}$$

或

$$\sigma^t = \frac{p_c(D_i + \delta_e)}{2\delta_e} \text{ 且 } \sigma^t \le [\sigma]^t\phi \tag{5-24}$$

$$\delta_e = \delta + \Delta_1 \tag{5-25}$$

式中，D_i 和 D_o 分别为圆筒的内直径（mm）和外直径（mm）；σ^t 为设计温度下的周向计算拉应力（MPa）；δ 和 δ_e 分别为筒体的计算厚度（mm）和有效厚度（mm）；p_c 为计算压力（MPa）；Δ_1 为对计算厚度进行圆整，取优先数而增加的厚度。

表 5-14　钢制压力容器的焊接接头系数

接头形式	结构简图	焊接接头系数 ϕ	
		全部无损检测	局部无损检测
双面焊或相当于双面焊的全焊透对接焊缝		1.0	0.85
单面对接焊缝（沿焊缝根部紧贴基本金属的垫板）		0.9	0.8

设计温度下圆筒的最大允许工作压力

$$[p_w] = \frac{2\delta_e[\sigma]^t\phi}{D_i + \delta_e} \tag{5-26}$$

或

$$[p_w] = \frac{2\delta_e[\sigma]^t\phi}{D_o - \delta_e} \tag{5-27}$$

对于计算压力 $p_c \leqslant 0.1$ MPa 的常压容器，可以按照式（5-21）~式（5-25）进行设计计算，也可以采用第一强度理论计算周向拉应力，则壁厚的计算公式为

$$\delta = \frac{p_c D_i}{2[\sigma]^t\phi} \tag{5-28}$$

对于计算压力 $p_c \geqslant 10$ MPa 的高压和超高压容器，若采用多层包扎圆筒及套合圆筒进行设计，则其壁厚计算公式为

$$[\sigma]^t\phi = \frac{\delta_i}{\delta_n}[\sigma_i]^t\phi_i + \frac{\delta_o}{\delta_n}[\sigma_o]^t\phi_o \tag{5-29}$$

$$\delta_n = \delta + C_2 \tag{5-30}$$

式中，δ 为圆筒的计算厚度（mm）；δ_i 为多层包扎圆筒内筒或套合圆筒内筒的名义厚度（mm）；δ_n 为圆筒的名义厚度（mm）；δ_o 为多层包扎圆筒层板层和套合圆筒套合层总厚度（mm）；$[\sigma]^t$ 为设计温度下圆筒材料的许用应力（MPa）；$[\sigma_i]^t$ 为设计温度下多层包扎圆筒内筒或套合圆筒内筒材料的许用应力（MPa）；$[\sigma_o]^t$ 为设计温度下多层包扎圆筒层板层或套合圆筒套合层材料的许用应力（MPa）；ϕ 为焊接接头系数；ϕ_i 为多层包扎圆筒和套合圆筒内筒的焊接接头系数；ϕ_o 为多层包扎圆筒层板层和套合圆筒套合层的焊接接头系数；C_2 为腐蚀余量（mm）。

如果采用单层厚壁进行容器设计，当 $K > 1.2$ 时，需要采用单层厚壁容器的设计方法进行计算。单层厚壁筒体在承压后，筒微元受到周向拉应力 σ_θ、径向拉应力 σ_r 和轴向拉应力 σ_z 等三个应力，称之为三向应力状态。三个应力中除轴向拉应力 σ_z 沿壁厚均匀分布外，其他两个拉应力沿壁厚分布不均，需要采用弹性应力分析法。弹性应力分析法需要从平衡方程、几何方程和物理方程三个方面加以分析，此处不做介绍。

2. 内压球形壳体

由于球形壳体的几何形状相对球心对称，周向拉应力 σ_θ 和轴向拉应力 σ_z 在数值上相等，球壳受力均匀，GB/T 150.3—2011 规定，当计算压力 $p_c \leqslant 0.6[\sigma]^t\phi$ 时，设计温度下圆筒壁厚和计算应力的计算公式为

$$\delta = \frac{p_c D_i}{4[\sigma]^t\phi - p_c} \tag{5-31}$$

或

$$\delta = \frac{p_c D_o}{4[\sigma]^t\phi + p_c} \tag{5-32}$$

$$\sigma^t = \frac{p_c(D_i + \delta_e)}{4\delta_e} \text{ 且 } \sigma^t \leqslant [\sigma]^t\phi \tag{5-33}$$

或

$$\sigma^t = \frac{p_c(D_i + \delta_e)}{4\delta_e} \text{ 且 } \sigma^t \leqslant [\sigma]^t\phi \tag{5-34}$$

设计温度下圆筒的最大允许工作压力为

$$[p_w] = \frac{4\delta_e [\sigma]^t \phi}{D_i + \delta_e} \tag{5-35}$$

或

$$[p_w] = \frac{4 [\sigma]^t \phi}{D_o - \delta_e} \tag{5-36}$$

3. 外压圆筒

外压容器的失效包括因强度不足而导致的破坏和因刚度不足导致的失稳两种形式。从防止失稳的角度来看，要求许用外压 $[p]$ 为临界压力 p_{cr} 除以失稳系数，即

$$p_c \leqslant [p] = \frac{p_{cr}}{m} \tag{5-37}$$

式中，m 为失稳系数，类似于强度计算中的安全系数，我国标准规定 $m = 3$。

定义圆筒的临界长度 L_{cr} 为

$$L_{cr} = 1.17D_o \sqrt{\frac{D_o}{\delta_e}} \tag{5-38}$$

当圆筒计算长度 $L > L_{cr}$ 时，压力容器为长圆筒容器，此时计算长度 L 应取圆筒相邻两个支承线之间的距离。长圆筒体不仅刚性较差，且两端封头对中间部分筒体基本上起不到支承作用，筒体容易被压扁，失稳时将呈现两个波纹。当临界压力在弹性范围内时，许用压力 $[p]$ 的计算公式为

$$[p] = \frac{p_{cr}}{m} = \frac{2.2E}{m} \left(\frac{\delta_e}{D_o} \right)^3 \tag{5-39}$$

式中，E 为材料的弹性模量（MPa）。

计算壁厚 δ 为

$$\delta = D_o \sqrt[3]{\frac{mp_c}{2.2E}} \tag{5-40}$$

当筒体长度 $L \leqslant L_{cr}$ 时，压力容器为短圆筒容器。此时筒体的刚性较大，两端封头对中间部分的支承作用也较明显，在失稳时将出现两个以上的波纹。当临界压力在弹性范围内时，许用压力 $[p]$ 的计算公式为

$$[p] = \frac{p_{cr}}{m} = \frac{2.59E\delta_e^2}{mL D_o \sqrt{\dfrac{\delta_e}{D_o}}} \tag{5-41}$$

计算壁厚 δ 为

$$\delta = D_o \left(\frac{mLp_c}{2.59ED_o} \right)^{0.4} \tag{5-42}$$

若容器仅受轴向方向的外压，在弹性段内稳定许用临界应力 $[\sigma_{cr}]$ 的计算公式为

$$[\sigma_{cr}] = \frac{\sigma_{cr}}{m} = 0.06E \frac{\delta_e}{R_i} \tag{5-43}$$

式中，R_i 为圆筒的内半径（mm）。临界应力是否在弹性范围内的判断公式为

$$\sigma_{cr} = \frac{p_{cr}D}{2\delta_e} \leqslant R_{eL}^t \tag{5-44}$$

式中，R_{eL}^t 为设计温度下材料的屈服强度（MPa）。当 $\sigma_{cr} > R_{eL}^t$ 时，属于非弹性失稳，此时临界压力 p_{cr} 的近似计算公式为

$$p_{cr} = \frac{2\delta_e}{D} \frac{R_{eL}^t}{1 + \dfrac{R_{eL}^t}{E}\left(\dfrac{D}{\delta_e}\right)^2} \tag{5-45}$$

式中，D 为筒体中径，$D = D_i + \delta$。

4. 外压球形壳体

半球封头或球形容器壳体在弹性变形范围内时，许用外压力 $[p]$ 的计算公式为

$$[p] = \frac{p_{cr}}{m} = \frac{0.0833E}{\left(\dfrac{R_o}{\delta_e}\right)^2} \tag{5-46}$$

式中，R_o 为球壳外半径；m 为稳定系数，对于球壳类容器或封头，稳定系数 $m = 15$。

5.3.5 封头的计算应力

封头按其形状可分成三类：第一类为凸形封头，包括半球形封头、椭圆形封头、碟形封头和球冠形封头四种；第二类为锥形封头，包括无折边锥形封头与带折边锥形封头两种；第三类为平板形封头。凸形封头和锥形封头都由回转薄壳构成，其强度计算均以薄膜应力理论为基础，而平板形封头的强度计算则应以平板弯曲理论为依据。无论何种形状的封头，其与筒体连接处都会产生不同大小的边界应力。如果基于薄膜应力理论确定的封头与筒体壁厚值，能够同时满足边界应力的强度要求，那么就可以不考虑边界应力；否则，就需要按边界应力条件的要求，增加封头和筒体连接处的壁厚。

1. 半球形封头

尽管半球形封头（表5-5）与圆筒连接处也存在边界应力，但由于其值相对其他封头而言甚小，故可以忽略不计。根据薄膜应力理论来进行半球形封头的强度计算时，内压半球形封头采用式（5-31）~式（5-36）进行设计计算，外压半球形封头采用式（5-46）进行设计计算。

2. 椭圆形封头

如表5-5中所示，椭圆形封头由半个椭球和一个高度为 h 的圆柱筒节（即封头的直边部分）构成，直边是为了保证封头的制造质量、避免筒体与封头间的环向焊缝受边缘应力作用。椭圆形封头的直边高度 h 可以按表5-15选用。

表 5-15　标准椭圆形封头的直边高度 h

封头材料	碳素钢、普低钢、复合钢板			不锈钢、耐酸钢		
封头壁厚/mm	4~8	10~18	≥20	3~9	10~18	≥20
直边高度/mm	25	40	50	25	40	50

对于内压椭圆封头，当椭球壳的长短轴之比小于2时，最大薄膜应力产生于半椭球的顶点，周向拉应力与轴向拉应力相等。GB/T 150.3—2011 规定内压椭圆封头的计算厚度 δ_h 为

$$\delta_h = \frac{Kp_c D_i}{2[\sigma]^t \phi - 0.5p_c} \tag{5-47}$$

或
$$\delta_{\mathrm{h}} = \frac{Kp_{\mathrm{c}}D_{\mathrm{o}}}{2\,[\sigma]^{\mathrm{t}}\phi + (2K - 0.5)p_{\mathrm{c}}} \tag{5-48}$$

式中，K 为椭圆封头形状系数，

$$K = \frac{1}{6}\left[2 + \left(\frac{D_{\mathrm{i}}}{2h_{\mathrm{i}}}\right)^2\right] \tag{5-49}$$

式中，$h_{\mathrm{i}} = H - h$。若 $\dfrac{D_{\mathrm{i}}}{2h_{\mathrm{i}}} \leqslant 2$，封头的有效厚度 $\delta_{\mathrm{eh}} \geqslant 0.15D_{\mathrm{i}}$；$\dfrac{D_{\mathrm{i}}}{2h_{\mathrm{i}}} > 2$ 时，封头的有效厚度 δ_{eh} $\geqslant 0.3D_{\mathrm{i}}$。椭圆封头最大允许工作压力 $[p_{\mathrm{w}}]$ 的计算公式为

$$[p_{\mathrm{w}}] = \frac{2\delta_{\mathrm{eh}}[\sigma]^{\mathrm{t}}\phi}{KD_{\mathrm{i}} + 0.5\delta_{\mathrm{eh}}} \tag{5-50}$$

至于凸面受外压椭圆形封头的厚度计算，可以采用外压球壳的设计方法来进行，即式（5-46），其中 R_{o} 为椭圆形封头的当量球壳外半径，$R_{\mathrm{o}} = K_1 D_{\mathrm{o}}$。$K_1$ 为由长短轴比值决定的系数，其值见表 5-16。

表 5-16　系数 K_1 值（摘自 GB/T 150.3—2011）

$\dfrac{D_{\mathrm{o}}}{2h_{\mathrm{o}}}$	2.6	2.4	2.2	2.0	1.8	1.6	1.4	1.2	1.0
K_1	1.18	1.08	0.99	0.90	0.81	0.73	0.65	0.57	0.50

注：中间值用内插值法求得；$K_1 = 0.9$ 为标准椭圆形封头；$h_{\mathrm{o}} = h_{\mathrm{i}} + \delta_{\mathrm{nh}}$，$\delta_{\mathrm{nh}}$ 为凸形封头名义厚度。

3. 碟形封头

碟形封头的形状如表 5-5 中图所示，又称带折边球形封头，由以 R_{i} 为内半径的球面、以高度为 h 的直边及以 r_{i} 为半径的过渡区等三部分组成。为了减少因连接处经线曲率半径突变而产生的边界应力，GB/T 150.3—2011 规定 $R_{\mathrm{i}} \leqslant D_{\mathrm{i}}$，通常取 $0.9D_{\mathrm{i}}$。碟形封头转角内半径 $r_{\mathrm{i}} \geqslant \max\,(0.1D_{\mathrm{i}}, 3\delta_{\mathrm{nh}})$，并设计有直边部分，以减少边界应力作用。GB/T 150.3—2011 规定，碟形封头的计算厚度 δ_{h} 为

$$\delta_{\mathrm{h}} = \frac{Mp_{\mathrm{c}}R_{\mathrm{i}}}{2\,[\sigma]^{\mathrm{t}}\phi - 0.5p_{\mathrm{c}}} \tag{5-51}$$

或
$$\delta_{\mathrm{h}} = \frac{Kp_{\mathrm{c}}R_{\mathrm{o}}}{2\,[\sigma]^{\mathrm{t}}\phi + (M - 0.5)p_{\mathrm{c}}} \tag{5-52}$$

式中，R_{o} 为碟形封头球面部分的外半径（mm），$R_{\mathrm{o}} = R_{\mathrm{i}} + \delta_{\mathrm{nh}}$；$M$ 为碟形封头的形状系数，具体计算表达式为

$$M = \frac{1}{4}\left(3 + \sqrt{\frac{R_{\mathrm{i}}}{r_{\mathrm{i}}}}\right) \tag{5-53}$$

当 $R_{\mathrm{i}}/r_{\mathrm{i}} \leqslant 5.5$ 时，碟形封头的有效厚度 $\delta_{\mathrm{eh}} \geqslant 0.1D_{\mathrm{i}}$；$R_{\mathrm{i}}/r_{\mathrm{i}} > 5.5$ 时，$\delta_{\mathrm{eh}} \geqslant 0.3D_{\mathrm{i}}$。碟形封头的最大许用工作压力 $[p_{\mathrm{w}}]$ 为

$$[p_{\mathrm{w}}] = \frac{2\delta_{\mathrm{eh}}[\sigma]^{\mathrm{t}}\phi}{MR_{\mathrm{i}} + 0.5\delta_{\mathrm{eh}}} \tag{5-54}$$

至于受外压碟形封头的厚度计算，可以采用外压球壳的设计方法来进行，即式（5-46），其中 R_o 为碟形封头球面部分的外半径。

4. 球冠形封头

球冠形封头又称无折边球形封头，可用作端封头，也可用作容器中两独立受压室的中间封头。如采用加强段结构，则其形式如图 5-16 所示，封头与筒体连接处的角焊缝应采用全焊透结构。

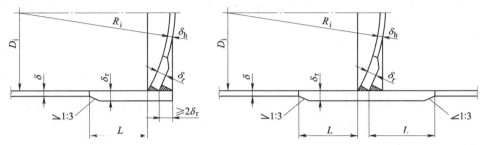

图 5-16　球冠形封头

受内压球冠形封头的计算厚度，可以按照内压球壳的设计方法来进行，即式（5-31）~式（5-36）。受外压球冠形封头的计算厚度，可以按外压球壳的设计方法来进行，即式（5-46）。对于中间封头，应考虑封头两侧最苛刻的压力组合工况，若能保证在任何情况下封头两侧的压力同时作用，就可以按封头两侧的压差进行计算。加强段厚度 δ_t 的计算公式为

$$\delta_t = Q\delta \tag{5-55}$$

式中，δ 为筒体的计算厚度，按式（5-31）计算；Q 为系数，从图 5-17 中查取。

5. 锥形封头

锥形封头常用于容器底部以方便卸出物料，具体可分为不带折边、大端折边和两端折边等 3 种，如图 5-18 所示，折边设置要求见表 5-17。

表 5-17　锥形封头折边设置要求

锥形封头半顶角 α	≤30°	≤45°	≤60°	>60°
锥壳大端	允许无折边	应有折边，$r \geq \max(0.1D_{iL}, 3\delta_r)$		按平盖（或应力分析）
锥壳小端	允许无折边		应有折边，$r \geq \max(0.05D_{is}, 3\delta_r)$	

GB/T 150.3—2011 规定，锥形封头计算厚度 δ_c 的表达式为

$$\delta_c = \frac{p_c D_c}{2[\sigma]^t \phi - p_c} \frac{1}{\cos\alpha} \tag{5-56}$$

当锥壳由同一半顶角的几个不同厚度的锥壳段组成时，式中 D_c 为各锥壳段大端的内直径。需要加厚予以加强的锥壳、$\delta/R < 0.002$ 无折边锥壳壁厚、折边壁厚以及承受外压锥壳的厚度计算方法，请参考 GB/T 150.3—2011 相关规定进行设计，此处不做介绍。

6. 平板封头

平板封头有圆形、椭圆形、长圆形、矩形和方形等，其中图 5-19 所示的圆形平板封头最为常用。圆形平板作为容器的封头而承受内部介质的压力时，将处于受弯的不利状态，其壁厚将比筒体壁厚大很多，同时还会对筒体造成较大的边界应力。因此，承压设备一般不采用平板封头，仅在压力容器的人孔、手孔以及在操作时需要用盲板封闭的地方才选用。但

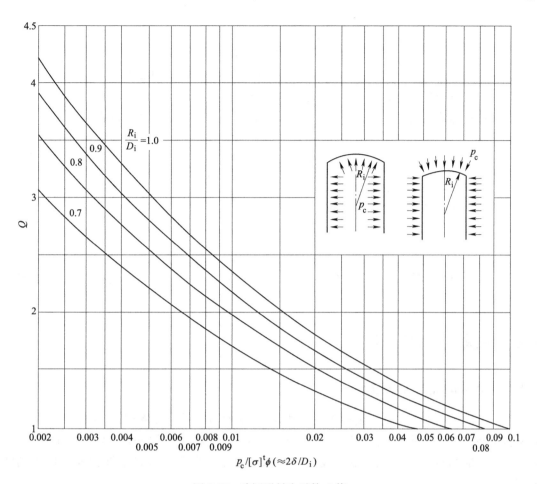

图 5-17 球冠形封头系数 Q 值

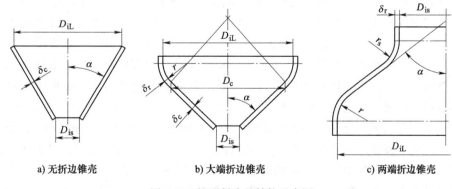

a) 无折边锥壳   b) 大端折边锥壳   c) 两端折边锥壳

图 5-18 锥形封头的结构示意图

是，平板封头在高压容器中应用较为普遍，其原因在于高压容器的封头很厚而直径又相对较小，若采用凸形封头时加工制造较为困难。

GB/T 150.3—2011 规定，圆形平板封头计算厚度 δ_p 的表达式为

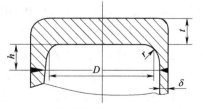

图 5-19 圆形平板封头的结构示意图

$$\delta_{p} = D_{c}\sqrt{\frac{Kp_{c}}{[\sigma]^{t}\phi}} \tag{5-57}$$

式中，D_c 为平板封头的计算直径（mm）；K 为结构特征系数，其值可查阅 GB/T 150.3—2011。例如，对于螺栓连接的平面法兰端盖，$K=0.25$。

对于螺栓连接的凹凸面法兰端盖，非圆形平板封头计算厚度 δ_p 的表达式为

$$\delta_{p} = a\sqrt{\frac{Kp_{c}}{[\sigma]^{t}\phi}} \tag{5-58}$$

式中，a 为非圆形平板封头的短轴长度（mm）。

其他类型非圆形平板封头计算厚度 δ_p 的表达式为

$$\delta_{p} = a\sqrt{\frac{KZp_{c}}{[\sigma]^{t}\phi}} \tag{5-59}$$

式中，Z 为非圆形平板封头的形状系数，$Z=3.4-2.4a/b$，且 $Z\leqslant2.5$；b 为非圆形平板封头的长轴长度（mm）。

5.4 机械零件的耐磨性

5.4.1 磨损的概念及分类

在设备的运动副中，直接接触并有相对运动的表面间必然存在摩擦，摩擦使零件的接触面材料不断损失，这种现象称为磨损（wear）。磨损会逐渐改变零件表面的尺寸和状态，表面的抗磨损能力称为耐磨性，设备设计中按照预定使用期限内零件的磨损允许值为判断依据。

润滑可以降低摩擦阻力、减少材料磨损。润滑的原理是在运动副中添加润滑剂，使相互运动的表面间形成流体膜或摩擦系数小的固体膜，这种膜统称为润滑膜，润滑膜将两表面隔开从而减少零件的磨损。根据润滑膜的状态，可以将运动副表面之间的摩擦状态分为干摩擦、边界摩擦和流体摩擦，如图 5-20 所示。两相对运动表面直接接触，不加任何润滑剂时产生的摩擦为干摩擦。如果边界油膜不足以承受运动副的法向压力，两表面无法完全分隔开，表面微观的高峰部分仍将互相切削，这种状态称为边界摩擦或边界润滑，如图 5-20b 所示。一般而言，金属表层覆盖一层边界油膜后，虽不能绝对消除表面磨损，却可以起减轻磨损的作用，这种摩擦状态下的摩擦系数 f 一般为 0.1~0.3。当两摩擦表面间的油膜厚度达几十微米时，在油膜压力作用下可以将相对运动的两金属表面完全分隔开，如图 5-20c 所示，**此时摩擦只发生在流体内部，故称为流体摩擦或流体润滑**。由于两摩擦表面被油膜隔开而不直接接触，摩擦系数很小（$f=0.001~0.01$），能够显著减少摩擦和磨损。

当出现剧烈磨损时，运动副之间的间隙增大，精度丧失，效率下降，振动、冲击和噪声也随之增大。这时应立即停止设备运行，进行检修，必要时更换零件。据统计，失效零件中约有 80% 由磨损造成，由此可见研究零件的耐磨性具有重要意义。根据导致磨损的物理、化学和机械等方面的原因，将磨损分为以下几个主要类型。

（1）磨粒磨损（abrasive wear） 对于非密闭的摩擦副，硬质的沙尘等杂质一旦进入摩

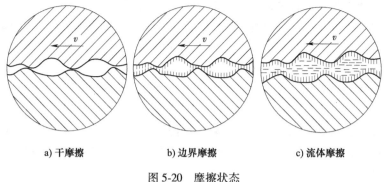

a) 干摩擦　　　　　　　b) 边界摩擦　　　　　　　c) 流体摩擦

图 5-20　摩擦状态

擦副，接触面间的硬质颗粒会使零件表面发生脱落而留下沟纹，这种磨损称为磨粒磨损。封闭的运动副间，如果零件本身磨损产生的金属微粒不能及时排出，或者零件表面粗糙值过高时，零件表面的硬凸起等也会造成磨粒磨损。

（2）黏着磨损（adhesive wear）（胶合）　在高压或高温中压下，相互接触零件的表面会黏连在一起，黏连在一起的两表面相对运动时产生擦伤和撕脱，严重时摩擦表面能相互咬死，这种现象称为黏着磨损。

（3）疲劳磨损（fatigue wear）（点蚀）　疲劳磨损实质就是疲劳点蚀。

（4）腐蚀磨损（corrosive wear）　在摩擦过程中，与周围介质发生化学反应或电化学反应的磨损称为腐蚀磨损。

5.4.2　耐磨计算

工程实际中，耐磨计算往往通过限制运动副接触表面之间的压力 p 进行，即

$$p \leqslant [p] \tag{5-60}$$

式中，$[p]$ 是由试验或同类机器使用经验确定的许用压力。

当运动副接触表面之间的相对运动速度较高时，还应考虑单位时间接触面积的发热量 fpv。在摩擦系数一定的情况下，pv 值与摩擦功率损耗成正比，简略地表征轴承可能发生的温升，因此可用许用 $[pv]$ 值判断边界油膜是否破裂，即

$$pv \leqslant [pv] \tag{5-61}$$

5.4.3　减少磨损的措施

为了减少摩擦接触表面的磨损，设计时除了满足以上条件外，还需要采取一些减少磨损的措施。

（1）正确选用摩擦副的配对材料　当运动副接触表面之间以黏着磨损为主时，应当选用互溶性小的材料；当以磨粒磨损为主时，则应当选用硬度高的材料，或设法提高所选材料的硬度，也可以选用抗磨损的材料；当以疲劳磨损为主时，除选用硬度高的材料或设法提高所选材料的硬度外，还应减少材料中非金属杂质，特别是容易引起应力集中、产生微裂纹的脆性带有尖角的氧化物。

（2）正确选用润滑剂　进行有效润滑，使摩擦表面在流体摩擦或混合摩擦的状态下工作。

（3）采用适当的表面改性处理　采用适当的表面改性处理可以降低磨损，提高摩擦副的耐磨性。例如，在摩擦副表面刷镀某种金属膜，可使黏着磨损减少约 3 个数量级；或采用化学气相沉积（CVD）处理，在零件摩擦表面上沉积 $10 \sim 1000 \mu m$ 厚的高硬度的 TiC 覆层以降低磨粒磨损。

（4）正确设计摩擦副结构　设计中，尽量使接触面之间的压力分布均匀，有利于表面膜的形成与恢复、散热和磨屑的排出等；同时尽量提高加工和装配精度，可减少摩擦磨损。

（5）正确使用、维修与保养　例如，新机器使用初期正确进行"磨合"，保持润滑系统油压、油面密封情况正常，对转动部位进行定期润滑，定期更换润滑油和过滤器滤芯等，对减少磨损都十分重要。

应当指出的是，研究各种润滑状态特性及其变化规律所涉及的学科各不相同，处理问题的方法也不一样。流体动压润滑和流体静压润滑主要是应用黏性流体力学和传热学等来计算润滑膜的承载能力及其他力学特性；在弹性流体动压润滑中，由于载荷集中作用，还要根据弹性力学分析接触表面的变形以及润滑剂的流变学性能；对于边界润滑状态，则是从物理化学的角度研究润滑膜的形成与破坏机理；薄膜润滑兼有流体润滑和边界润滑的特性；对于干摩擦状态，主要的问题是限制磨损，将涉及材料科学、弹塑性力学、传热学、物理化学等内容。有关这方面详细深入的论述，可以参见温诗铸院士等人所著《摩擦学原理》（第 5 版）等书籍。

【习题】

5-1　机械零件中常见的失效形式有哪些？失效是否意味零件被破坏？

5-2　试查机械零件设计手册或其他相关资料，确定下列结构尺寸：①普通螺纹退刀槽的宽度 b、沟槽直径 d_3、过渡圆角半径 r 及尾部倒角 c，如图 5-21a 所示；②扳手空间所需的最小中心距 A_1 和螺栓轴线与箱壁的最小距离 T，如图 5-21b 所示。

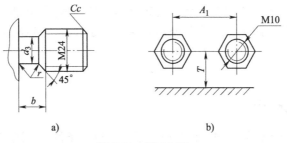

图 5-21　题 5-2 图

5-3　什么是静应力？什么是变应力？循环变应力的循环特征有哪几类？循环特性系数分别为多少？

5-4　基孔制优先配合为 $\dfrac{H11}{c11}$、$\dfrac{H11}{h11}$、$\dfrac{H9}{d9}$、$\dfrac{H9}{h9}$、$\dfrac{H8}{f7}$、$\dfrac{H8}{h7}$、$\dfrac{H7}{g6}$、$\dfrac{H7}{h6}$、$\dfrac{H7}{k6}$、$\dfrac{H7}{n6}$、$\dfrac{H7}{p6}$、$\dfrac{H7}{s6}$、$\dfrac{H7}{u6}$，试以公称尺寸为 50mm 绘制其公差带图。

5-5　某型立式气浮罐，筒体为圆柱形，上、下封头为椭圆封头。已知内径为 1500mm，高 3000mm，材料为 Q245R。罐顶内部气相空间的压力为 $p = 0.3\text{MPa}$，工作温度不超过 90℃；罐体采用双面焊焊透，全部无损检测，腐蚀余量 1.5mm。若罐内装满水，试计算罐体和封头的壁厚和工作时的许用压力。

5-6（大作业） 如图 5-22 所示的传动轴系组合结构设计，结合第 7 章和第 9 章大作业计算结果，确定各轴直径、长度，完成键的选择，并按照比例绘制完整的轴系结构图，标注关键尺寸、配合尺寸以及配合关系（各段轴的直径、轴与轮毂、轴与轴承等零部件的配合）。

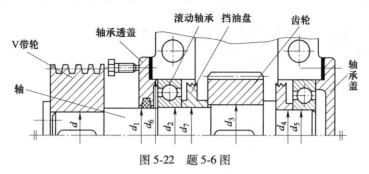

图 5-22 题 5-6 图

第3篇

设备常用连接与传动设计

由第1篇的机构分析可知，机械设计是利用机构将原动机输出的运动（转动或往复直线运动）转化为执行构件的预定运动，原动机与执行构件之间的部分统称为传动机构。连接则是将多个零件连接成一个构件，或将构件通过运动副连接成为机构。连接后，被连接件之间不允许产生相对运动的称为静连接；构成运动副的连接件之间有相对运动，这类连接称为动连接。本篇首先介绍组成构件的常用静连接（后面讲到的"连接"均指静连接），然后对常用的、已经标准化的传动机构进行介绍。

1. 连接的分类选择概要

根据工作原理的不同，连接可分为三类：形锁合连接、摩擦锁合连接及材料锁合连接。形锁合连接是通过被连接件或附加固定零件的形状相互嵌合，阻止被连接件间的相对运动，如通过键将轴和轮毂嵌合；摩擦锁合连接是设法通过在被连接件的接触面间产生足够大的摩擦，阻止被连接件间的相对运动，从而达到连接的目的，如螺栓连接（一般要能自锁）、过盈连接等；材料锁合连接指在被连接件间涂覆附加材料，通过分子间作用力，阻止被连接件间的相对运动，如胶接、焊接等。根据连接后可拆分性，连接分为可拆连接和不可拆连接，允许多次装拆而无损于使用性能的连接称为可拆连接，如螺纹连接、键连接和销连接。不损坏组成零件就不能拆开的连接则称为不可拆连接，如焊接、胶接和铆接。

在设计被连接零件时，应同时决定所要采用的连接类型。连接类型的选择以满足功能要求和经济性要求为依据。一般不可拆连接的制造成本较可拆连接低，因此在满足结构、安装、运输、维修等要求的前提下，尽量采用不可拆连接。此外，还须考虑连接的加工条件和被连接零件的材料、形状及尺寸等因素。例如，板件和板件的连接，多采用螺纹连接、焊接、胶接或固定铆接；杆件和杆件的连接，多选用螺纹连接或焊接；轴与轮毂的连接，常选用键、花键连接或过盈连接等；轴与轴的连接，采用联轴器或离合器。有时也可以综合使用两种连接，例如胶-焊连接、胶-铆连接、键与过盈配合并用的连接等。

设计连接时，除考虑强度、刚度及经济性等基本问题外，在某些场合（如压力容器），还必须满足紧密性的要求。连接强度要求不仅仅是连接零件的强度足够，设计时还应从结构、制造和装配工艺上采取适当措施减少或削弱应力集中源、保证一定的制造精度、保证装配位置准确等。当一个连接中包含多个危险截面和工作面时，要以其中最薄弱的部位来决定连接的工作能力。此外，在可能条件下，应尽可能地将连接件与被连接件设计成等强度，从而使各零件充分发挥各自的承载能力。

2. 传动的分类与选择概要

本书中涉及的传动仅指机械传动，即传动过程中机械能的存在形式不变，具体分为摩擦传动、啮合传动。摩擦传动包括摩擦轮传动和带传动，啮合传动包括齿轮传动、蜗杆传动、螺旋传动、同步带传动、链传动等。

各类传动所能传递的功率取决于其传动原理、承载能力、载荷分布、工作速度、制造精度、机械效率和发热情况等因素。一般啮合传动传递功率高于摩擦传动，如摩擦轮传动中必须具有足够的压紧力，在传递同一圆周力时所需的压轴力要比齿轮传动（啮合传动）大几倍，一般不宜用于大功率传动。为了增大传递功率，链传动和带传动必须增大链条和带的截面面积或排数（根数），这就要受到载荷分布均匀性的限制，而增大齿轮传动的传递功率所受到的限制条件相对较少，但是蜗杆传动时发热情况较为严重，因而传递的功率也不宜过大。

效率是评定传动性能的主要指标之一，提高传动效率，就能节约动力，降低运转费用。效率的对立面是传动中的功率损失。在机械传动中，功率的损失主要由轴承摩擦、传动零件间相对滑动和搅动润滑油等原因所造成，损失的能量绝大部分转化为热。如果损失过大，将会使工作温度超过允许的限度，导致传动失效。因此，效率低的传动类型一般不宜用于大功率的传动。各种传动机构的传动效率和工作范围见表1。

表1　各种传动机构的传动效率和工作范围

传动类型		最大允许线速度/(m/s)	最大允许转速/(r/min)	效率 η		传动比
				闭式传动	开式传动	
圆柱齿轮及锥齿轮传动（单级）		120	30000	0.96~0.99	0.92~0.95	≤5
蜗杆传动	自锁	15~35	—	0.4~0.45	0.3~0.35	≤40
	非自锁、单头			0.7~0.8	0.6~0.7	
	非自锁、两头			0.8~0.85	—	
	非自锁、多头			0.85~0.92		
链传动		40	8000~10000	0.97~0.98	0.9~0.93	≤10
带传动	平带	100	60000	—	0.94~0.98	≤5
	V带	35~40	15000		0.92~0.97	≤8
	同步带	50~100	20000		0.95~0.98	≤8
摩擦轮传动		15~25	—	0.9~0.96	0.8~0.88	≤5
螺旋传动	滑动螺旋传动 自锁	15	—	0.3~0.4	—	10~235
	滑动螺旋传动 非自锁	15	—	0.3~0.7	—	10~235
	滚珠螺旋传动	120	40000	0.85~0.95	—	3~52
	静压螺旋	120	40000	0.99		3~52

如果已知传动功率 P、传动比 i 和工作条件等，进行传动设计时首先需要选择传动类型，此时所依据的主要评判指标包括：效率高、结构紧凑、重量轻、运动性能好并符合生产条件等。至于究竟何种传动类型最佳，只有就多个方案和技术经济指标进行综合对比后才能下结论。

第 **6** 章

螺旋副与常用零件间的连接

本章主要介绍用于连接和传动螺旋副，包括螺纹的参数，螺纹连接件和应用场合，螺纹连接的预紧和防松，连接螺栓的设计计算，传动螺纹的分类、特点以及工程应用等；同时介绍常用零件的静连接，如键连接、销连接、焊接等。

6.1 螺旋副与常用螺纹的主要参数

螺旋副由可以旋合在一起的螺母和螺杆组成，其关键结构为连接螺母和螺杆的螺纹。螺母上螺纹加工在孔内，称为内螺纹；螺杆上的螺纹加工在外圆柱面上，称为外螺纹。虽然螺纹的应用已有几千年的历史，但现代螺纹起源于 18 世纪末，通常以英国工程师亨利·莫兹利（Henry Maudslay）发明螺纹丝杠车床为主要标志。第一次工业革命后，1841年，英国人约瑟夫·惠特沃斯（Joseph Whitworth）提出了世界上第一份螺纹国家标准（BS84，惠氏螺纹，B. S. W. 和 B. S. F.）。目前主要的紧固螺纹包括中国的国标螺纹、英国的惠氏螺纹、美国的赛氏螺纹、法国的米制螺纹等，最有影响的管螺纹包括英国的惠氏管螺纹和美国的布氏管螺纹。我国国标中螺纹相关的标准采用米制螺纹，螺距用

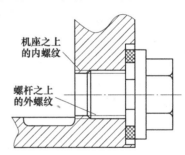

图 6-1　螺塞螺旋副的结构示意图

毫米计量。需要强调的是，螺旋副中的螺母和螺杆不一定为标准零件，例如图 6-1 所示的螺塞螺旋副中，螺母为机座，螺杆为螺塞。

6.1.1 螺纹的主要参数

如图 6-2a 所示，将一倾斜角为 φ 的直线绕在圆柱上便形成一条螺旋线，用图 6-2b 所示的一个平面图形沿着螺旋线在圆柱上切槽，切削过程中平面图形的截面与圆柱轴线共面，就得到了螺纹，相应的平面图形称为牙型。按照牙型的形状，螺纹分为三角形螺纹、梯形螺纹和锯齿形螺纹等。按照螺旋线的旋向，分为左旋螺纹和右旋螺纹。环保设备上常用的螺栓一般为右旋螺纹，有特殊要求时才用左旋螺纹。按照一个圆柱体上螺旋线的数目，螺纹又分为单线螺纹和等距的多线螺纹，如图 6-3 所示。

如图 6-4 所示，圆柱内螺纹和外螺纹旋合组成螺旋副或称螺纹副，其主要几何参数有：

（1）大径　螺纹的最大直径，外螺纹是牙顶所在圆柱的直径，用 d 表示；对于内螺纹，则为牙底所在圆柱的直径，用 D 表示。

（2）小径　螺纹的最小直径，外螺纹牙底所在圆柱的直径，用 d_1 表示；内螺纹牙顶所在圆柱的直径，用 D_1 表示。

（3）中径 螺纹牙型沟槽和凸起宽度相等处圆柱的直径，外螺纹用 d_2 表示，内螺纹用 D_2 表示。

（4）螺距 P 相邻两牙中径圆柱母线上同名侧的轴向距离。

（5）导程 P_h 同一条螺旋线上相邻两牙在中径圆柱母线上同名侧的轴向距离。设螺旋线数为 n，则 $P_h = nP$。

（6）螺旋线导程角 φ 如图 6-2 所示，在中径 d_2 圆柱上，螺旋线的切线与螺纹轴垂面之间的夹角，且

$$\tan\varphi = \frac{nP}{\pi d_2} \tag{6-1}$$

（7）牙型角 α 轴向截面内螺纹牙型相邻两侧边的夹角称为牙型角。牙型侧边与螺纹轴线垂面之间的夹角称为牙侧角 β，对称牙型，$\beta = \dfrac{\alpha}{2}$。

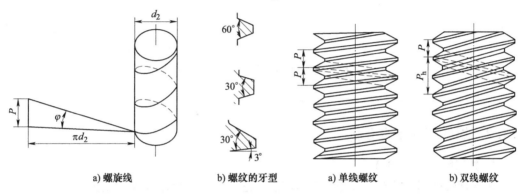

a) 螺旋线   b) 螺纹的牙型   a) 单线螺纹   b) 双线螺纹

图 6-2 螺旋线的形成   图 6-3 不同线数的右旋螺纹

用于连接的螺纹称为连接螺纹，其牙型为等边三角形，也称三角形螺纹。用于传动的螺纹称为传动螺纹，表 6-1 中梯形螺纹和锯齿形螺纹在传动螺纹中的应用相对较多，为了减少摩擦和提高效率，这两种螺纹的牙侧角都比三角形螺纹的牙侧角小，而且有较大的间隙以便贮存润滑油。锯齿形螺纹工作面的牙侧角 $\beta = 3°$，效率比梯形螺纹高，但只适用于承受单方向的轴向载荷。

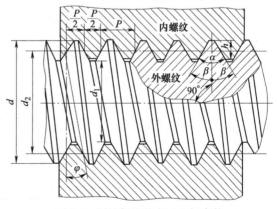

图 6-4 圆柱螺纹的主要几何参数

表 6-1 常用螺纹的牙型、特点和应用

牙型	牙型图	特　点	应用
三角形螺纹	GB/T 192—2003	牙型角 $\alpha = 60°$，牙侧角 $\beta = 30°$（管螺纹牙型角 $\alpha = 55°$，$\beta = 27.5°$），自锁性好，用于传动时效率低	连接螺纹常用牙型

（续）

牙型	牙型图	特　点	应用
梯形螺纹	GB/T 5796.1—2005	牙型角 $\alpha=30°$，牙侧角 $\beta=15°$，牙根强度高，螺纹的工艺性好；内、外螺纹以锥面贴合，对中性好，不易松动；传动效率较低	用于传力螺旋和传动螺旋
锯齿形螺纹	GB/T 13576.1—2008	牙型角 $\alpha=30°$，工作面牙侧角 $\beta_1=3°$，非工作面牙侧角 $\beta_2=27°$；外螺纹的牙根处有相当大的圆角，应力集中系数低，动载强度高；单向传动时比梯形螺纹传动效率更高	用于受冲击和变载荷的单向传力螺旋
圆螺纹		螺纹强度高，应力集中小；和其他螺纹相比，对污染物和腐蚀的敏感性小，但传动效率低	用于受冲击和变载荷的传力螺旋
矩形螺纹		牙型角 $\alpha=0°$，传动效率高，制造困难，常制成 $10°$ 的牙型角。螺纹强度低，对中精度低，螺纹副磨损后的间隙难以补充与修复	用于传力螺旋和传动螺旋

6.1.2　螺旋副的受力分析

1. 矩形螺纹（$\beta=0°$）

矩形螺纹的同轴性差，且难以精确切制，已很少用，但用作螺纹受力分析则较为简便。螺旋副在力 F 和轴向载荷 F_a 作用下相对运动，将螺纹副中一个构件简化为如图 6-5a 所示的滑块，将矩形螺纹沿中径展开可得一斜面，如图 6-5b 所示，图中 φ 为螺旋线导程角，则螺纹副的运动可看成作用在中径上的水平力 F 推动滑块（重物）沿斜面运动。F_a 为轴向载荷（即为螺纹的轴向载荷），F 为作用于中径处的水平推力，F_n 为法向反力；fF_n 为摩擦力；f 为摩擦系数，ρ 为摩擦角，$f=\tan\rho$。

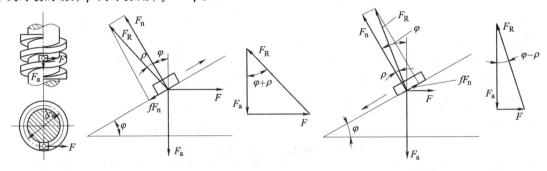

a) 螺旋副运动简化图　　b) 螺旋副沿中径展开图　　c) 螺旋副相对等速运动时力的平衡图

图 6-5　矩形螺纹的受力分析

当滑块沿斜面等速上升时（对应拧紧螺纹过程），轴向载荷 F_a 为阻力，F 为驱动力。由于摩擦力向下，因此总反力 F_R 与 F_a 的夹角为 $\varphi+\rho$。由力的平衡条件可知，F_R、F 和 F_a 三力

组成封闭的力多边形如图 6-5b 所示，由图可得

$$F = F_a \tan(\varphi + \rho)$$

于是，作用在螺旋副上的相应驱动力矩（即拧紧螺纹所需要的力矩）为

$$T = F_a \frac{d_2}{2} \tan(\varphi + \rho) \tag{6-2}$$

当滑块沿斜面等速下滑时（对应螺纹松脱过程），F_a 变为驱动力，而 F 变为阻力，它也是维持滑块等速运动所需的平衡力，如图 6-5c 所示，由力多边形可得

$$F = F_a \tan(\varphi - \rho)$$

作用在螺旋副上的相应力矩为

$$T = F_a \frac{d_2}{2} \tan(\varphi - \rho) \tag{6-3}$$

当斜面倾角 $\varphi > \rho$ 时，滑块在轴向力作用下有向下加速运动的趋势，由式（6-3）求出的平衡力矩 T 为正，阻止滑块加速下滑。若不想让螺纹松脱，就需要增加一个阻止螺纹松脱的阻力矩 T。因此，当 $\varphi > \rho$ 时，为保证螺纹副不发生相对转动，就必须对螺母施加外力矩。当斜面倾角 $\varphi < \rho$ 时，滑块不能在轴向力 F_a 的作用下自行下滑，此时无需任何外力矩就能保证螺纹不会松脱，这种状态称之为自锁，由式（6-3）求出的平衡力矩 T 为负值，其方向与运动方向成锐角，此时 T 成为驱动力。可见，在自锁条件下，必须施加反向驱动力矩 T 才能使滑块等速下滑，即欲松开具有自锁功能的螺纹副，必须添加一反向力矩。

2. 非矩形螺纹

非矩形螺纹是指牙侧角 $\beta \neq 0°$ 的三角形螺纹、梯形螺纹和锯齿形螺纹。对比图 6-6a、b 可知，若略去螺旋线导程角的影响，非矩形螺旋副的接触面为楔形接触面（见第 3 章图 3-3d），利用当量摩擦角 ρ_v 代替摩擦角 ρ，当滑块沿非矩形螺纹等速上升（拧紧螺纹）时，将 ρ_v 带入式（6-2），有

$$T = F \frac{d_2}{2} = F_a \frac{d_2}{2} \tan(\varphi + \rho_v) \tag{6-4}$$

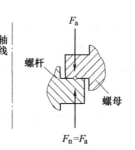

a) 矩形螺纹的法向力

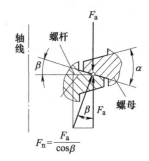

b) 非矩形螺纹的法向力

图 6-6　矩形螺纹与非矩形螺纹的法向力

当滑块沿非矩形螺纹等速下滑（松开螺纹）时，可得

$$T = F_a \frac{d_2}{2} \tan(\varphi - \rho_v) \tag{6-5}$$

与平面移动副的自锁类似，螺旋副也会具有自锁特性，自锁螺纹拧紧后，在不施加外力矩情况下，无论轴向载荷 F_a 多大，都不能使螺旋副相对转动。考虑到极限情况，**非矩形螺纹的自锁条件为**

$$\varphi \leqslant \rho_v \tag{6-6}$$

为了防止螺母在轴向载荷下松脱，用于连接的紧固螺纹必须满足自锁条件。

以上分析适用于各种螺旋副，归纳起来就是：当轴向载荷为阻力，阻止螺旋副相对运动

时，相当于滑块沿斜面等速上升，应使用式（6-2）或式（6-4）。当轴向载荷为驱动力，与螺旋副相对运动方向一致时，例如旋松螺母过程中，被连接件变形的反弹力与螺母轴向移动方向一致，相当于滑块沿斜面等速下滑，应使用式（6-3）或式（6-5）。

螺旋副传动的效率是有效功与输入功之比，如第 2 章中图 2-52 的螺杆传动肘节式滗水器，提升滗水器本体时，若按螺旋副转动一圈计算，输入功为 $2\pi T$，此时提升滗水器本体所做的有效功为 $F_a P_h$（轴向力 F_a 为滗水器本体重量减去浮力），故螺旋副的效率为

$$\eta = \frac{F_a P_h}{2\pi T} = \frac{\tan\varphi}{\tan(\varphi + \rho_v)} \qquad (6-7)$$

由式（6-7）可知，当量摩擦角 ρ_v 一定时，螺旋副传动的效率是螺旋线导程角 φ 的函数，由此可绘出如图 6-7 所示的效率曲线。令 $\dfrac{\mathrm{d}\eta}{\mathrm{d}\varphi} = 0$，可得

当 $\varphi = 45° - \dfrac{\rho_v}{2}$ 时效率最高。由于过大的螺旋线导程角制造困难，且效率增高也不显著，因此一般 φ 不大于 25°。

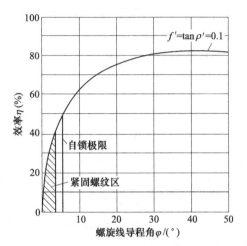

图 6-7　螺旋副的效率曲线

6.1.3　常用的连接螺纹

用于连接的三角形螺纹有普通螺纹和管螺纹，前者多用于紧固连接，后者用于各种管道的紧密连接。

1. 普通螺纹

我国国家标准中，**普通螺纹的牙型角 $\alpha = 60°$，以大径为公称直径**。标准普通螺纹的基本尺寸见表 6-2，同一公称直径的标准普通螺纹中有多个标准螺距，其中螺距最大的标准螺纹称为粗牙普通螺纹，其余称为细牙普通螺纹，如图 6-8a 所示。公称直径相同时，细牙普

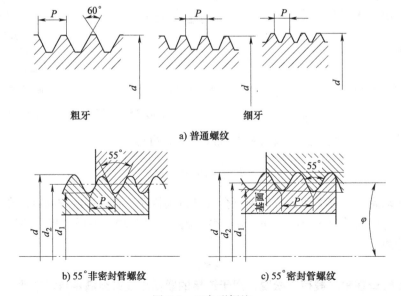

a) 普通螺纹

b) 55°非密封管螺纹　　　c) 55°密封管螺纹

图 6-8　三角形螺纹

通螺纹的螺旋线导程角小、小径大，因此自锁性能好、强度高，但不耐磨、易滑扣，适用于薄壁零件、动载荷工况下的连接。

表 6-2　普通螺纹的基本尺寸（摘自 GB/T 196—2003）　　　　（单位：mm）

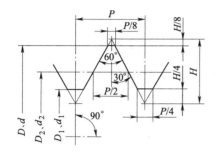

$$H=0.866P;\ d_2=d-0.6495P;\ d_1=d-1.0825P$$

D、d——内、外螺纹大径；

D_2、d_2——内、外螺纹中径；

D_1、d_1——内、外螺纹小径；

P——螺距

标记示列：M24（粗牙普通螺纹，直径 24mm，螺距 3mm）

M24×1.5（细牙普通螺纹，直径 24mm，螺距 1.5mm）

公称直径（大径）		粗　　牙			细　牙
第 1 系列	第 2 系列	螺距 P	中径 D_2、d_2	小径 D_1、d_1	螺距
3		0.5	2.675	2.459	0.35
4		0.7	3.545	3.242	0.5
5		0.8	4.48	4.134	0.5
6		1	5.35	4.918	0.75
8		1.25	7.188	6.647	1，0.75
10		1.5	9.026	8.376	1.25，1，0.75
12		1.75	10.863	10.106	1.5，1.25，1
	14	2	12.701	11.835	1.5，1.25，1
16		2	14.701	13.835	1.5，1
	18	2.5	16.376	15.294	
20		2.5	18.376	17.294	
	22	2.5	20.376	19.294	2，1.5，1
24		3	22.051	20.752	
	27	3	25.051	23.752	
30		3.5	27.727	26.211	3，2，1.5，1

2. 管螺纹

管螺纹的公称直径是管道的公称通径，根据密封性管螺纹可分为：①如图 6-8b 所示的 55°非密封管螺纹，被广泛应用于水、气、油系统的管道连接；②如图 6-8c 所示的 55°密封管螺纹，用于密封要求较高管路的连接。根据单位制，管螺纹可以分为英制和米制，①英制管螺纹按牙型角又可分为 55°英标管螺纹和 60°美标管螺纹，这两种管螺纹目前应用最广泛；②米制管螺纹是德国、俄罗斯、中国等制定的米制锥螺纹标准，目前尚没有建立完善的米制管螺纹体系。

3. 梯形螺纹

常用的梯形传动螺纹也是以大径为公称直径，中径、小径的符号与连接用三角形螺纹一致，梯形传动螺纹用 Tr 表示，其基本尺寸见表 6-3。

表 6-3　梯形螺纹的基本尺寸（摘自 GB/T 5796.3—2005）　　　　（单位：mm）

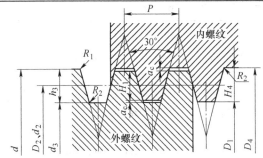

标记示列：Tr48×8（梯形螺纹，直径 48mm，螺距 8mm）

螺距 P	螺纹牙高 $h_3 = H_4$	牙顶间隙 a_c	公称直径 d		中径 D_2、d_2	内螺纹小径 D_1
			第 1 系列	第 2 系列		
4	2.25	0.25	16，20	18	$d-2$	$d-4$
5	2.75	0.25	24，28	22，26	$d-2.5$	$d-5$
6	3.5	0.5	32，36	32，34	$d-3$	$d-6$
8	4.5	0.5	24，28，48，52	22，26，46，50	$d-4$	$d-8$
10	5.5	0.5	32，36，40，70，80	30，34，38，42，65，75	$d-5$	$d-10$
12	6.5	0.5	44，58，52，90，100	46，50，85，95，100	$d-6$	$d-12$

6.2　螺纹连接的基本类型及螺纹连接件

6.2.1　螺纹连接的基本类型

螺纹连接有螺栓连接、螺钉连接、双头螺柱连接和紧定螺钉连接四种基本类型。对应的螺纹连接件（或称螺纹紧固件）分别为螺栓、螺钉、双头螺柱和紧定螺钉，此外还有螺母、垫片等。螺纹连接件大都已经标准化，合理选型后可直接到五金商店购买。

1. 螺栓连接

如图 6-9 所示，螺栓连接常用于被连接件厚度较小、需要经常拆卸的情况，如法兰连接等。图 6-9a 所示为普通螺栓连接结构，螺栓与孔之间存在径向间隙，**规定孔径要比螺栓公称直径大 10%**左右（更详细的孔径取值可从有关手册中查得）。普通螺栓连接时螺纹孔加工简便，采用钻头粗加工即可，应用最为广泛。图 6-9b 所示为**铰制孔用螺栓连接结构，螺杆外径与螺栓孔内径常采用过渡配合**，适用于承受与螺栓轴线垂直的横向载荷。为保证孔壁的表面粗糙度和孔径的公差满足配合要求，被连接件的孔经钻削加工后，还需铰制精加工，因此称这类螺栓为铰制孔螺栓。

常用螺栓头的结构形状有六角头和小六角头两种，如图 6-9c 所示。冷镦工艺生产的小六角头螺栓材料利用率高、生产率高、力学性能好和成本低，但是头部尺寸较小，不宜用于装拆频繁、被连接件强度低和易锈蚀的工况。

与螺栓配合的连接件称为螺母，其形状有六角形、圆形等多种。六角形螺母有三种不同厚度，薄螺母用于尺寸受到限制的地方，厚螺母用于经常装拆、易于磨损之处。如图 6-9d 所示的圆螺母，常用于轴上零件的轴向定位。

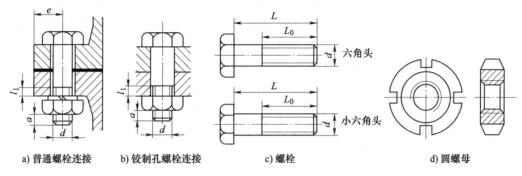

a) 普通螺栓连接　　b) 铰制孔螺栓连接　　　c) 螺栓　　　　　　d) 圆螺母

图 6-9　螺栓连接

2. 螺钉连接

如图 6-10 所示，螺钉与较厚被连接件的螺纹孔直接连接，无需螺母，结构上比较简单，常用在其中一个被连接件较厚的连接中。但是在经常装拆连接中，会导致被连接件的螺纹被磨损而使连接失效。螺钉头部有六角头、十字槽头等多种形式。

3. 紧定螺钉连接

图 6-11 所示的紧定螺钉连接，常用来固定两零件的相对位置，并可传递较小的力或转矩。紧定螺钉为全螺纹结构，没有用于定位的头部，但在头部设有内六角、一字、十字等多种形式的拧紧槽。紧定螺钉末端要顶住被连接件之一的表面或相应的凹坑，可以采用平端、锥端、圆尖端等各种形状。

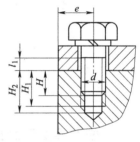

图 6-10　螺钉连接

4. 双头螺柱连接

拆卸频繁的盲孔的连接中，为了避免被连接件螺纹因磨损而使连接失效，可以采用双头螺柱代替螺钉。如图 6-12a 所示的双头螺柱连接结构，旋入被连接件螺纹孔的一端称为座端，另一端为螺母端，公称长度仅计入一端螺纹的尺寸，如图 6-12b 中的 L。

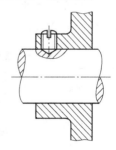

图 6-11　紧定螺钉连接

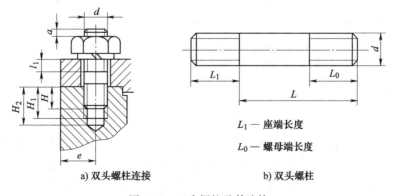

a) 双头螺柱连接　　　　　　　b) 双头螺柱

L_1 —— 座端长度

L_0 —— 螺母端长度

图 6-12　双头螺柱及其连接

155

为避免拧紧螺母时擦伤被连接件的表面，尤其当被连接件材料的强度较差时，常在螺母和被连接件间加一个平垫片，平垫圈呈环状，不仅可以避免被连接件表面的擦伤，还可以增加被连接件的支承面积、减小接触处的挤压应力。图 6-9a、图 6-10、图 6-12a 中螺母与被连接件之间的零件为弹簧垫片，其主要作用是增加垫片和被连接件间的摩擦力，防止螺纹松动。

螺栓、螺钉和双头螺柱连接的相关尺寸取值见表 6-4。螺纹连接件按制造精度分为 A、B、C 三级，A 级精度最高。A 级螺栓、螺母、垫圈组合可用于重要的、要求装备精度高的、受冲击或变载荷的连接；B 级用于较大尺寸的紧固件；C 级用于一般螺栓连接。

表 6-4　螺栓、螺钉和双头螺柱连接的尺寸取值

螺栓连接	螺钉和双头螺柱连接
螺纹余留长度 l_1	不同螺孔材料，座端拧入深度 H
静载荷 $l_1 \geqslant (0.3 \sim 0.5)d$	钢或青铜 $H \sim d$
变载荷 $l_1 \geqslant 0.75d$	铸铁 $H = (1.25 \sim 1.5)d$
冲击载荷或弯矩载荷 $l_1 \geqslant d$	铝合金 $H = (1.5 \sim 2.5)d$
铰制孔用螺栓 $l_1 \approx 0$	螺纹孔深度 $H_1 = H + (2 \sim 2.5)P$
螺纹伸出长度 $a = (0.2 \sim 0.3)d$	钻孔深度 $H_2 = H_1 + (0.5 \sim 1)d$
螺栓轴线到边缘的距离 $e = d + (3 \sim 6)$ mm	l_1、a、e、H_1、H_2、H、d 如图 6-9、图 6-10 和图 6-12 所示

6.2.2　螺纹连接件的材料与许用应力

螺纹连接件的常用材料为低碳钢和中碳钢，重要和特殊用途的螺纹连接件可以采用力学性能较高的合金钢，这些材料的力学性能等级见表 6-5。

表 6-5　螺栓、螺钉、螺柱和螺母的力学性能等级（摘自 GB/T 3098.1—2010）

	性能等级	4.6	4.8	5.6	5.8	6.8	8.8 $d \leqslant 16$mm	8.8 $d > 16$mm	9.8 $d \leqslant 16$mm	10.9	12.9
螺栓、螺钉、螺柱	抗拉强度 R_m/MPa	400		500		600	800		900	1000	1200
	下屈服强度 R_{eL}/MPa	240	320	300	400	480	640		720	900	1080
	布氏硬度 HBW	114	124	147	152	181	245	250	286	316	380
	推荐材料及热处理	碳钢或添加元素的碳钢					碳钢或添加元素的碳钢、合金钢，淬火并回火				合金钢，淬火并回火
相配螺母的性能等级		4 或 5	5		6		8		9	10	12

表 6-5 中螺栓、螺钉、螺柱的性能等级从 4.6 到 12.9 共有九级，等级代号由点隔开的两部分数字组成。点左边的一位或两位数字表示公称抗拉强度 $R_{m,公称}$ 的 1/100，点右边的数字表示公称屈服强度（下屈服强度）$R_{eL,公称}$ 与公称抗拉强度 $R_{m,公称}$ 比值的 10 倍。螺纹连接的许用应力及安全系数见表 6-6 和表 6-7。

表 6-6　螺纹连接的许用应力

螺纹连接受载情况			许　用　应　力	
松螺栓连接		$[\sigma]=R_{eL}/S$	$S=1.2\sim1.7$	
紧螺栓连接	受轴向、横向载荷		控制预紧力时，$S=1.2\sim1.5$；不严格控制预紧力时，查表 6-7	
	铰制孔用螺栓受横向载荷	静载荷	$[\tau]=R_{eL}/2.5$	
			$[\sigma_p]=R_{eL}/1.25$（被连接件为钢）	
			$[\sigma_p]=R_m/(2\sim2.5)$（被连接件为铸铁）	
		变载荷	$[\tau]=R_{eL}/(3.5\sim5)$	
			$[\sigma_p]$ 按静载荷的 $[\sigma_p]$ 值降低 $20\%\sim30\%$	

表 6-7　螺纹连接的安全系数 S（不能严格控制预紧力时）

材料	静载荷		变载荷	
	M6~M16	M16~M30	M6~M16	M16~M30
碳钢	4~3	3~2	10~6.5	6.5
合金钢	5~4	4~2.5	7.6~5	5

6.3　螺纹连接的预紧和防松

除个别情况外，螺纹连接在装配时都必须拧紧，在连接件承受工作载荷前拧紧螺纹的力称为预紧力，预紧力对螺纹连接的可靠性、强度和密封性都具有较大的影响。

6.3.1　拧紧力矩

如图 6-13 所示，拧紧螺纹的力矩 T 等于克服螺纹副的转动阻力矩 T_1 和螺母与支承面间的摩擦阻力矩 T_2 之和，即

$$T=T_1+T_2=\frac{F_a d_2}{2}\tan(\varphi+\rho_v)+f_c F_a r_f$$

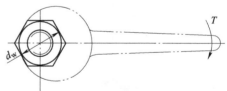

(6-8)

式中，F_a 为螺杆受到的轴向拉力（N）；d_2 为螺纹中径（mm）；f_c 为螺母与被连接件支承面间的摩擦系数，无润滑时可取 $f_c=0.15$；r_f 为支承面摩擦

图 6-13　支承面上的摩擦阻力矩

半径（mm），$r_f\approx\dfrac{d_w+d_0}{4}$，其中 d_w 为螺母支承面的外径（mm），d_0 为螺栓孔直径（mm）。

对于 M10~M68 的粗牙普通螺纹，若螺纹副间的当量摩擦系数 $f_v=\tan\rho_v=0.15$ 及 $f_c=0.15$，则式（6-8）可简化为

$$T\approx0.2F_a d$$

(6-9)

式中，d 为螺纹公称直径（mm）。

根据螺纹连接的要求设定预紧应力值，为充分发挥螺栓的工作能力、保证连接可靠，预紧应力一般可达材料屈服强度的 $50\%\sim70\%$。

为防止小直径螺杆被拉断，装配时应控制好拧紧力矩，控制拧紧力矩的方法较多，通常可采用图 6-14a 所示的测力矩扳手和图 6-14b 所示的定力矩扳手等。对重要的有强度要求的

连接，若无控制拧紧力矩的措施，应选用公称直径大于 12mm 的螺栓。

6.3.2 螺纹连接的防松

连接螺纹都具有自锁性，在静载荷或载荷变化不大的工况下不会自动松脱。在动载荷或冲击、振动载荷工况下，可能会出现预紧力在某

a) 测力矩扳手

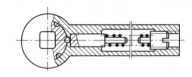

b) 定力矩扳手

图 6-14 测力矩扳手和定力矩扳手

一瞬时消失的情况，这一瞬间有可能发生连接松脱现象。高温工况下的螺纹连接，由于存在温度变形差异等原因，也可能导致连接松脱。这些工况下的连接需要防止松脱，简称防松，**螺纹连接防松的根本在于防止螺纹副的相对转动。** 常用螺纹防松方法见表 6-8。

表 6-8 常用螺纹防松方法

	弹簧垫圈 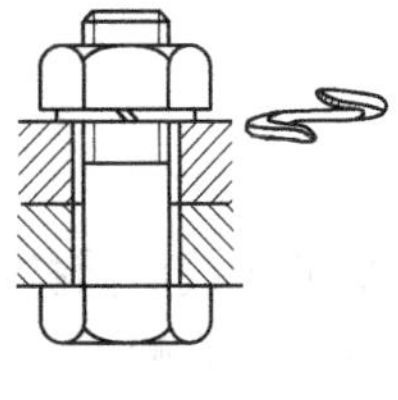	对顶螺母 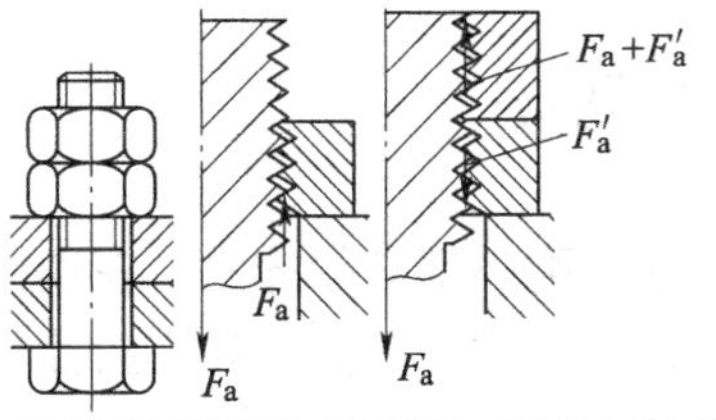	尼龙圈锁紧螺母 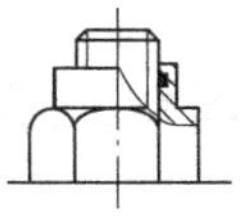
附加摩擦力防松	利用弹簧垫圈被压后产生的反弹力保持螺纹副间压紧力和摩擦力	利用拧紧后两螺母间的反作用力使螺纹副始终受到附加的拉力和附加摩擦力	利用拧上后嵌在螺母中尼龙圈的反弹作用箍紧螺纹
	槽形螺母和开口销 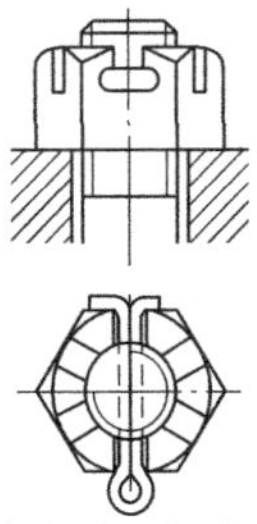	圆螺母用带翅垫片 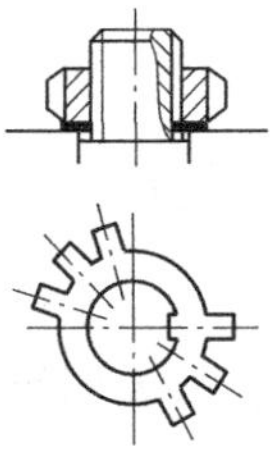	止动垫片 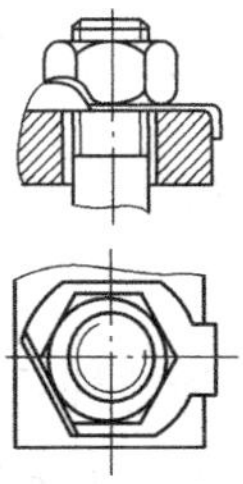
防松元件防松	槽形螺母拧紧后，用开口销穿过螺栓尾部小孔和螺母的槽，也可以用普通螺母拧紧后再配钻开口销孔	将垫片内翅嵌入螺栓（轴）的槽内，拧紧螺母后，将垫片外翅之一折嵌于螺母的一个槽内	将垫片折边以固定螺母和被连接件的相对位置
其他方法防松	冲点法防松：拧紧后在螺纹副处冲 2~3 点 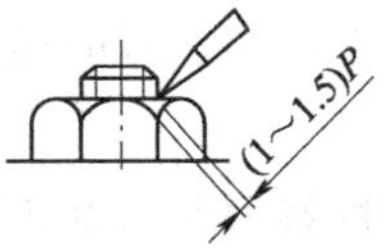	黏合法防松：在螺纹旋合表面涂黏合剂 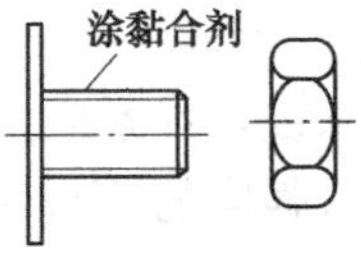	

【例 6-1】　用 M12 螺栓将搅拌机固定在机械搅拌澄清池或机械加速澄清池上，若该螺栓用碳素结构钢制成，屈服强度为 240MPa，螺纹副间的摩擦系数 $f = 0.10$，螺母与支承面间的摩擦系数 $f_c = 0.15$，螺母支承面外径 $d_w = 16.6$mm，螺栓孔直径 $d_0 = 13$mm。试计算该螺纹副是否自锁；若螺母拧紧后螺杆的拉应力为材料屈服强度的 50%，计算拧紧力矩。

解：（1）求当量摩擦系数及当量摩擦角

$$f_v = \frac{f}{\cos\beta} = \frac{0.10}{\cos30°} = 0.115$$

$$\rho_v = \arctan f_v = 6.59°$$

（2）求螺旋线导程角 φ　由表 6-2 查 M12 螺纹的 $P = 1.75$mm，$d_2 = 10.863$mm，$d_1 = 10.106$mm，则

$$\varphi = \arctan\frac{1.75}{10.863\pi} = 2.94°$$

$\varphi < \rho_v$，故具有自锁性。

（3）求螺杆总拉力（预紧力）F_a

$$F_a = \frac{\pi d_1^2}{4}\frac{R_{eL}}{2} = \frac{10.106^2 \times 240\pi}{4 \times 2}\text{N} = 9625\text{N}$$

（4）求拧紧力矩 T　由式（6-7），计算螺纹连接的拧紧力矩

$$T = F_a\frac{d_2}{2}\tan(\varphi + \rho_v) + f_c F_a r_f$$

$$= \left[\frac{9625 \times 10.863}{2}\tan(2.94° + 6.59°) + 0.15 \times 9625 \times \frac{16.6 + 13}{4}\right]\text{N} \cdot \text{mm}$$

$$= 19.5\text{N} \cdot \text{m}$$

6.4　连接螺栓的强度计算

连接螺栓的主要失效形式有：①螺杆拉断；②螺纹的压溃和剪断；③经常装拆时因磨损而发生滑扣。螺牙及螺栓的各部分尺寸都是依据等强度原则给出的，因此螺栓连接的强度计算只需要确定螺纹小径 d_1。

6.4.1　松螺栓连接

松螺栓连接无预紧力，螺杆仅承受工作载荷。如图 6-15 所示吊钩尾部的连接结构，轴向工作载荷为 F_a 时，螺栓仅受到拉力，危险截面在螺纹小径 d_1 处，则松螺纹连接的强度计算条件为

$$\sigma = \frac{F_a}{\pi d_1^2/4} \leqslant [\sigma] \tag{6-10}$$

式中，d_1 为螺纹小径（mm）；$[\sigma]$ 为许用拉应力（MPa）。

【例 6-2】　常用起重吊钩的结构如图 6-15 所示，已知载荷 $F_a = 25$kN，吊钩材料为 35 钢，若螺栓的许用拉应力 $[\sigma] = 60$MPa（吊钩是涉及人身安全的专用设备，其许用应力比一般机械低），试计算吊钩尾部螺纹直径。

解：由式（6-10）得螺纹小径

$$d_1 = \sqrt{\frac{4F_a}{\pi[\sigma]}} = \sqrt{\frac{4 \times 25 \times 10^3}{60\pi}}\text{mm} = 23.033\text{mm}$$

由表 6-2 查得，$d=27$mm 时，$d_1=23.752$mm，比根据强度计算求得的 d_1 值略大，合适。吊钩尾部螺纹可采用 M27，但是 M27 的螺纹属于第二系列，在条件允许的情况下，优先第一系列，选用 M30，$d=30$mm 时，$d_1=26.211$mm。

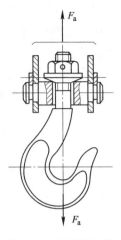

图 6-15　起重吊钩的
结构示意图

6.4.2　紧螺栓连接

环保设备中大部分连接需要通过预紧实现密封或者其他功能，有预紧的螺栓连接为紧螺栓连接。紧螺栓连接中螺杆除了受轴向拉应力外，还有因螺纹副摩擦产生的扭转切应力。设预紧后螺栓受到的轴向拉力为 F_a，危险截面仍在螺纹小径 d_1 处，拉应力为

$$\sigma = \frac{F_a}{\pi d_1^2/4}$$

螺纹力矩 T_1 所引起的扭转切应力为

$$\tau = \frac{T_1}{\pi d_1^3/16} = \frac{F_a\dfrac{d_2}{2}\tan(\varphi + \rho_v)}{\pi d_1^3/16} = \frac{2d_2}{d_1}\tan(\varphi + \rho_v)\frac{F_a}{\pi d_1^2/4}$$

对于 M10 ~ M68 的粗牙普通螺纹，取 d_2/d_1 和 φ 的平均值，令 $\tan\rho_v = f_v = 0.15$，则 $\tau \approx 0.5\sigma$。按第四强度理论，当量应力 σ_e 为

$$\sigma_e = \sqrt{\sigma^2 + 3\tau^2} = \sqrt{\sigma^2 + 3(0.5\sigma)^2} \approx 1.3\sigma$$

故紧螺纹连接的强度计算条件为

$$\sigma_e = \frac{1.3F_a}{\pi d_1^2/4} \leqslant [\sigma] \tag{6-11}$$

式中，$[\sigma]$ 为螺栓的许用应力（MPa）。

1. 受横向工作载荷的螺栓强度计算

如图 6-16 所示，普通螺栓连接时，螺栓孔和螺杆之间有一定的间隙。**当被连接件承受垂直于螺栓轴线的横向工作载荷 F 时**，为保证被连接件间不发生相对运动，就只能靠被连接件接触面间的摩擦力来承担工作载荷。为保证被连接件接触面间有足够大的摩擦力，阻止被连接件间发生相对滑动，所需的螺栓轴向压紧力（即预紧力）应为

$$F_a = F_0 \geqslant \frac{CF}{mzf} \tag{6-12}$$

式中，F_0 为预紧力；C 为可靠性系数，通常取 $C=1.1 \sim 1.3$；m 为接合面数目；z 为连接螺栓数量；f 为接合面摩擦系数，对于钢或铸铁材质的被连接件，接触面摩擦系数 $f=0.1 \sim 0.15$。求出 F_a 值后，代入式（6-11）校核螺栓强度。

由式（6-12）可以看出，当 $f=0.1$、$C=1.2$、$m=1$ 时，$F_0 \geqslant 12F$，所需的预紧力大于横向工作载荷的 12 倍。采用普通螺栓连接靠摩擦力来承担横向载荷时，往往需要较大尺寸的螺栓。

　　为了避免上述缺点，可用如图 6-17 所示的键、套筒或销来承担横向工作载荷，而螺栓仅起连接作用；也可以采用如图 6-18 所示的螺杆与孔之间无间隙的铰制孔用螺栓来承受横向载荷。**这些承担横向载荷的键、套筒、销和铰制孔用螺杆，应进行剪切和挤压强度校核。**
如图 6-18 中铰制孔螺栓连接的强度条件为

$$\tau = \frac{F}{\pi \, d_0^2 / 4} \le [\tau] \tag{6-13}$$

$$\sigma_{\mathrm{p}} = \frac{F}{d_0 \delta} \le [\sigma_{\mathrm{p}}] \tag{6-14}$$

式中，δ 取 δ_1 和 δ_2 两者之小值；许用应力 $[\tau]$ 和许用挤压应力 $[\sigma_{\mathrm{p}}]$ 见表 6-6。

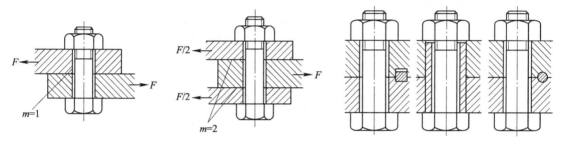

图 6-16　受横向载荷的螺栓连接　　　　　　　图 6-17　减载措施

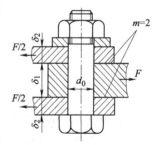

图 6-18　受横向载荷的
铰制孔螺栓

　　【例 6-3】　奥贝尔氧化沟配套用转碟式表面曝气机的转碟或转盘是曝气机的主要工作部件，由增强聚丙烯或防腐玻璃钢压铸成型。为便于安装，单个曝气转碟被设计成剖分式结构，两个半圆结构相同。如图 6-19a 所示，半圆的根部设有 2 个对称的螺栓安装孔，通过一对螺栓夹紧固定在水平传动轴上，构成单个曝气转碟整体，工作时依靠夹紧后转碟轮毂和传动轴接触面间的摩擦力传递动力。曝气转碟的数量则根据所需的曝气充氧量确定，最终装配形成如图 6-19b 所示的单轴转碟表面曝气机。已知：曝气转碟的转速为 55r/min，单个曝气转碟转动时的搅水损失功率为 0.55kW，与传动轴接触的转碟轮毂内径为
160mm。若轮毂和传动轴间的摩擦系数 $f = 0.1$，连接的可靠性系数（防滑系数）$C = 1.1$，试确定单个曝气转碟夹紧用螺栓小径的最小值，并选择合适的连接螺栓。

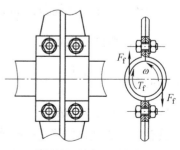

a) 半个曝气转碟　　　　　b) 单轴式转碟表面曝气机　　　　c) 碟片接触处的简化力学模型图

图 6-19　奥贝尔氧化沟用转碟式表面曝气机

解：（1）确定螺栓等级和安全系数 选用 4.6 级碳钢材料的螺栓，按照不控制预紧力工况，预设螺栓公称直径小于 16mm，则根据表 6-7 选择安全系数 $S=4.0$。

（2）确定螺栓总拉伸载荷 F_a 单个曝气转碟转动时的搅水损失功率为 0.55kW，则驱动转碟传动轴的转矩为

$$T = 9550 \frac{P}{n} = 9550 \times \frac{0.55}{55} \text{N} \cdot \text{m} = 95.5 \text{N} \cdot \text{m}$$

工作时曝气转碟匀速转动，输入和输出平衡，转碟搅水消耗的转矩与转碟驱动轴输出转矩相等。碟片接触处简化力学模型如图 6-19c 所示，摩擦力矩等于驱动力矩，即

$$T_f = T = 95.5 \text{N} \cdot \text{m}$$

接触面的摩擦力为

$$F_f = \frac{2 T_f}{d} = \frac{2 \times 95.5}{0.160} \text{N} = 1193.75 \text{N}$$

两个半碟片分别与半个圆柱面接触，可以看作 2 个接触面；4 个螺栓承担全部载荷，则单个螺栓受到的拉力为

$$F_a = \frac{F_N}{4} = \frac{CF_f}{4mf} = \frac{1.1 \times 1193.75}{4 \times 2 \times 0.1} \text{N} = 1641.41 \text{N}$$

（3）求螺栓直径 选用 4.6 级碳钢材料的螺栓，查表 6-5 并预设安全系数 $S=4$，可知其许用应力为

$$[\sigma] = \frac{R_{eL}}{S} = \frac{240}{4} \text{MPa} = 60 \text{MPa}$$

由式（6-10）有

$$d_1 \geqslant \sqrt{\frac{4 \times 1.3 F_a}{\pi [\sigma]}} = \sqrt{\frac{4 \times 1.3 \times 1641.41}{3.14 \times 60}} \text{mm} = 6.73 \text{mm}$$

查表 6-2，取 M12 螺栓，小径 $d_1 = 10.106\text{mm} > 6.73\text{mm}$。按照表 6-7 可知，M12 的碳钢螺栓，安全系数 $S=4$，预设正确。

在本例题中，求螺纹直径时要用到许用应力 $[\sigma]$，而 $[\sigma]$ 又与螺纹直径有关，所以常需采用试算法，这种方法在其他零件的设计计算中也经常用到。

2. 受轴向工作载荷的螺栓强度计算

环保设备中常用的小型低压容器法兰、工艺中的管道法兰等，通常采用紧螺栓进行连接。图 6-20 所示为平板封头与容器筒体的连接，设容器内介质的压力为 p、容器筒体的内径为 D、筒体法兰上的螺栓数量为 z，则筒体法兰上每个螺栓平均承受的轴向工作载荷 $F_E = \frac{p\pi D^2/4}{z}$。若螺栓的公称直径为 d，确定螺栓个数 z 时应保证接合面密封可靠，允许的螺栓最大周向间距 $l\left(l = \frac{\pi D_0}{z}\right)$ 为：当 $p \leqslant 1.6\text{MPa}$ 时，$l \leqslant 7d$；当 $p = 1.6 \sim 10\text{MPa}$ 时，$l \leqslant 4.5d$；当 $p = 10 \sim 30\text{MPa}$ 时，$l \leqslant 4d$。

受轴向工作载荷的普通螺栓连接中，螺栓和被连接件受载前、后尺寸变化情况如图 6-21 所示。连接尚未拧紧时螺栓和被连接件的状态如图 6-21a 所示，螺栓的应力应变关系如图 6-22a 所示；拧紧连接螺栓后，螺栓受到拉力 F_0 作用而伸长了 δ_{b0}，被连接件受到压力 F_0 而缩

短了 δ_{c0}，如图 6-21b 所示，被连接件应力应变关系如图 6-22b 所示。施加轴向工作载荷 F_E 后，螺栓的伸长量增加 $\Delta\delta$ 而成为 $\delta_{b0}+\Delta\delta$，如图 6-21c 所示。与此同时，被连接件则随着螺栓的伸长而回弹，其压缩量减少了 $\Delta\delta$ 而成为 $\delta_{c0}-\Delta\delta$。为保持被连接件间仍然紧密接触，必须 $\Delta\delta<\delta_{c0}$，维持被连接件残余弹性变形所需要的力称为残余预紧力，用 F_R 表示。螺栓和被连接件的载荷和应变关系如图 6-22c 所示，明显可知螺栓的总载荷 F_a 为工作载荷 F_E 和残余预紧力 F_R 之和，即

$$F_a = F_E + F_R \tag{6-15}$$

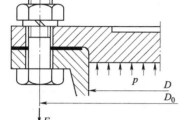

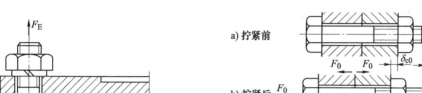

图 6-20　压力容器的螺栓连接

图 6-21　受轴向工作载荷螺栓连接的载荷与变形示意图

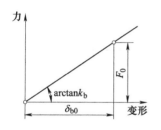

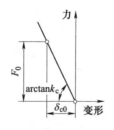

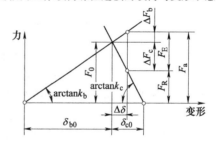

a) 螺栓载荷和变形关系　　b) 被连接件载荷和变形关系　　c) 螺栓和被连接件间载荷和变形关系

图 6-22　载荷与变形的关系

由 $\Delta\delta<\delta_{c0}$ 可知残余预紧力 $F_R>0$，当 F_E 为静载荷时，可取 $F_R=(0.2\sim0.6)F_E$；当 F_E 为动载荷时，$F_R=(0.6\sim1.0)F_E$；若被连接件有紧密性要求，如压力容器的螺栓连接，$F_R=(1.5\sim1.8)F_E$。

在一般计算中，可先根据连接工作要求确定残余预紧力 F_R，再由式（6-15）求出总拉伸载荷 F_a，然后代入式（6-11）计算螺栓受到的当量拉应力。若零件中的应力没有超过比例极限，由图 6-22 可知，螺栓刚度 $k_b=\dfrac{F_0}{\delta_{b0}}$，被连接件刚度 $k_c=\dfrac{F_0}{\delta_{c0}}$。用刚度表示螺栓受力，则式（6-15）可表示为

$$F_a = F_0 + F_E\frac{k_b}{k_b+k_c} \tag{6-16}$$

式中，$\dfrac{k_b}{k_b+k_c}$ 称为螺栓的相对刚度，其大小与螺栓和被连接件的结构尺寸、材料以及垫片材料、工作载荷的作用位置等因素有关。一般设计时，根据垫片材料其推荐值分别为：金属垫

片（或无垫片）时，取 0.2~0.3；皮革垫片时，取 0.7；铜皮石棉垫片时，取 0.8；橡胶垫片时，取 0.9。

【例6-4】 某型低压损管式动态旋流分离器出口和管道间采用非标法兰连接，连接法兰的剖视图如图 6-23 所示。若工作介质为污水，工作时管内最高压力为 1.0MPa，介质温度为 50~90℃。已知，低压损管式动态旋流分离器水平放置，管道内径为 60mm，垫片为 O 形圈，借鉴 PN1.6 级标准法兰，采用 4 个 5.6 级 M16 的螺栓连接。来液压力波动较大，且不允许出现泄漏。请确定拧紧螺栓需要的预紧力，并对螺栓进行校核。

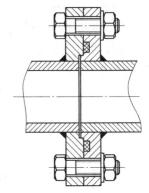

图 6-23　非标法兰连接的剖视图

解：（1）拧紧螺栓所需预紧力的计算　最大工作压力为 1.0MPa，参考压力容器设计压强的选择方法，查表 5-12，则设计压力为

$$p = 1.1p_w = 1.1 \times 1.0\text{MPa} = 1.1\text{MPa}$$

水平放置的设备可以忽略液柱压力，计算压力 $p_c = p_w = 1.1\text{MPa}$。来液压力波动较大，且不允许出现泄漏，因此，螺栓连接的残余预紧力 $F_R = (1.5~1.8)F_E$，取大值 $F_R = 1.8F_E$。管道内径 $d_i = 60\text{mm}$，最极端的受载工况就是将管道一端假想为堵死状态，则工作载荷 F_E 为过流面上压力产生的拉力，即

$$F_E = p_c\frac{\pi d_i^2}{4} = 1.1 \times \frac{3.14 \times 60^2}{4}\text{N} = 3.11\text{kN}$$

工作载荷 F_E 和残余预紧力 F_R 一起作用在螺栓上，螺栓受到的总拉力为

$$F = F_E + F_R = F_E + 1.8F_E = 2.8 \times 3.11\text{kN} = 8.71\text{kN}$$

共有 4 个螺栓，单个螺栓所受到的拉力，

$$F_a = \frac{F}{4} = \frac{8.71}{4}\text{kN} = 2.18\text{kN}$$

粗略估算时，预紧力 F_0 为螺栓受到的轴向拉力，即 $F_0 = F_a = 2.18\text{kN}$。

如果按照螺栓的相对刚度计算，密封垫片为 O 形圈，压紧后，O 形圈变形缩入凹槽内，按照无垫片选择螺栓的相对刚度，并取大值为 0.3，则螺栓的预紧力为

$$F_0 = \frac{F_R + \dfrac{k_b}{k_b + k_c}F_E}{4} = \frac{1.8F_E + 0.3F_E}{4} = 1.63\text{kN}$$

（2）校核螺栓强度　查表 6-7，若施工中由工人自主拧紧螺栓，则存在不能严格控制预紧力的可能，同时考虑到工作载荷有波动，因此将安全系数取大值，$S = 10$。温度为 50~90℃ 时，碳钢的极限应力为屈服应力。因此 5.6 级螺栓的许用应力为

$$[\sigma] = \frac{R_{eL}}{S} = \frac{300\text{MPa}}{10} = 30\text{MPa}$$

查表 6-2，M16 普通螺栓的小径 $d_1 = 13.835\text{mm}$，螺栓拧紧后受到的拉应力为

$$\frac{1.3F_a}{\pi d_1^2/4} = \frac{5.2 \times 2180}{3.14 \times 13.835^2}\text{MPa} = 18.86\text{MPa} < 30\text{MPa} = [\sigma]$$

因此，螺栓强度满足要求。

6.4.3　提高连接螺栓强度的措施

　　承受轴向载荷的连接螺栓，若载荷为动载荷，则螺栓的损坏形式多为螺杆部分的疲劳断裂，且大多发生在应力集中处。如图 6-24 所示，发生在螺纹根部的约占 20%；在截面面积较小，且因与螺母连接而造成应力集中的部位，约占其中的 65%；有时也发生在螺栓头与光杆的交接处，约占其中的 15%。

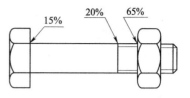

图 6-24　螺栓疲劳断裂的部位

1. 降低螺栓总拉伸载荷 F_a 的变化范围

　　由式（6-15）可知，减小螺栓刚度 k_b 或增大被连接件刚度 k_c 都可以减小 F_a，特别是当工作载荷 F_E 为动载荷时，这一措施更可以降低螺栓总载荷的变化范围，从而有利于防止螺栓的疲劳损坏。为了减小螺栓刚度，可以减小螺栓光杆部分直径或采用空心螺杆，如图 6-25a、b 所示，有时也可以增加螺栓的长度。如果被连接件的刚度较大，连接后需要密封时，可以采用刚度较大的金属薄平垫片代替如图 6-26 所示的软密封平垫片或采用如图 6-27 所示的 O 形密封圈作为密封元件，也可保持被连接件原来的刚度值。

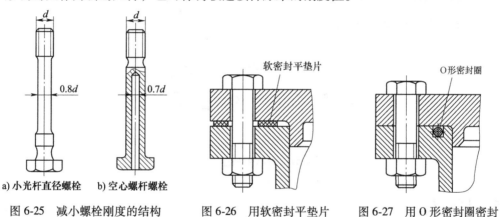

a) 小光杆直径螺栓　　b) 空心螺杆螺栓

图 6-25　减小螺栓刚度的结构　　　　图 6-26　用软密封平垫片　　图 6-27　用 O 形密封圈密封

2. 改善螺纹牙间的载荷分布

　　螺母和螺杆旋合后，轴向载荷在各圈螺牙间的不均匀分布状态如图 6-28a 所示的实线部分，从螺母支承面算起，第一圈受载最大，以后各圈递减；且载荷分布不均程度随旋合圈数的增加而增加，到第 8~10 圈以后，螺纹几乎不受载荷，如图 6-28a 所示的虚线部分。图

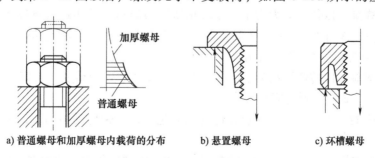

a) 普通螺母和加厚螺母内载荷的分布　　　b) 悬置螺母　　　c) 环槽螺母

图 6-28　改善螺纹牙的载荷分布

6-28b、c 所示的悬置螺母和环槽螺母,螺母悬置段会被拉伸变形,螺母的变形会有助于提高螺牙中载荷分布的均匀性。

3. 减小应力集中及避免或减小附加应力

如图 6-29 所示,增大过渡处圆角（图 6-29a）、切制卸载槽（图 6-29b、c）都是使螺栓截面变化均匀、减小应力集中的有效方法。

另外,当出现如图 6-30 所示结构性问题而使螺栓受到附加弯曲应力时,应设法避免。对于铸件或锻件等未加工表面上安装螺栓时,采用加工出如图 6-31 所示的凸台或沉头座,使螺母支承面与孔垂直。选用头部冷镦和辗压螺纹的工艺制造的螺栓,其疲劳强度比车制螺栓约高 30%,碳氮共渗、渗氮等表面硬化处理也能提高疲劳强度。

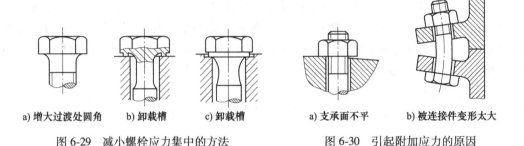

a) 增大过渡处圆角　b) 卸载槽　c) 卸载槽	a) 支承面不平　b) 被连接件变形太大
图 6-29　减小螺栓应力集中的方法	图 6-30　引起附加应力的原因

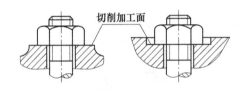

图 6-31　避免附加应力的方法

6.5　螺纹传动

6.5.1　螺纹传动的分类

螺纹传动也称螺旋传动,由螺杆和螺母组成,主要用来将旋转运动变为直线运动。按使用要求的不同可分为传力螺旋、传导螺旋和调整螺旋三类。

（1）传力螺旋　以传递动力为主,以较小转矩的旋转运动实现具有较大轴向力的轴向移动,环保设备中常用该机构提升重物,如倒伞形曝气机的提升机构、第 2 章中图 2-30b 所示的螺杆传动旋转式滗水器驱动机构。

（2）传导螺旋　以传递运动为主,并要求具有很高的运动精度,如第 2 章中图 2-52 所示的螺杆传动肘节式滗水器的驱动机构。

（3）调整螺旋　用于调整并固定零件的相对位置,如带传动中用于调整带初始拉力的机构。

根据螺纹副的相对运动关系,螺旋传动可分为滑动螺旋传动、滚动螺旋传动和静压螺旋传动,各种螺旋传动的特点及其应用举例见表 6-9。

表 6-9 各种螺旋传动的特点及其应用

类别	特 点	应用举例
滑动螺旋	①结构简单，加工方便，成本低廉；②当螺旋线导程角小于摩擦角时可自锁；③传动平稳；④摩擦阻力大，效率较低，仅在 30%～70% 之间，自锁时低于50%，常在 30%～40% 之间；⑤螺纹间有侧向间隙，反向时有空行程，定位精度及轴向刚度较差；⑥磨损快；⑦低速及微调时可能出现爬行	SWL 系列丝杠升降机
滚动螺旋	①传动效率高达 90%～98%；②摩擦力矩小、接触刚度高、温升低、热变形减小，有利于改善设备的动态特性、提高工作精度；③工作寿命长；④传动无间隙、无爬行、运转平稳、传动精度高；⑤具有很好的高速性能，临界转速 dn 值［d 为轴径（mm），n 为转速（r/min）］可达 4000mm·r/min 以上，可实现线速度 120m/min 的高速驱动；⑥具有传动的可逆性，既可把旋转运动转变为直线运动，也可把直线运动转化为旋转运动，且逆传动效率与正传动效率相近；⑦已经实现系列尺寸的标准化；⑧不能自锁；⑨抗冲击振动性能较差；⑩承受径向载荷的能力差；⑪结构较复杂，成本较高	广泛用于各种精度的数控机床、电子设备、仪器仪表、交通运输、起重装卸机械、冶金设备、核工业及武器系统、医疗机械、化工机械、环保设备中
静压螺旋	①摩擦阻力小、传动效率高，可达 99%；②承载能力大、刚度高、抗振性好、传动平稳；③磨损小、寿命长；④能实现无间隙正反向转动，定位精度高；⑤油膜有减小螺杆螺母误差的作用，大大提高了传动精度；⑥传动具有可逆性；⑦结构复杂、加工困难、安装调整较困难；⑧需要一套压力稳定、温度恒定、过滤要求较高的供油系统	精密机床进给机构的传动螺旋

6.5.2 滑动螺旋副的设计计算

1. 材料选择与设计注意事项

对滑动螺旋副材料的选择要求是：摩擦系数小、耐磨性好、良好的尺寸稳定性、加工性能好、良好的热处理性能。螺旋副传动的精度主要取决于螺杆，对于精度要求较高的螺杆，往往要经过粗加工、半精加工和精加工等多道工序，且在加工过程中还要进行人工时效和热处理，因此一般选用较优质的材料。对于一般传动，可以选择 Q275、Y40Mn、45、50 钢来加工制造螺杆，只需进行调质处理即可。对于重要传动，可以选择 T10、T12、65Mn、40Cr、40WMn 或 20CrMnTi 等加工制造螺杆，要求耐磨性好，需淬火处理到硬度>50HRC。为减小摩擦系数以降低磨损、提高寿命和运动敏度、保护成本较高的螺杆，螺母一般采用较软的材料制作，如黄铜、锡青铜、铅青铜等。要求不高时，可选耐磨铸铁、工程塑料，如聚四氟乙烯、尼龙等；重载传动可选用铝青铜、铸造黄铜以及球墨铸铁和 45 钢等。

在螺旋传动中，螺杆所承受的载荷主要是转矩和轴向拉力（或压力），这些载荷可能引起螺杆、螺母工作表面的磨损、螺杆的变形及螺杆或螺母的断裂。长径比较大的螺杆在受压时，容易发生纵向弯曲以至造成失稳。因此，滑动螺旋传动设计计算通常包括耐磨性、刚度、稳定性及强度等 4 个方面，根据需要有时还要进行摩擦力矩、效率及自锁等其他方面的计算。导致滑动螺旋传动失效的主要因素是螺纹磨损，因此先根据耐磨性条件，算出螺杆的直径和螺母高度，并参照标准确定螺旋各主要参数，然后对可能发生的其他非主要因素失效一一进行校核。螺纹设计时应注意的问题有：①按标准设计，设计时应尽可能选用标准螺纹；②新产品设计应选用米制螺纹；③粗牙和细牙的选择，要求传动精度高时选择细牙；④旋向应由运动要求决定，右旋与左旋均可时，优先选用右旋。

2. 耐磨性计算

影响螺旋副磨损的主要因素为接触面压力和当量摩擦系数，设计中应采取提高表面质量降低摩擦系数、减少牙侧角控制当量摩擦系数等措施，同时限制螺纹接触处的压力 p，其计算公式为

$$p = \frac{F_a}{\pi d_2 h z} \leqslant [p] \tag{6-17}$$

式中，F_a 为轴向力（N）；z 为传动中接触的螺纹圈数，$z = \dfrac{H}{P}$，P 为螺距（mm），H 为螺母高度（mm）；d_2 为螺纹中径（mm）；h 为螺纹工作高度（mm），梯形螺纹的工作高度 $h = 0.5P$，锯齿形螺纹的工作高度 $h = 0.75P$；$[p]$ 为许用压力（MPa），取值可以参考表6-10。

表6-10 螺旋副的许用压力 $[p]$

配对材料		钢对铸铁	钢对青铜	淬火钢对青铜
许用压力/MPa	速度 $v < 12\text{m/min}$	4~7	7~10	10~13
	低速，如人力驱动等	10~18	15~25	—

注：对于精密传动或要求使用寿命长时，可取表中值的 $\dfrac{1}{2} \sim \dfrac{1}{3}$。

为了设计方便，令 $\phi = \dfrac{H}{d_2}$，代入式（6-17）可得确定螺纹中径 d_2 的设计公式为

$$d_2 \geqslant 0.8 \sqrt{\frac{F_a}{\phi[p]}} \quad （梯形螺纹） \tag{6-18}$$

$$d_2 \geqslant 0.65 \sqrt{\frac{F_a}{\phi[p]}} \quad （锯齿形螺纹） \tag{6-19}$$

ϕ 值的取法：对于磨损后不能调整间隙的整体式螺母，为使受力比较均匀，螺纹接触圈数不宜太多，$\phi = 1.2 \sim 2.5$；对于可调整间隙的剖分式螺母，$\phi = 2.5 \sim 3.5$。因为螺纹各圈受力不均匀，螺母螺纹圈数 z 一般不宜超过10，10圈以上的螺纹实际上起不到分担载荷的作用。

计算出中径 d_2 之后，应按标准选取相应的公称直径 d 及螺距 P。对有自锁要求的螺旋传动，还需验算所选螺纹参数能否满足自锁条件。

3. 螺杆刚度计算

螺杆在轴向载荷和转矩的作用下将产生变形，引起螺距变化从而影响螺旋传动精度。因此，设计时应进行刚度计算，以便把螺距的变化限制在允许范围内。

螺杆受轴向载荷 F_a 作用时，1个螺距的变化量 ζ_F 为

$$\zeta_F = \pm \frac{F_a P}{EA} \tag{6-20}$$

式中，P 为螺距（mm）；E 为螺杆材料的拉压弹性模量（MPa），对于碳钢，$E = 2.07 \times 10^5 \text{MPa}$；$A$ 为螺杆螺纹截面面积（mm²），对于梯形螺纹按螺纹中径计算，即 $A = \dfrac{\pi d_2^2}{4}$；螺杆受拉时取"+"，受压时取"−"。

螺杆受转矩 T 作用时，1 个螺距的变化量 ζ_T 为

$$\zeta_T = \pm \frac{\varphi P}{2\pi} = \pm \frac{TP^2}{2\pi G J_\rho} \tag{6-21}$$

式中，φ 为整个螺杆的扭角（rad）；P 为螺距（mm）；T 为转矩（N·mm）；G 为螺杆材料的剪切弹性模量（MPa），对于碳钢，$G = 8 \times 10^4$ MPa；J_ρ 为螺杆螺纹的极惯性矩（mm⁴），对于梯形螺纹按螺纹中径计算，即 $J_\rho = \dfrac{\pi d_2^4}{32}$；当 T 逆螺旋方向作用时取"+"，顺螺旋方向作用时取"-"。

螺杆在轴向载荷和转矩同时作用下，1 个螺距总的变化量 ζ_t 为

$$\zeta_t = \zeta_F + \zeta_T = \frac{F_a P}{EA} + \frac{TP^2}{2\pi G J_\rho} \leqslant [\zeta]/n \tag{6-22}$$

式中，$[\zeta]$ 为螺杆螺距累积变化量的许用值（mm）；n 为螺杆工作部分的螺纹圈数。螺杆螺距累积变化量的许用值可以参考表 6-11 选取。

表 6-11　螺杆螺距累积许用变化量　　　　　　　　　（单位：μm）

精度	单个螺距公差/μm	螺杆全长/mm					
		≤25	≤100	≤300	≤1000	≤2000	≤3000
4	1.2	1.2	2	3	5	8	12
5	2	5	3	5	9	14	19
6	3	5	6	6	15	21	27
7	6	9	12	13	28	36	44
8	12	18	25	35	55	65	75
9	25	35	50	70	100	130	150

4. 强度计算

（1）螺杆强度计算　若螺杆受到轴向力 F_a，在螺杆轴向方向产生压（或拉）应力；同时由于转矩 T 使螺杆截面内产生扭转切应力，T 按螺杆实际的受力情况确定。按照拉应力和扭转切应力组合，采用第四强度理论求出危险截面的当量应力 σ_e 为

$$\sigma_e = \sqrt{\sigma^2 + 3\tau^2} = \sqrt{\left(\frac{4F_a}{\pi d_1^2}\right)^2 + 3\left(\frac{T}{\pi d_1^3/16}\right)^2} \leqslant [\sigma] \tag{6-23}$$

式中，d_1 为螺纹小径（mm）；$[\sigma]$ 为螺杆材料的许用应力（MPa），取值见表 6-6。若螺杆受到径向力 F_r 和转矩 T 的作用，请参考第 11 章轴的受力分析和校核，在此不再赘述。

（2）螺纹强度的校核　螺纹强度包括螺杆螺纹强度和螺母螺纹强度，螺杆的材料强度通常比螺母材料强度高，故只需对螺母螺纹强度进行计算。忽略螺母和螺杆间的径向间隙，则螺母螺纹剪切强度 τ 和根部弯曲强度 σ_{bb} 分别为

$$\tau = \frac{F_a}{\pi D b z} \leqslant [\tau] \tag{6-24}$$

$$\sigma_{bb} = \frac{3F_a h}{\pi D b^2 n} \leqslant [\sigma_{bb}] \tag{6-25}$$

式中，b 为螺纹牙根部的宽度（mm），梯形螺纹 $b=0.65P$，锯齿形螺纹 $b=0.74P$；n 为螺母工作圈数；$[\tau]$、$[\sigma_{bb}]$ 分别为螺母材料的许用切应力（MPa）和根部许用弯曲应力（MPa），取值见表6-12。

需要校核螺杆螺纹牙的强度时，将式（6-25）中螺母的大径 D 换为螺杆的小径 d 即可。

表6-12 滑动螺旋副材料的许用应力　　　　　　（单位：MPa）

螺母材料	$[\sigma]$	$[\tau]$	$[\sigma_{bb}]$
钢		$0.6[\sigma]$	$(1\sim1.2)[\sigma]$
青铜		$30\sim40$	$40\sim60$
铸铁		40	$45\sim55$
耐磨铸铁	$\left(\dfrac{1}{3}\sim\dfrac{1}{6}\right)R_{eL}$	40	50
尼龙		25	60
聚碳酸酯		25	—
聚丙烯		15	—
氟塑料		6	

5. 螺杆稳定性的校核

细长螺杆受到较大轴向压力时，可能出现失稳失效，其临界载荷与材料、螺杆长细比 λ（或称柔度，$\lambda=\dfrac{\mu l}{i}$）有关。其中，i 为螺杆危险截面的惯性半径（mm），若螺杆危险截面面积 $A=\dfrac{\pi d_1^2}{4}$，则 $i=\sqrt{\dfrac{I}{A}}=\dfrac{d_1}{4}$。

1）当 $\lambda=85\sim90$ 时，临界载荷 F_{cr} 可由欧拉公式算得

$$F_{cr}=\frac{\pi^2 EI}{(\mu l)^2}=m\frac{d_2^4}{l^2}\leqslant SF_{amax} \tag{6-26}$$

式中，I 为危险截面的惯性矩（mm⁴），对螺杆可按螺纹小径 d_1 计算，即 $I=\dfrac{\pi d_1^4}{64}$；l 为螺杆的最大工作长度（mm）；μ 为长度系数；S 为稳定性校核安全系数，通常取 $S=2.5\sim4$；m 为螺杆支承系数，μ 值和 m 值见表6-13。

表6-13 支承系数（钢制螺杆）

螺杆支承情况	m/MPa
两端固定，$\mu=0.5$	40×10^4
一端固定，另一端不完全固定，$\mu=0.5$	28×10^4
一端固定，另一端铰支，$\mu=0.7$	20×10^4
两端不完全固定	18×10^4
两端铰支，$\mu=1$	10×10^4
一端固定，另一端自由，$\mu=2$	2.5×10^4

2）当 $\lambda<90$ 时，未淬火钢的临界载荷 F_{cr} 为

$$F_{cr} = \frac{304}{1 + 0.00013\lambda^2} \frac{\pi d_1^2}{4} \leqslant SF_{amax} \qquad (6\text{-}27)$$

3）当 $\lambda \leqslant 85$ 时，淬火钢的临界载荷 F_{cr} 为

$$F_{cr} = \frac{480}{1 + 0.0002\lambda^2} \frac{\pi d_1^2}{4} \leqslant SF_{amax} \qquad (6\text{-}28)$$

当不能满足上述条件时，应增大螺纹小径。

6.5.3　滚动螺旋传动与静压螺旋传动

1. 滚动螺旋传动

在螺杆上设置螺旋轨道，在螺母上设置封闭循环的滚道并充以钢珠，螺杆和螺母装配后螺母内的钢珠与螺杆上的螺旋轨道相配合形成螺旋副。两者相对运动时，钢珠在轨道内滚动从而将螺旋副中的摩擦转变为滚动摩擦，这种螺旋称为滚动螺旋或滚珠丝杠。根据螺母上滚道回路形式的不同，分为外循环和内循环两种，如图 6-32 所示。钢珠在螺母内部回程中，返回通道离开螺旋表面的为外循环，不离开的为内循环。内循环螺母上开有侧孔，孔内装有反向器将相邻两螺纹滚道连通起来，钢珠越过螺纹顶部进入相邻滚道，形成一个循环回路。因此，一个循环回路里只有一圈钢珠和一个反向器。

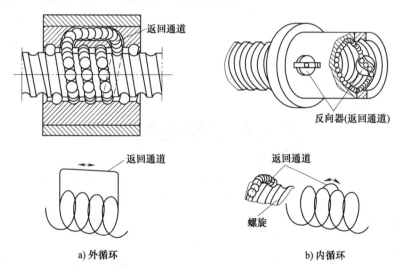

图 6-32　滚动螺旋传动的结构示意图

滚珠丝杠副于 19 世纪末被发明，美国自 1940 年开始批量生产并应用于汽车转向机构中，1943 年开始用于飞机上，从 20 世纪 50 年代起滚珠丝杠副得到迅速发展。目前的主要生产厂家有：美国的 Warner-Beaver、Moog、Exlar、GM-Saginaw 等公司；英国的 Rotax、Power Jacks 公司；日本的 NSK、Tsubaki 公司；德国 LTK 公司、瑞士 Rollvis 公司、瑞典 SKF公司等。

目前，滚珠丝杠副已经标准化，其标准参数组合见表 6-14。

滚珠丝杠副的设计以选型设计为主，本章给出的设计过程为参考由成大先主编的 2008年版《机械设计手册》中给出的南京工艺装备制造厂的设计资料，设计过程见表 6-15。

表 6-14 滚珠丝杠副的公称直径 d_0 和公称导程 P_h （单位：mm）

公称直径 d_0	公称导程 P_h												
6	1	2	2.5										
8	1	2	2.5	3									
10	1	2	2.5	3	4	5	6						
12		2	2.5	3	4	5	6	8	10	12			
16		2	2.5	3	4	5	6	8	10	12	16		
20				3	4	5	6	8	10	12	16	20	
25					4	5	6	8	10	12	16	20	25
32					4		6	8	10	12	16	20	25	32
40						5		8	10	12	16	20	25	32	40
50						5	6	8	10	12	16	20	25	32	40
63						5	6	8		12	16	20	25	32	40
80							6	8		12	16	20	25	32	40
100									10	12	16	20	25	32	40
125										12	16	20	25	32	40
160										12	16	20	25	32	40
200										12	16	20	25	32	40

表 6-15 滚珠丝杠副尺寸的选择计算

计算项目	单位	计算公式	说　明
初算导程 P_h	mm	$$P_h \geqslant v_{max}/n_{max} \quad (6\text{-}29)$$ P_h 从表 6-14 中选取标准值	v_{max} 为丝杠副最大线速度（mm/min）；n_{max} 为丝杠副最大转速（r/min）
当量载荷 F_e	N	$$F_e = \sqrt[3]{\dfrac{\sum_{i=1}^{m} F_i^3 n_i t_i}{\sum_{i=1}^{m} n_i t_i}} \quad (6\text{-}30)$$ 载荷周期变化时，载荷 F 为 $$F = \frac{1}{3}(2F_{max} - F_{min}) \quad (6\text{-}31)$$	F_i 为轴向变载荷（N）；n_i 为对应 F_i 时的转速（r/min）；t_i 为对应 F_i 的工作时间（h）；F_{min} 和 F_{max} 分别为周期载荷的最小和最大轴向载荷
当量转速 n_e	r/min	$$n_e = \dfrac{\sum_{i=1}^{m} n_i t_i}{\sum_{i=1}^{m} t_i} \quad (6\text{-}32)$$ 转速周期变化时，转速为 $$n_e = \frac{1}{2}(n_{max} + n_{min}) \quad (6\text{-}33)$$	n_{min} 和 n_{max} 分别为周期载荷的最小和最大转速

（续）

计算项目	单位	计算公式	说　明
额定动载荷 C_e	N	$C'_e = \dfrac{f_w F_e (60 n_e L_h)^{1/3}}{100 f_a f_e}$ (6-34)　或　$C'_e = \dfrac{f_w F_e (L_s / P_h)^{1/3}}{f_a f_e}$ (6-35)　有预加载荷时，$\quad C''_e = f_e F_{max}$ (6-36)　$C_e = \max \{ C'_e, \; C''_e \}$	精度等级 1,2,3：精度系数 f_a=1；4,5：0.9；7：0.8；10：0.7。载荷性质：无冲击 f_w=1.2；轻微冲击 1.2~1.5；较大冲击或振动 1.5~2.0。可靠度：90% f_c=1；95% 0.62；96% 0.53；97% 0.44；98% 0.33；99% 0.21。f_e 为预加载荷系数，轻预加载时 f_e=6.7，中预加载时 f_e=4.5，重预加载时 f_e=3.4；L_h 为预期工作寿命（h）；L_s 为预期工作距离（km）
估算滚珠丝杠允许最大轴向变形 δ_e	μm	$\delta'_e = \left(\dfrac{1}{3} \sim \dfrac{1}{4} \right) \Delta'$ (6-37)　$\delta''_e = \left(\dfrac{1}{4} \sim \dfrac{1}{5} \right) \Delta$ (6-38)　$\delta_e = \min \{ \delta'_e, \; \delta''_e \}$	Δ' 为重复定位精度；Δ 为定位精度
估算滚珠丝杠底径 d_2	mm	$d_2 = a \sqrt{F_0 L / \delta_e}$ (6-39)　$F_0 = \mu_0 W$ (6-40)	a 为支承方式系数，一端固定、另一端自由或游动时取 0.078，两端固定或铰支时取 0.039；F_0 为导轨静摩擦力（N）；μ_0 为导轨静摩擦系数；L 为滚珠丝杠两端支承点间距离，常取 1.1 倍行程+(10~14) 倍的导程；W 为导轨面正压力（N）
确定滚珠丝杆副规格代号	—	请查阅《机械设计手册》中"滚珠丝杠副不同循环方式的比较"及"滚珠丝杠副不同预紧类型的比较"，选定滚珠螺母型式，按 P_h、C_{am} 及 d_{2m} 值从《机械设计手册》中"内循环滚珠丝杠副系列性能参数""外循环滚珠丝杠副系列性能参数""大导程滚珠丝杠副系列性能参数""微型滚珠丝杠副系列性能参数"中选出合适的规格代号及有关安装、连接尺寸，并使 $d_2 \geqslant d_{2m}$，$C_a \geqslant C_{am}$	
计算预紧力 F_0	N	已知 F_{max} 时，$\quad F_0 = \dfrac{1}{3} F_{max}$ (6-41)　F_{max} 不能确定时，$\quad F_0 = \dfrac{1}{3} b C_a$ (6-42)	系数 b 的取值，轻载荷时取 0.05，中载荷时取 0.1，重载荷时取 0.15
行程补偿值 C	μm	$C = 11.8 \Delta t L_u 10^{-3}$ (6-43)　$L_u = L + (8 \sim 14) P_h$	Δt 为温度变化值（℃），取 2~3℃；L_u 为滚珠丝杠副有效行程（mm）；L 为行程（mm）

2. 静压螺旋传动

静压螺纹螺旋传动的工作原理如图 6-33 所示，经液压泵 3 增压后的液压油通过精密过滤器 2 以一定压力 p_s 通过节流阀 1，由内螺纹牙侧面的油腔进入工作螺纹的间隙，利用油压将螺旋副隔开，从而降低螺旋副的摩擦。工作后的液压油经回油孔（图中虚线所示，回油路图中未画出）流回油箱 5。工作压力由溢流阀 6 调控。

当无外载荷时，从每一油腔后沿间隙流出的流量相等，螺纹牙两侧的油压及间隙也相等，即 $p_{r1} = p_{r2} = p_{r0}$，$h_1 = h_2 = h_0$，螺杆保持在中间位置。

当螺杆受轴向力 F_a 而偏向左侧时，间隙 h_1 减小，h_2 增大。在节流阀控制下，使 $p_{r1} > p_{r2}$，从而产生一个平衡 F_a 的反力。

当螺杆受径向力 F_r 作用而沿载荷方向产生位移时，油腔 A 侧间隙减小，B、C 侧间隙增大。同样，在节流阀控制下，使 A 侧的油压增高，B、C 侧油压降低，形成压差与径向力 F_r 平衡。

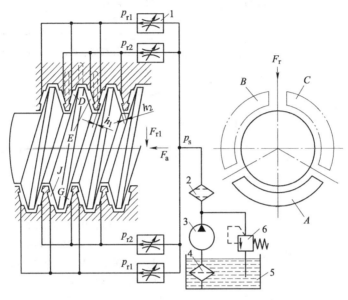

图 6-33　静压螺旋传动的工作原理示意图

1—节流阀　2—精密过滤器　3—液压泵　4—过滤器　5—油箱　6—溢流阀

当螺杆一端受径向力 F_{r1} 作用而形成一倾覆力矩时，螺母上对应油腔 E、J 侧间隙减小，D、G 侧间隙增大。在节流阀控制下，螺杆产生一个反向力矩，使其平衡。

由上述 3 种受力情况可知，当每一个螺旋面上设有 3 个以上的油腔时，螺杆（或螺母）不但能承受轴向载荷，也能承受一定的径向载荷和倾覆力矩。

6.6　键连接和花键连接

6.6.1　键连接的类型

键是标准件，有平键、半圆键、楔键和切向键等，常被用作轴和轴上零件之间传递转矩的周向连接件，有的键也被用作轴上零件的轴向连接件或轴向移动连接件。

1. 平键连接

如图 6-34 所示，**平键安装在轴和轮毂的键槽内，用两侧面传递转矩（侧面为工作平面）**，上表面与轮毂槽底之间留有间隙，这种键定心性较好，装拆方便。常用的平键有普通平键和导向平键两种，普通平键用于静连接，导向平键用于轴和轮毂可以在轴向低速移动的动连接。

根据端部形状的不同，普通平键分为两端圆头的 A 型键、两端方头的 B 型键和一端方头一端圆头的 C 型键，各型普通平键与键槽的装配关系如图 6-35 所示，尺寸见表 6-16。如图 6-35a 所示，安装 A 型圆头普通平键的轴上键槽两端也是圆形，便于键在槽中的固定，但轴上键槽端部的应力集中较大。如图 6-35b 所示，安装 B 型方头普通平键的轴上键槽两端有较大的过渡圆角，轴的应力集中系数较小。如图 6-35c 所示，安装在轴端时，最好采用 C 型单圆头普通平键。

表 6-16　普通平键和键槽的尺寸（摘自 GB/T 1095—2003、GB/T 1096—2003）

（单位：mm）

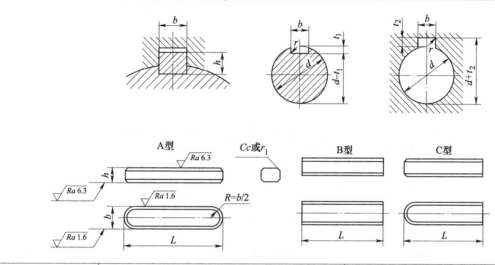

轴的直径 d	键的尺寸				键　槽		
	b	h	c 或 r₁	L	t₁	t₂	半径 r
6~8	2	2	0.16~0.25	6~20	1.2	1	0.08~0.16
>8~10	3	3		6~36	1.8	1.4	
>10~12	4	4		8~45	2.5	1.8	
>12~17	5	5	0.25~0.4	10~56	3	2.3	0.16~0.25
>17~22	6	6		14~70	3.5	2.8	
>22~30	8	7		18~90	4	3.3	
>30~38	10	8	0.4~0.6	22~110	5	3.3	0.25~0.4
>38~44	12	8		28~140	5	3.3	
>44~50	14	9		36~160	5.5	3.8	
>50~58	16	10		45~180	6	4.3	
>58~65	18	11		50~200	7	4.4	
>65~75	20	12	0.5~0.8	56~220	7.5	4.9	0.4~0.6
>75~85	22	14		63~250	9	5.4	

注：L 系列为 6、8、10、12、14、18、20、22、25、28、32、36、40、45、50、56、63、70、80、90、100、110、125、140……

如图 6-34b 所示，导向平键较长，需用螺钉固定在轴槽中，为了便于装拆，键上加工有起键螺孔。这种键可以控制轴上零件沿轴向移动，构成移动副。

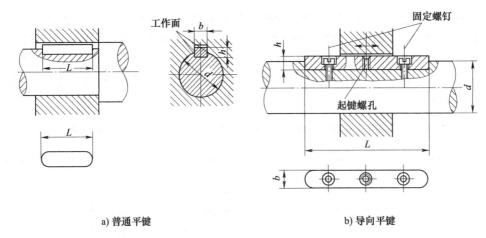

a) 普通平键   b) 导向平键

图 6-34 平键连接的结构示意图

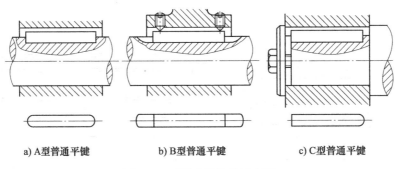

a) A型普通平键   b) B型普通平键   c) C型普通平键

图 6-35 平键连接结构示意图

2. 半圆键连接

如图 6-36a 所示的**半圆键，其工作面为两侧面**，与平键一样具有定心好的优点。半圆键能在轴槽中摆动以适应毂槽底面，装配方便，缺点是键槽深、对轴的削弱较大，适用于轻载连接。锥形轴端常采用半圆键连接，如图 6-36b 所示。

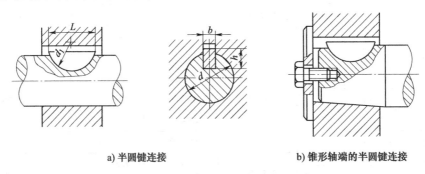

a) 半圆键连接   b) 锥形轴端的半圆键连接

图 6-36 半圆键连接的结构示意图

3. 楔键连接和切向键连接

如图 6-37 所示的楔键，键的上表面有 1∶100 的斜度，轮毂键槽的底面也有 1∶100 的斜度，把楔键打入轴和轮毂键槽内时，其上下面上产生很大的预紧力 F_n（**上下平面为工作**

平面），**使轴和毂孔相互压紧**，工作时，靠轴和毂孔接触面的摩擦力 fF_n 传递转矩（f 为接触面间的摩擦系数），并能承受单方向的轴向力。

打入楔键后，轴和轮毂必然产生一定的偏心距 e，如图 6-37a 所示，因此楔键仅用于定心精度要求不高、载荷平稳和低速的连接。如图 6-37b 所示，楔键分为普通楔键和钩头楔键两种，钩头楔键的钩头用于拆键。

此外，在重型机械中常采用切向键连接。如图 6-38a 所示，切向键由一对楔键组成，装配时将两键楔紧，键的窄面是工作面，工作面上的压力沿轴的切线方向作用，因此能传递很大的转矩。当双向传递转矩时，需用两对切向键并分布成 120°~130° 布置，如图 6-38b 所示。

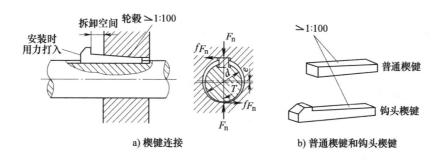

图 6-37　楔键连接的结构示意图

6.6.2　平键连接的强度校核

普通平键一般用优质碳素结构钢制作，如 45 钢。设计中先根据**轴径 d** 从键的标准中选取键的宽和高；然后以略小于所在轴段长的原则，从标准中查取键长 L。普通平键连接的主要失效形式是工作面的压溃，除非有严重过载，一般不会出现键的剪断。设载荷为均匀分布、$t_1 = h/2$，由表 6-16 中图所示，普通平键连接的挤压强度条件为

$$\sigma_p = \frac{4T}{dhl} \leqslant [\sigma_p] \qquad (6\text{-}44)$$

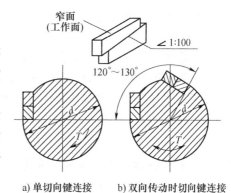

图 6-38　切向键连接的结构示意图

对于导向平键的动连接，若轴和轮毂间的相对运动较为频繁，设计中还需限制压力以防止磨损，即

$$p = \frac{4T}{dhl} \leqslant [p] \qquad (6\text{-}45)$$

式中，T 为转矩（N·mm）；d 为轴径（mm）；h 为键的高度（mm）；l 为键的工作长度（mm），A 型普通平键 $l = L-b$，B 型普通平键 $l = L$，C 型普通平键 $l = L-b/2$；$[\sigma_p]$ 为许用挤压应力（MPa）；$[p]$ 为许用压力（MPa）；$[\sigma_p]$ 和 $[p]$ 可从表 6-17 中查取。若强度不够，可采用两个键相隔 180° 的布置方式，考虑到载荷分布的不均匀性，在强度校核中可按 1.5 个键计算。

表 6-17 连接件的许用挤压应力和许用挤压强度 （单位：MPa）

许用值	轮毂材料	载荷性质		
		静载荷	轻微冲击	冲击
$[\sigma_p]$	钢	125~150	100~120	60~90
	铸铁	70~80	50~60	30~45
$[p]$	钢	50	40	30

注：在键连接的组成零件（轴、键、轮毂）中，轮毂材料较弱。

6.6.3 花键连接

花键直接加工在轴上，如图 6-39 所示的键齿结构，轮毂孔周向均匀加工有多个键齿槽，两者构成的连接称为花键连接，齿的侧面是工作面。花键连接采用多齿传递载荷，承载能力高、齿浅、应力集中小、对轴的削弱程度小，且具有定心好和导向性能好等优点，适用于定心精度要求高、载荷大的场合。按键齿结构形状的不同，可分为矩形花键和渐开线花键。图 6-39a 所示的矩形花键连接靠小径定心，即轴和毂的

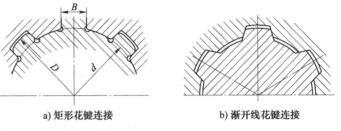

a) 矩形花键连接　　　　b) 渐开线花键连接

图 6-39 花键连接的结构示意图

小径需经磨削，形成配合面，定心精度高。渐开线花键连接的齿廓为渐开线，靠齿廓定心，如图 6-39b 所示，各齿受力均匀，承载能力强。

花键连接也可分为静连接和动连接，设计中一般只验算挤压强度和耐磨性。以矩形花键为例，由国标可查得大径 D、小径 d、键宽 B（单位均为 mm）和齿数 z，设各齿压力的合力作用在平均半径 r_m 处，载荷不均匀系数 $K=0.7\sim0.8$，则连接所能传递的转矩 T 如下：

$$\begin{cases} 静连接 & T = Kzhl'r_m[\sigma_p] \\ 动连接 & T = Kzhl'r_m[p] \end{cases} \quad (6\text{-}46)$$

式中，l' 为齿的接触长度（mm）；h 为齿面工作高度（mm）。

对于矩形花键，$h = \dfrac{D-d}{4} - 2C$，$r_m = \dfrac{D+d}{4}$，其中 C 为齿顶的倒圆半径，许用挤压应力和许用压力见表 6-18。

花键连接的零件也采用优质碳素结构钢制造，并需进行热处理，特别是在动连接中需采用热处理获得足够硬度的表面以抗磨损。

表 6-18 花键连接的许用挤压应力 $[\sigma_p]$ 和许用压力 $[p]$ （单位：MPa）

连接工作方式	使用和制造情况	$[\sigma_p]$ 或 $[p]$	
		齿面未经热处理	齿面经过热处理
静连接 $[\sigma_p]$	不良	35~50	40~70
	中等	60~100	100~140
	良好	80~120	120~200

（续）

连接工作方式	使用和制造情况	$[\sigma_p]$ 或 $[p]$	
		齿面未经热处理	齿面经过热处理
动连接 $[p]$（不在载荷下移动）	不良	15~20	20~35
	中等	20~30	30~60
	良好	25~40	40~70
动连接 $[p]$（在载荷下移动）	不良	—	3~10
	中等	—	5~15
	良好	—	10~20

注：使用和制造情况不良是指受变载荷、有双向冲击、振动频率和振幅大、动连接润滑不好、材料硬度不高和精度不高等。

6.7　销连接、焊接以及其他连接

6.7.1　销连接

销的主要用途是固定零件之间的相互位置，并可传递不大的载荷。如图 6-40a、b 所示，销的基本形状为圆柱销和圆锥销。圆柱销经过多次装拆，其定位精度会降低。圆锥销有 1∶50 的锥度，安装比圆柱销方便，多次装拆对定位精度的影响也较小。除圆柱销和圆锥销外，还有如图 6-40c 所示大端具有外螺纹的圆锥销、图 6-40d 所示小端带外螺纹的圆锥销、图 6-40e 所示带槽的圆柱销等。大端的外螺纹用于拆卸，小端带外螺纹用于锁紧销钉，防止松脱，用于有冲击、振动的场合。销常用材料为 35 钢、45 钢制造。

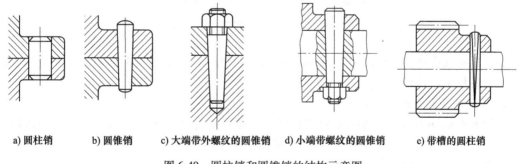

a) 圆柱销　　b) 圆锥销　　c) 大端带外螺纹的圆锥销　　d) 小端带螺纹的圆锥销　　e) 带槽的圆柱销

图 6-40　圆柱销和圆锥销的结构示意图

6.7.2　焊接

焊接广泛应用在设备制造、管线连接等作业中。设备制造业特别是压力容器制造业中常采用属于熔焊的电焊、气焊与电渣焊等，其中电焊应用最广；电焊又分为电阻焊与电弧焊两种。电阻焊利用低电压、大电流通过被焊件时，在电阻最大的接头处强烈发热，使金属局部熔化，同时继续加压而形成连接。电弧焊利用电焊机的低压电流，通过电焊条与被焊件的两个电极间的电弧来熔融电弧处的焊条和被焊件，使熔融金属混合并填充焊缝而形成连接，其工作原理示意如图 6-41 所示。

本小节只概略介绍电弧焊的基本知识及焊缝强度计算的一般方法。

1. 电弧焊缝的基本形式、特性及应用

焊件经焊接后形成的结合部分叫作焊缝，电弧焊缝常用的形式如图 6-42 所示。当工作载荷较小并需防止因焊接而导致设备件质量增大时采用如图 6-42e 的塞焊缝，其他焊缝大体上可以分为角焊缝和对接焊缝两类。对接焊缝用于连接同一平面的被焊件，如图 6-42c 所示；角焊缝用于连接不同平面内的被焊件，如图 6-42a、b、d 均属于角焊缝。

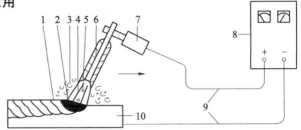

图 6-41　电弧焊接的工作原理示意图

1—焊缝　2—熔池　3—保护性气体　4—电弧　5—熔滴
6—焊条　7—焊钳　8—电焊机　9—电缆　10—被焊件

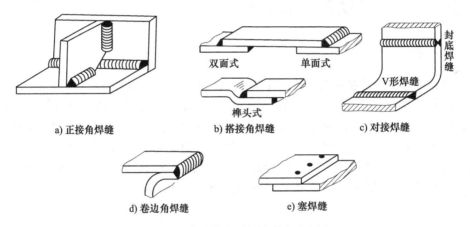

a) 正接角焊缝　　　b) 搭接角焊缝　　　c) 对接焊缝

d) 卷边角焊缝　　　e) 塞焊缝

图 6-42　常用的电弧焊缝形式示意图

焊接具有强度高、工艺简单、由连接而增加的质量小等优点，应用广泛，特别是在容器类环保设备加工制造场合。

2. 焊缝的受力及破坏形式

如图 6-43a、b 所示，如果被焊件工作时的主要载荷为拉（压）力或弯矩时，应采用对接焊缝，其失效形式为沿焊缝断裂，如图 6-43c 所示。

在角焊缝中，主要是如图 6-42a、b 所示的正接角焊缝和搭接角焊缝。图 6-44 给出了搭接角焊缝的受力及其破坏形式，其中搭接角焊缝与受力方向垂直的叫作正面角焊缝，如图 6-44a 所示，通常只用来承受拉力；图 6-44b 所示的侧面角焊缝及图 6-44c 所示的混合角焊缝可用来承受拉力或弯矩。角焊缝的破坏形式如图 6-44 中的截面 A—A、B—B 所示的剪切破坏，焊缝横截面形状为等腰直角三角形，腰长 k 等于板厚 δ，危险截面宽度为 $k\sin45°$（约为 $0.7k$）。

3. 焊缝的强度计算

焊件受载时，焊缝附近的应力分布非常复杂，应力集中及内应力很难准确计算。考虑到焊件及焊缝均为塑性较大的材料，其对应力集中敏感度不大；进行焊缝计算时，假设应力均匀分布，不计残余应力，并根据试验来确定其许用应力。在上述假设条件下，确定的焊缝强度计算公式见表6-19。

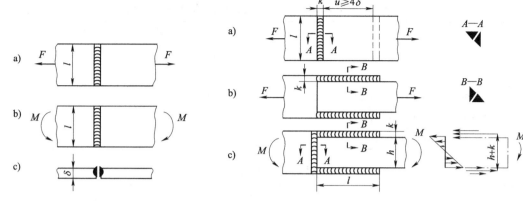

图 6-43　对接焊缝的受力及其破坏形式　　　图 6-44　搭接角焊缝的受力及其破坏形式

表 6-19　常用焊缝的承载情况及其强度条件

焊缝承载情况	强度条件公式	焊缝承载情况	强度条件公式
	$\sigma = \dfrac{F\sin^2\alpha}{l\delta} \leqslant [\sigma']$ $\tau = \dfrac{F\sin\alpha\cos\alpha}{l\delta} \leqslant [\tau']$		$\tau = \dfrac{F}{0.7l\delta_1} + \dfrac{6M}{0.7\delta_1 l^2}$ $\leqslant [\tau']$
	$\sigma = \dfrac{6M}{l\delta^2} \leqslant [\sigma']$		$\tau = \dfrac{6M}{2 \times 0.7kl^2} \leqslant [\tau']$
	$\sigma = \dfrac{6M}{l\delta^2} \leqslant [\sigma']$		$\tau = \dfrac{F}{2 \times 0.7kl} \leqslant [\tau']$
	$\tau = \dfrac{F}{2 \times 0.7l\delta_1} \leqslant [\tau']$		$\tau = \dfrac{T}{2 \times 0.7\pi kd} \leqslant [\tau']$

表 6-20 中，$[\sigma']$、$[\tau']$ 分别为焊缝的许用正应力及许用切应力，用 E4303 焊条手工焊接或熔剂层下自动焊接时，Q215 与 Q235 焊缝在静载荷作用下的许用应力见表6-20。当焊缝承受变载荷时，焊缝及被焊件的许用应力均应乘上降低系数 γ，其计算公式为

$$\gamma = \frac{1}{a - b\dfrac{F_{\min}}{F_{\max}}} \tag{6-47}$$

式中，$F_{\min}$、$F_{\max}$ 分别为最小和最大载荷，在代入计算时必须带有正负号（拉力为正号，压

力为负号）；a、b 为常数，其值见表6-21。按式（6-46）计算出的 γ 值大于 1 时，取 1。

表 6-20　Q215 与 Q235 焊缝在静载荷作用下的许用应力

许用应力类型	焊缝的静载荷许用应力/MPa	
	Q215	Q235
许用压应力 $[\sigma']$	200	210
许用拉应力（精确方法检查焊缝质量）$[\sigma']$	200	210
许用拉应力（普通方法检查焊缝质量）$[\sigma']$	180	180
许用切应力 $[\tau']$	140	140

表 6-21　焊缝及被焊件许用应力计算中常数 a、b 的值

焊缝形式	低碳钢		低碳合金钢	
	a	b	a	b
被焊件无应力集中时	1.0	0.5	1.3	0.7
表面加工的对接焊缝	1.1	0.6	1.45	0.85
有背焊时的对接焊缝	1.3	0.8	1.75	1.15
腰长比为 1∶1.5 的正面角焊缝	1.5	1.0	2.0	1.4
侧面角焊缝	2.0	1.2	2.7	2.1

4. 焊接件的工艺及设计注意要点

焊缝中熔化金属冷却后的收缩现象，会在焊缝内部产生残余应力。焊缝的收缩及其内部残余应力导致焊接件尺寸精度和焊缝强度难以控制，还可能使构件翘曲。因此，焊缝的长度尽可能设置短些或分段进行焊接，并避免焊缝交叉，焊后还应对焊缝进行消除残余应力的热处理。对接焊接厚度不同的焊接件时，应沿焊缝将较厚件加工出与薄板的厚度相同的边缘，以利于焊缝金属匀称熔化，防止应力集中。

设计焊接件时，根据被焊件厚度选择接头及坡口形式，常见对接焊坡口形式及其适用的焊接件厚度如图 6-45 所示；合理布置焊缝及焊缝长度；正确安排焊接工艺，以避免造成过大的残余应力。有强度要求的重要焊缝，必须按照相关行业标准或规范设计焊缝，给出焊后检验要求。

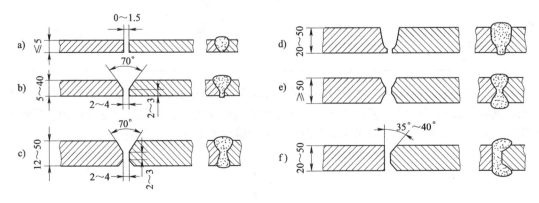

图 6-45　对接坡口形式及其适用的焊件厚度

6.7.3　其他连接

1. 胶接及其应用

胶接是利用胶黏剂在一定条件下把预制的零件连接在一起，并使其具有一定的连接强度，典型的应用实例如图 6-46 所示。与焊接和螺纹连接相比，胶接有许多独特的优点：①可以胶接不同性质的材料；②可以胶接异形、复杂部件和大的薄板结构件，以避免焊接产生的热变形和铆接产生的机械变形；③胶接是面连接，不易产生应力集中，故耐疲劳、耐蠕变性能好；④胶接容易实现密封、绝缘、防腐蚀，可根据要求使接头具有某些特种性能，如导电、透明、隔热等；⑤胶接工艺简单、操作方便、节约能源、降低成本、减轻劳动强度；⑥胶接件外形平滑，比焊接、螺纹连接等可减轻重量（一般可减轻 20% 左右）。胶接的缺点有：①接头抗剥离、抗弯曲及抗冲击振动性能较差；②耐老化、耐介质（如酸、碱等）性能较差，且不稳定，多数胶黏剂的耐热性能不高，使用温度范围有很大的局限性；③胶接工艺的检测手段尚不完善，影响质量控制的因素很多。

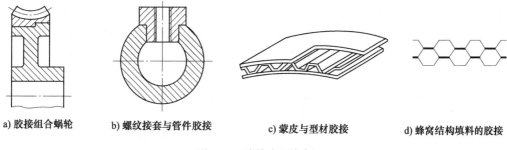

a) 胶接组合蜗轮　　　b) 螺纹接套与管件胶接　　　c) 蒙皮与型材胶接　　　d) 蜂窝结构填料的胶接

图 6-46　胶接应用实例

影响胶接效果的主要因素是胶粘剂的性能，常用的结构类胶粘剂、非结构胶粘剂和具有特殊用途的胶黏剂。酚醛-缩醛-有机硅胶黏剂、环氧-酚醛胶黏剂和环氧-有机硅胶黏剂等结构类胶黏剂的承载能力较大，常温下的抗剪切强度一般低于 8MPa，且经受一般高、低温或化学作业不降低其性能。聚氨酯胶黏剂和酚醛-氯丁橡胶等非结构胶黏剂在正常使用情况下有一定的胶接强度，但在高温或重载工况下，性能迅速下降。环氧导电胶黏剂和环氧超低温胶黏剂等具有特殊用途的胶黏剂，具有防锈、绝缘、导电、透明、耐高温、耐低温、耐酸、耐碱等性能中的一项或几项。各种胶黏剂的具体性能数据可查阅有关手册。

胶黏剂的选择原则主要考虑胶接件的使用要求及环境条件，从胶接强度、工作温度、固化条件等方面选取胶黏剂的品种，兼顾产品的特殊要求（如绝缘等）及工艺上的方便。承受一般冲击振动的胶接件，宜选用弹性模量小的胶黏剂；在变应力条件下工作的胶接件，应选用膨胀系数与零件材料的膨胀系数相近的胶黏剂等。

2. 铆接

铆接是利用铆钉将两个或两个以上的零件（一般为板材或型材）连接在一起的一种不可拆连接。铆接工艺设备简单、抗振、耐冲击、传力均匀，但结构一般较为笨重，被连接件上的钉孔会削弱铆接件的强度。因此，应用已渐减少，并有被焊接所代替的趋势。

3. 过盈连接

过盈连接利用零件间的过盈配合实现连接，过盈连接主要用于轴与轮毂的连接、轮圈与轮芯的连接、滚动轴承内圈与轴以及轴承外圈与座孔的连接等。这种连接的特点是结构简单、对中性好、承载能力大、承受冲击性能好、对轴削弱少，但配合面加工精度要求高、拆装不便。

【习题】

6-1　螺纹的牙型有哪几种？它们的牙侧角分别为多少？哪类牙型螺纹传动的效率最高？哪类牙型螺纹传动自锁性最好？单向受力的螺旋传动机构最好采用哪种牙型的螺纹，为什么？

6-2　试证明具有自锁性的滑动螺旋传动，其效率恒低于 50%。试计算粗牙普通螺纹 M20 的螺旋线导程角，并说明静载荷下该螺纹能否自锁（已知摩擦系数 $f=0.10$），并与 M20×1.5 细牙普通螺纹的螺旋线导程角进行比较，指出哪种螺纹的自锁性较好。

6-3　查阅资料，举例说明螺栓连接、键连接和销连接应用的区别，每种连接方式最少绘制 1 个连接的实例。要求严格按照制图标准绘制。

6-4　简述平键、半圆键、楔形键、切向键以及花键连接时的工作面。

6-5　如图 6-47 所示夹紧螺栓中，已知螺栓数为 2，螺纹为 M20，螺栓力学性能等级为 4.8 级，轴径 $D=50$mm，杠杆长 $l=400$mm，轴与夹壳间的摩擦系数 $f=0.15$，试求施于杠杆端部的作用力 W 的最大值。

6-6　如图 6-48 所示凸缘联轴器，允许传递最大转矩 $T=630$N·m 的静载荷，材料为 HT250。联轴器用 4 个 M12 铰制孔用螺栓连成一体，取螺栓力学性能等级为 8.8 级。试：①查手册确定该螺栓的合适长度并写出其标记，已选定配用螺母为带尼龙圈的防松螺母，其厚度不超过 10.23mm；②校核其剪切和挤压强度，装有铰制孔用螺栓的联轴器装配图见第 11 章中图 11-23a。

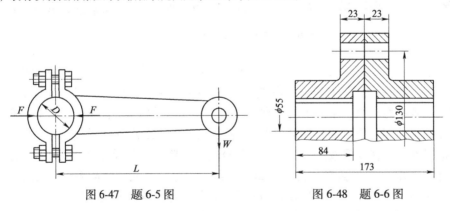

图 6-47　题 6-5 图　　　　　图 6-48　题 6-6 图

6-7　如图 6-48 所示螺栓连接如果改用 6 个 M16 螺栓依靠其预紧后产生的摩擦力来传递转矩（装配图如图 11-18a 所示），接合面摩擦系数 $f=0.15$，安装时不要求严格控制预紧力，试选用合适的螺栓和螺母力学性能等级。

6-8　一钢制液压缸，如图 6-49 所示，油压 $p=3$MPa，液压缸内径 $D=160$mm。为保证气密性要求，螺柱间距 l 不得大于 4.5d，d 为螺柱公称直径，螺柱分布圆直径 $D_0=240$mm，若取螺柱力学性能等级为 5.8 级，试计算此液压缸的螺柱连接。

6-9　台虎钳的螺旋传动中，若螺杆为双线螺纹，螺距为 5mm，当螺杆回转 3 周时，活动钳口的移动距离是多少？

6-10　如图 6-50 所示的差动螺旋传动，两段螺纹均为右旋，固定螺母 A 处导程为 2.5mm，活动螺母 B 处导程为 2.2mm，当螺杆 1 回转 2 周时，活动螺母 3 的移动距离是多少？向哪个方向移动？

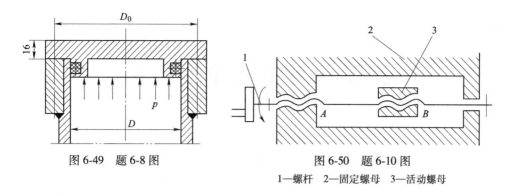

图 6-49　题 6-8 图

图 6-50　题 6-10 图

1—螺杆　2—固定螺母　3—活动螺母

6-11　试为题 6-6 中的联轴器选择平键并验算键连接的强度。

6-12　题 6-6 中的联轴器若改成矩形花键连接，轴和联轴器均用 45 钢。试：①选择花键尺寸并验算该连接的强度；②和题 6-8 的计算结果做比较。提示：为保证轴的强度，在选择花键尺寸时应使花键的小径接近 ϕ55mm。

6-13（大作业）　图 6-51 所示为倾斜安装的自吸式螺旋曝气机，其位于水下的叶轮通过中空传动轴与电动机轴连接，露出水面的套筒和中空轴上均设有进气孔。电动机倾斜安装在敞开式支架上，倾角在 20°～60°之间，倾斜的中空传动轴底端口与水域相通。工作时，高速旋转的叶轮产生推动力和径向搅拌力，轴向推动力使轴下端产生负压吸入空气，径向搅拌力使水产生强烈的旋转，将吸入水下的气体剪切成微细气泡，气泡粒径分布可达 $10\sim100\mu m$。套筒和空心轴的重量均由图示的法兰承担，套筒采用双支点机架结构。若空心轴外径为 120mm，套筒和轴的总质量为 800kg，倾斜 60°放置。在自主查阅文献资料的基础上：①详述推流式曝气机的工作原理和结构；②查 HG/T 21567—1995，确定双支点机架的机构，根据双支点机架法兰尺寸选择螺栓，绘制法兰连接位置的局部装配图；③计算拧紧螺栓所需的预紧力，并对螺栓进行校核（提示：采用普通螺栓连接，比较轴向载荷和横向载荷，取其中大者进行校核）；④撰写说明书，并制作 PPT 分组交流汇报。

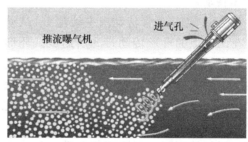

图 6-51　题 6-13 图

第 7 章

摩擦传动与带式输送机构

摩擦传动利用接触面间的摩擦力传递运动和动力，连接构件的运动副称为摩擦副。常用的摩擦传动包括带传动和摩擦轮传动两大类，带传动的两个传动轮通过挠性构件（带）实现传动，带和带轮通过构成的摩擦副实现动连接；摩擦轮传动以两轮直接接触构成的摩擦副实现动连接。本章重点介绍带传动的类型、打滑和弹性滑动、带传动设计、带传动布置方式、带传动的张紧机构，然后对常用带式输送机的构成和输送带设计选型进行介绍，最后简单介绍摩擦轮传动的工作原理、分类、传动承载能力计算等。

7.1 带传动的类型和计算分析

带传动中心距较大、结构简单、成本低；挠性带可缓和冲击、吸收振动，摩擦型带传动过载时带与带轮间会出现打滑，打滑虽使传动失效，但可防止损坏其他零件。但是，带传动的外廓尺寸较大、带的寿命较短、传动效率较低，且摩擦型带传动的传动比不准确。

7.1.1 带传动的类型

按照传递运动和动力的途径来看，带传动分为摩擦型和啮合型两种类型。

1. 摩擦型传动带

如图 7-1 所示，摩擦型带传动由主动轮 1、从动轮 2 和张紧在两轮上的环形传动带 3 所组成。环形传动带被张紧在带轮上使带与带轮的接触面间产生压力，进而产生摩擦力。主动轮转动时，带与带轮接触面间的摩擦力拖动从动轮一起转动，从而完成运动和动力的传递。

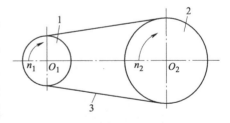

图 7-1 摩擦型带传动示意图

1—主动轮 2—从动轮 3—传动带

按横截面形状的不同，摩擦型传动带又可分为平带、V 带和特殊截面带（如多楔带、圆带等）三大类。平带的横截面为扁平矩形，工作时带的环形内表面与轮缘外圆柱面相接触，如图 7-2a 所示；V 带的横截面为等腰梯形，工作时其两侧面与轮槽的侧面相接触，而 V 带与轮槽槽底并不接触，如图 7-2b 所示。由于轮槽的楔形效应，初拉力相同时，V 带传动较平带传动能产生更大的摩擦力（查阅第 3 章关于当量摩擦系数的讲述），故具有较大的牵引能力。通常，平带传动适用于中小功率的传动；V 带传动应用最广，一般带速 $v = 5 \sim 30 \mathrm{m/s}$，推荐传动比 $i = 2 \sim 4$，传动效率为 $0.90 \sim 0.98$。多楔带的结构如图 7-2c 所示，相对于多根 V 带固定在一起，带兼有平带的弯曲应力小和 V 带的摩擦力大的优点，常用于传递动力较大而又要求结构紧凑的场合。圆带的牵引能力小，环保设中应用较少。

2. 啮合型传动带

啮合型带传动又称同步带传动，传动总体布局与摩擦型带传动类似，如图 7-3 所示，但是采用带与带轮上的齿和齿槽啮合完成传动。与 V 带传动相比，同步

  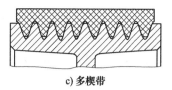

a) 平带　　　b) V 带　　　　　　c) 多楔带

图 7-2　常用摩擦型带的横截面形状示意图

带传动具有以下优点：①传动比恒定；②结构紧凑；③由于带薄而轻、抗拉体强度高，故带速可达 40m/s，传动比可达 10，传递功率可达 200kW；④效率较高，约为 98%，因而应用日益广泛；缺点是带及带轮价格较高，对制造、安装要求高。

节线长度为同步带的公称长度；在规定的张紧力下，带纵截面上相邻两齿对称中心线之间的直线距离 p_b 称为带节距，节距是同步带的主要结构尺寸参数之一。目前标准化的同步带包括梯形齿同步带和圆弧齿同步带，按照节距从大到小排列，梯形齿同步带的型号依次为 MXL、XXL、XL、L、H、XH 和 XXH；圆弧齿同步带用节距+M 表示，如 8M 表示 $p_b = 8mm$ 的圆弧齿同步带。

7.1.2　带传动的结构分析

图 7-4 所示为两平行轴的带传动结构示意图，两带轮轴之间的距离称为中心距，用 a 表示。带被张紧后，设带的张紧力为定值，带与带轮接触弧所对的中心角称为包角，用 α 表示。包角是带传动的一个重要参数。设 d_1、d_2 分别为小、大带轮的直径，L 为带长，则带轮的包角 α 为

$$\alpha = \pi \pm 2\theta$$

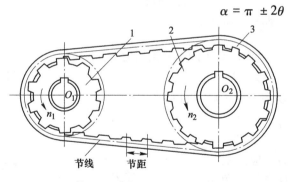 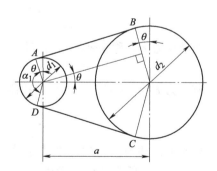

图 7-3　啮合型带传动示意图
1—主动轮　2—从动轮　3—传动带

图 7-4　带传动示意图

因 θ 角较小，所以 $\theta \approx \sin\theta = \dfrac{d_2 - d_1}{2a}$，代入上式得

$$\left.\begin{array}{l} \alpha = \pi \pm \dfrac{d_2 - d_1}{a} \\[2mm] \alpha = 180° \pm \dfrac{d_2 - d_1}{a} \times 57.3° \end{array}\right\} \tag{7-1}$$

式中，"+"号适用于大带轮包角 α_2，"−"号适用于小带轮包角 α_1。

带长 L 为

$$L = 2\overline{AB} + \overset{\frown}{BC} + \overset{\frown}{AD} = 2a\cos\theta + \frac{\pi}{2}(d_1 + d_2) + \theta(d_2 - d_1)$$

以 $\cos\theta \approx 1 - \frac{1}{2}\theta^2$ 及 $\theta = \dfrac{d_2 - d_1}{2a}$ 代入上式得

$$L \approx 2a + \frac{\pi}{2}(d_1 + d_2) + \frac{(d_2 - d_1)^2}{4a} \tag{7-2}$$

7.1.3 带传动的受力分析

摩擦型带传动的带必须张紧在带轮上，静止时，张紧带的力称为初拉力 F_0，如图 7-5a 所示；传动时如图 7-5b 所示，由于带与轮面间摩擦力的作用，绕进主动轮的一边，带的拉力由 F_0 增加到 F_1，称为紧边，F_1 为紧边拉力；而另一边带的拉力由 F_0 减为 F_2，称为松边，F_2 为松边拉力。设环形带的总长度不变，根据应力应变的关系有作用在带上的总拉力不变，则紧边拉力的增加量 $F_1 - F_0$ 等于松边拉力的减少量 $F_0 - F_2$，即

$$F_0 = \frac{1}{2}(F_1 + F_2) \tag{7-3}$$

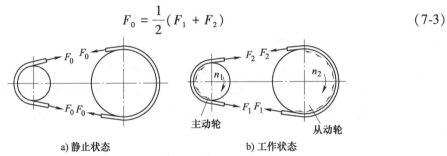

a) 静止状态   b) 工作状态

图 7-5　带传动的受力情况示意图

两边拉力之差称为带传动的有效拉力，也就是带所传递的圆周力 F，即

$$F = F_1 - F_2 \tag{7-4}$$

圆周力 $F(\mathrm{N})$、带速 $v(\mathrm{m/s})$ 和传递功率 $P(\mathrm{kW})$ 之间的关系为

$$P = \frac{Fv}{1000} \tag{7-5}$$

以平带传动为例，绕过主动轮时带的拉应力变化如图 7-6 所示，任意截取一微弧段 $\mathrm{d}l$，对应的包角为 $\mathrm{d}\alpha$。设微弧段靠近松和紧边的拉力分别为 F 和 $F + \mathrm{d}F$，微弧段上带轮与带的正压力为 $\mathrm{d}F_N$，则在微弧段上带与轮面间的极限摩擦力为 $f\mathrm{d}F_N$。忽略带的离心力影响，由法向力和切向力的平衡有

$$\mathrm{d}F_N = F\sin\frac{\mathrm{d}\alpha}{2} + (F + \mathrm{d}F)\sin\frac{\mathrm{d}\alpha}{2} \tag{7-6}$$

$$f\mathrm{d}F_N = (F + \mathrm{d}F)\cos\frac{\mathrm{d}\alpha}{2} - F\cos\frac{\mathrm{d}\alpha}{2} \tag{7-7}$$

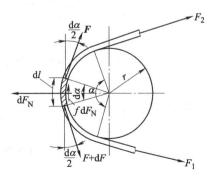

图 7-6　带的受力分析示意图

因 $\mathrm{d}\alpha$ 很小，可取 $\sin\dfrac{\mathrm{d}\alpha}{2} \approx \dfrac{\mathrm{d}\alpha}{2}$，$\cos\dfrac{\mathrm{d}\alpha}{2} = 1$，并略去二阶微量 $\mathrm{d}F\dfrac{\mathrm{d}\alpha}{2}$，将以上两式化简得

$$dF_N = F d\alpha \tag{7-8}$$

$$f dF_N = dF \tag{7-9}$$

由上两式得

$$\frac{dF}{F} = f d\alpha \tag{7-10}$$

$$\int_{F_2}^{F_1} \frac{dF}{F} = f d\alpha \tag{7-11}$$

$$\ln \frac{dF}{F} = f\alpha \tag{7-12}$$

故紧边和松边的拉力比为

$$\frac{F_1}{F_2} = e^{f\alpha} \tag{7-13}$$

式中，f 为带与轮面间的摩擦系数；α 为带轮的包角（rad）；e 为自然对数的底，e = 2.718。式（7-13）是挠性体摩擦的欧拉公式。

由式（7-4）和式（7-13）得

$$\left. \begin{array}{l} F_1 = F \dfrac{e^{f\alpha}}{e^{f\alpha} - 1} \\[2mm] F_2 = F \dfrac{1}{e^{f\alpha} - 1} \\[2mm] F = F_1 - F_2 = F_1 \left(1 - \dfrac{1}{e^{f\alpha}} \right) \end{array} \right\} \tag{7-14}$$

由此可知，增大包角或增大摩擦系数，都可提高带传动所能传递的圆周力。因小带轮包角 α_1 小于大带轮包角 α_2，故计算带传动所能传递的圆周力时，式（7-14）中 α 应为 α_1。

V 带传动与平带传动的初拉力相等，即带压向带轮的压力相同，由于接触面形状的不同而导致法向力 F_N 不同。由第 3 章当量摩擦系数的概念，以 f_v 代替 f，即可将式（7-13）和式（7-14）应用于 V 带传动。**显然，$f_v > f$，故在相同条件下，V 带能传递较大的功率**。或者说，传递相同功率时，V 带传动需要的张紧力更小，带轮轴受到的压力也更小。

7.1.4　带的应力分析

由 7.1.3 节中带的受力分析可知，带传动过程中，带中的应力有松边和紧边拉力产生的拉应力、离心力产生的拉应力以及绕过带轮时产生的弯曲应力等三部分。

1. 紧边和松边拉力产生的拉应力

紧边拉应力

$$\sigma_1 = \frac{F_1}{A} \tag{7-15}$$

松边拉应力

$$\sigma_2 = \frac{F_2}{A} \tag{7-16}$$

式中，A 为带的横截面面积（mm²）。

2. 离心力产生的拉应力

如图 7-7 所示，当带绕过带轮时，在微弧段 dl 上产生的离心力

$$dF_{Nc} = (rd\alpha)q\frac{v^2}{r} = qv^2d\alpha \qquad (7-17)$$

式中，q 为带的单位长度质量（kg/m），V 带单位长度质量查表 7-1 确定；v 为带速（m/s）。设离心力在该微弧段两边引起拉力 F_c，由微弧段上各力的平衡得

$$2F_c\sin\frac{d\alpha}{2} = qv^2d\alpha \qquad (7-18)$$

取 $\sin\frac{d\alpha}{2} \approx \frac{d\alpha}{2}$，则

$$F_c = qv^2 \qquad (7-19)$$

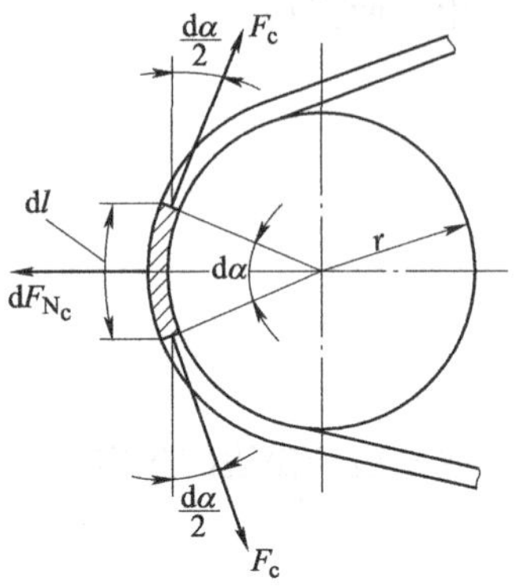

离心力只发生在带做圆周运动的部分，但由此引起的拉力却作用于带的全长，离心拉应力为

$$\sigma_c = \frac{F_c}{A} = \frac{qv^2}{A} \qquad (7-20)$$

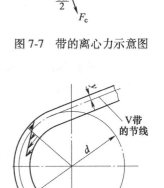

图 7-7 带的离心力示意图

3. 弯曲应力

带绕过带轮时，因弯曲而产生弯曲应力。V 带中的弯曲应力如图 7-8 所示。由工程力学相关公式，可得带的弯曲应力为

$$\sigma_{bb} = \frac{2yE}{d} \qquad (7-21)$$

式中，y 为带中性层到最外层的垂直距离（mm）；E 为带的弹性模量（MPa）；d 为带轮直径（mm），对于 V 带轮，d 为基准直径。显然，两轮直径不相等时，带在两轮上的弯曲应力也不相等。

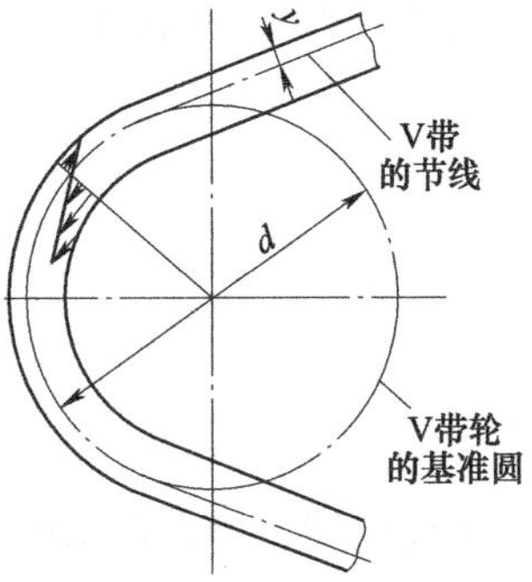

图 7-8 带的弯曲应力示意图

图 7-9 所示为带的应力分布情况，各截面应力的大小用径向线（或垂直线）的长短来表示。由图 7-9 可知，在运转过程中，带经受变应力。最大应力发生在紧边与小带轮的接触处，其值为

$$\sigma_{max} = \sigma_1 + \sigma_{b1} + \sigma_c \qquad (7-22)$$

试验表明，疲劳曲线方程也适用于经受变应力的带，即 $\sigma_{max}^m N = C$，式中 m、C 与带的种类和材质有关，N 为应力循环总次数。

带速设为 v(m/s)、带长为 L(m) 的带，每秒带绕行整周的应力循环次数（绕转频率）为 $\frac{v}{L}$。设带的寿命为 T(h)，则应力循环总次数为

$$N = 3600kT\frac{v}{L} \qquad (7-23)$$

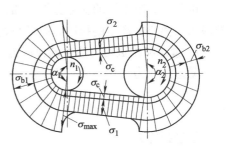

图 7-9 带的应力分布示意图

式中，k 为带轮数，一般 $k=2$，即带每绕转一整周完成两个应力循环。由此可知，增加带的

长度，可延长其疲劳寿命。

【例 7-1】 图 7-10 所示为永磁全封闭干选机，用于工业固废或城市生活垃圾破碎或焚烧前的分选，去除废物中的铁器，以防止损坏后续破碎设备或焚烧炉。已知某型永磁全封闭干选机，一级传动采用 3 根 Z 型 V 带传动，传动功率 $P=1.5\text{kW}$，转速为 1440r/min，带速 $v=3.8\text{m/s}$，小带轮包角 $\alpha_1=160°$（2.79rad），单位长度质量 $q=0.06\text{kg/m}$，带与轮面间的当量摩擦系数 $f_v=1.03$。试求：①传递的圆周力；②紧边、松边拉力；③离心力在带中引起的拉力；④所需的初拉力；⑤作用在轴上的压力。

解：（1）单根带传递的圆周力

$$F = \frac{1000P}{zv} = \frac{1000 \times 1.5}{3 \times 3.8}\text{N} = 131.58\text{N}$$

（2）单根带紧边、松边拉力　因 $e^{f_v\alpha} = e^{1.03 \times 2.79} = 17.70$，由式（7-14）得

$$F_1 = F\frac{e^{f_v\alpha}}{e^{f_v\alpha} - 1} = \frac{131.58 \times 17.70}{17.70 - 1}\text{N} = 139.74\text{N}$$

$$F_2 = F\frac{1}{e^{f_v\alpha} - 1} = \frac{131.58}{17.70 - 1}\text{N} = 7.88\text{N}$$

（3）单根带离心力引起的拉力

$$F_c = qv^2 = 0.06 \times 3.8^2\text{N} = 0.87\text{N}$$

（4）所需的初拉力　虽然带的离心力使带与轮面间的压力减小，传动能力降低，但是离心力远小于紧边和松边拉力，因此忽略相对小量，由式（7-3）计算单根带的初拉力

$$F_0 = \frac{1}{2}(F_1 + F_2) = \frac{139.74 + 7.88}{2}\text{N} = 73.81\text{N}$$

对于 V 带，传递圆周力 131.58N 时，为防止打滑所需的初拉力不得小于 73.81N。

（5）作用在轴上的压力　如图 7-11 所示，3 根带静止时轴上压力为

$$F_Q = z \times 2F_0\sin\frac{\alpha_1}{2} = 3 \times 2 \times 73.81\text{N} \times \sin\frac{160°}{2} = 436.08\text{N}$$

图 7-10　永磁全封闭干选机的
　　　　　实物图

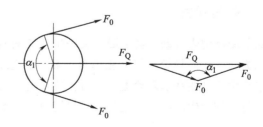

图 7-11　作用在轴上的力

7.2　带传动的弹性滑动、打滑和带的张紧

7.2.1　弹性滑动现象

带传动时，带的紧边进入与主动轮的接触点 A_1 点时，带速与主动轮速相等，如图 7-12

所示；当带绕过主动轮时（由接触点 A_1 至点 A_3），主动轮通过摩擦副传递到带上的拉力由 F_1 减至 F_2，带被拉伸的变形量逐渐减小，即相当于带速在减慢，导致带速小于主动轮的圆周速度 v_1；带绕过从动轮时，带通过摩擦副传递到从动轮上的拉力由 F_2 增至 F_1，带被拉伸的变形量逐渐增加，带在从动轮轮缘上产生向前的相对滑动，导致从动轮的圆周速度 v_2 小于带速，即

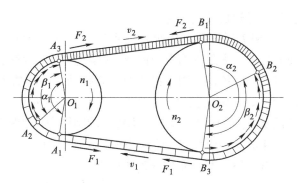

图 7-12　带传动的弹性滑动示意图

$$v_1 > v_2$$

摩擦副间两构件的这种弹性变形造成带和带轮速度差的现象，称为摩擦副间的弹性滑动。由于带传动的弹性滑动不可避免，因此对于要求准确传动比的场合，不可采用带传动（同步带除外）。

弹性滑动的大小，可用滑动率 ε 来表示，即

$$\varepsilon = \frac{v_1 - v_2}{v_1} = \frac{\pi d_1 n_1 - \pi d_2 n_2}{\pi d_1 n_1} \tag{7-24}$$

故传动比为

$$i_{12} = \frac{n_1}{n_2} = \frac{d_2}{d_1(1 - \varepsilon)} \tag{7-25}$$

从动轮转速为

$$n_2 = \frac{n_1 d_1(1 - \varepsilon)}{d_2} \tag{7-26}$$

V 带传动的滑动率 $\varepsilon = 0.01 \sim 0.02$，在一般工业传动中可忽略不计。

7.2.2　打滑现象

对于摩擦型带传动，当圆周力大于带与轮面间的极限摩擦力时，摩擦力不足以提供传动所需的力，这时带与轮面将产生显著的相对滑动，这一现象称为打滑。小带轮上的包角较小，故打滑多发生在小带轮上。打滑将使带的磨损加剧，导致传动失效，因此在设计时就应当避免打滑的产生。当然，过载时，打滑可以避免机器的损坏。

7.2.3　带的张紧

摩擦型带传动在工作一段时间之后，会因带的永久伸长而松弛时，这时就需要将带重新张紧。张紧带的最直接方法就是增加中心距。当从动轮不到位时，如图 7-13a 所示，用调节螺钉 2 的推力将主动带轮所在的机座整体沿滑轨 1 移动；如图 7-13b 所示则是利用电动机的自重，使主动带轮所在机座总体绕销轴 3 摆动，中心距调整好后用螺杆及调节螺母 4 固定。若中心距不能调节，可采用专用张紧轮的机构张紧带，图 7-13c 所示利用悬重锤 6 将张紧轮 5 压在带上，以保持带的张紧。

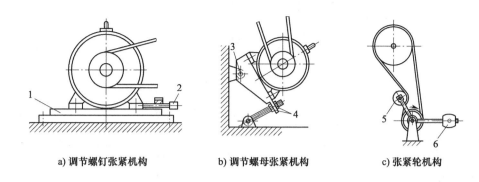

a) 调节螺钉张紧机构　　　　b) 调节螺母张紧机构　　　　c) 张紧轮机构

图 7-13　典型的带传动张紧机构示意图
1—滑轨　2—调节螺钉　3—销轴　4—调节螺母　5—张紧轮　6—悬重锤

7.3　V 带传动的设计

V 带又分为普通 V 带、窄 V 带、宽 V 带、大楔角 V 带等多种类型，其中普通 V 带和窄 V 带在环保设备中应用最广。本节主要介绍普通 V 带和窄 V 带传动的选型设计计算方法，计算用到的表格数据，均摘自 GB/T 13575.1—2008《普通和窄 V 带传动　第 1 部分：基准宽度制》。

7.3.1　V 带的规格

V 带截面呈梯形，**纵向弯曲时带中保持长度不变的周线称为节线**，如图 7-14a 所示；由全部节线构成的面称为节面，如图 7-14b 所示。截面结构如图 7-15 所示，承受负载拉力的主体抗拉体设置在节面处，上、下设置有顶胶和底胶，用以承受弯曲时的拉伸和压缩应力，外层用橡胶帆布包覆。抗拉体的材料可采用化学纤维或棉织物，结构形式可以采用帘布或线绳，绳芯结构柔软易弯，有利于提高寿命。

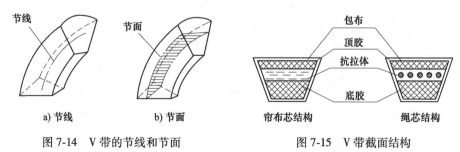

a) 节线　　　　b) 节面　　　　　　　帘布芯结构　　　绳芯结构

图 7-14　V 带的节线和节面　　　　　图 7-15　V 带截面结构

普通 V 带和窄 V 带已标准化，按截面尺寸的不同，普通 V 带有七种型号，窄 V 带有四种型号，各型号截面尺寸见表 7-1。

在 V 带轮上，与所配用 V 带节面相对应的带轮直径称为基准直径 d，带的节面宽度称为节宽（b_p），当带纵向弯曲时，该宽度保持不变，如表 7-1 中的附图所示。V 带在设定张紧力下，位于带轮基准直径上的周线长度称为基准长度 L_d，基准长度系列见表 7-2。

表 7-1 V 带截面尺寸

类 型		节宽 b_p/mm	顶宽 b/mm	高度 h/mm	单位长度质量 q/(kg/m)
普通 V 带	窄 V 带				
Y		5.3	6	4	0.023
Z		8.5	10	6	0.06
	SPZ	8.5	10	8	0.072
A		11	13	8	0.105
	SPA	11	13	10	0.112
B		14	17	11	0.17
	SPB	14	17	14	0.192
C		19	22	14	0.3
	SPC	19	22	18	0.37
D		27	32	19	0.63
E		32	38	23	0.97

表 7-2 V 带基准长度 L_d 和带长修正系数 K_L

Z 型		A 型		B 型		C 型	
L_d/mm	K_L	L_d/mm	K_L	L_d/mm	K_L	L_d/mm	K_L
405	0.87	630	0.81	930	0.83	1565	0.82
475	0.90	700	0.83	1000	0.84	1760	0.85
530	0.93	790	0.85	1100	0.86	1950	0.87
625	0.96	890	0.87	1210	0.87	2195	0.9
700	0.99	990	0.89	1370	0.9	2420	0.92
780	1.00	1100	0.91	1560	0.92	2715	0.94
920	1.04	1250	0.92	1760	0.94	2880	0.95
1080	1.07	1430	0.96	1950	0.97	3080	0.97
1330	1.13	1550	0.98	2180	0.99	3520	0.99
1420	1.44	1640	0.99	2300	1.01	4060	1.02
1540	1.54	1750	1	2500	1.03	4600	1.05
—	—	1940	1.02	2700	1.04	5380	1.08
—	—	2050	1.04	2870	1.05	6100	1.11
—	—	2200	1.06	3200	1.07	6815	1.14
—	—	2300	1.07	3600	1.09	7600	1.17
—	—	2480	1.09	4060	1.13	9100	1.21
—	—	2700	1.1	4430	1.15	10700	1.24
—	—	—	—	4820	1.17	—	—
—	—	—	—	5370	1.2	—	—
—	—	—	—	6070	1.24	—	—

与普通 V 带相比，当顶宽相同时，窄 V 带的高度较大，摩擦面较大，且用合成纤维绳或钢丝绳作为抗拉体，承载能力可提高 1.5~2.5 倍，适用于传递动力大而又要求传动机构紧凑的场合。窄 V 带的基准长度 L_d 系列见表 7-3。

表 7-3　窄 V 带基准长度 L_d 和带长修正系数 K_L

L_d/mm	K_L			
	SPZ 型	SPA 型	SPB 型	SPC 型
630	0.82	—	—	—
710	0.84	—	—	—
800	0.86	0.81	—	—
900	0.88	0.83	—	—
1000	0.9	0.85	—	—
1120	0.93	0.87	—	—
1250	0.94	0.89	0.82	—
1400	0.96	0.91	0.84	—
1600	1	0.93	0.86	—
1800	1.01	0.95	0.88	—
2000	1.02	0.96	0.9	0.81
2240	1.05	0.98	0.92	0.83
2500	1.07	1	0.94	0.86
2800	1.09	1.02	0.96	0.88
3150	1.11	1.04	0.98	0.9
3550	1.13	1.06	1	0.92
4000	—	1.08	1.02	0.94
4500	—	1.09	1.04	0.96
5000	—	—	1.06	0.98
5600	—	—	1.08	1
6300	—	—	1.1	1.02
7100	—	—	1.12	1.04
8000	—	—	1.14	1.06

7.3.2　单根普通 V 带的许用功率

带在带轮上打滑或带发生疲劳损坏（脱层、撕裂或拉断）时，就不能继续传递动力，因此带传动的设计准则是保证带不打滑并具有一定的疲劳寿命。

为了保证带传动不出现打滑，以 f_v 代替 f，由式（7-5）和式（7-14）可得单根普通 V 带能传递的功率为

$$P_0 = F_1 \left(1 - \frac{1}{e^{f\alpha}}\right) \frac{v}{1000} = \sigma_1 A \left(1 - \frac{1}{e^{f\alpha}}\right) \frac{v}{1000} \tag{7-27}$$

式中，A 为单根普通 V 带的横截面积（mm^2）。

为了使 V 带具有一定的疲劳寿命，应使 $\sigma_{max} = \sigma_1 + \sigma_b + \sigma_c \leqslant [\sigma]$，即

$$\sigma_1 \leqslant [\sigma] - \sigma_b - \sigma_c \tag{7-28}$$

式中，$[\sigma]$ 为带的许用应力。

将式（7-28）代入式（7-27），得到带传动在既不打滑又有一定寿命时，单根 V 带能传递的功率为

$$P_0 = ([\sigma] - \sigma_{b1} - \sigma_c)\left(1 - \frac{1}{e^{f\alpha}}\right) \frac{Av}{1000} \tag{7-29}$$

式中，P_0 称为单根 V 带的基本额定功率。载荷平稳、包角 $\alpha = \pi$（即 $i = 1$）、带长 L_d 为特定长度、抗拉体为化学纤维绳芯结构时，由式（7-29）求得单根普通 V 带所能传递的功率 P_0 见表 7-4；单根窄 V 带所能传递的功率 P_0 见表 7-5。

表 7-4　单根普通 V 带的基本额定功率 P_0　　　　（单位：kW）

型号	小带轮基准直径 d_1/mm	小带轮转速 n_1/(r/min)															
		200	400	700	800	950	1200	1450	1600	2000	2400	2800	3200	3600	4000	5000	6000
Z	50	0.04	0.06	0.09	0.10	0.12	0.14	0.16	0.17	0.20	0.22	0.26	0.28	0.30	0.32	0.34	0.31
	56	0.04	0.06	0.11	0.12	0.14	0.17	0.19	0.20	0.25	0.30	0.33	0.35	0.37	0.39	0.41	0.40
	63	0.05	0.08	0.13	0.15	0.18	0.22	0.25	0.27	0.32	0.37	0.41	0.45	0.47	0.49	0.50	0.48
	71	0.06	0.09	0.17	0.20	0.23	0.27	0.30	0.33	0.39	0.46	0.50	0.54	0.58	0.61	0.62	0.56
	80	0.10	0.14	0.20	0.22	0.26	0.30	0.35	0.39	0.44	0.50	0.56	0.61	0.64	0.67	0.66	0.61
	90	0.10	0.14	0.22	0.24	0.28	0.33	0.36	0.40	0.48	0.54	0.60	0.64	0.68	0.72	0.73	0.56
A	75	0.15	0.26	0.40	0.45	0.51	0.60	0.68	0.73	0.84	0.92	1.00	1.04	1.08	1.09	1.02	0.8
	90	0.22	0.39	0.61	0.68	0.77	0.93	1.07	1.15	1.34	1.50	1.64	1.75	1.83	1.87	1.82	1.50
	100	0.26	0.47	0.74	0.83	0.95	1.14	1.32	1.42	1.66	1.87	2.05	2.19	2.28	2.34	2.25	1.80
	112	0.31	0.56	0.90	1.00	1.15	1.39	1.61	1.74	2.04	2.30	2.51	2.68	2.78	2.83	2.64	1.96
	125	0.37	0.67	1.07	1.19	1.37	1.66	1.92	2.07	2.44	2.74	2.98	3.15	3.26	3.28	2.91	1.87
	140	0.43	0.78	1.26	1.41	1.62	1.96	2.28	2.45	2.87	3.22	3.48	3.65	3.72	3.67	2.99	1.37
	160	0.51	0.94	1.51	1.69	1.95	2.63	2.73	2.54	3.42	3.80	4.06	4.19	4.17	3.98	2.67	—
	180	0.59	1.09	1.76	1.97	2.27	2.74	3.16	3.4	3.93	4.32	4.54	4.58	4.40	4.00	1.81	—
B	125	0.48	0.84	1.30	1.44	1.64	1.93	2.19	2.33	2.64	2.85	2.96	2.94	2.8	2.61	1.09	—
	140	0.59	1.05	1.64	1.82	2.08	2.47	2.82	3	3.42	3.7	3.85	3.83	3.63	3.24	1.29	—
	160	0.74	1.32	2.09	2.32	2.66	3.17	3.62	3.86	4.4	4.75	4.89	4.8	4.46	3.82	0.81	—
	180	0.88	1.59	2.53	2.81	3.22	3.85	4.39	4.68	5.3	5.67	5.76	5.52	4.92	3.92	—	—
	200	1.02	1.85	2.96	3.3	3.77	4.5	5.13	5.46	6.13	6.47	6.43	5.95	4.98	3.47	—	—
	224	1.19	2.17	3.47	3.86	4.42	5.26	5.97	6.33	7.02	7.25	6.95	6.05	4.47	2.14	—	—
	250	1.37	2.5	4.00	4.46	5.1	6.04	6.82	7.2	7.87	7.89	7.14	5.6	5.12	—	—	—
	280	1.58	2.89	4.61	5.13	5.85	6.90	7.76	8.13	8.6	8.22	6.8	4.26	—	—	—	—

（续）

型号	小带轮基准直径 d_1/mm	小带轮转速 n_1/(r/min)															
		200	400	700	800	950	1200	1450	1600	2000	2400	2800	3200	3600	4000	5000	6000
C	200	1.39	2.41	3.69	4.07	4.58	5.29	5.84	6.07	6.34	6.02	5.01	3.23	—	—	—	—
	224	1.70	2.99	4.64	5.12	5.78	6.71	7.45	7.75	8.06	7.57	6.08	3.57	—	—	—	—
	250	2.03	3.62	5.64	6.23	7.04	8.21	9.08	9.38	9.62	8.75	6.56	2.93	—	—	—	—
	280	2.42	4.32	6.76	7.52	8.49	9.81	10.72	11.06	11.04	9.5	6.13	—	—	—	—	—
	315	2.84	5.14	8.09	8.92	10.05	11.53	12.46	12.72	12.14	9.43	4.16	—	—	—	—	—
	355	3.36	6.05	9.50	10.46	11.73	13.31	14.12	14.19	12.59	7.98	—	—	—	—	—	—
	400	3.91	7.06	11.02	12.1	13.48	15.04	15.53	15.24	11.95	4.34	—	—	—	—	—	—
	450	4.51	8.2	12.63	13.80	15.23	16.59	16.47	15.57	9.64	—	—	—	—	—	—	—

表 7-5　单根窄 V 带的基本额定功率 P_0　　　　（单位：kW）

型号	小带轮基准直径 d_1/mm	i 或 $1/i$	小带轮转速 n_1/(r/min)										
			200	400	700	800	950	1200	1450	1600	2000	2400	2800
SPZ	63	1.0	0.20	0.35	0.54	0.60	0.68	0.81	0.93	1.00	1.17	1.32	1.45
		1.2	0.22	0.39	0.61	0.68	0.78	0.94	1.08	1.17	1.38	1.57	1.74
		1.5	0.23	0.41	0.65	0.72	0.83	1.00	1.16	1.25	1.48	1.69	1.88
		≥3.0	0.24	0.43	0.68	0.76	0.88	1.06	1.23	1.33	1.58	1.81	2.03
	71	1	0.25	0.44	0.70	0.78	0.90	1.08	1.25	1.35	1.59	1.81	2.03
		1.2	0.27	0.49	0.77	0.87	1.00	1.20	1.40	1.51	1.79	2.05	2.29
		1.5	0.28	0.51	0.81	0.91	1.04	1.26	1.47	1.59	1.90	2.18	2.43
		≥3.0	0.29	0.53	0.85	0.95	1.09	1.33	1.55	1.68	2.00	2.30	2.58
	80	1.0	0.31	0.55	0.88	0.99	1.14	1.38	1.60	1.73	2.05	2.34	2.61
		1.2	0.33	0.59	0.96	1.07	1.24	1.50	1.75	1.89	2.25	2.59	2.90
		1.5	0.34	0.61	1.03	1.11	1.28	1.56	1.82	1.97	2.36	2.71	3.04
		≥3.0	0.35	0.64	1.09	1.15	1.33	1.62	1.90	2.06	2.46	2.84	3.18
	100	1.0	0.43	0.79	1.28	1.44	1.66	2.02	2.36	2.55	3.05	3.49	3.90
		1.2	0.45	0.83	1.35	1.52	1.76	2.14	2.51	2.72	3.25	3.74	4.19
		1.5	0.46	0.85	1.39	1.56	1.81	2.20	2.58	2.80	3.35	3.86	4.33
		≥3.0	0.47	0.87	1.43	1.60	1.86	2.27	2.66	2.88	3.46	3.99	4.48
	125	1.0	0.59	1.09	1.77	1.99	2.30	2.80	3.28	3.55	4.24	4.85	5.40
		1.2	0.61	1.13	1.84	2.07	2.40	2.93	3.43	3.72	4.44	5.10	5.69
		1.5	0.62	1.15	1.89	2.11	2.45	2.99	3.50	3.80	4.54	5.22	5.83
		≥3.0	0.63	1.17	1.91	2.15	2.50	3.05	3.58	3.88	4.65	5.35	5.98
SPA	90	1.0	0.43	0.75	1.17	1.30	1.48	1.76	2.02	2.16	2.49	2.77	3.00
		1.2	0.47	0.85	1.34	1.49	1.70	2.04	2.35	2.53	2.96	3.33	3.64
		1.5	0.50	0.89	1.42	1.58	1.81	2.18	2.52	2.71	3.19	3.60	3.96
		≥3.0	0.52	0.94	1.50	1.67	1.92	2.32	2.69	2.90	3.42	3.88	4.29

（续）

型号	小带轮基准直径 d_1/mm	i 或 $1/i$	小带轮转速 n_1/(r/min)										
			200	400	700	800	950	1200	1450	1600	2000	2400	2800
SPA	100	1.0	0.53	0.94	1.49	1.65	1.89	2.27	2.61	2.80	3.27	3.67	3.99
		1.2	0.57	1.03	1.65	1.84	2.11	2.54	2.95	3.17	3.73	4.22	4.64
		1.5	0.60	1.08	1.73	1.93	2.22	2.68	3.11	3.36	3.96	4.50	4.96
		≥3.0	0.62	1.13	1.81	2.02	2.33	2.82	3.28	3.54	4.19	4.78	5.29
	125	1.0	0.77	1.40	2.25	2.52	2.90	3.50	4.06	4.38	5.15	5.80	6.34
		1.2	0.82	1.50	2.42	2.70	3.12	3.78	4.40	4.75	5.61	6.36	6.99
		1.5	0.84	1.54	2.50	2.80	3.23	3.92	4.56	4.93	5.84	6.63	7.31
		≥3.0	0.86	1.59	2.58	2.89	3.34	4.06	4.73	5.12	6.07	6.91	7.63
	160	1.0	1.11	2.04	3.30	3.70	4.27	5.17	6.01	6.47	7.60	8.53	9.24
		1.2	1.15	2.13	3.46	3.88	4.49	5.45	6.34	6.84	8.06	9.08	9.89
		1.5	1.18	2.18	3.55	3.98	4.60	5.59	6.51	7.03	8.29	9.36	10.21
		≥3.0	1.20	2.22	3.63	4.07	4.71	5.73	6.68	7.21	8.52	9.63	10.53
	200	1.0	1.49	2.75	4.47	5.01	5.79	7.00	8.10	8.72	10.13	11.22	11.92
		1.2	1.53	2.84	4.63	5.19	6.00	7.27	8.44	9.08	10.60	11.77	12.56
		1.5	1.55	2.89	4.71	5.29	6.11	7.41	8.61	9.27	10.81	12.05	12.89
		≥3.0	1.58	2.93	4.79	5.38	6.22	7.55	8.77	9.45	11.03	12.32	13.21
SPB	140	1.0	1.08	1.92	3.02	3.35	3.83	4.55	5.19	5.54	6.31	6.86	7.15
		1.2	1.17	2.12	3.35	3.74	4.29	5.14	5.90	6.32	7.29	8.03	8.52
		1.5	1.22	2.21	3.55	3.94	4.52	5.43	6.25	6.71	7.70	8.61	9.20
		≥3.0	1.27	2.31	3.70	4.13	4.76	5.72	6.61	7.40	8.26	9.20	9.89
	180	1.0	1.65	3.01	4.82	5.37	6.16	7.38	8.46	9.05	10.34	11.21	11.62
		1.2	1.75	3.20	5.16	5.76	6.67	7.97	9.17	9.83	11.32	12.89	12.98
		1.5	1.80	3.30	5.33	5.96	6.89	8.26	9.53	10.22	11.80	12.97	13.66
		≥3.0	1.85	3.40	5.50	6.15	7.09	8.55	9.88	10.61	12.29	13.56	14.35
	200	1.0	1.94	3.54	5.96	6.35	7.30	8.74	10.02	10.70	12.18	13.11	13.41
		1.2	2.03	3.74	6.03	6.75	7.76	9.33	10.73	11.48	13.15	14.28	14.78
		1.5	2.08	3.84	6.21	6.94	7.99	9.62	11.03	11.87	13.64	14.86	15.46
		≥3.0	2.11	3.93	6.83	7.14	8.23	9.91	11.43	12.26	14.13	15.45	16.14
	250	1.0	2.64	4.86	7.84	8.75	10.04	11.99	13.66	14.51	16.19	16.89	16.44
		1.2	2.74	5.05	8.16	9.14	10.50	12.57	14.37	15.29	17.17	18.06	17.81
		1.5	2.79	5.15	8.35	9.33	10.74	12.87	14.72	15.68	17.66	18.65	18.49
		≥3.0	2.83	5.25	8.52	9.53	10.97	13.16	15.07	16.07	18.15	19.23	19.17
	315	1.0	3.53	6.53	10.51	11.71	13.40	15.84	17.79	18.70	20.00	19.44	16.71
		1.2	3.63	6.72	10.85	12.11	13.86	16.43	18.50	19.48	20.97	20.61	18.07
		1.5	3.68	6.82	11.02	12.30	14.09	16.72	18.85	19.87	21.46	21.20	18.76
		≥3.0	3.73	6.92	11.19	12.50	14.32	17.10	19.21	20.26	21.95	21.78	19.44

（续）

型号	小带轮基准直径 d_1/mm	i 或 $1/i$	小带轮转速 n_1/(r/min)										
			200	400	700	800	950	1200	1450	1600	2000	2400	2800
SPC	224	1.0	2.90	5.19	8.13	8.99	10.19	11.89	13.22	13.81	14.58	14.01	11.89
		1.2	3.14	5.67	8.97	9.95	11.33	13.33	14.95	15.73	16.98	16.88	14.25
		1.5	3.26	5.91	9.39	10.43	11.90	14.05	15.82	16.69	18.17	18.32	16.92
		≥3.0	3.38	6.15	9.81	10.91	12.47	14.77	16.69	17.65	19.37	19.75	18.60
	280	1.0	4.18	7.59	12.01	13.31	15.10	17.60	20.20	20.75	20.75	18.86	—
		1.2	4.42	8.07	12.85	14.27	16.24	19.04	21.18	22.12	23.15	21.73	—
		1.5	4.54	8.31	13.27	14.75	16.81	19.76	22.05	23.07	24.34	23.17	—
		≥3.0	4.66	8.55	13.69	15.23	17.38	20.48	22.92	24.03	25.54	24.61	—
	315	1.0	4.97	9.07	14.36	15.90	18.01	20.88	22.87	23.58	23.47	19.98	—
		1.2	5.21	9.55	15.20	16.86	19.15	22.32	24.60	25.50	25.87	22.85	—
		1.5	5.33	9.79	15.62	17.34	19.72	23.04	25.47	26.46	27.07	24.30	—
		≥3.0	5.45	10.03	16.04	17.82	20.29	23.76	26.34	27.42	28.26	25.74	—
	400	1.0	6.86	12.56	19.79	21.84	24.52	27.83	29.46	29.53	25.81	15.48	—
		1.2	7.10	13.04	20.63	22.80	25.66	29.27	31.20	31.45	28.21	18.35	—
		1.5	7.22	13.28	21.05	23.28	26.23	29.99	32.07	32.41	29.41	19.79	—
		≥3.0	7.34	13.52	21.47	23.76	26.80	30.70	32.94	33.37	30.60	21.23	—
	500	1.0	9.04	16.52	25.67	28.09	31.04	33.85	33.58	31.70	19.35	—	—
		1.2	9.28	17.00	26.51	29.05	32.18	35.29	35.31	33.62	21.74	—	—
		1.5	9.40	17.24	26.93	29.53	32.75	36.01	36.18	34.57	22.94	—	—
		≥3.0	9.52	17.48	27.35	30.01	33.23	36.73	37.05	35.53	24.14	—	—

实际工作条件与上述特定条件不同时，应对 P_0 值加以修正。修正后即得实际工作条件下单根 V 带所能传递的功率，称为许用功率 $[P_0]$，其计算公式为

$$[P_0] = (P_0 + \Delta P_0) K_\alpha K_L \tag{7-30}$$

式中，ΔP_0 为功率增量（kW），考虑传动比 $i \neq 1$ 时，带在大带轮上的弯曲应力较小，故在寿命相同的条件下可增大传递的功率，普通 V 带的 ΔP_0 见表 7-6；K_α 为包角修正系数，考虑 $\alpha_1 \neq 180°$ 时对传动能力的影响，见表 7-7；K_L 为带长修正系数，考虑带长变化对传动能力的影响，普通 V 带的带长修正系数见表 7-2，窄 V 带的带长修正系数见表 7-3。

表 7-6　单根普通 V 带 $i \neq 1$ 时额定功率的增量 ΔP_0（特定基准长度、载荷平稳）

（单位：kW）

型号	传动比 i	小带轮转速 n_1/(r/min)										
		200	400	800	960	1200	1450	1600	2000	2400	2800	3200
Z	1.35~1.50	0.00	0.00	0.01	0.02	0.02	0.02	0.02	0.03	0.03	0.04	0.04
	1.51~1.99	0.00	0.01	0.02	0.02	0.02	0.02	0.03	0.03	0.04	0.04	0.04
	≥2.00	0.00	0.01	0.02	0.02	0.03	0.03	0.03	0.04	0.04	0.04	0.05

（续）

型号	传动比 i	小带轮转速 n_1/(r/min)										
		200	400	800	960	1200	1450	1600	2000	2400	2800	3200
A	1.35～1.50	0.02	0.04	0.08	0.08	0.11	0.13	0.15	0.19	0.23	0.26	0.30
	1.51～1.99	0.02	0.04	0.09	0.10	0.13	0.15	0.17	0.20	0.26	0.30	0.34
	≥2.00	0.03	0.05	0.10	0.11	0.15	0.17	0.19	0.22	0.29	0.34	0.39
B	1.35～1.50	0.05	0.10	0.20	0.23	0.30	0.36	0.39	0.49	0.59	0.69	0.79
	1.51～1.99	0.06	0.11	0.23	0.26	0.34	0.40	0.45	0.56	0.68	0.79	0.90
	≥2.00	0.06	0.13	0.25	0.30	0.38	0.46	0.51	0.63	0.76	0.89	1.01
C	1.35～1.50	0.14	0.27	0.55	0.65	0.82	0.99	1.10	1.37	1.65	1.92	2.14
	1.51～1.99	0.16	0.3	0.63	0.71	0.94	1.14	1.25	1.57	1.88	2.19	2.44
	≥2.00	0.18	0.35	0.71	0.83	1.06	1.27	1.41	1.76	2.12	2.47	2.75

表 7-7　包角修正系数 K_α

包角 α_1/(°)	180	170	160	150	140	130	120	110	100	90
K_α	1.00	0.98	0.95	0.92	0.89	0.86	0.82	0.78	0.74	0.69

7.3.3　带的型号和根数的确定

设 P 为传动的额定功率（kW），K_A 为工况系数（表 7-8），则计算功率为

$$P_c = K_A P \tag{7-31}$$

表 7-8　工况系数 K_A

工况		K_A					
		空载、轻载起动			重载起动		
		每天工作小时/h					
		<10	10～16	>16	<10	10～16	>16
载荷变动最小	液体搅拌机、通风机和鼓风机（≤7.5kW）、离心泵和压缩机、轻载输送机	1.0	1.1	1.2	1.1	1.2	1.3
载荷变动小	带式输送机（不均匀负荷）、通风机（>7.5kW）、非离心旋转式水泵和压缩机、发电机、旋转筛、印刷机等	1.1	1.2	1.3	1.2	1.3	1.4
载荷变动较大	往复式水泵和压缩机、起重机、磨粉机、振动筛、纺织机械、重载输送机等	1.2	1.3	1.4	1.4	1.5	1.6
载荷变动很大	破碎机、磨碎机等	1.3	1.4	1.5	1.5	1.6	1.8

注：1. 反复起动、正反转频繁、工作条件恶劣等场合，普通 V 带 K_A 应乘 1.2，窄 V 带乘 1.1。

2. 空载、轻载起动——电动机（交流起动、三角起动、直流并励）、四缸以上的内燃机、装有离心式离合器、液压联轴器的动力机。

3. 重载起动——电动机（联机交流起动、直流复励或串励）、四缸以下的内燃机。

4. 增速传动时 K_A 应乘以下系数：

增速比	1.25～1.74	1.75～2.49	2.5～3.49	≥3.50
系数	1.05	1.11	1.18	1.25

根据计算功率 P_c 和小带轮转速 n_1，按图 7-16 或图 7-17 选择普通 V 带或窄 V 带的型号。图中以粗斜直线划定型号区域，若工况坐标点临近两种型号的交界线，可按两种型号同时计算，并分析比较决定取舍，带的截面较小则带轮直径小，但根数较多。V 带根数 z 的计算公式为

$$z = \frac{P_c}{[P_0]} = \frac{P_c}{(P_0 + \Delta P_0) K_\alpha K_L} \tag{7-32}$$

z 应取整数。为了使每根 V 带受力均匀，V 带根数不宜太多，通常 $z \leqslant 4$，特殊情况可以取到 10 根。

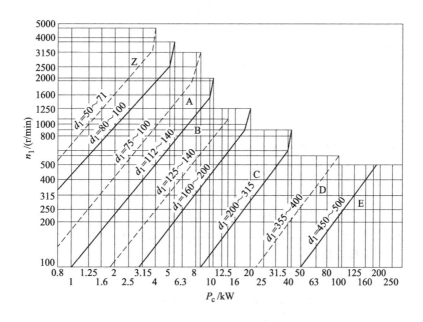

图 7-16 普通 V 带选型图

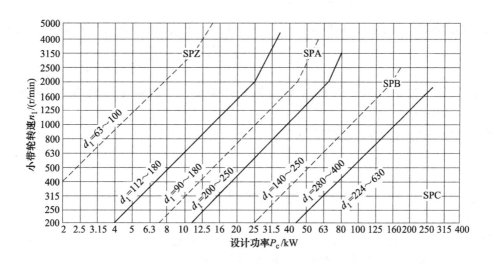

图 7-17 窄 V 带选型图

7.3.4 主要参数的选择

1. 带轮直径和带速

小带轮的基准直径 d_1 应等于或大于表 7-9 中的 d_{min}。若 d_1 过小，则带会因弯曲应力过大而影响使用寿命；反之，虽能延长带的寿命，但带轮外廓尺寸增加。

表 7-9　V 带轮的最小基准直径

型号	Y	Z	SPZ	A	SPA	B	SPB	C	SPC	D	E
d_{min}/mm	20	50	63	75	90	125	140	200	224	355	500

注：V 带轮的基准直径（mm）系列为 20、22.4、25、28、31.5、40、45、50、56、63、71、75、80、85、90、95、100、106、112、118、125、132、140、150、160、170、180、200、212、224、236、250、265、280、300、315、355、375、400、425、450、475、500、530、560、600、630、670、710、750、800、900、1000 等。

由式（7-25）得大带轮的基准直径

$$d_2 = \frac{n_1}{n_2} d_1 (1 - \varepsilon) \tag{7-33}$$

两带轮直径 d_1、d_2 应符合带轮基准直径尺寸系列（表 7-9）。带速

$$v = \frac{\pi d_1 n_1}{60 \times 1000} \tag{7-34}$$

对于普通 V 带，一般带速应控制在 5~30m/s 的范围内；对于窄 V 带，v 可达到 40m/s。v 过小则传递相同功率时需要更大的摩擦力，v 过大则离心力大。

2. 中心距、带长和包角

一般推荐按下式初步确定中心距 a_0，即

$$0.7(d_1 + d_2) < a_0 < 2(d_1 + d_2) \tag{7-35}$$

由式（7-2）可得初定的 V 带基准长度

$$L_0 = 2a_0 + \frac{\pi}{2}(d_1 + d_2) + \frac{(d_1 - d_2)^2}{4a_0} \tag{7-36}$$

根据初定的 L_0，由表 7-2 选取接近的基准长度 L_d，再按下式近似计算所需的中心距

$$a \approx a_0 + \frac{L_d - L_0}{2} \tag{7-37}$$

考虑 V 带传动的安装、调整和 V 带张紧的需要，中心距变动范围为 $(a - 0.015 L_d) \sim (a + 0.03 L_d)$。

小带轮包角由式（7-1）计算得

$$\alpha_1 = 180° - \frac{d_2 - d_1}{a} \times 57.3° \tag{7-38}$$

一般应使 $\alpha_1 \geqslant 120°$，否则应加大中心距或增设张紧轮。

3. 初拉力

保持适当的初拉力是带传动正常工作的首要条件，初拉力不足，会出现打滑；初拉力过大，将增大轴和轴承上的压力，并导致带的使用寿命降低。

单根普通 V 带适当的初拉力计算公式为

$$F_0 = \frac{500P_c}{zv}\left(\frac{2.5}{K_\alpha} - 1\right) + qv^2 \tag{7-39}$$

式中，P_c 为计算功率（kW）；z 为 V 带根数；v 为 V 带速度（m/s）；K_α 为包角修正系数，见表 7-7；q 为 V 带单位长度的质量（kg/m），见表 7-1。

4. 作用在带轮轴上的压力 F_Q

设计支承带轮的轴和轴承时，需知道 F_Q。由图 7-11 可知

$$F_Q = 2z\,F_0\sin\frac{\alpha_1}{2} \tag{7-40}$$

式中，z 为带的根数。

7.3.5 带轮的结构和安装固定

1. 带轮的结构

带轮常用铸铁制造，有时也采用钢或非金属材料（塑料、木材）。铸铁（HT150、HT200）带轮允许的最大圆周速度为 30m/s，速度更高时可采用铸钢或钢板冲压后焊接。塑料带轮的重量轻、摩擦系数大，常用于小功率设备的带传动中。

以 V 带轮结构为例，当带轮分度圆直径 $d \leqslant 2.5d_s$ 时，带轮重量较轻，可采用图 7-18a 所示的实心式结构。当 $300\text{mm} \geqslant d \geqslant 2.5d_s$，且 $d_h - d_r \geqslant 100\text{mm}$ 可采用孔板式，如图 7-18b 所示；$d \geqslant 350\text{mm}$ 时可采用轮辐式，如图 7-19 所示。图中列有经验公式，作为设计带轮结构时的参考。各种型号 V 带轮的轮缘宽度 B、轮毂孔直径 d_s 和轮毂长度 L 的尺寸，可根据传递

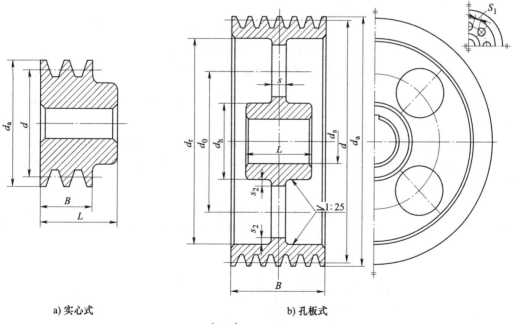

a) 实心式　　　　　　　　　　　　　b) 孔板式

$$d_h = (1.8 \sim 2)\,d_s\,;\quad d_0 = \frac{d_h + d_r}{2}\,;\quad d_r = d_a - 2(H + \delta)\,,\quad H、\delta\ \text{见表 7-10}\,;$$

$$s = (0.2 \sim 0.3)B\,;\quad s_1 \geqslant 1.5s\,;\quad s_2 \geqslant 1.5s\,;\quad L = (1.5 \sim 2)\,d_s$$

图 7-18　实心式和孔板式带轮的结构示意图

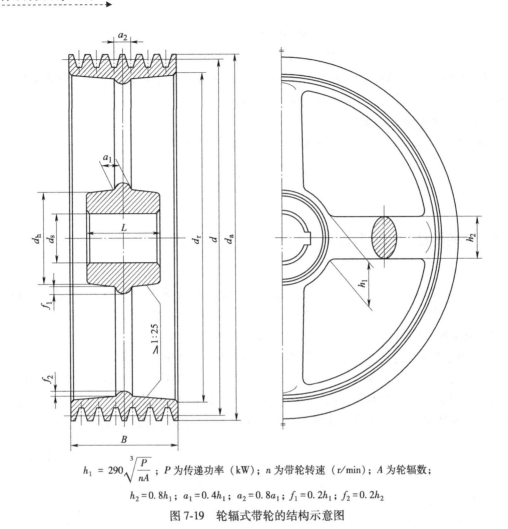

$$h_1 = 290\sqrt[3]{\dfrac{P}{nA}}$$ ；P 为传递功率（kW）；n 为带轮转速（r/min）；A 为轮辐数；

$$h_2 = 0.8h_1 ；\quad a_1 = 0.4h_1 ；\quad a_2 = 0.8a_1 ；\quad f_1 = 0.2h_1 ；\quad f_2 = 0.2h_2$$

图 7-19 轮辐式带轮的结构示意图

的转矩，通过计算配合轴段直径和键槽长度确定。普通 V 带轮轮缘的截面图及其各部尺寸见表 7-10。

V 带两侧面的夹角均为 40°，但在带轮上弯曲时，由于截面变形将使其夹角变小。为了使胶带仍能紧贴轮槽两侧，将 V 带轮的轮槽角规定为 32°、34°、36° 和 38°，具体值随带轮直径而定。

表 7-10　V 带轮的轮槽尺寸　　　　　　　　　　　　　　（单位：mm）

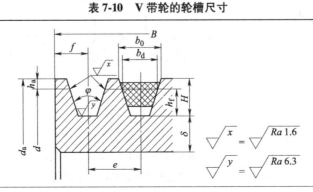

（续）

带　型	Y	Z/SPZ	A/SPA	B/SPB	C/SPC
b_d	5.3	8.5	11	14	19
h_{amin}	1.6	2.0	2.75	3.5	4.8
e	8±0.3	12±0.3	15±0.3	19±0.4	25.5±0.5
f_{min}	6	7	9	11.5	16
h_{fmin}	4.7	7/9	8.7/11	10.8/14	14.3/19
δ_{min}	5	5.5	6	7.5	10
φ　32°　对应的 　　　34°　直径 d 　　　36° 　　　38°	≤60 — >60 —	— ≤80 — >80	— ≤118 — >118	— ≤190 — >190	— ≤315 — >315

注：δ_{min} 是轮缘最小壁厚推荐值。

2. 带轮的安装固定

传动带属于易损耗件，需要根据损坏情况进行及时更换，因此带轮一般放置在箱体外部，呈悬臂梁方式安装。从机构运动角度来看，带轮及其支承零部件（轴、轴承等）共同组成一个构件，所以带轮与轴间必须可靠连接，不允许有发生相对运动的可能。

为确保带轮与轴间的可靠连接，首先带轮的毂孔（图 7-18 和图 7-19 中的 d_s）和轴之间应采用较紧的配合关系，保证带轮轴的同轴度，通常采用基孔制的过渡配合或小过盈配合，如 H7/m6、H7/n6、H7/r6 等，经常拆卸的带轮可以选用小间隙配合，如 H7/h6。然后，利用连接件、轴肩、轴端挡圈等在周向和轴向对带轮进行定位，确保工作过程中带轮与轴之间无相对运动，且带轮的轮毂宽 $l_h = l + (1 \sim 2)\,\text{mm}$，保证带轮或链轮在轴向方向上得到可靠定位。环保设备中最常用的周向连接件为键，如图 7-20 中的 V 带轮与轴间就是利用键实现周向定位的，同时利用键来传递转矩。图 7-20 中 V 带轮右侧为定位轴肩，左侧为轴端垫片和双螺钉。带轮和轴间采用小过盈配合 H7/r6，安装时先将带轮压入（或用木锤敲

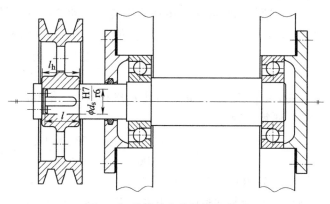

图 7-20　带轮的定位结构示意图

入），确保带轮轮毂定位侧面（图 7-18 和图 7-19 中的 d_s 与 d_h 间的环形侧面）和右侧轴肩的左侧环形面可靠接触，然后安装轴端垫片，最后利用两个螺钉完成连接。

7.3.6　V 带传动设计的主要任务与范例

设计带传动的原始数据一般是：传动用途、载荷性质、传递的功率、带轮的转速以及对传动外廓尺寸的要求等。V 带传动设计计算的主要任务是：选择合理的传动参数，确定 V

带的型号、长度和根数，确定带轮的材料、结构和尺寸。下面结合例 7-2 来展示 V 带传动设计计算的一般步骤。

【例 7-2】 卧式螺旋卸料沉降离心机简称卧螺离心机，利用高速旋转转鼓形成的强离心力进行固液分离，广泛应用于环保行业的污泥脱水和污泥浓缩等场合。图 7-21 所示为某污水处理厂污泥脱水用 LW-250A 型单电动机驱动卧螺离心机，采用 Y132S-4 型交流变频电动机驱动，电动机通过 V 带传动机构和转鼓直连，转鼓通过差速器与输料螺旋连接，已知电动机转速 $n_1 = 1450\text{r/min}$，转鼓转速 $n_2 = 3266\text{r/min}$。转鼓消耗功率 $P = 4.0\text{kW}$，连续工作（工作时间 >16h）。

解：（1）求计算功率 P 传动比为

$$i_{12} = \frac{n_1}{n_2} = \frac{1450}{3266} = 0.44$$

传动比小于 1 为增速传动，增速比（注：只有增速需要计算增速比，减速传动直接根据减速比查表 7-8 确定 K_A 值）为

$$\frac{1}{i_{12}} = \frac{1}{0.44} = 2.25$$

查表 7-8 得 $K_A = 1.2 \times 1.11 = 1.33$，故

图 7-21 LW-250A 型单电动机驱动卧螺离心机的实物图

$$P_c = K_A P = 1.33 \times 4.0\text{kW} = 5.32\text{kW}$$

（2）选 V 带型号 可用普通 V 带或窄 V 带，现以普通 V 带为例。增速传动，因此从动轮为小带轮。根据 $P_c = 5.32\text{kW}$，$n_2 = 3266\text{r/min}$，由图 7-16 查出此坐标点位于 Z 型和 A 型交界处，选用 A 型带计算。

（3）求大、小带轮基准直径 d_1、d_2 由图 7-16，$d_2 = 80 \sim 100\text{mm}$（注：先选择小带轮直径，因此减速传动时从图 7-16 中查得应为主动轮 d_1 的直径），传动比不大，即便选择较大直径的 d_2，d_1 值也不会过大。d_2 可取大值 $d_2 = 100\text{mm}$，由式（7-33）得

$$d_1 = \frac{n_2}{(1 - \varepsilon)n_1} d_2 = \frac{2.25 \times 100}{1 - 0.02}\text{mm} = 229.6\text{mm}$$

由表 7-9 取 $d_1 = 236\text{mm}$（虽使 n_2 略有增大，但其误差小于 5%，故允许）。

（4）验算带速 v

$$v = \frac{\pi d_1 n_1}{60 \times 1000} = \frac{\pi \times 236 \times 1450}{60 \times 1000}\text{m/s} = 17.9\text{m/s}$$

带速在 $5 \sim 30\text{m/s}$ 范围内，合适。

（5）求 V 带基准长度 L_d 和中心距 a 初步选取中心距

$$a_0 = 1.5(d_1 + d_2) = 1.5 \times (236 + 100)\text{mm} = 504\text{mm}$$

取 $a_0 = 500\text{mm}$，符合 $0.7(d_1 + d_2) < a_0 < 2(d_1 + d_2)$。

由式（7-36）得带长

$$L_0 = 2a_0 + \frac{\pi}{2}(d_1 + d_2) + \frac{(d_2 - d_1)^2}{4a_0}$$

$$= \left[2 \times 500 + \frac{\pi}{2} \times (236 + 100) + \frac{(236 - 100)^2}{4 \times 500} \right]\text{mm} = 1537\text{mm}$$

表 7-2 中的 A 型带，选用 $L_d = 1550 \mathrm{mm}$。再由式（7-37）计算实际中心距

$$a \approx a_0 + \frac{L_d - L_0}{2} = 500\mathrm{mm} + \frac{1550 - 1537}{2}\mathrm{mm} = 506.5\mathrm{mm}$$

（6）验算小带轮包角 α_1 　由式（7-1）得

$$\alpha_1 = 180° - \frac{d_2 - d_1}{a} \times 57.3° = 180° - \frac{236 - 100}{506.5} \times 57.3° = 165° > 120°$$

合适。

（7）求 V 带根数 z 　由式（7-32）得

$$z = \frac{P_c}{(P_0 + \Delta P_0)\, K_\alpha K_L}$$

按照高速轮计算，有 $n_2 = 3266 \mathrm{r/min}$，$d_2 = 100 \mathrm{mm}$，查表 7-4 得，$P_0 = 2.19 \mathrm{kW}$。

增速传动，利用实际传动比倒数查找功率增量 ΔP_0（若为减速传动，按照减速比直接查找功率增量），由式（7-25）有

$$\frac{1}{i_{12}} = \frac{d_1(1 - \varepsilon)}{d_2} = \frac{236(1 - 0.02)}{100} = 2.3$$

查表 7-6 得，$\Delta P_0 = 0.39 \mathrm{kW}$。

由 $\alpha_1 = 165°$ 查表 7-7 得 $K_\alpha = 0.97$，查表 7-2 得 $K_L = 0.98$，由此可得

$$z = \frac{5.32}{(2.19 + 0.39) \times 0.97 \times 0.98} = 2.17$$

取 $z = 3$。

（8）求作用在带轮轴上的压力 F_Q 　查表 7-1 得 $q = 0.105 \mathrm{kg/m}$，故由式（7-39）得单根 V 带的初拉力

$$F_0 = \frac{500 P_c}{zv}\left(\frac{2.5}{K_\alpha} - 1\right) + qv^2 = \left[\frac{500 \times 5.32}{3 \times 17.9}\left(\frac{2.5}{0.97} - 1\right) + 0.105 \times 17.9^2\right]\mathrm{N} = 111.8\mathrm{N}$$

作用在轴上的压力

$$F_Q = 2z F_0 \sin\frac{\alpha_1}{2} = 2 \times 3 \times 111.8\mathrm{N} \times \sin\frac{165°}{2} = 665.0\mathrm{N}$$

（9）带轮结构设计（略） 　随着数字化技术的发展，常规设计过程已经被集成到软件中，设计过程更为简单，此处不再赘述。

7.4　输送带设计简介

7.4.1　带式输送机的组成和原理

带式输送机是散料输送与装卸的重要设备，广泛应用于环保产业中。与其他散料运输设备相比，带式输送机具有输送距离长、运输量大、效率高、能耗小、运营成本低等优势，而且易于实现自动化和集中控制。

带式输送机以输送带作为牵引和承载件，利用带的回旋运动实现物料的连续输送。如图 7-22a 所示，输送带绕过传动滚筒（相当于传动带中的驱动轮）和尾部滚筒（相当于传动带

中的从动轮）形成封闭环；支承托辊用于支承带，并控制输送带的挠曲度；拉紧机构（配重或螺旋拉紧机构）调控输送带的初始拉力。工作时，驱动机构驱动传动滚筒转动，依靠输送带与滚筒间的摩擦力驱动带运动，将物料从卸料口带到另一端。

带式输送机的横截面结构如图 7-22b 所示，工作行程时输送带在上方，称之为上输送带；回程时输送带在下方，称之为下输送带。根据输送物料的特性，选择合适形状的支承托辊，使上输送带便于输送物料。如图 7-22b 所示，在支承托辊控制下，上输送带呈槽形，下输送带一般由平托辊支承。

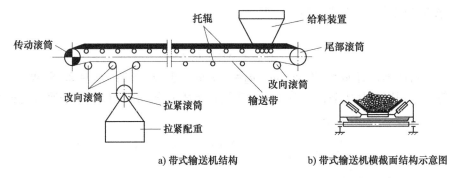

a) 带式输送机结构　　　　　　b) 带式输送机横截面结构示意图

图 7-22　带式输送机的结构和工作原理示意图

带式输送机上的大部分零部件都已经标准化，其设计为计算选型设计，国内可参考 TD62、TD75 和 DTII 等型号带式输送机的设计选用手册。另外，机械行业、煤炭行业以及电力行业分别结合行业特点制定了相应的设计或设备规范。我国 1997 年制定了 GB/T 17119—1997《连续搬运设备—带承载托辊的带式输送机—运行功率和张力的计算》，国外设计计算方法有德国标准设计计算方法、美国输送机制造商协会（CEMA）的功率和张力计算方法、日本标准计算方法等。

7.4.2　输送带的种类与选择

输送带是带式输送机的牵引和承载元件，应具有较高的抗拉强度。输送带由弹性体（覆盖胶和带芯胶）和抗拉体（承载体/骨架）组成，其基本形态类似平带，是一种标准件。

1. 抗拉体的材质、结构与选择方法

输送带的性能与抗拉体的材质、结构和层数有很大关系，按抗拉体材料可分为织物芯输送带（图 7-23a）、钢丝绳芯输送带（图 7-23b）和芳纶芯输送带。按拉伸强度等级可分为轻型输送带（拉伸强度 <500N/mm）、中等强度输送带（拉伸强度为

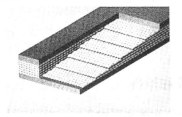

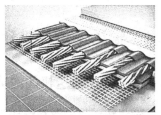

a) 织物芯输送带　　　　　b) 钢丝绳芯输送带

图 7-23　不同骨架材料的输送带

630~2000N/mm）、高强度输送带（拉伸强度为 2000~5000N/mm）、超高强度输送带（拉伸强度为 5000N/mm）。

通用普通织物芯输送带的工作温度为-50~250℃，设计使用寿命大于 5 年，由多层织物通过橡胶粘接而成，上层覆盖 3~6mm 厚的橡胶层，下层覆盖 1.4~4.5mm 厚的橡胶层。织物输送带的规格及技术参数见表 7-11，其中 CC 型抗拉体的经向和纬向都是棉纤维，NN 型抗拉体的经向和纬向都是 Nylone-66（或聚酰胺），EP 型抗拉体的经向为聚酯（Polyester），纬向是 Nylone-66（或聚酰胺）。CC 型和 NN 型输送带在定载荷作用下的伸长率为 1.5%~2%；EP 型输送带在定载荷作用下的伸长率不大于 1.5%。输送带的拉断强度 σ 为拉断时的力与带宽度之比，单位为 N/mm。

表 7-11　普通织物芯输送带的规格及技术参数

抗拉体材料	型号	拉断强度 σ/（N/mm）	带宽 B /mm	每层质量 /（kg/m²）	每层厚度 d_{B1}/mm	层数范围	覆盖胶层厚度（质量）/mm(kg/m²) 上	下
棉帆布	CC-56	56	500~1400	1.5	1.36	3~8	1.5 (1.7)	
尼龙帆布	NN-100	100	500~1200	1.0	1.02	2~4	3.0 (3.4)	1.5 (1.7)
	NN-150	150	650~1600	1.1	1.12	3~6		
	NN-200	200	650~1800	1.2	1.22	3~6	4.5	
	NN-250	250	650~2200	1.3	1.32	3~6		
	NN-300	300	650~2200	1.4	1.42	3~6	5.1	
聚酯帆布	EP-100	100	500~1000	1.2	1.22	2~4	6.0 (6.8)	3.0 (3.4)
	EP-200	200	650~2200	1.3	1.32	3~6		
	EP-300	300	650~2200	1.5	1.52	3~6	8.0 (9.5)	

普通钢丝绳芯输送带用于强力带式输送机，设计使用寿命 15~20 年，采用细钢丝绳作为承载芯，外加覆盖胶。相对于织物芯输送带，普通钢丝绳芯输送带拉伸强度高，可以应用于大运量和长距离的输送；伸长率小，可减小拉紧行程；弹性模量高，起动或制动较容易；抗冲击及抗弯曲疲劳强度高，使用寿命和接头寿命均较长。常用普通钢丝绳芯输送带的规格及技术参数见表 7-12。

表 7-12　常用普通钢丝绳芯输送带的规格及技术参数

型号	纵向拉伸强度/（N/mm）	钢丝绳最大直径/mm	钢丝绳间距/mm	带质量/（kg/m²）	带厚/mm	钢丝绳根数范围	覆盖胶层厚度/mm 上	下
630	630	3.0	10	19.0	13	75~151	5	5
800	800	3.5	10	20.5	14	75~171	5	5
1000	1000	4.0	12	23.1	16	63~192	6	6
1250	1250	4.5	12	24.7	17	63~192	6	6
1600	1600	5.0	12	27.0	17	63~192	6	6
2000	2000	6.0	12	34.0	20	63~192	8	6
2500	2500	7.5	15	36.8	22	50~153	8	6
3150	3150	8.1	15	42.0	25	50~153	8	8
4000	4000	8.6	17	49.0	25	56~136	8	8
4500	4500	9.1	17	53.0	30	57~136	10	10
5000	5000	10.0	18	58.0	30	53~129	10	10

注：带宽（mm）系列为 800、1000、1200、1400、1600、1800、2000、2200、2400。

2. 输送带的结构形态

按外观形态，输送带可分为光面带、浅花纹带、深花纹带（图 7-24a）、挡边带（图 7-24b）、挡板带、有轨导向带、管形带和扇形带等。根据输送方式和输送介质特点的不同，选择带的结构形态，如小倾角环境下，输送成块或整装物料时，可以选用平面结构的输送带；输送松散物料时，则需要选用槽形输送带；在大倾角环境下，为防止物料的滑落，选择深花纹或波纹挡板输送带较为合适。

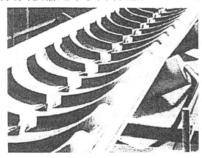

a) 深花纹输送带　　　　　　　　　b) 波纹挡边输送带

图 7-24　不同外观形态的输送带

3. 覆盖层的选择

常用覆盖层材料主要为橡胶和聚氯乙烯（PVC），在大多数气候情况下，橡胶带能在倾角不大于 18°的条件下正常工作，PVC 带正常运行的倾角为 12°以下。PVC 不如橡胶的回弹性好，但有较好的阻燃性、卸料性和清洗性。选择覆盖材料时应综合考虑输送物料物性、运行条件和工作环境等。常用输送带的选择见表 7-13。

表 7-13　常用输送带的选择

物料及工作条件	宜选输送带		
	类型	层芯	覆盖胶
散状物理密度较小，磨损性较小，如纤维、粉末等	轻型	棉帆布、维纶帆布、尼龙	天然橡胶、聚氯乙烯
松散密度在 2.5t/m³ 以下的中小矿石、焦炭、沙砾等对带磨损不严重的物料	普通型	棉帆布、维纶帆布、尼龙、聚酯	天然橡胶、丁苯橡胶
松散密度较大的矿石、煤等对带冲击力较大、磨损较重的物料，输送量大、距离较长	强力型	尼龙、聚酯、钢丝绳	天然橡胶、丁苯橡胶、异戊二烯橡胶
防爆区	难燃型	棉帆布、尼龙、钢丝绳等	氯丁橡胶、聚氯乙烯等
输送温度在 80~150℃的物料	耐热型	棉帆布、维纶帆布、聚酯等	丁苯橡胶、氯丁橡胶
工作环境温度低于−30℃	耐寒型	棉帆布、维纶帆布、聚酯等	天然橡胶、顺丁橡胶
输送机倾斜角较大	花纹型波状挡边型	棉帆布、维纶帆布、尼龙、聚酯	天然橡胶、丁苯橡胶

（续）

物料及工作条件	宜选输送带		
	类型	层芯	覆盖胶
输送物料冲击严重	耐冲击型	维纶帆布、尼龙、聚酯等	天然橡胶、异戊二烯橡胶
物料含油或有机溶剂	耐油型	棉帆布、尼龙、聚酯、钢丝绳等	氯丁橡胶、丁腈橡胶等
物料带腐蚀性	耐酸碱型	棉帆布、尼龙、聚酯、钢丝绳等	氯丁橡胶、天然橡胶等
物料带静电	导静电型	棉帆布、尼龙	丁苯橡胶、天然橡胶

7.4.3　输送带的受力

单筒传动输送机的输送带与滚筒间的摩擦力、所需张紧力、带的压轴力等与传动带的计算过程相同，这里结合【例 7-3】来展示详细计算过程。

【例 7-3】　污水处理厂内格栅除污机清理出来的栅渣一般利用带式输送机运输。已知某污水处理厂用的是 PD 型带式输送机，输送功率 $P = 1.5 \text{kW}$，带速 $v = 0.6 \text{m/s}$，带轮包角 $\alpha_1 = 180°$（3.14rad），带的厚度 $\delta = 4.8 \text{mm}$、带宽 $b = 500 \text{mm}$，带的密度 $\rho = 1 \times 10^{-3} \text{kg/cm}^3$，带与轮面间的摩擦系数 $f = 0.3$。试求：①传递的圆周力；②紧边、松边拉力；③离心力在带中引起的拉力；④所需的初拉力；⑤作用在轴上的压力。

解：（1）传递的圆周力

$$F = \frac{1000P}{v} = \frac{1000 \times 1.5}{0.6} \text{N} = 2500 \text{N}$$

（2）紧边、松边拉力　由于 $e^{f\alpha} = e^{0.3 \times 3.14} = 2.56$，故根据式（7-14）得

$$F_1 = F \frac{e^{f\alpha}}{e^{f\alpha} - 1} = \frac{2500 \times 2.56}{2.56 - 1} \text{N} = 4103 \text{N}$$

$$F_2 = F \frac{1}{e^{f\alpha} - 1} = \frac{2500}{2.56 - 1} \text{N} = 1603 \text{N}$$

（3）离心力引起的拉力　平带单位长度质量

$$q = 100b\delta\rho = 100 \times 50 \times 0.48 \times 10^{-3} \text{kg/m} = 2.4 \text{kg/m}$$

$$F_c = qv^2 = 2.4 \times 0.6^2 \text{N} = 0.86 \text{N}$$

（4）所需的初拉力　虽然带的离心力使带与轮面间的压力减小、传动能力降低，但离心力远小于紧边和松边拉力，因此忽略相对小量，由式（7-3）有

$$F_0 = \frac{1}{2}(F_1 + F_2) = \frac{4103 + 1603}{2} \text{N} = 2853 \text{N}$$

可见，传递的圆周力为 2500N 时，为防止打滑所需的初拉力不得小于 2853N。

（5）作用在轴上的压力　如图 7-11 所示，静止时轴上压力

$$F_Q = 2F_0 \sin\frac{\alpha_1}{2} = 2 \times 2853 \text{N} \times \sin\frac{180°}{2} = 5706 \text{N}$$

7.4.4 输送带的计算选型

1. 带宽 B 计算

带宽的计算主要考虑输送物料所需的承载宽度，对于散状物料而言，先按物料输送量计算出输送带上需要的物料横截面积 A，其计算公式为

$$A = \frac{Q}{3.6vk\rho} \geq [A] \tag{7-41}$$

式中，Q 为输送量（t/h）；v 为带速（m/s）；ρ 为散状物料的密度（kg/m^3）；k 为倾斜输送机面积折减系数，见表 7-14；$[A]$ 为输送带允许物料的最大截面面积（m^2）。然后查表 7-15 确定输送带的宽度 B。

表 7-14 倾斜输送机面积折减系数 k

倾角/(°)	2	4	6	8	10	12	14	16	18	20
k	1.00	0.99	0.98	0.97	0.95	0.93	0.91	0.89	0.85	0.81

表 7-15 输送带上允许的物料最大截面面积 $[A]$　　　　（单位：m^2）

托辊槽角/(°)	物料运行堆积角/(°)	输送带宽度 B/mm					
		500	650	800	1000	1200	1400
0	5	0.0023	0.0042	0.0065	0.0105	0.0155	0.0213
	10	0.0047	0.0084	0.0132	0.0212	0.0312	0.0430
	20	0.0097	0.0174	0.0272	0.0438	0.0644	0.0888
	30	0.0154	0.0275	0.0432	0.0695	0.1021	0.1409
30	0	0.0143	0.0266	0.0416	0.0686	0.1002	0.1402
	10	0.0184	0.0339	0.0530	0.0868	0.1270	0.1770
	20	0.0227	0.0412	0.0651	0.1062	0.1554	0.2161
	30	0.0277	0.0504	0.789	0.1282	0.1878	0.2607
35	0	0.0162	0.0300	0.0469	0.0772	0.1128	0.1577
	10	0.0201	0.0369	0.0577	0.0944	0.1381	0.1924
	20	0.0242	0.0442	0.0692	0.1127	0.1650	0.2294
	30	0.0289	0.0525	0.0822	0.1335	0.1956	0.2714
45	0	0.0191	0.0353	0.0553	0.0908	0.1328	0.1852
	10	0.0225	0.0413	0.0647	0.1057	0.1548	0.2152
	20	0.0262	0.0477	0.0747	0.1216	0.1781	0.2472
	30	0.0303	0.0549	0.0861	0.1396	0.2047	0.2835

2. 带长计算

输送带总长度

$$L_D = L_Z + L_A N \tag{7-42}$$

式中，L_Z 为输送机几何尺寸决定的输送带周长（m）；L_A 为接头长度（m）；N 为接头数。

织物芯输送带的 L_A 为

$$L_A = (Z - 1)b' + B\cot 60° \tag{7-43}$$

式中，Z 为织物芯带层数；b' 为阶梯宽度（m），见表 7-16。

表 7-16　阶梯宽度 b'（最小值） （单位：m）

带宽 B/m	层数 Z					
	3	4	5	6	7	8
0.5	0.30	0.25	0.25	0.20	0.20	
0.65	0.30	0.25	0.25	0.20	0.20	
0.8	0.35	0.30	0.30	0.25	0.25	0.20
1.0	0.45	0.40	0.35	0.30	0.25	0.20
1.2	0.55	0.50	0.45	0.40	0.40	0.35
1.4	0.65	0.60	0.45	0.50	0.45	0.40

3. 织物芯输送带层数 Z 计算

织物芯输送带承载层数

$$Z = \frac{F_{max} S_0}{B\sigma} \tag{7-44}$$

式中，F_{max} 为输送带最大张力（N）；σ 为输送带纵向拉断强度（N/mm）；S_0 为稳定工况下织物芯输送带静安全系数，棉帆布芯输送带 $S_0 = 8 \sim 9$，尼龙、聚酯芯输送带 $S_0 = 10 \sim 12$。

按式（7-44）计算出 Z 后，按表 7-11 中的限定范围，取大取整。

织物芯输送带承载层层数 Z 确定后，应校核传动滚筒的直径 D，校核公式为

$$D = CZd_{B1} \tag{7-45}$$

式中，C 为系数，棉帆布芯取 80，尼龙芯取 90，聚酯芯取 108；d_{B1} 为织物芯输送带每层厚度，可按照表 7-11 选取。

4. 覆盖层厚度

帆布芯输送带下层覆盖橡胶层厚度一般为 1.5mm，有特殊需求可以增加到 3mm。上层覆盖橡胶层厚度根据所输送物料的堆积厚度、粒度、落料高度及物料的磨琢性，按表 7-17 选取。

表 7-17　橡胶输送带覆盖胶的推荐厚度

物料名称	物料特性	覆盖胶厚度/mm	
		上胶厚	下胶厚
焦炭、煤、白云石、石灰石、烧结混合物砂等	松散密度 $\rho < 2t/m^3$，中小粒度或磨损性小的物料	3.0	1.5
破碎后的矿石、选矿产品、各类岩石、油母页岩	松散密度 $\rho < 2t/m^3$，块度 ≤200mm，磨损性大的物料	4.5	1.5
大块铁矿石、油母页岩	松散密度 $\rho > 2t/m^3$，磨损性大的大块物料	6.0	1.5

5. 输送带的寿命估算

输送带使用寿命估算公式为

$$L_y = \frac{Q_n \sum k}{Q} \tag{7-46}$$

式中，L_y为使用年限（年）；Q_n为许用运输量（万 t）；Q为年运输量（万 t）；寿命计算系数 $\sum k$包括覆盖胶强度系数 k_1、上层覆盖胶厚度系数 k_2、运输物料种类系数 k_3和使用条件系数 k_4，各系数见表 7-18。

表 7-18　输送带的寿命计算系数

覆盖胶强度/（N/mm）	k_1	上层覆盖胶厚度/mm	k_2	运输物料种类	k_3		使用条件	k_4
10~4	1.0	3.2	1.0	大煤块	1.0		1 个装载装置	1.0
18~21.5	1.2	4.8	1.2	小煤块	1.2	$k_{4,1}$	2 个装载装置	0.8
25~28.5	1.4	6.4	1.4	煤粉	1.3		1 台卸料车	0.8
—	—	—	—	大焦炭块	0.5		倾斜平台的机	0.9
—	—	—	—	小焦炭块	0.6		室外露填	1.0
—	—	—	—	热焦炭	0.1	$k_{4,2}$	室内	1.2
—	—	—	—	50mm 以下矿石	0.8		室外有保护	1.0
—	—	—	—	矿石粉	0.9		头部单驱动	1.0
—	—	—	—	大石块	0.7	$k_{4,3}$	尾部或中部驱动	0.9
—	—	—	—	小石块	0.8		串联驱动	0.8

7.4.5　滚筒结构及尺寸计算

滚筒用于张紧输送带、提供摩擦力、改变输送带的运动方向，安装在主动轴上的滚筒称为传动滚筒。类似于主动带轮，传动滚筒通过摩擦副驱动传送带运动。图 7-25 所示为传动滚筒的结构示意图，由驱动轴、支承轴承座、轮毂、辐板、筒壳等组成。一般传动滚筒筒壳表面覆盖有橡胶或陶瓷以增大驱动滚筒和输送带间的摩擦系数。传动滚筒外的滚筒均称为改向滚筒，包括输送机端部的改向滚筒、增加传动滚筒包角的导向滚筒、拉紧滚筒等。

滚筒筒壳直径越大，输送带绕过滚筒时带内的弯曲应力越小。但是，当滚筒直径增大后，滚筒重量增加，且相同

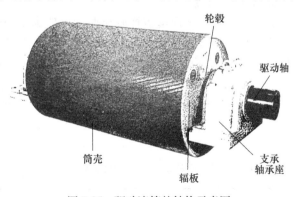

图 7-25　驱动滚筒的结构示意图

带速和电动机转速条件下所需的减速器减速比也增加。滚筒筒壳直径选择的原则是：当输送带拉伸应力大时，选择直径较大的滚筒以降低带的附加弯曲应力；相反，当拉伸应力小时，允许稍大一些的弯曲应力，可以选用较小直径的滚筒。带式输送机滚筒直径按输送带的构造、应力和接头形式可分成 A、B、C 三组：A 组为传动滚筒和承受输送带较高张力的滚筒，即输送机头部和尾部的主传动滚筒、传递全部张力的滚筒、卸料小车上的改向滚筒等；B 组

为工作在输送带较小张力区的改向滚筒，如张紧装置的改向滚筒；C 组为导向滚筒（输送带运行方向改变角度≤30°）。

滚筒的最小直径可以按（7-45）估算，然后取大且取表 7-19 中的标准值。当允许的最高输送带张力利用率很小以及对于 B 组和 C 组的滚筒，允许采用表 7-19 中较小的滚筒筒壳直径值。表 7-19 中 σ_N 为纵向拉伸强度，查表 7-11 和表 7-12 确定，σ_{max} 为稳定工况下输送带承受的最大张力和带宽之比。

表 7-19　滚筒筒壳的最小直径

筒壳直径 D/mm	不计摩擦表面层的最小直径/mm											
	滚筒载荷系数 $k = 8\dfrac{\sigma_{max}}{\sigma_N} \times 100\%$											
	$k>100\%$			$100\%>k\geqslant60\%$			$60\%>k\geqslant30\%$			$k<30\%$		
	A	B	C	A	B	C	A	B	C	A	B	C
100	125	100		100								
125	160	125	100	125	100		100					
160	200	160	125	160	125	100	125	100		100	100	
200	250	200	160	200	160	125	160	125	100	125	125	100
250	315	250	200	250	200	160	200	160	125	160	160	125
315	400	315	250	315	250	200	250	200	160	200	200	160
400	500	400	315	400	315	250	315	250	200	250	250	200
500	630	500	400	500	400	315	400	315	250	315	315	250
630	800	630	500	630	500	400	500	400	315	400	400	315
800	1000	800	630	800	630	500	630	500	400	500	500	400
1000	1250	1000	800	1000	800	630	800	630	500	630	630	500
1250	1400	1250	1000	1250	1000	800	1000	800	630	800	800	630
1400	1600	1400	1000	1400	1250	1000	1250	1000	800	1000	1000	800
1600	1800	1600	1250	1600	1250	1000	1250	1000	800	1000	1000	800
1800	2000	1800	1250	1800	1400	1250	1600	1250	1000	1250	1250	1000
2000	2200	2000	1400	2000	1600	1250	1600	1250	1000	1250	1250	1000

确定滚筒筒壳直径 D 后，根据转筒传递的功率，计算承载的计算转矩 T_c，并使其小于滚筒许用转矩 $[T]$，即

$$T_c = \frac{P}{\omega} = 9.55\frac{P}{n} \leqslant [T] \tag{7-47}$$

式中，T_c、$[T]$ 分别为滚筒承载的计算转矩和许用转矩（kN·m）；P 为滚筒传动的功率（kW）；ω 和 n 分别为滚筒的角速度（rad/s）和转速（r/min）。查《机械设计手册》，按照许用转矩确定转筒的基本参数和尺寸；滚筒的部分尺寸取值以及所用轴承型号见表 7-20，

与表中尺寸对应的结构如图 7-26 所示。

表 7-20　传动滚筒的基本参数与尺寸

B/mm	D/mm	[T]/kN·m	轴承型号	A	L	L₁	d	K	M	N	Q	P	H	h	h₁	b	d₀	孔数 n
500	500	2.7	22216	850	600	495	70	140	70		350	410	120	33	74.5	20	M20	
	500	3.5	22216			570	70	140	70		350	410	120	33	74.5	20	M20	
650	500	6.3	22220	1000	750	590	90	170	80		380	460	135	46	95	25	M24	
	630	4.1	22216			570	70	140	70		350	410	120	33	74.5	20	M20	
		7.3				590												
800	500	4.1	22220	1300	950		90	170	80	—	380	460	135	46	95	25	M24	2
	630	6.0				740	90	170	80		380	460	135	46	95	25		
		12.0	22224				110	210	110		440	530	155		116	28		
		20.0	22228			750	130	250	120	63	480	570	170		137	32	M30	
	800	7.0	22220			740	90	170	80		380	460	135	46	95	25	M24	
		12.0	22224				110	210	110		440	530	155		116	28		
		20.0	22228			750	130		120	63	480	570	170		137	32		
		32.0	22232	1400		800	150	250	200	105	520	640	200	70	158	36	M30	4
	1000	40.0	22236			870	170	300	220	120	570	700	220	75	179	40		
	1250	52.0	23240				190	350	225	140	640	780	240		200	45		
1000	630	6.0	22220	1500	1150	840	90	170	80	—	380	460	135	46	95	25	M24	2
		12.0	22224				110	210	110		440	530	155	46	116	28		
	800	12.0				850	130		120	63	480	570	170	63	137	32	M30	
		20.0	22228			900	150	250	200	105	520	640	200	65	158	36		4
		27.0	22232	1600		910	170	300	220	120	570	700	220	70	179	40	M30	
		40.0	22236															
	1000	12.0	22224	1500		840	110	210	110	—	440	530	155	46	116	28	M24	2
		20.0	22228			850	130	250	120	63	480	570	170	63	137	32	M30	
		27.0	22232	1600		900	150		200	105	520	640	200	65	158	36		4
		40	22236			910	170	300	220	120	570	700	220	70	179	40		
	1250	52	23240			875	190		255	140	640	780	240	75	200	45		
		52	23244	1650		1000	200	350	270		720	880	270	80	210		M36	
	1400	66	23248				220		300	150	750	900	290	90	231	50		

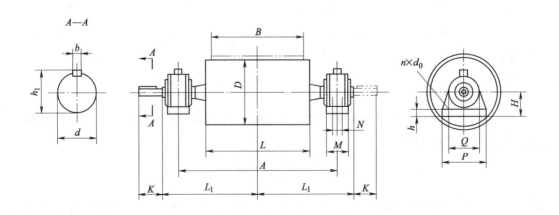

图 7-26　传动滚筒的基本参数与尺寸

7.5　摩擦轮传动

与带传动不同，摩擦轮传动没有中间挠性元件，主、从动轮直接接触，利用主动轮与从动轮间的摩擦副传动运动和动力，结构简单、传动平稳，工作时噪声很小，甚至没有噪声；超载时自动打滑，可以防止重要零部件的损坏；而且可以在不停机的情况下实现平稳或无级变速，因此是机械式无级变速器传动设计的基础。

7.5.1　摩擦轮传动的基本原理

1. 受力分析

图 7-27 所示为典型的摩擦轮传动结构示意图，在压紧力 Q 作用下，摩擦副（两轮在接触点 A）处产生相应的摩擦力。根据摩擦定律，用于驱动从动轮转动的摩擦力 F_f 与其圆周力相等，即

$$F_f = F_t = Qf \qquad (7-48)$$

式中，f 为两摩擦轮间的摩擦系数；Q 为两摩擦轮间的正压力（N）。

驱动从动轮的力矩 T_t 为

$$T_t = F_f R_2 \qquad (7-49)$$

式中，R_2 为从动轮半径（mm）。

与带传动相同，为了使摩擦轮传动正常工作，从动轮上的圆周力 F_t 应小于摩擦副处可能产生的最大摩擦力 F_{fmax}。最大摩擦力的大小取决于两摩擦轮间的正压力、材料、表面状态等。如果 $F_{fmax}<F_t$，则主动轮将带不动从动轮，两轮间产生打滑现象，即发生了传动失效。为增加两轮间的摩擦力，可以采用斜面接触的方式，如图 7-29a 中的槽形摩擦轮传动。由第 3 章中式（3-5）可知，在相同正压力 Q 作用下，摩擦力与沟槽夹角的正弦值成反比，当夹角趋向于 "0" 时，理论上摩擦力可以达无穷大。工程上，沟槽夹角趋向于 "0" 很难做到，一般槽形摩擦轮沟槽的夹角为 $24° \sim 36°$。

材料和表面状态确定后，只有通过增加正压力来提高摩擦传动的承载能力，因此所有摩擦轮传动均需要压紧机构，以产生需要的正压力。较大的压紧力使摩擦轮在接触点处产生弹性变形，且传动过程中还有弹性滑动的问题。弹性滑动是由于材料弹性变形而引起的滑动，图 7-27 中两轮在正压力 Q 作用下，摩擦副间也一样会存在弹性变形，形成如图 7-28 所示的微小面接触形式，此处称为接触区。工作时，接触面上产生摩擦力 F_f。在主动轮上，F_f 为阻力，F_f 的方向与主动轮的转动方向相反；对于从动轮而言，F_f 为驱动力，F_f 的方向与从动轮的转动方向相同。因此，在 F_f 与 Q 作用下，主动轮接触区的表面材料受到摩擦力 F_f 的阻碍而被压缩；且由进入到转出接触区，接触区材料的被压缩变形量逐渐增大，使得表面材料的实际速度小于主动轮的转速。同理，在从动轮上，由进入到转出接触区，表面材料受到摩擦力 F_f 的拉伸作用而被拉长，使得表面材料的实际速度大于从动轮的转速，故存在弹性滑动。弹性滑动的结果将使实际传动中，从动轮圆周线速度 v_2 要小于主动轮的圆周线速度 v_1。弹性滑动的大小也用弹性滑动率 ε 表示，计算公式仍为式（7-24）。

由于弹性滑动的存在，导致摩擦轮传动的精度和效率均较低，且工作表面易发生疲劳磨损。因此，摩擦轮传动不宜传递较大的力矩；主要应用于传动要求平稳、低速、轻载等

场合。

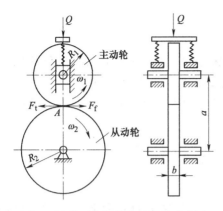

图 7-27　典型摩擦轮传动结构示意图

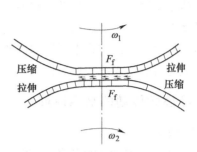

图 7-28　弹性滑动机理的示意图

2. 传动比计算

在不产生相对滑动的理想条件下，两轮在接触点 A 处的线速度应满足：$v_1 = v_2$。定义主动轮和从动轮的转速比为其传动比，则摩擦轮传动的理论传动比 i_{12} 为

$$i_{12} = \frac{\omega_1}{\omega_2} = \frac{v_1/R_1}{v_2/R_2} = \frac{R_2}{R_1}$$

式中，ω_1、ω_2 分别为主动轮（轮 1）和从动轮（轮 2）的角速度（rad/s）。考虑弹性滑动时，其传动比为

$$i_{12} = \frac{\omega_1}{\omega_2} = \frac{n_1}{n_2} = \frac{R_2}{R_1(1-\varepsilon)} = \frac{D_2}{D_1(1-\varepsilon)}$$

式中，D_1、D_2 为两摩擦轮的直径（mm），对于槽形摩擦轮，为沟槽工作面中线所形成圆的直径；n_1、n_2 分别为主动轮（轮 1）和从动轮（轮 2）的转速（r/min）；ε 为弹性滑动系数。

7.5.2　摩擦轮传动分类

按照传动比的变化情况，摩擦轮传动可分为定传动比传动和变传动比（又称无级变速）传动两类。图 7-29 所示为常用定传动比摩擦轮传动，按其传递运动的形式又可分为：

1）将主动轮的回转运动转变为从动轮的回转运动，如图 7-29a、b 所示。其中，图 7-29a 所示为两轴线平行的摩擦轮传动，也被称为圆柱形摩擦轮传动；图 7-29b 所示为两轴线相交 90° 的圆锥形摩擦轮传动。

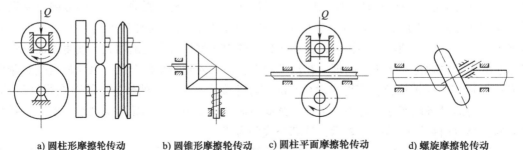

a) 圆柱形摩擦轮传动　　b) 圆锥形摩擦轮传动　　c) 圆柱平面摩擦轮传动　　d) 螺旋摩擦轮传动

图 7-29　常用定传动比摩擦轮传动

2）将回转运动转变为直线运动或者使回转运动方向相反，如图 7-29 所示。这种传动形式常应用于自动记录仪和某些 X-Y 工作台的驱动机构中。

3）将主动轮的回转运动转变为从动轮的螺旋运动，如图 7-29d 所示。这种形式的传动常应用于各种绕线机的传动机构中。

图 7-30 所示为常用变传动比摩擦轮传动，又称为无级变速器。其中，图 7-30a 所示为圆盘-滚子式摩擦轮传动，当滚子为主动件且其转速一定时，移动滚子，借以改变圆盘（从动件）的工作半径 R_2，则圆盘 2 的转速随着 R_2 的改变而变化，因而可得到无级变速。图 7-30b 所示为圆盘-滚子-圆盘式摩擦轮传动，同样移动滚子，则同时改变圆盘 1 和圆盘 2 的工作半径 R_1 和 R_2，从而圆盘 2 的转速随之改变，这样可达成两平行轴之间的无级变速。图 7-30c 所示为转向变速器，在主动轮以一定的方向转动时，左圆盘与主动轮接触，从动轴就以一定的方向回转；当右圆盘与主动轮接触时，从动轴向另一个方向回转；若再使主动轮上下移动，借以改变圆盘的工作半径，也可得到无级变速。图 7-31 所示为其他各种形式变传动比摩擦轮传动，此处不再一一介绍。

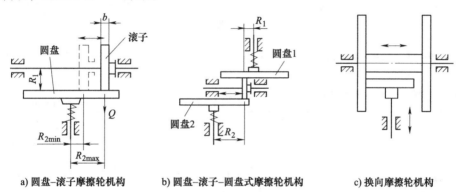

a) 圆盘-滚子摩擦轮机构　　b) 圆盘-滚子-圆盘式摩擦轮机构　　c) 换向摩擦轮机构

图 7-30　常用变传动比摩擦轮传动

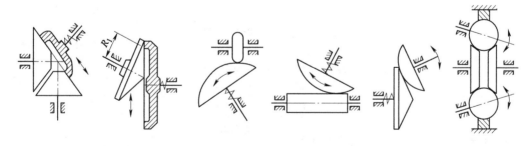

图 7-31　其他各种形式变传动比摩擦轮传动

7.5.3　摩擦轮常用材料

摩擦轮用材料应具备的性质包括摩擦系数大、耐磨损、弹性模量大等，工程上常采用的两轮材料匹配情况有如下两种。

1. 两轮均用淬火钢

这种材料制作的摩擦轮工作表面光滑、硬度高、尺寸小、传动效率高，传动时可添加润滑油，也可采用干摩擦传动。

2. 一轮用较硬材料，另一轮用较软材料

一轮用较硬材料，另一轮用较软材料，软材料常为主动轮，两轮表面具有较大的硬度差。较硬轮的材料可用钢材，另一轮用塑料、夹布胶木、皮革及硬橡胶等。工作时不需润滑，摩擦系数大，但传动效率低，结构尺寸较大。

表 7-21 中列出了各种摩擦副的摩擦系数 f、许用接触应力 $[\sigma_H]$、许用滚压应力 $[k_p]$、许用法向压力 $[F_n]$、当量弹性模量 E 以及选用说明。

表 7-21　摩擦副的摩擦系数 f、许用接触应力 $[\sigma_H]$、许用滚压应力 $[k_p]$、许用法向压力 $[F_n]$ 以及选用说明

摩擦副材料	润滑	f	$[\sigma_H]$/MPa；$[k_p]$/MPa；$[F_n]$/N	当量弹性模量 E/MPa	选用说明
淬火钢/淬火钢	石蜡基摩擦轮油	0.02~0.04	点接触 $[\sigma_H]$ =2500~3000；线接触 $[\sigma_H]$ =1800	2.1×10^5	磨损少、强度高，虽然摩擦系数小，但仍能传递很大功率，在有利条件下可形成流体动压润滑；轴向载荷大，线接触时很难使载荷均匀分布；弹性模量大，滚动损失和变形都很小
	环烷基摩擦轮油	0.03~0.05			
	合成摩擦轮油	0.05~0.08			
碳素结构钢/淬火钢	石蜡基摩擦轮油	0.02~0.04	线接触 $[\sigma_H]$ =650	2.1×10^5	
HT250/碳素结构钢	石蜡基摩擦轮油	0.02~0.04	线接触 $[\sigma_H]$ =450	1.53×10^5	
弹胶体/金属橡胶摩擦轮/钢	干燥环境：0.7 间歇运转：0.5 潮湿环境：0.3		线接触 $[k_p]$ =0.2 $[F_n]$ =$R_1 b$ $[C]$	—	摩擦系数大、运转噪声低、缓和冲击；滚压强度低，只能传递淬火钢组合功率的 10%；变形与滚动损失较大；橡胶轮宽度要小于金属轮，定传动比摩擦轮传动中优先选用
钢/钢	干式	干摩擦表面：0.1~0.5 湿摩擦表面：0.05~0.07	ZG230-450/Q275：$[\sigma_H]$ =500 ZG270-500/Q275：$[\sigma_H]$ =540	2.1×10^5	噪声比较大，摩擦面不允许有杂质和润滑剂，以保证传动装置的正常功能
HT200/Q275		0.1~0.15	$[\sigma_H]$ =384	1.5×10^5	
硬塑织物/灰铸铁		0.15~0.35	线接触 $[k_p]$ =0.8~1.4	1.39×10^4	能传递的功率与弹胶体相当，运转噪声低
层压塑料/灰铸铁		0.2~0.3	线接触 $[k_p]$ =1.0	7.0×10^3	
皮革/灰铸铁		0.1~0.3	线接触 $[k_p]$ =0.1~0.2	—	
胶合板/灰铸铁		0.1~0.35	线接触 $[k_p]$ =0.7~1.1	1.52×10^2	

注：表中 R_1 和 b 分别为橡胶摩擦轮半径（mm）和轮宽（mm）；$[C]$ 为橡胶轮轮面许用应力（MPa），取值查《机械设计手册》。

7.5.4　摩擦轮传动承载能力计算

1. 失效形式与计算准则

摩擦轮传动的失效除打滑外，主要是摩擦副即接触表面的失效，如点蚀、塑性变形、磨损、压溃、胶合或烧伤等。

湿式工作且两轮均为金属材料时，主要失效为传动打滑及表面点蚀，设计时在按保证滑动安全系数的条件下对传动轮进行接触强度计算，还需要进行热平衡校核，以防油温过高润滑剂失效引起胶合。

干式工作且两轮均为金属材料时，主要失效为传动打滑、磨损和点蚀，设计中按保证有一定滑动安全系数的条件下，对传动进行接触强度校核计算。当有一轮为软性非金属材料时，主要失效则为打滑、磨损与发热。橡胶材质的摩擦轮，工作时橡胶产生的挠曲应力还会引起内部迅速发热，对于散热能力较差的橡胶而言，还会形成内部烧伤。另外，软性材料弹性模量不确定，故应在保证一定滑动安全系数的条件下，进行滚压应力的校核计算。对于橡胶摩擦轮需要进行法向压力计算，而温升的影响则在许用滚压应力或许用法向压力中计入，无需另外进行额外的散热计算。

2. 设计计算步骤

1）根据传动功率、输入及输出轴的转速、两轴相互位置、是否限制传动尺寸及原动机和工作机工况等，选择合适的摩擦轮几何形状、材料组合及润滑所采用的润滑剂等。

2）根据表 7-21 确定摩擦系数，查《机械设计手册》确定安全系数，一般安全系数 S 为 1.4~2.0，如果摩擦传动同时起过载保护作用，S 可小于 1.4；如果滑动会对工作机械的功能及传动机构造成严重后果，S 必须取较大值。

3）对摩擦轮进行强度计算，以确定传动的主要几何尺寸。常用摩擦轮传动的计算公式见表 7-22。由于软材料（包括橡胶、硬塑织物等）变形较大，即使与之配对的金属摩擦轮制成鼓形，仍可按线接触计算。

4）对摩擦轮进行结构设计，可参考相关手册进行。

5）对轴、轴承、润滑密封组件及加压机构进行设计计算。

6）对闭式传动进行热平衡计算，计算方法参考第 10 章减速器设计中的热平衡计算。一般油温应为 70~80℃，不能超过 100℃。当热平衡温度过高时可设置散热片、风扇或水冷却系统。

摩擦轮传动设计与计算见表 7-22。

表 7-22　摩擦轮传动设计与计算

名称	圆柱摩擦传动	槽形摩擦传动	端面摩擦传动	锥形摩擦轮传动
传动简图				
传动比		$i_{12} = \dfrac{n_1}{n_2} = \dfrac{D_2}{D_1(1-\varepsilon)}$		$i_{12} = \dfrac{n_1}{n_2} = \dfrac{\sin\varphi_2}{\sin\varphi_1(1-\varepsilon)}$
尺寸计算	$D_1 = \dfrac{2a}{i_{12}\pm 1} = (4\sim5)d$ $D_2 = i_{12}D_1(1-\varepsilon)$ $b = \Psi_a a$	$D_1 = \dfrac{2a}{i_{12}\pm 1}$ $D_2 = i_{12}D_1(1-\varepsilon)$ $b = 2z(h\tan\beta+\delta)$	$D_2 = i_{12}D_1(1-\varepsilon)$ $b = \Psi_d D_1$ $D = D_2 + (0.8\sim1.0)b$	$D_1 = 2R\sin\varphi_1$ $D_2 = i_{12}D_1(1-\varepsilon)$ $b = \Psi_R R$ $D_{1m} = D_1(1-0.5\Psi_R)$ $D_{2m} = D_2(1-0.5\Psi_R)$
压紧力	两轮径向：$Q = \dfrac{2K_A T_1}{fD_1}\sin\beta = 1.91\times10^7\dfrac{K_A P_1}{f n_1 D_1}\sin\beta$ （圆柱摩擦传动 $\beta=90°$）		一轮径向：$Q_1 = Q_2 = \dfrac{2K_A T_1}{fD_1}$	轮面法向力：$Q = \dfrac{2K_A T_1}{fD_{1m}}$

（续）

类别		列1	列2	列3
作用在轴上的力	总压力	$S_1 = S_2 = \sqrt{F_t^2 + Q^2} = \dfrac{2T_1}{D_1}\sqrt{1+\left(\dfrac{K_A}{f}\sin\beta\right)^2}$	$S_1 = \dfrac{2T_1}{D_1}\sqrt{1+\left(\dfrac{K_A}{f}\right)^2}$ $\quad S_2 = \dfrac{2T_2}{D_2}$	$S_1 = \dfrac{2T_1}{D_{1m}}\sqrt{1+\left(\dfrac{K_A}{f}\cos\varphi_1\right)^2}$ $\quad S_2 = \dfrac{2T_1}{D_{1m}}\sqrt{1+\left(\dfrac{K_A}{f}\cos\varphi_2\right)^2}$
	轴向力	$Q_a = 0$	$Q_{a1}=0$；$Q_{a2}=Q$	$Q_{a1}=Q\sin\varphi_1$；$Q_{a2}=Q\sin\varphi_2$ $\quad\varphi_1+\varphi_2=90°$
强度计算	金属轮/金属轮	$\beta=15°$时 $a \geq (i_{12}\pm1)\times$ $\sqrt[3]{\dfrac{EK_AP_1(i_{12}\pm1)}{fn_1i_{12}\Psi_a}\left(\dfrac{1290}{[\sigma_H]}\right)^2}$	$D_1 \geq \sqrt[3]{\dfrac{EK_AP_1}{fn_1\Psi_d}\left(\dfrac{2580}{[\sigma_H]}\right)^2}$	$R \geq \sqrt[3]{\dfrac{EK_AP_1}{fi_{12}n_1\Psi_R(1-0.5\Psi_R)}\left(\dfrac{1290}{[\sigma_H]}\right)^2}\times\sqrt{1+i^2}$
	金属轮/非金属轮	$a \geq 155(i_{12}\pm1)\times$ $\sqrt[3]{\dfrac{K_AP_1(i_{12}\pm1)}{En_1i_{12}z[k_p]}}$	$D_1 \geq 267.3\sqrt[3]{\dfrac{K_AP_1}{En_1\Psi_1[k_p]}}$	$R \geq 168.4\sqrt{1+i^2}\times$ $\sqrt[3]{\dfrac{EK_AP_1}{fi_{12}n_1\Psi_R(1-0.5\Psi_R)[k_p]}}$
	金属轮/橡胶轮	$a \geq 212.2\times$ $\sqrt[3]{\dfrac{K_AP_1(i_{12}\pm1)^2}{En_1\Psi_cC}}$	$D_1 \geq 336.8\sqrt[3]{\dfrac{K_AP_1}{En_1\Psi_dC}}$	—

注：表中，d 为轴颈直径（mm）；b 为摩擦轮宽度（mm）；T_1、T_2 分别为轮 1 和轮 2 的转矩（N·mm）；n_1、n_2 分别为两轮的转速（r/min）；Q_1、Q_2 分别为两轮接触面处的法向压力（N）；"$i_{12}\pm1$" 中，外接触时取 "+"，内接触时取 "-"，z 为槽形摩擦轮的沟槽数；P_1 为驱动轮的功率（kW）；D_m 为锥形摩擦轮的中径（mm）；a 为两摩擦轮中心距（mm）；系数 $\Psi_d = b/D_1 = 0.1\sim0.2$，轴刚度好时取小值，否则取大值；$\Psi_R = b/R = 0.2\sim0.3$；槽形摩擦轮的槽半角 β 在 12°~18°之间，槽底部厚 $\delta=3$mm（钢），$\delta=5$mm（铸铁），摩擦轮顶圆直径 $D_e = D+2h$，根圆直径 $D_e = D-2h-$（0.1~0.2）mm，轮齿高 $h=0.04D_1$，系数 $\Psi_a = b/a = 0.2\sim0.4$（0.1~0.2）mm。

223

【习题】

7-1 绘制带传动中带的应力图，指出最大应力位置和此位置处各应力；简述初拉力下平带和 V 带传动功率的大小。

7-2 简述摩擦副弹性滑动产生的原因和会导致的结果。

7-3 图 7-32 所示为平带减速传动。两带轮的直径分别为 150mm 和 450mm，中心距为 800mm。若主动轮转速为 1460r/min。试计算：①小带轮包角；②带的几何长度；③不考虑带传动的弹性滑动时大带轮的转速；④滑动率 $\varepsilon = 0.015$ 时大带轮的实际转速。

7-4 在图 7-32 中，若传递功率为 5.5kW，带与带轮间的摩擦系数 $f = 0.2$，所用平带单位长度质量 $q = 0.35\text{kg/m}$，试求：①带的紧边、松边拉力；②此带传动所需的初拉力；③作用在轴上的压力。

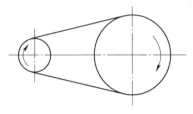

图 7-32 题 7-3 图

7-5 一普通 A 型 V 带传动，已知带轮的基准直径分别为 118mm 和 236mm，初定中心距 $a_0 = 300\text{mm}$。试：①计算带的长度 L_0；②按表 7-2 选定带的基准长度 L_d；③确定实际中心距。

7-6 题 7-5 中的普通 V 带做减速传动，传动比为 2.0，每天工作 8h。已知传动功率 $P = 4\text{kW}$，转速 $n_1 = 1440\text{r/min}$。计算所需 A 型带的根数，确定大带轮的材料、各部尺寸并绘制大带轮的工程图。

7-7 一对外接圆柱摩擦轮传动，已知主动轮直径 $d_1 = 120\text{mm}$，从动轮转速 $n_2 = 800\text{r/min}$，传动比 $i_{12} = 4$（忽略弹性滑动的影响），试求 d_2、n_1 以及摩擦轮圆周线速度 v。

7-8（大作业） 已知功率为 1.0kW 的机械振打袋式除尘器，振打频率为 1Hz，电动机转速为 1440r/min；采用 V 带+斜齿轮传动。①请查阅资料简单介绍机械振打袋式除尘器的工作原理，至少对一种常用机械振打的执行机构进行分析，绘制机构运动简图；②完成带传动机构设计，编写说明书；③在 CAD 中绘制大带轮的零件图，标注所有尺寸和公差；④制作答辩 PPT 进行分组交流。

第 **8** 章

链传动与链式输送机构

链传动采用链条作为中间挠性元件，通过链轮和链条相互啮合（mesh）传递运动和力，传动中不存在弹性滑动和打滑等现象，能保持准确的平均传动比；可传递的最大功率与张紧力无关，张紧力和压轴力小；可以根据工况条件选择链条材料，工作较为可靠，适用于两轴相距较远、低速重载等场合。通常，链传动的传动比 $i \leqslant 8$，中心距 $a \leqslant 6m$，传递功率 $P \leqslant 100kW$，圆周速度 $v \leqslant 15m/s$，传动效率一般为 $95\% \sim 98\%$。目前在温湿度变化大、有腐蚀介质等工作环境恶劣的环保设备中应用广泛，如回转式多耙格栅除污机、链式刮泥机等不仅采用链传动，还采用提升链和输送链等执行构件。本章重点介绍链传动的工作原理、链条的分类、滚子链的结构、滚子链传动的设计；分析链传动中速度波动产生的原因；最后对链传动的布置方式、常用输送链的设计选型进行介绍。

8.1 链条和链轮

8.1.1 链条的分类和滚子链的结构

如图 8-1 所示，链传动由装在平行轴上的主、从动链轮和绕在链轮上的环形链条所组成，作为挠性件的环形链条由刚性链节组成，因此链传动只能实现平行轴链轮间的同向传动。

按照用途不同，链条可以分为传动链、输送链和起重链，输送链和起重链主要用在运输和起重机械中。用于传递动力和运动的传动链有：短节距精密滚子传动链，简称滚子链（roller chain）；短节距精密套筒传动链，简称套筒链（bushing chain）；弯板滚子传动链，简称弯板链（cranked-link chain）；齿形链，又称无声链和成型链等几种。常用传动链的类型、结构特点和应用见表 8-1。

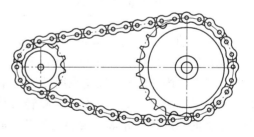

图 8-1 链传动的结构示意图

表 8-1 常用传动链的类型、结构特点和应用

类 型	简 图	结构和特定	应 用
短节距精密滚子传动链（简称滚子链） GB/T 1243—2006		由内、外链节铰接而成，销轴和外链板、套筒和内链板为静连接；销轴和套筒为动连接；滚子在套筒内可以自由转动	动力传动

（续）

类　型	简　图	结构和特定	应　用
双节距滚子链	GB/T 5269—2008	除链板节距为滚子链的两倍外，其他尺寸与滚子链相同，链条重量较轻	中小载荷、中低速和大中心距传动，也可用作输送链
短节距精密套筒传动链（简称套筒链）	GB/T 1243—2006	除滚子外，结构和尺寸同滚子链。重量轻、成本低，并可通过增加节距提高承载能力	中低速传动或起重装置等
弯板滚子传动链（简称弯板链）	GB/T 5858—1997	无内外链节之分，磨损后链节节距仍较均匀。弯板使链条的弹性好、抗冲击性能好。销轴、套筒和链板间有较大间隙，对链轮共面性要求低。销轴拆装容易，便于维修和调整松边下垂量	低速或极低速、载荷大、有尘土的开式传动和两轮不易共面时，也可以用于输送装置
齿形链（又称无声链）	GB/T 10855—2016	由多个齿形链片并列铰链而成，链片的齿形部分和链轮啮合，有共轭拟合和非共轭啮合两种。传动平稳准确，振动、噪声小，强度高，工作可靠；但重量较重，装拆较困难	高速或运动精度要求较高的传动、重要的操作机构等
成型链		链节由可锻铸铁或钢制造，拆装方便	链速在 3m/s 以下的传动

　　常用传动滚子链的结构如图 8-2 所示，由碳钢或合金钢制成的内、外链板、销轴、套筒和滚子等组成，外链板与销轴、内链板与套筒均采用过盈配合实现静连接。内、外链板均制成"8"字形，以减轻重量并保持链板各横截面的强度大致相等。**相邻两滚子中心的距离称为滚子链的节距，用 p 表示，节距越大，链条各零件的尺寸越大，能传递的功率也越大。**

　　滚子链已标准化，分为 A、B 两种系列，A 系列链条尺寸规格为美国链条标准，B 系列链条尺寸规格为欧洲链条标准尺寸，表 8-2 中列出了部分 A 系列滚子链的主要参数。链条长度用链节数来表示，链节数最好取偶数，以使链条连成环形时正好是外链板与内链板相接，接头处可用开口销或弹簧夹锁紧，如图 8-3a、b 所示。

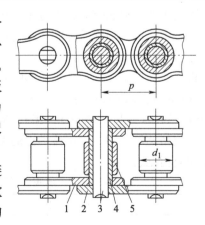

图 8-2　滚子链的结构示意图
1—内链板　2—外链板　3—销轴
4—套筒　5—滚子

若链节数为奇数，则需采用如图 8-3c 所示的过渡链节实现链条的闭环。在链条受拉时，过渡链节还要承受附加的弯曲载荷，不得不采用过渡链节时，其极限载荷按表 8-2 中所列数值的 80%计算。

表 8-2　A 系列滚子链的主要参数（摘自 GB/T 1243—2006）

链号	排距 p_t/mm	滚子最大外径 d_1/mm	内链节内宽 b_1/mm	内链板最大高度 h_2/mm	单排抗拉极限载荷 Q/kN	单排单位长度质量 q/(kg/m)
08A	14.38	7.95	7.85	12.07	13.9	0.65
10A	18.11	10.16	9.4	15.09	21.8	1.00
12A	22.78	11.91	12.57	18.08	31.3	1.50
16A	29.29	15.88	15.75	24.13	55.6	2.60
20A	35.76	19.05	18.9	30.18	87.0	3.80
24A	45.44	22.23	25.22	26.42	125.0	5.06
28A	48.87	25.40	25.22	42.24	170.0	7.50
32A	58.55	28.58	31.55	48.26	223.0	10.10
36A	65.84	35.71	35.48	54.31	280.2	—
40A	71.55	39.68	37.85	60.33	347.0	16.10
48A	87.83	47.63	47.35	63.88	500.0	22.60

注：1. 链号乘以 $\frac{25.4}{16}$mm 即为节距值，如 08A 链的节距 $p = 8 \times \frac{25.4}{16}$mm = 12.7mm，A 表示链的系列为 A。

2. 链条标记示例 10A-2-88 GB/T 1243—2006 表示链号为 10A、双排、88 节滚子链。

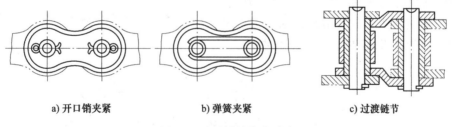

a) 开口销夹紧　　　　b) 弹簧夹紧　　　　c) 过渡链节

图 8-3　滚子链的接头形式

8.1.2　链轮

滚子链链轮齿槽的结构如图 8-4a 所示，GB/T 1243—2006 中规定了齿槽圆弧半径 r_e、齿沟圆弧半径 r_i 和齿沟角 α 的最大和最小值的计算公式，见表 8-3。为保证链节在链轮齿槽上平稳自如地啮入和啮出并便于加工，端面齿形常采用三段圆弧（$\overset{\frown}{aa}$、$\overset{\frown}{ab}$、$\overset{\frown}{cd}$）和一段直线（bc）的"三圆弧一直线"齿形，如图 8-4b 所示；轴面齿形两侧加工成圆弧状，如图 8-5 所示。

链轮主要尺寸的计算公式见表 8-3，d_r 为套筒的最大外径，p_t 为排距，z 为链轮齿数，d 为分度圆直径（链条绕过链轮时，链条滚子中心所在圆的直径，如图 8-6 所示），d_a 为齿顶圆直径。用标准刀具加工链轮齿形时，在链轮设计图上不必绘制端面齿形，只需绘出并标注 d、d_a、d_f，但必须绘出链轮轴面齿形，以便车削链轮毛坯。d_a 值应在 d_{amax} 与 d_{amin} 值之间，若

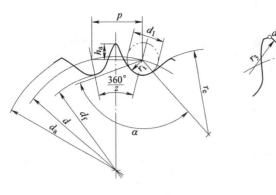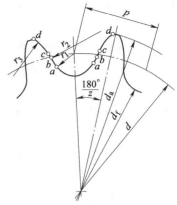

a) 滚子链链轮齿槽的结构　　　　b) "三圆弧一直线"齿形

图 8-4　滚子链链轮的端面齿形示意图

选用"三圆弧一直线"齿形时，d_a 为

$$d_a = p\left(0.54 + \cot\frac{180°}{z}\right) \qquad (8-1)$$

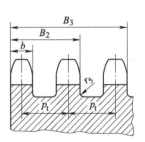

　　直径较小的链轮常用 Q275、45、ZG310-570 等材料制造，尺寸较大的铸造链轮则采用铸铁加工，重要的链轮可采用合金钢加工。小链轮的啮合次数比大链轮多，所受冲击力大，所用材料一般优于大链轮。链轮齿面还需要进行热处理，以提高齿面的接触强度和耐磨性。

图 8-5　滚子链链轮轴面齿形结构参数

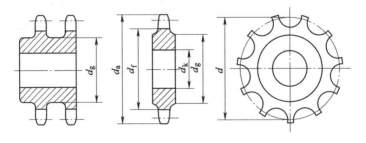

图 8-6　滚子链链轮结构参数

表 8-3　链轮主要尺寸的计算公式

名　称	计算公式	
	最小尺寸	最大尺寸
齿槽圆弧半径 r_e	$r_{emax} = 0.12d_r(z+2)$	$r_{emin} = 0.008d_r(z^2 + 180)$
齿沟圆弧半径 r_i	$r_{imax} = 0.505d_r + 0.069\sqrt[3]{d_r}$	$r_{imin} = 0.505d_r$
齿沟角 α	$\alpha_{max} = 140° - \dfrac{90°}{z}$	$\alpha_{min} = 120° - \dfrac{90°}{z}$

（续）

名 称	计算公式	
	最小尺寸	最大尺寸
分度圆直径 d	$d = \dfrac{p}{\sin\dfrac{180°}{z}}$	
齿顶圆直径 d_a	$d_{amax} = d + 1.25p - d_r$	$d_{amin} = d + \left(1 - \dfrac{1.6}{z}\right)p - d_r$
齿根圆直径 d_f	$d_f = d - d_r$	
最大凸缘直径 d_g	$d_g = p\cot\dfrac{180°}{z} - 1.04h_2 - 0.76\text{mm}$	$d_g = 1.8d_k$
齿宽 b	$p \leqslant 12.7\text{mm}$ 时，单排取 $0.93b_1$，多排取 $0.91b_1$；$p \geqslant 12.7\text{mm}$ 时，单排取 $0.95b_1$，多排取 $0.93b_1$	
齿侧倒角 g	$0.13p$	
齿侧半径 r_4	p；倒角深度（h）$= 0.5p$	

链轮的结构如图 8-7a、b、c 所示，可制成实心式、孔板式和组合式，链轮轮毂部分的尺寸以及对应尺寸的链轮结构形式可参考第 7 章 7.3.5 节中带轮结构进行设计。图 8-7c 所示的组合式链轮结构，齿圈和轮毂通过螺栓或焊接连接；因轮齿磨损而导致传动失效时，采用螺栓连接的组合式链轮可以更换齿圈，若采用焊接连接则需要更换整个链轮。

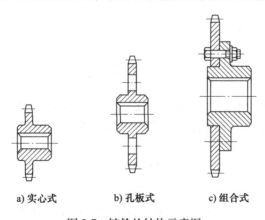

a) 实心式　　　　b) 孔板式　　　　c) 组合式

图 8-7　链轮的结构示意图

8.2 传动链的工作情况分析

8.2.1 链传动的运动分析

链条进入链轮后，刚性链节形成折线，在分度圆上链节和链轮组成多边形结构，因此链传动相当于一对多边形链轮之间的传动，如图 8-8 所示，因此链的瞬时速度和瞬时传动比都是实时变化的。设 z_1、z_2 为两链轮的齿数，p 为节距（mm），n_1、n_2 为两链轮的转速（r/min），则链条平均线速度（简称链速）v_a（m/s）为

$$v_a = \frac{z_1 p n_1}{60 \times 1000} = \frac{z_2 p n_2}{60 \times 1000} \qquad (8\text{-}2)$$

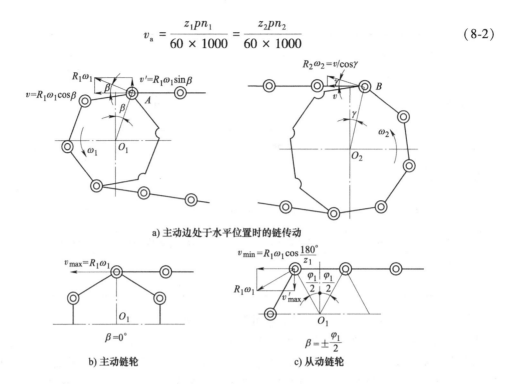

a) 主动边处于水平位置时的链传动

b) 主动链轮   c) 从动链轮

图 8-8   链传动的速度分析示意图

平均传动比

$$i_{12} = \frac{n_1}{n_2} = \frac{z_2}{z_1} \qquad (8\text{-}3)$$

为计算链的瞬时速度和瞬时传动比，假定主动边总是处于水平位置，如图 8-8a 所示。当主动轮以角速度 ω_1 转动时，啮合链滚子中心 A 的圆周速度为 $R_1\omega_1$，可分解为链条前进方向的水平分速度 v 和竖直分速度 v'，即

$$v = R_1\omega_1\cos\beta \qquad (8\text{-}4)$$
$$v' = R_1\omega_1\sin\beta \qquad (8\text{-}5)$$

式中，R_1 为主动链轮分度圆半径（mm）；β 为啮入链节在主动轮上转动时，滚子中心 A 的相位角，即纵坐标轴与 A 点和轮心连线的夹角。

在主动轮上，每个链节对应的中心角（多边形每个边对应的圆心角）为 $\varphi_1 = \dfrac{360°}{z_1}$。从第一个滚子进入啮合到第二个滚子进入啮合，相应的 β 由 $+\dfrac{\varphi_1}{2}$ 变化到 $-\dfrac{\varphi_1}{2}$，如图 8-8c 所示。所以，当滚子进入啮合时，链的瞬时速度最小，$v_{min} = R_1\omega_1\cos\dfrac{\varphi_1}{2}$；随着链轮的转动，$\beta$ 逐渐变小，当 $\beta = 0°$ 时，如图 8-8b 所示，v 达到最大值 $R_1\omega_1$，此后 β 又逐渐增大，直至链速减到最小值，此时第二个滚子进入啮合，又重复上述过程。齿数越少、节距越大，则 φ_1 值越大，v 的变化就越大。随着 β 的变动，链条在垂直方向的分速度也做周期性变化。

在从动轮上，滚子中心 B 的圆周速度为 $R_2\omega_2$，而其水平速度为 $v = R_2\omega_2\cos\gamma$，故

$$\omega_2 = \frac{v}{R_2\cos\gamma} = \frac{R_1\omega_1\cos\beta}{R_2\cos\gamma} \qquad (8\text{-}6)$$

式中，γ 为啮出链节在从动轮上转动时，滚子中心 B 的相位角。则瞬时传动比

$$i_{12} = \frac{\omega_1}{\omega_2} = \frac{R_2\cos\gamma}{R_1\cos\beta} \qquad (8\text{-}7)$$

由此可知，链传动的传动比、链的瞬时速度和从动链轮转速均周期性变化，这种周期性变化由链条绕在链轮上形成多边形特性造成，故将以上现象称为链传动的多边形效应（polygonal or chordal action）。链传动的多边形效应不仅会导致链条抖动，还会产生惯性力及相应的动载荷；此外，在链节和链轮轮齿啮合的瞬间，因链节的瞬时运动速度矢量和链轮轮齿的瞬时速度矢量不同而产生冲击和附加动载荷。节距增大，链传动的稳定性变差，为此工程上常将节距较小的滚子链制成多排链，以提高其承载能力，如图 8-9 所示的双排滚子链，排距为 p_t。

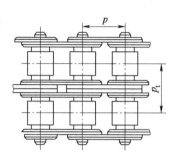

图 8-9 双排滚子链的结构示意图

只有当 $z_1 = z_2$ 且传动的中心距为链节的整数倍时，才能使瞬时传动比保持恒定。为改善链传动的运动不均匀性，可选用较小的链节距、增加链轮齿数和限制链轮转速等方法。

8.2.2 链传动的受力分析

为防止链传动时松边垂度过大而产生显著振动、跳齿和脱链等现象，链传动需要有一定的张紧力，相对带传动而言，链传动的张紧力较小。若不考虑传动中的动载荷，作用在链上的力有圆周力（即有效拉力）F、离心拉力 F_c 和悬垂拉力 F_y。如图 8-10 所示，链的紧边拉力

$$F_1 = F + F_c + F_y \qquad (8\text{-}8)$$

松边拉力

$$F_2 = F_c + F_y \qquad (8\text{-}9)$$

绕过链轮时，链节旋转过程中产生的离心拉力

$$F_c = qv_a^2 \qquad (8\text{-}10)$$

式中，q 为链的单位长度质量（kg/m），见表 8-2；链度 v_a 用式（8-2）计算。

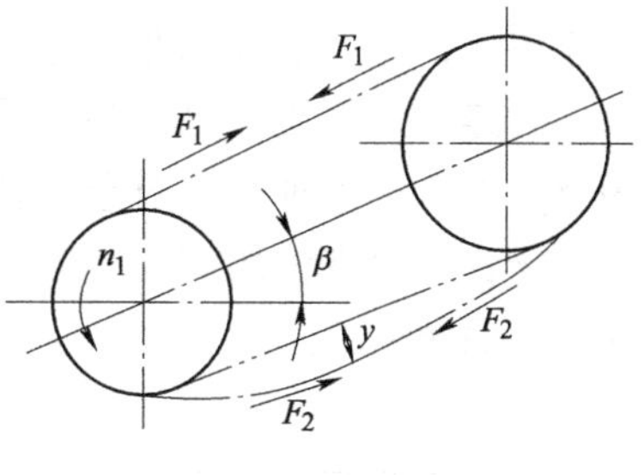

悬垂拉力可利用计算悬索拉力的方法近似求得，即

$$F_y = K_y qga \qquad (8\text{-}11)$$

图 8-10 作用在链上的力

式中，a 为链传动的中心距（m）；g 为重力加速度（m/s²），$g = 9.81\text{m/s}^2$；K_y 为下垂量 $y = 0.02a$ 时的垂度系数，其值与中心连线和水平线的夹角 β 有关。垂直布置时 $K_y = 1$，水平布置时 $K_y = 6$，倾斜布置时，倾角 $\beta = 75°$，$K_y = 1.2$；倾角 $\beta = 60°$，$K_y = 2.8$；倾角 $\beta = 30°$，$K_y = 5$。

链作用在轴上的压力 F_Q 可近似取为

$$F_Q = (1.2 \sim 1.3)F \qquad (8\text{-}12)$$

有冲击和振动时取大值。

8.3 链传动的润滑、布置、张紧与防护

8.3.1 链传动的润滑

合理的润滑能显著降低链条铰链的磨损，延长使用寿命，润滑方式可根据链号、链速查图 8-11 确定。图 8-11 中链传动的润滑方式分 4 种，对应着 4 个区域：1 区为人工定期用油壶或油刷给油；2 区为用油杯通过油管向松边内外链板间隙处滴油，如图 8-12a 所示；3 区为油浴润滑或用甩油盘将油甩起，然后落到链上进行飞溅润滑，油浴润滑是将链的一部分浸在油浴中实现润滑，如图 8-12b 所示，甩油盘一般安装在链轮上同链轮一同旋转，其结构示意如图 8-12c 所示；4 区用油泵经油管向链条连续供油，循环油可起润滑和冷却的作用，如图 8-12d 所示。链速特别小时，可定期加润滑脂润滑。封闭于壳体内的链传动，可以防尘、减轻噪声及保护人身安全，封闭的链传动如图 8-12d 所示。

润滑油的选用与链条节距和环境温度有关，环境温度高，则选用高黏度润滑油，不同润滑方式、不同环境温度下推荐使用的润滑牌号见表 8-4。对于开式及重载低速传动，如转盘式滤布滤池或转盘式微滤机的链传动系统，可以在润滑油中加入 MoS_2、WS_2 等添加剂。对于不便使用润滑油的场合，允许使用润滑脂，但应定期清洗和更换润滑脂。

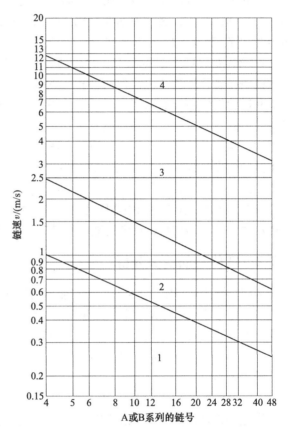

图 8-11 链传动的润滑方法示意图

表 8-4 链传动润滑油牌号

润滑方式	环境温度/℃	节距 p/mm			
		9.525~15.875	19.05~25.4	31.75	38.1~76.2
人工定期润滑、滴油润滑、油浴或飞溅润滑	−10~0	L-AN46	L-AN68		L-AN100
	0~40	L-AN68	L-AN100		SC30
	40~50	L-AN100	SC40		SC40
	50~60	SC40	SC40		工业齿轮油（冬季用 90 号 GL-4 齿轮油）
油泵压力喷油润滑	−10~0	L-AN46			L-AN68
	0~40	L-AN68			L-AN100
	40~50	L-AN100			SC40
	50~60	SC40			SC40

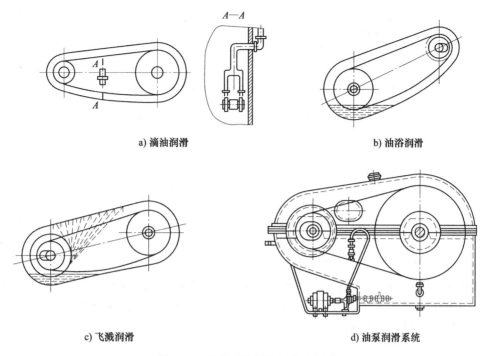

a) 滴油润滑　　　　　　　　　　　　　　　b) 油浴润滑

c) 飞溅润滑　　　　　　　　　　　　　　　d) 油泵润滑系统

图 8-12　链传动的润滑方式示意图

8.3.2　链传动的布置

链传动的两轴应平行，两链轮应位于同一平面内，常见的两轴布置方式可参考表 8-5，若采用水平或接近水平的布置，尽量使松边在下。

表 8-5　链传动的布置

传动参数	正确布置	不正确的布置	说　　明
$i=2\sim3$ $a=(30\sim50)p$		—	两轮轴线在同一水平面，且中心距较小、传动比较大时，紧边在上或在下均可正常工作
$i>2$ $a<30p$			两轴线不在同一水平面，或轴线在同一水平面但中心距较大且传动比较小时，松边应在下面。松边在上时，可以能会因松边下垂导致链条和链轮啮合时发生卡死现象
$i<1.5$ $a>60p$			

（续）

传动参数	正确布置	不正确的布置	说　明
i、a 为任意值			两轮轴线在同一垂面内，下垂量增大会减少下链轮有效啮合齿数，降低传动能；此时可：①调节中心距；②设张紧装置；③上、下两轮错开，使两轮轴线不在同一铅垂面内

8.3.3　链传动的张紧

与带传动不同，链传动张紧是为了避免链条松边垂度过大，进而导致链和链轮啮合不良和链条振动，同时也可以增加链条和链轮的啮合角。常用张紧的方法有调节中心距、设置张紧轮等。张紧轮可以是链轮，也可以是滚轮，张紧轮的直径应与小链轮的直径相近。张紧轮张紧机构有：①如图 8-13a、b 所示的弹簧、重锤式等自调节式张紧机构；②如图 8-13c、d 所示螺栓或偏心等张紧机构，这类张紧机构需要根据链条的磨损情况定期调整；③如图 8-13e 所示的压板和托板式张紧机构。

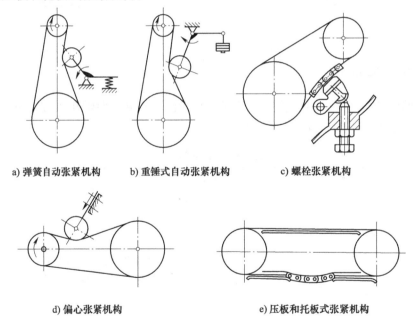

a) 弹簧自动张紧机构　　　b) 重锤式自动张紧机构　　　c) 螺栓张紧机构

d) 偏心张紧机构　　　e) 压板和托板式张紧机构

图 8-13　链传动采用的张紧机构示意图

8.4　滚子链传动的设计计算

8.4.1　链传动的失效形式

链传动的主要失效形式有链的疲劳破坏、链条铰链的胶合、链条铰链的磨损、链条的静力破坏等。

（1）链的疲劳破坏　链在变应力作用下工作，疲劳破坏时链上零件的主要失效形式，包括链板的疲劳破坏、套管、滚子的疲劳点蚀等。因此在正常润滑工况下，**疲劳强度是决定链传动承载能力的主要因素。**

（2）链条铰链的胶合　在高速链传动中，链节受到的冲击增大，直接接触并相对高速转动的销轴和套筒间摩擦热量高，进而会导致销轴和套筒工作表面发生胶合，胶合限定了链传动的极限转速。

（3）链条铰链的磨损　链条在工作过程中，组成转动副的销轴与套筒间存在滑动摩擦，必然有磨损的发生。销轴与套筒被磨损后链节增长，进而会引起跳齿、脱链等形式的传动失效。开式传动、环境条件恶劣或润滑密封不良时，销轴与套筒的磨损加剧，会导致链条使用寿命的降低。另外，为保证链轮、链条磨损较均匀，链条节数为偶数时，链轮齿数最好选取奇数。

（4）链条的静力破坏　当链速低于 0.6m/s 时，可以将作用在链上的变应力看作静应力，此工况下，链条失效形式为静力破坏。

8.4.2　链传动的额定功率

在一定的使用寿命下，从一种失效形式出发，可得出一个极限功率表达式。工程上通过试验确定的单排链条失效前的极限功率曲线如图 8-14 所示，图中线条 1 是在正常润滑条件下，发生销轴与套筒磨损的极限功率和小链轮转速间的关系曲线；线条 2 是发生链板疲劳破坏时的极限功率和小链轮转速间的关系曲线；线条 3 是发生套筒、滚子冲击疲劳点蚀时的极限功率和小链轮转速间的关系曲线；线条 4 是发生销轴与套筒胶合时的极限功率和小链轮转速间的关系曲线。图中阴影部分为考虑安全系数后，实际许用的极限功率和转速区域，当润滑、密封不良及工况恶劣时，磨损将加剧，其极限功率大幅度下降，如图中虚线所示。

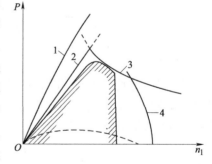

图 8-14　极限功率曲线

图 8-15 所示为 A 系列滚子链在推荐润滑方式下通过试验确定的功率 P_0、小链轮转速 n_1 和链号三者之间的关系曲线。试验条件为：①单排链，两链轮共面；②传动比 $i=3$，小链轮齿数 $z_1=25$；③链长 $L_p=120$ 节；④载荷平稳，环境温度为 $-5 \sim 70℃$；⑤按推荐的方式润滑；⑥工作寿命为 15000h；⑦链条因磨损而引起的相对伸长量不超过 3%；⑧平稳运行，无过载、冲击等。若润滑不良或不能采用推荐的润滑方式时，应将图中 P_0 值降低；当链速 $v \leqslant 1.5m/s$ 时，降低到 50%；当 $1.5m/s < v \leqslant 7m/s$ 时，降低到 25%；当 $v > 7m/s$ 而又润滑不当时，传动不可靠。

8.4.3　链轮齿数的选择

为使链传动的运动平稳，小链轮齿数不宜过少，但也不宜太多，以免大链轮直径太大。对于滚子链，可按传动比由表 8-6 选取 z_1，然后按传动比确定大链轮齿数 z_2，即 $z_2=iz_1$。

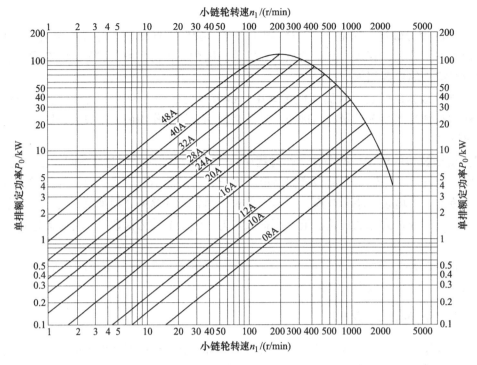

图 8-15　单排 A 系列滚子链的功率曲线（小链轮齿数 $z_1 = 25$，链长 $L_p = 120$ 节）

表 8-6　小链轮齿数 z_1

传动比 i	1～2	2～3	3～4	4～5	5～6	>6
z_1	31～27	27～25	25～23	23～21	21～17	17

当销轴与套筒发生磨损时，链条节距增加、链节所在节圆向齿顶方向移动，如图 8-16 所示。节距增长量 Δp 与节圆外移量 $\Delta d'$ 的关系为

$$\Delta d' = \frac{\Delta p}{\sin \dfrac{180°}{z}} \qquad (8\text{-}13)$$

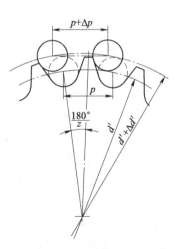

由式（8-13）可知，当 Δp 一定时，齿数越多节圆外移量 $\Delta d'$ 越大，也越容易发生跳齿和脱链。所以大链轮齿数不宜过多，一般 $z_2 \leqslant 120$。

在大小链轮齿数均有限制的情况下，为保证链条在小链轮上的包角不小于 120°，链传动的传动比 i 一般控制在 6 以下，常取 2～3.5。

图 8-16　节圆外移量与链节距增量

8.4.4　中心距和链的节数

当传动比不等于 1 时，减小链传动中心距，小链轮上包角随之减小，小链轮与链的啮合轮齿数减少；中心距过大，易使链条抖动。一般传动链的中心距取 $(30 ～ 50)p$，最大中心距 $a_{max} \leqslant 80p$。

链条长度用链的节数 L_p 表示，初选中心距 a_0 后，计算初始节数 L_{p0}，即

$$L_{p0} = 2\frac{a_0}{p} + \frac{z_1 + z_2}{2} + \frac{p}{a}\left(\frac{z_2 - z_1}{2\pi}\right)^2 \tag{8-14}$$

对式（8-14）算出的初始链节数取整数，最好为偶数，确定链节数 L_p，再用链节数 L_p 反算中心距 a，即

$$a = \frac{p}{4}\left[\left(L_p - \frac{z_2 + z_1}{2}\right) + \sqrt{\left(L_p - \frac{z_1 + z_2}{2}\right)^2 - 8\left(\frac{z_2 - z_1}{2\pi}\right)^2}\right] \tag{8-15}$$

为使松边有合适的垂度，实际中心距应比计算出的中心距小 Δa，$\Delta a = (0.002 \sim 0.004)a$，中心距可调时取大值。设计时可调中心距或安装张紧轮的链传动机构，更便于安装链条和调节链条的张紧程度。

8.4.5　设计计算示例

1. 已知条件和设计内容

链传动设计需要先确定的条件有：工作环境、尺寸限制、传递的功率 P、主动链轮转速 n_1、从动链轮转速 n_2 或传动比 i。

设计内容有：确定链条型号、计算链轮尺寸、确定中心距、链节数 L_p 和排数、压轴力 F_Q、润滑方式和张紧装置等。

2. 设计步骤和方法

1）根据传动比查表 8-6 选择小链轮齿数 z_1 并计算大链轮齿数 z_2。

2）根据链传动工况、主动链轮齿数和链条排数，将传递的功率 P 修正为单排链计算功率 P_c（kW），即

$$P_c = \frac{K_A K_z}{K_m}P \tag{8-16}$$

式中，K_A 为工况系数，查表 8-7；K_z 为小链轮齿数修正系数，称为齿数系数，查图 8-17；K_m 为多排链修正系数，称为多排链系数，查表 8-8；P 为传递的功率（kW）。

表 8-7　工况系数 K_A

载荷种类	原动机	
	电动机或汽轮机	内燃机
载荷平稳	1.0	1.1
中等冲击	1.4	1.5
较大冲击	1.8	1.9

表 8-8　多排链系数 K_m

排数	1	2	3	4	5	6
K_m	1.0	1.7	2.5	3.3	4.0	4.6

3）选择链条型号和节距。根据计算功率和小链轮转速，在图 8-15 中找到坐标点，从而确定应选择的链条型号，选链条型号时应使 $P_c \le P_0$。例如：当 $P_c = 5$kW，小链轮转速 $n_1 = 400$r/min 时，应选择链号为 12A。

4）计算链节数和中心距。初选中心距 a_0，代入式（8-14）计算链节数 L_{p0}，应将计算

的链节距 L_{p0} 圆整为偶数 L_p，带入式（8-15）计算实际中心距。

5）计算链速 v，选择润滑方式。

6）校核链条静强度。当 $v \leqslant 0.6 \mathrm{m/s}$ 时，主要失效形式为链条的过载拉断，设计时必须验算静力强度的安全系数，即

$$\frac{Q}{K_A F_1} \geqslant S \qquad (8\text{-}17)$$

式中，Q 为链的极限载荷，查表8-2确定；F_1 为紧边拉力；S 为安全系数，$S = 4 \sim 8$。

7）计算链传动作用在轴上的压轴力 F_Q。

【例 8-1】 转盘式滤布滤池或转盘式微滤机由安装在同一轴线上的数个过滤圆盘（或称过滤转盘）组成，用于去除水中固体悬浮物。过滤时转盘停止，清洗期

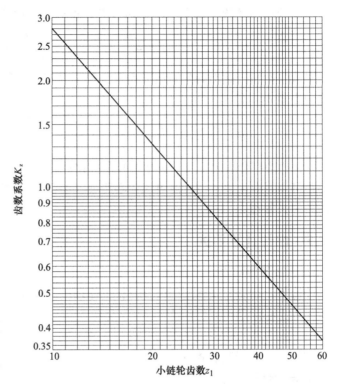

图 8-17　链轮齿数系数 K_z

间转鼓以 $1 \sim 2 \mathrm{r/min}$ 的转速旋转，由于工作环境恶劣一般用链传动。在图8-18中，主动链轮安装在减速器输出轴上，转速为 $6 \mathrm{r/min}$；从动链轮与转鼓连接，转速为 $1 \mathrm{r/min}$。若转鼓和过滤转盘的总质量为 $500 \mathrm{kg}$，直径为 $2 \mathrm{m}$，载荷平稳，采用倾斜布置方式。试设计此链传动，要求传动比误差不大于 5%；减速器输出轴直径为 $60 \mathrm{mm}$，连接键为"GB/T 1096

键 C16×10×80（键宽 16mm、高 10mm、长 80mm，毂槽深 4.3mm），完成主动链轮结构设计。

图 8-18　转盘式滤布滤池或转盘式微滤机实物图

解：（1）计算传动比，确定链轮齿数

$$i_{12} = \frac{6}{1} = 6$$

由表8-6，选 $z_1 = 17$。大链轮齿数 $z_2 = iz_1 = 6 \times 17 = 102$，考虑链轮磨损的均匀性，大链轮齿数取偶数 $z_2 = 102$，实际传动比与计算传动比相同，无传动比误差。

（2）计算功率 转鼓断续低速转动，主要功率损失为带动静止的转鼓旋转，应按照转鼓和过滤转盘的转动惯量方法计算所需的功率。将转鼓和过滤转盘简化视为实心转盘，则其转动惯量为

$$J = \frac{1}{2} m \frac{d^2}{4} = \frac{500 \times 4}{8} \mathrm{kg \cdot m^2} = 250 \mathrm{kg \cdot m^2}$$

则驱动转鼓和过滤转盘所需的功率为

$$P = \frac{1}{2} J \omega^2 = \frac{250}{2} \left(\frac{6.28}{60} \right)^2 \text{kW} = 1.37 \text{kW}$$

由表 8-7 查得 $K_A = 1.0$；由图 8-17 得 $K_z = 1.6$；功率小，选用单排链传动，由表 8-8 取 $K_m = 1.0$。由式（8-16）得

$$P_c = \frac{K_A K_z}{K_m} P = \frac{1.0 \times 1.6}{1.0} \times 1.37 \text{kW} = 2.19 \text{kW}$$

（3）确定链条型号 由 $P_0 = P_c = 2.19 \text{kW}$、$n_1 = 6 \text{r/min}$，查图 8-15，选取 32A 链条，其节距

$$p = 32 \times \frac{25.4}{16} \text{mm} = 50.8 \text{mm}$$

（4）链条节数计算 采用无张紧机构但中心距可调节的布局设计，对于节距较大的链，采用小中心距设计，初选中心距 $a_0 = 30p$。由式（8-14）可得

$$L_{p0} = 2 \frac{a_0}{p} + \frac{z_1 + z_2}{2} + \frac{p}{a_0} \left(\frac{z_2 - z_1}{2\pi} \right)^2 = 2 \times \frac{30p}{p} + \frac{17 + 102}{2} + \frac{p}{30p} \left(\frac{102 - 17}{2\pi} \right)^2 = 125.6$$

取链节数为偶数 $L_p = 126$。

（5）实际中心距 采用中心距可调节的布局设计，实际中心距

$$a = \frac{p}{4} \left[\left(L_p - \frac{z_2 + z_1}{2} \right) + \sqrt{\left(L_p - \frac{z_1 + z_2}{2} \right)^2 - 8 \left(\frac{z_2 - z_1}{2\pi} \right)^2} \right] = 1535.1 \text{mm}$$

实际中心距应比计算出的中心距小 Δa，$\Delta a = 0.004a = 6.1 \text{mm}$，实际中心距取 1529mm。

（6）计算链速 由式（8-2）有

$$v_a = \frac{z_1 p n_1}{60 \times 1000} = \frac{17 \times 50.8 \times 6}{60 \times 1000} \text{m/s} = 0.1 \text{m/s} < 0.6 \text{m/s}$$

需要进行静强度校核，查图 8-11 在 1 区，选择人工润滑。

（7）链条静强度校核 查表 8-2，单排 32A 滚子链的极限载荷 $Q = 222.4 \text{kN}$，单位长度质量 $q = 10.1 \text{kg/m}$。传动链采用倾斜布置，倾斜角 $\beta = 30°$，垂度系数 $K_y = 5$，传动所需的圆周力

$$F = \frac{P_c}{v_a} = \frac{2.19}{0.1} \text{kN} = 21.9 \text{kN}$$

紧边拉力

$$\begin{aligned}
F_1 &= F + F_c + F_y = F + qv^2 + K_y qga \\
&= (21900 + 10.1 \times 0.1^2 + 5 \times 10.1 \times 9.81 \times 1.53) \text{N} \\
&= 22.66 \text{kN}
\end{aligned}$$

取安全系数 $S = 8$，由式（8-17）进行静强度校核有

$$\frac{Q}{K_A F_1} = \frac{222.4}{1.0 \times 22.66} = 9.81 \geq 8$$

因此，该链传动安全。

（8）作用在轴上的压力 由式（8-12），可知 $F_Q = (1.2 \sim 1.3) F$，取大值，即

$$F_Q = 1.3 \times 22.66 \text{kN} = 29.46 \text{kN}$$

（9）链轮结构设计 查表 8-3 中的链轮分度圆直径计算公式有

$$d_1 = \frac{p}{\sin \dfrac{180°}{z_1}} = \frac{50.8}{\sin \dfrac{180°}{17}} \text{mm} = 276.60 \text{mm}$$

$$d_2 = \frac{p}{\sin\dfrac{180°}{z_2}} = \frac{50.8}{\sin\dfrac{180°}{102}}\text{mm} = 1650.45\text{mm}$$

由表 8-2 中滚子最大外径有 $d_r = 28.58\text{mm}$，则齿顶圆直径为

$$d_{\text{amin1}} = d_1 + \left(1 - \frac{1.6}{z_1}\right)p - d_r = 276.60 + \left(1 - \frac{1.6}{17}\right) \times 50.8 - 28.58 = 294.04\text{mm}$$

$$d_{\text{amin2}} = d_2 + \left(1 - \frac{1.6}{z_2}\right)p - d_r = 1650.45 + \left(1 - \frac{1.6}{102}\right) \times 50.8 - 28.58 = 1667.87\text{mm}$$

取 $d_{a1} = 295\text{mm}$，$d_{a2} = 1670\text{mm}$。

齿根圆直径为

$$d_{f1} = d_1 - d_r = (276.60 - 28.58)\text{mm} = 248.02\text{mm}$$

$$d_{f2} = d_2 - d_r = (1650.45 - 28.58)\text{mm} = 1621.87\text{mm}$$

采用标准刀具加工链轮齿形，在链轮工作图上不必绘制端面齿形，须绘出链轮轴面齿形，参考 7.3.5 节带轮的结构设计：

$$300\text{mm} \geqslant d_1 = 276.60\text{mm} \geqslant 2.5d_{s1} = 2.5 \times 60\text{mm} = 150\text{mm}$$

$$d_{h1} = 1.8d_{s1} = 1.8 \times 60\text{mm} = 108\text{mm}$$

取凸缘 $d_{h1} = 110\text{mm}$，$d_{f1} - d_{h1} = (248.02 - 110)\text{mm} = 138.02\text{mm} > 100\text{mm}$，小链轮设计为孔板结构，孔径为 65mm，孔中心所在圆的直径为 179mm，共 8 个孔均布。节距大于 12.7mm，链轮轮齿宽 $b = 0.95b_1 = 0.95 \times 31.55\text{mm} = 29.97\text{mm}$，其他尺寸查表 8-2 和表 8-3 确定。小齿轮的材料选用 20 钢，经渗碳、淬火、回火处理，硬度 50~60HRC；大链轮采用 HT150，经淬火、回火处理。小链轮的完整设计图如图 8-19 所示，大链轮的完整设计图略。

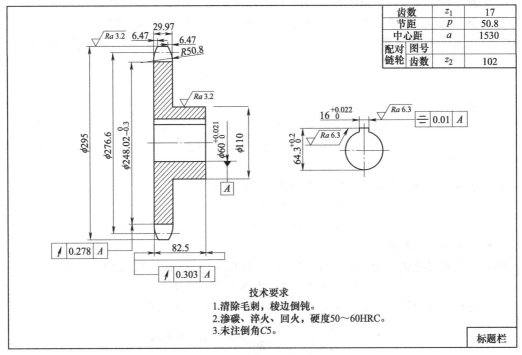

齿数	z_1	17
节距	p	50.8
中心距	a	1530
配对链轮	图号	
	齿数 z_2	102

技术要求
1. 清除毛刺，棱边倒钝。
2. 渗碳、淬火、回火，硬度50～60HRC。
3. 未注倒角C5。

标题栏

图 8-19　传动链小链轮的设计图

8.5　链条输送机与输送链简介

8.5.1　链条输送机的特征及组成

链条输送机是以链条作为牵引和承载构件进行物料输送的设备，链条可以采用普通的套筒滚子链，也可以采用各种特种链条，如刮泥机用的非金属弯板链。相较带式输送机而言，链条输送机的输送能力大，可以承受重载和冲击载荷；可在有腐蚀和剧烈磨损的环境中工作；运载精度和稳定性高、寿命长、效率高。在环保产业中链条输送机也有较多的应用，如链条牵引式刮泥机、链板式刮砂机等组成。

链条输送机主要由原动件、驱动机构、线体、张紧机构、电控组件等，其中线体是实现输送功能的关键部件，主要由输送链条、附件、链轮、轨道、支架等部分组成。输送链需要具备承载物品并进行运输的功能，所以正确分析输送链的受力情况及其力流（即物料重力传递到支承导轨上所经过的路线）分布非常重要，必须遵循力流路线最短与力流路线所经过的各零件尽可能等强度的原则。在图 8-20 所示的力流路线中，图 8-20a 所示为物料安置在链板上，链板在支承轨道上滑行。这种设计力流路线最短，但链板与轨道发生滑动摩擦，摩擦阻力大，且易造成链板磨损。图 8-20b 所示为物料放置在链板上，链条的滚子在支承轨道上滚动前进。其力流路线为：物料→链板→销轴→套筒→滚子→支承轨道。这条力流路线较长，而且链条的很多零件既承受传动牵引力，又承受物料重力，势必造成链条结构尺寸增大。图 8-20c 所示为安装有行走滚轮的链条，其力流路线为：物料→链板→销轴→滚轮→支承轨道。链条的铰链副（滚子、套筒、销轴）仅有啮合传动功能而不承载物料重力，因此链条的几何尺寸相对较小。图 8-20d 所示为一种带滚轮的链条，由滚轮来承载物品，而链条滚子在支承轨道上滚动。其力流路线为：物料→工装板→滚轮→销轴→套筒→滚子→支承轨道。这种结构的受力情况是悬臂较大，所以经常用于轻载场合，但在输送过程中链条可保持连续运动而物料与工装板可做短暂停留，便于实现积放输送。

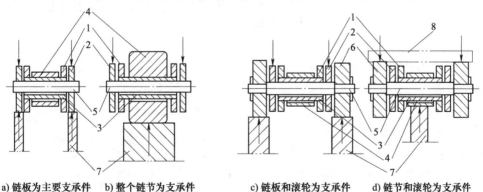

a) 链板为主要支承件　　b) 整个链节为支承件　　c) 链板和滚轮为支承件　　d) 链节和滚轮为支承件

图 8-20　链条输送机的力流路线示意图

1—内链板　2—外链板　3—套筒　4—滚子　5—销轴　6—滚轮　7—支承轨道　8—工装板

8.5.2　链条输送机的分类

链条输送机种类繁多，常用的有悬挂式、承托式、刮板式、埋刮板式链条输送机和链条斗式提升机等。

1. 悬挂式链条输送机

悬挂式链条输送机由牵引链条、滑架、挂吊具、架空轨道、驱动机构、张紧机构等组成，其牵引链节的结构如图 8-21 所示。由图 8-21 可见，物料重量由滑架承担，牵引链只承受拉力，被广泛应用于连续输送各类成件物料中。根据输送工艺和流程的不同，可将其分为普通型和积放型悬挂输送机，普通型悬挂输送机可根据工艺要求实现转弯、升降等输送动作；积放型悬挂输送机可以实现输送件的自动堆积、摘卸、复位等复杂工艺流程。

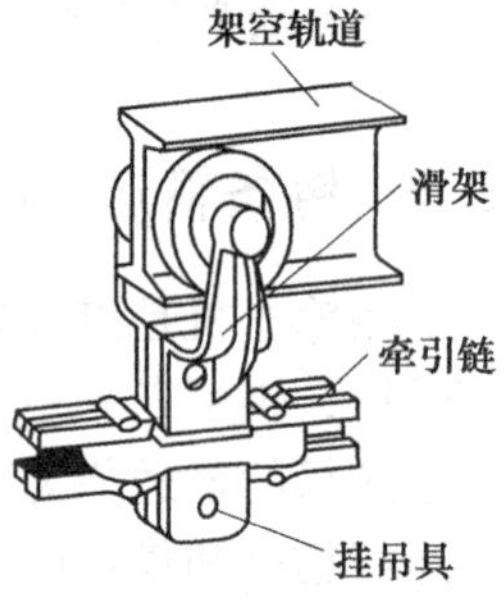

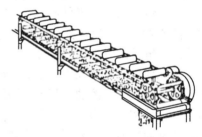

图 8-21　悬挂式链条输送机牵引链节示意图

2. 承托式链条输送机

承托式链条输送机整体机组架设在地面上，输送物料放置在输送链条上（大多放置在附件链节或工装链板上），沿线体输送至指定地点或沿线体设置多个流水作业点，作为流水作业线，广泛用于输送零、部件。承托式链条输送机通常选用标准滚子链，各链节都带有平顶式附件，所用附件与链条可连接成一个构件；输送机可水平放置、倾斜布置或两者结合。

3. 刮板式链条输送机

刮板式链条输送机用于输送散状物料，悬挂刮板从一端进入物料堆放区，推动物料沿通道或台面滑移。物料重量由通道或台面支承，链条仅承受拉力。布置时，输送行程（有效工作行程）刮板在链条下，链条通常露在物料外面，返回行程刮板在链条上方，如图 8-22 所示。刮板式链条输送机卸料侧始终在输送通道的正前方，如果采用两条链条输送，链条应设置在刮板的两侧；如果采用单链条输送，链必须设置在刮板中间位置，以保证刮板受力平衡。工程用钢制滚子链、套筒链、弯板链和块状链都可以用作刮板式链条输送机的输送链。

图 8-22　刮板式链条输送机示意图

如图 8-23 所示，双列链条牵引式刮泥机就是典型的刮板输送机，由两条链驱动，多个刮板平行安装在链节上。在刮板运行的上下轨迹上设平行轨道，刮板的重量由轨道承担。工作时，利用链条拉动刮板运动完成刮泥动作，链条的链节结构中呈现曳引特性。受工作环境影响，水下工作的链条无法进行润滑，因此大多采用非标弯板套筒链（或扁节链）。用于低腐蚀的环境中时，链节材料可用锻钢、球墨铸铁、不锈钢等材质制造；

图 8-23　双列链条牵引式刮泥机的实物图

用于腐蚀环境中时，可用特制的工程塑料加工。工程塑料链条尚没有标准化，设计时需要参考相关厂家的产品目录（如上海金术机械设备有限公司、芬兰 DWT 工程有限公司、美国宝利金公司等），然后根据厂家提供的试验数据确定其承载能力，或按照安装尺寸和工作拉力，分别校核销轴的剪切应力、挤压应力、链板危险截面处的拉应力。常用的工程塑料弯板套筒链条节距有 63.5mm、66.3mm、69.3mm、152.4mm 等几种。

4. 埋刮板式链条输送机

埋刮板式链条输送机也是用于输送通槽结构底部的散状物料，其功能和物料输送方式与刮板式链条输送机非常相似，不同之处是工作时刮板和链条均埋在底部的物料中。根据物料特性，常在槽中并排设置几条链条，多个刮板平行安装在链条上。常见埋刮板式链条输送机链条的链节结构应具有曳引特征，并能在严酷工况下保持较长的工作寿命。

与刮板式链条输送机类似，埋刮板式链条输送机的输送行程刮板在链条下方，返回行程刮板在链条上方，通常在通道的端部卸料。埋刮板式链条输送机常用于输送磨蚀性散状物理，如砂子、污泥等。

5. 链条斗式提升机

链条斗式提升机是链条输送机中的一个特殊类型，使用料斗垂直或近似垂直地输送松散物料。只要物料的块状尺寸相对不是太大、黏度不是太高，几乎都能用它输送。典型链条斗式提升机分为顶部、底部和中间三个基本部分，顶部包括顶轴、链轮、轴系、驱动装置、支承结构、料斗、链条和机壳；底部包括底轴、链轮、可调节轴系、支承结构、机壳、料斗和链条；中间部分一般由垂直支承结构、机壳、载运的料斗和链条组成。提升机料斗用螺栓固定在一条或两条循环运转的链条上，在连续式提升机中通过漏斗或送料机构将物料装入料斗；在离心卸料式提升机中，料斗绕过底部链轮时铲起装入物料，而在绕过顶部链轮时利用离心力或重力作用完成卸料。提升机用链条为提升、曳引链，如钢制无滚子套筒链、长节距滚子输送链等。

环保设备中的链条回转式多耙格栅除污机、高链式格栅除污机均采用了链条斗式提升机的设计方式。图 8-24 所示为美国 Vulcan Industries 公司生产的链条回转式多耙格栅除污机，驱动电动机安装在顶部，清污耙齿固定安装在有支承滚轮的提升链节上，滚轮沿轨道运行，确保耙齿和格栅的间距不变，其力流路线为：物料→耙齿→链板→销轴→滚轮→支承轨道。工作行程时，沿固定路线运动的清污耙齿插入格栅间隙，耙齿和格栅组成料斗，耙齿数和格栅间隙数一致，向上运行的耙齿将格栅拦截的污染物清理

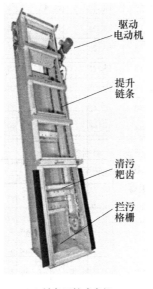

a) 链条回转式多耙
格栅除污机

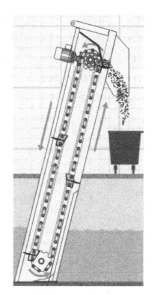

驱动
电动机

提升
链条

清污
耙齿

拦污
格栅

b) 链条回转式多耙格栅
除污机工作过程示意图

图 8-24　美国 Vulcan Industries 公司的链条回转式多耙格栅除污机

下来，并提升至顶部的卸料口，利用污染物的自重完成卸料。工作过程中所有重量均由提升链承担，非工作行程时清污耙朝外。

8.5.3 输送链的种类

与传动链相比，输送用链条的运动速度低、链条长、链节承载大、链节容易安装和固定附件。根据制造方法的不同，输送链可分为冲压链、锻造链、铸造链、焊接链；根据结构特征上的差异，可分为直板滚子链、弯板链、易拆链、可拆链、销合链、齿形链、叉形链、平顶链、圆环链等。

鉴于直板滚子链与传动滚子链的结构相同，在此不再赘述。弯板输送链的结构如图 8-25 所示，由两块弯链板和套筒焊接在一起构成弯板链节（图 8-25a），用连接销将相邻链节组成链段（图 8-25b）。工程用焊接结构弯板链的尺寸与参数见表 8-9，表中各参数如图 8-26所示。

a) 弯板链节组成元件   b) 由弯板链节组成的链段

图 8-25 工程用焊接结构弯板链

表 8-9 工程用焊接结构弯板链的尺寸与参数（摘自 GB/T 15390—2005）

链号	节距 p/mm	套管外径 d_1/mm	小端内侧宽 b_1/mm	销轴直径 d_2/mm	套筒内径 d_3/mm	通道高度 h_1/mm	链板高度 h_2/mm	弯部间隙尺寸 l_1/mm	l_2/mm	端部间隙尺寸 l_3/mm	l_4/mm
W78	66.27	22.9	28.4	12.78	12.90	30.0	28.4	17.0	17.0	16.8	16.8
W82	78.10	31.5	31.8	14.35	14.48	33.5	31.8	19.8	21.1	19.6	20.8
W106	152.40	37.1	41.2	19.13	19.25	39.6	38.1	26.7	27.2	26.4	26.9
W110	152.40	32.0	46.7	19.13	19.25	39.6	38.1	26.7	27.2	26.4	26.9
W111	120.90	37.1	57.2	19.13	19.25	39.6	38.1	26.7	27.2	26.4	26.9
W124	101.60	37.1	41.2	19.13	19.25	39.6	38.1	26.7	27.2	26.4	26.9
W124H	103.20	41.7	41.2	22.30	22.43	52.3	50.8	28.2	30.5	27.9	30.2
W132	153.67	44.7	76.2	25.48	25.60	52.3	50.8	30.0	30.5	30.0	30.2

链号	小端外侧宽 b_2/mm	大端内侧宽 b_3/mm	销轴锁止端至中性线距离 b_4/mm	销轴锁头端至中性线距离 b_5/mm	销轴铆端至中线距离 b_6/mm	链板厚度 c/mm	抗拉强度/kN 销轴热处理	全部热处理
W78	51.0	51.6	45.2	39.6	42.7	6.4	93	107
W82	57.4	57.9	48.3	41.7	45.2	6.4	100	131
W106	71.6	72.1	62.2	56.4	59.4	9.7	169	224
W110	76.5	77.0	62.2	54.9	59.4	9.7	169	224
W111	85.9	86.4	69.8	63.5	64.3	9.7	169	224
W124	71.6	72.1	62.0	56.4	59.4	9.7	169	224
W124H	76.5	77.0	70.6	62.5	65.8	12.7	275	355
W132	111.8	112.3	88.1	79.2	83.3	12.7	275	378

8.5.4　输送链与链轮的设计选用

1. 确定链条节距

相对传动链而言，输送链允许有较大的动载荷，链节的选择主要考虑结构、减重和承载能力等因素，优先选用长链节的单排链，而尽量避免选用多排链。工程中一般根据刮板、托盘或料斗等携带件的尺寸和间隔预先确定链条的节距。当使用连续携带件或载荷非常大而链条节距又比较小（小于152.4mm）时，每个链节安装一个携带件。对于输送量较小的连续链条输送机（如非金属链式刮泥机）或斗式提升机（如链条回转式多耙格栅除污机），携带件的间距可以根据输送量计算确定。其他类型的链条输送机或斗式提升机，可以每三个或四个链节安装一个携带件，链条节距长度同时还要符合输送机或提升机承载输送量的要求，选取的链条节距可以参考表 8-10。

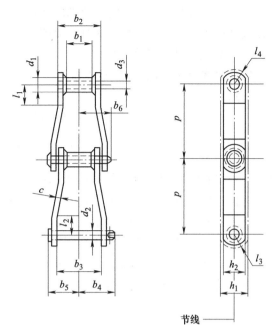

图 8-26　工程用焊接结构弯板链的尺寸与参数示意图

表 8-10　链条节距和链轮的最大转速

链轮齿数	链条节距/mm															
	1.63	2.0	2.3	2.5	2.61	3.0	3.1	3.5	4.0	4.76	5.0	6.0	7.0	8.0	9.0	12.0
	链轮的最大转速/(r/min)															
6	144	106	86	76	70	58	54	46	37	28	27	20	15	13	11	7
7	168	124	100	88	82	67	63	53	44	33	31	23	18	15	13	8
8	192	141	114	101	94	77	72	61	50	38	36	27	21	17	14	9
9	216	159	129	114	106	87	81	69	56	41	40	31	24	19	16	10
10	241	177	143	126	118	96	90	76	62	47	45	34	26	22	18	12
11	265	194	158	139	129	106	99	84	69	51	49	37	29	24	20	13
12	289	212	172	152	141	115	107	92	75	57	54	41	32	26	22	14
13	313	229	192	164	153	124	117	98	80	61	57	44	34	28	24	15
14	337	247	201	177	165	135	126	107	87	67	63	48	37	31	25	16
15	361	265	215	190	177	144	135	114	93	71	66	50	40	33	27	18
16	385	283	229	202	188	154	144	122	100	76	71	54	42	35	29	19
18	433	318	258	228	212	173	162	137	112	85	80	61	48	39	33	21
20	433	318	258	228	212	173	162	137	112	85	80	61	48	39	33	21
24	433	318	258	228	212	173	162	137	112	85	80	61	48	39	33	21

确定链条节距后，根据输送要求确定链轮的中间距，并按照传动链链轮节数 L_{p0} 计算公式即式（8-14）计算链节数，计算值取整取大。

2. 计算链条所受最大拉力

（1）链条水平布置 如图 8-27a 所示，如果链条不承载物料重量，而是被推送运输时，链条受到的总拉力 F 为

$$F = a(2.1Mf_{\rm M} + Wf_{\rm W}) + F_{\rm ad} \tag{8-18}$$

$$F_{\rm ad} = 2.26 \times 10^{-5} \frac{lh^2}{R} \tag{8-19}$$

式中，a 为首尾两轮中心距（mm）；M 为输送链和附件在链单位长度上的平均重量（N/mm）；W 为输送物料在链单位长度上的平均重量（N/mm）；$f_{\rm M}$ 为链条和轨道间的摩擦系数；$f_{\rm W}$ 为物料和导轨间的摩擦系数；$F_{\rm ad}$ 为散装物料输送机的附加拉力（N），在刮板式链条输送机和埋刮板式链条输送机输送链的设计选型中均需要考虑该力，其值为散装物料与沟槽间的摩擦力；l 为输送机上物料的输送距离（mm）；h 为沟槽中物料高度（mm）；R 为各种物料的曳引系数，其值可查表 8-11 确定。

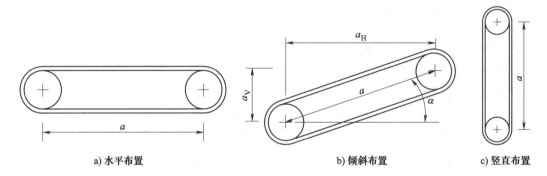

a) 水平布置   b) 倾斜布置   c) 竖直布置

图 8-27 输送链的放置方式示意图

表 8-11 物料的曳引系数 R

物　　料	R	物　　料	R
煤	14.0	碎石	7.0
焦炭	35.0	沙子	5.5
石灰石	7.5	灰	14.0

链条与轨道间摩擦系数 $f_{\rm M}$ 的取值，需要考虑链条和轨道间的接触方式。当链条的链板边在轨道上滑动时，查表 8-12 中的滑动摩擦系数（$f_{\rm s}$）；当链条的滚子在轨道上滚动时，则查表 8-13 中的滚动摩擦系数（$f_{\rm r}$）。

表 8-12 链条的滑动摩擦系数

材　　料	$f_{\rm s}$	
	无润滑	有润滑
钢与钢	0.33	0.20
铸铁之间或铸钢之间	0.50	0.40
钢与青铜	—	0.15
钢与硬木	0.35	0.25
铸铁或铸钢与木材	0.44	—

表 8-13　链条的滚动摩擦系数

滚子外径/mm	f_r		滚子外径/mm	f_r	
	无润滑	有润滑		无润滑	有润滑
>40	0.22	0.16	125	0.11	0.07
50	0.20	0.15	150	0.10	0.06
65	0.16	0.12	滚动轴承	—	0.015
75	0.14	0.09	硬化球轴承	—	0.01
100	0.12	0.08	—	—	—

当滚子尺寸没有在表 8-13 中列出时，链条的滚动摩擦系数 f_r 的计算公式为

$$f_M = f_r = f_s \frac{d}{D} - \frac{1}{254D} \tag{8-20}$$

式中，f_s 为滑动摩擦系数，查表 8-12；D 为滚子外径（mm）；d 为子内径（mm）。

当物料在输送轨道（或台面）上存在滑动时，需要考虑物料与轨道间的摩擦力，表 8-14 列出了部分物料与轨道间的摩擦系数 f_W，表中没有列出的物料摩擦系数请查找相关手册。

表 8-14　物料与轨道间的滑动摩擦系数

轨道（或台面）材质	运输物料材质				
	纸类材料	塑料	木材	钢材	黏土
钢材	0.40	0.30	0.40	0.40	0.6~0.7
塑料	0.35	0.25	0.30	0.30	
低摩擦塑料	0.30	0.20	0.25	0.20	
木材	0.40	0.30	0.40	0.40	
混凝土（湿）	—	0.45~0.75	0.62	0.80	0.3

如果物料的重量由链条承载，则链条受到的总拉力 F 为

$$F = af_M(2.1M + W) + F_{ad} \tag{8-21}$$

（2）链条倾斜布置　如图 8-27b 所示，当物料是被推送而不是由链条承载时，链条受到的总拉力 F 为

$$F = a(2M\cos\alpha f_M + W\cos\alpha f_W + W\sin\alpha) + F_{ad} \tag{8-22}$$

当物料的重量由链条承载时，链条受到的总拉力 F 为

$$F = a\cos\alpha f_M(2.1M + W) + aW\sin\alpha + F_{ad} \tag{8-23}$$

（3）链条竖直布置　如图 8-27c 所示，链条受到的总拉力 F 为

$$F = a(M + W) + F_0 \tag{8-24}$$

式中，F_0 为链的张紧力。

3. 计算修正拉力 F_c

$$F_c = FK_vK_A \tag{8-25}$$

式中，K_A 为工况系数，查表 8-15；K_v 为速度修正系数，查表 8-16。

表 8-15　工况系数 K_A

冲击频率	载荷特性	工作条件	每天工作时间	系数 K_A
低	均匀平稳	相对清洁和中等温度	8~10h	1.0
高	中等冲击	中等灰尘	24h	1.2
—	—	暴露于大气、灰尘腐蚀或有限的高温条件	—	1.4
—	严重冲击	—	—	1.5

表 8-16　速度修正系数 K_v

齿数	输送速度/(m/s)														
	0.051	0.127	0.254	0.381	0.508	0.635	0.762	0.889	1.016	1.143	1.27	1.397	1.524	2.032	2.540
6	0.917	1.09	1.37	1.66	2.00	2.40	2.91	3.57	4.41	5.65	7.35	10.60	16.70	—	—
7	0.855	0.971	1.13	1.27	1.44	1.61	1.81	2.04	2.29	2.60	2.96	3.42	3.95	8.62	—
8	0.813	0.909	1.04	1.16	1.26	1.37	1.49	1.63	1.76	1.93	2.10	2.29	2.48	3.62	6.21
9	0.794	0.870	0.980	1.07	1.17	1.26	1.36	1.45	1.55	1.65	1.76	1.88	2.00	2.56	2.94
10	0.775	0.840	0.943	1.02	1.09	1.16	1.24	1.31	1.37	1.45	1.53	1.61	1.68	2.03	2.41
11	0.785	0.820	0.901	0.971	1.03	1.09	1.15	1.22	1.28	1.34	1.40	1.46	1.52	1.78	2.05
12	0.741	0.787	0.862	0.926	0.990	1.05	1.10	1.16	1.21	1.26	1.32	1.37	1.42	1.63	1.84
14	0.735	0.769	0.833	0.885	0.935	0.980	1.02	1.07	1.11	1.15	1.19	1.24	1.28	1.47	1.61
16	0.725	0.763	0.813	0.855	0.893	0.935	0.971	1.01	1.05	1.08	1.12	1.16	1.19	1.34	1.48
18	0.719	0.752	0.800	0.833	0.877	0.909	0.943	0.980	1.01	1.04	1.08	1.11	1.14	1.27	1.40
20	0.719	0.746	0.787	0.826	0.855	0.893	0.917	0.952	0.980	1.01	1.04	1.07	1.10	1.22	1.34
24	0.714	0.735	0.769	0.800	0.820	0.847	0.877	0.901	0.935	0.962	0.980	1.01	1.04	1.15	1.26

4. 计算链条悬垂力

链输送设备中，链、附件的重量由轨道承担，一般情况下可以忽略悬垂力。当安装有附件的链条悬垂长度较大时，可以按照传动链悬垂拉力 F_y 计算，详见式（8-11）。

5. 链条强度校核

输送链的链速一般很低，链的主要失效形式为静力破坏，因此输送链的设计中只需要保证所选用链条的额定工作载荷大于修正后的拉力即可。

若无法确定输送链的承载力，可以按照输送链的尺寸和材料进行链条的静强度校核，校核计算包括链板拉伸强度校核和销轴剪切强度校核，校核公式为

$$\sigma = \frac{1.1(F_c + F_y)}{2c(h_2 - d)} < R_m \tag{8-26}$$

$$\tau = \frac{2.2(F_c + F_y)}{\pi d_2^2} < \tau_b \tag{8-27}$$

式中，R_m 和 τ_b 分别为链板的抗拉强度极限（MPa）和销轴的抗剪强度极限（MPa），具体值根据链板和销轴的材料查手册；c 为链板厚度（mm）；h_2 为链板高度（mm）；d 为链板孔径（mm），其值可以取销轴直径 d_2；c、h_2、d_2 值可从表 8-9 中查得。

6. 链轮齿数确定及尺寸计算

输送机用链轮的齿数要比传动链的链轮齿数少，可以依据输送速度，查表 8-16 确定。表 8-16 中，在输送机速度栏里向下找到接近 1.00 的数字（位于粗画线附近），左侧横向对应的即为最优链轮齿数。链轮直径计算参考表 8-3 中传动链的链轮基本尺寸计算公式。

输送链链轮的结构与传动链链轮相同，分度圆和齿根圆直径可以按照表 8-3 进行计算。不同的是，输送链链轮的最小齿数较少，最少可取 6 个齿，且链轮齿顶圆直径计算方法不同，其计算公式为

$$d_a = p\cot\frac{180°}{z} + h_2 \tag{8-28}$$

式中，h_2 为链板高度（mm），具体值查表 8-9。

【例 8-2】 图 8-28a 中的双列链条牵引式刮泥机，具有刮泥能力强、刮板移动速度慢（线速度为 $0.4 \sim 0.6\text{m/min}$）、对污水扰动小、有利于泥沙沉淀等优点，适用于长方形初沉池与二沉池的表面撇渣与底部刮泥操作。受环境影响，工程中常用非标准塑料弯板链条作为刮泥机的输送链。非金属链的安装如图 8-28b 所示，底部的刮泥板与池底的滑轨接触，回程中刮泥板在滑轨上移动，链条与轨道不直接接触，而是通过刮板的钢靴与轨道接触，其摩擦系数 f_M 为 0.33。链条和附件的重量均由轨道承担，设计中可以忽略水平段链条的悬垂拉力（无支承的左右侧链段仍需进行悬垂力计算）；已知某 20000mm 长、2000mm 宽的矩形沉淀池，若采用双列链条牵引式刮泥机，对沉淀物进行连续清理，试完成牵引链的设计。设计要求：链条的线体布置如图 8-28b 所示，载荷平稳，刮泥速度 $v = 0.6\text{m/min}$。

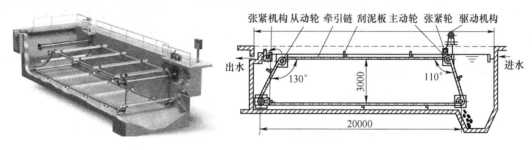

a) 双列链条牵引式刮泥机 b) 链条的安装示意图

图 8-28 非金属双列链条牵引式刮泥机及链条

解：（1）确定链条节距 刮泥机工作所处的污水环境一般具有腐蚀性，因此常用非金属链条，如节距为 64.3mm 的 NH77、节距为 66.3mm 的 NH78、节距为 69.3mm 的 NH79 以及节距为 152.4mm 的 NCS720 等几种。工程中链条的节距一般根据刮板、托盘或料斗等携带件的尺寸和间隔预先确定，刮泥机刮板尺寸可以预定。参考表 8-10，低速下宜选大节距链条，因此预选节距为 152.4mm 的 NCS720 非金属链条。刮泥机链为非标准链，设计中参考某公司生产的 NCS720 非金属刮泥机链条进行，其结构如图 8-29 所示，采用增强聚氨酯制造，破断拉力为 25kN，单位长度链条重量为 50N/m。

如图 8-28b 所示，顶部链条主动轮和从动轮的中心距为

$$a_u = 20000\text{mm} - 3000\text{mm}(\cot70° + \cot50°) = 16386.42\text{mm}$$

底部链链条的中心距 $a_d = 20000\text{mm}$，左、右两侧链轮的中心距分别为

$$a_L = \frac{3000}{\sin 50°} mm = 3917.68mm$$

$$a_R = \frac{3000}{\sin 70°} mm = 3193.25mm$$

链速为

$$v = \frac{0.6}{60} m/s = 0.01 m/s$$

查表8-16，由链速小于0.05m/s，选择最小链轮齿数为6，共有4个支承链轮且各链轮的齿数相等，因为每个中心距仅对应单侧链，由式（8-14）可计算出初始节数 L_{p0} 为

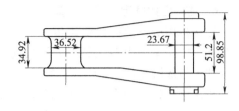

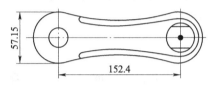

图 8-29　NCS720 非金属刮泥机链条的结构示意图

$$L_{p0} = \frac{a}{p} + \frac{4z_1}{4}$$

$$= \frac{16386.42 + 20000 + 3917.68 + 3193.25}{152.4} + 6 = 291.4$$

取 $L_p = 292$。

（2）计算链条所受最大拉力

1）如图8-28b所示，顶部链条对应的从动轮和主动轮间为水平布置。返程链条无负载，散装物料输送机的附加拉力 $F_{ad} = 0$。工作过程中链条与轨道不接触，刮板的钢靴与钢制导轨接触，钢与钢之间的干摩擦系数 f_M 为0.33。选用常规聚合物材质刮板，每块刮板机及其附件重量为260N，刮板高度为100mm，刮板长度略小于水池宽，取1900mm；刮泥机的泥量一般较少，常用刮板间距在10个链节以上，设计中选用刮板间距为10个链节；则双排链和刮板在单位长度上的平均重量为

$$M = \frac{260 \times \left(\frac{16386.42}{10 \times 152.4} + 2\right) + 2 \times 50 \times 16.38642}{16386.42} N/mm = 0.39 N/mm$$

刮板和链的重量均由轨道承担，忽略悬垂拉力，考虑双排链受力的不均匀性，单条链承力按照75%计算，则单条链顶部所受最大拉力为

$$F_u = 0.75a_u(2.1Mf_M + Wf_W) = 0.75 \times 16386.42 \times 2.1 \times 0.39 \times 0.33 N = 3321.57N$$

2）底部链条、张紧轮间链条为水平布置，链条带动池底污泥运动，当污泥与刮板高度相同时污泥量最大。此时污泥高度 $h = 100mm$，假设物料为砂子，查表8-11物料曳引系数 $R = 5.5$，则散装物料输送机的附加拉力 F_{ad} 为

$$F_{ad} = 2.26 \times 10^{-5} \frac{lh^2}{R} = 2.26 \times 10^{-5} \frac{20000 \times 100^2}{5.5} N = 821.82N$$

刮泥机连续工作，设定池中沉淀的污泥高度始终低于刮板，即污泥最大高度为刮板高度。刮泥机刮出污泥的含水率一般在90%以上，因此按照水的密度估算污泥的重量。则每循环中可能刮出的、污泥单位长度上的平均重量为

$$W = \frac{1900 \times 100 \times 20000 \times 1000 \times 9.81 \times 10^{-9}}{20000} N/mm = 1.86 N/mm$$

假设污泥沿池底滑行，刮板和链的重量均由轨道承担，忽略悬垂拉力，以黏土和湿润的混凝土查表 8-14，可知物料与轨道间的摩擦系数为 0.3，单条链承力按照 75% 计算，则底部单条链条受到的最大拉力为

$$F_d = 0.75\left[a_d(2.1Mf_M + Wf_W) + F_{ad}\right]$$
$$= 0.75\left[20000 \times (2.1 \times 0.39 \times 0.33 + 1.86 \times 0.3) + 821.82\right]N = 13040.41N$$

3）如图 8-28b 所示，左右侧的链条倾斜布置，链条不承载且呈悬垂状态，因此仅有悬垂拉力，由式（8-11）可以计算出左、右悬垂拉力，利用差值法可计算出 $K_{yL} = 3.47$、$K_{yR} = 2$，单条链承力按照 75% 计算，则左、右两侧单链条的悬垂拉力分别为

$$F_{yL} = 0.75K_{yL}Ma_L = 0.75 \times 3.47 \times 0.39 \times 3917.68N = 3976.34N$$
$$F_{yR} = 0.75K_{yR}Ma_R = 0.75 \times 2 \times 0.39 \times 3193.25N = 3241.07N$$

因此，单根链条可能承担的最大总拉力为

$$F_T = F_u + F_d + F_{yL} + F_{yR} = (3321.57 + 13040.41 + 3976.34 + 3241.07)N = 23579.40N$$

（3）计算修正拉力 F_c 低速 0.01m/s，查表 8-16，取速度波动系数 $K_v = 1$；载荷平稳工作在水下，且工作中对安全没有特殊需要，查表 8-15，取工况系数 $K_A = 1$，则修正拉力为

$$F_c = F_T K_v K_A = 23579.40N = 23.58kN < 25kN$$

单根链可能受到的最大拉力小于链条的极限拉力，满足要求。非金属刮泥机链条为非标准链，只需要根据制造商提供的极限拉伸载荷进行校核即可，因链的材质和详细尺寸不全，一般无须进行应力校核计算。

（4）传动功率计算 由于采用双链条驱动，因此计算功率时按照两条链进行，则

$$P_c = \frac{2F_c v}{1000} = \frac{2 \times 23579.40 \times 0.01}{1000}kW = 0.47kW$$

可选配 0.55kW 的电动机驱动。

（5）链轮结构设计 查表 8-3 可知，链轮的分度圆直径为

$$d = \frac{p}{\sin\dfrac{180°}{z}} = \frac{152.4mm}{\sin\dfrac{180°}{6}} = 304.94mm$$

根据图 8-29，由 $h_2 = 57.15mm$，则齿顶圆直径为

$$d_a = p\cot\frac{180°}{z} + h_2 = 152.4 \times 1.73mm + 57.15mm = 321.28mm$$

由图 8-29 可知，$d_1 = 36.52mm$，则齿根圆直径为

$$d_f = d - d_1 = 304.94mm - 36.52mm = 268.42mm$$

链轮的详细结构图（略）。

【习题】

8-1 分析说明链传动传动比不均匀性产生的原因，采用什么措施可以降低传动比波动？

8-2 分析说明链传动过程中掉链条一般发生在大链轮还是小链轮上。为防止掉链条，应采取什么措施？

8-3 常用链式输送机都有哪几种？简述其特点。

8-4 一链传动，链轮齿数 $z_1 = 21$、$z_2 = 53$，链条型号为 10A，链长 $L_p = 100$ 节。采用"三圆弧一直线"齿形，试计算两链轮的分度圆、齿顶圆和齿根圆直径以及传动的中心距，绘制大链轮的工程图，标注详细尺寸、公差（CAD 或手绘均可，必须有图框、标题栏和技术说明）。

8-5 题 8-4 中，小链轮为主动轮，$n_1 = 400 \text{r/min}$，载荷平稳，试求：①此链传动能够传递的最大功率；②工作中可能出现的失效形式；③应采用何种润滑方式。

8-6 设计一往复式压气机上的滚子链传动，已知电动机转速 $n_1 = 960 \text{r/min}$，$P = 3 \text{kW}$，压气机的转速 $n_2 = 330 \text{r/min}$，试确定大、小链轮齿数，链条节距，中心距和链节数。

8-7（大作业） 如图 8-30 所示的链条回转式多耙格栅除污机，主要由驱动变速机构、机架、主轴、链轮、环形牵引链、栅条托渣板、清污板耙等组成。驱动电动机安装在顶部，清污耙齿固定安装在有支承滚轮的提升链节上，滚轮沿轨道运行，确保耙齿和格栅的间距不变，其力流路线为：物料→耙齿→链板→销轴→滚轮→支承轨道。工作行程时，沿固定路线运动的清污耙齿插入格栅间隙，耙齿和格栅组成料斗，耙齿数和格栅间隙数一致，向上运行的耙齿将格栅拦截的污染物清理下来，并提升至顶部的卸料口，利用污染物的自重完成卸料。工作过程中，所有重量均由提升链承担，非工作行程，清污耙朝外。已知某矩形污水渠的沟宽 $B = 1100 \text{mm}$（链条回转式多耙格栅除污机宽取 1000mm），图 8-30 中 $\alpha = 80°$，格栅间隙为 30mm（约 30 个格栅间隙，30 个清污耙安装在一个清污耙板上；污染物较少，清污耙板间隔在 20 个链节左右）。查阅链条回转式多耙格栅除污机的相关资料，详述其工作原理。初步选择合理的链条和清污耙（安装在链条上的附件），然后完成牵引链的设计。设计要求：链条的线体布置参考图 8-24 所示美国 Vulcan Industries 公司链条回转式多耙格栅除污机的线体布置方式，同时设载荷平稳、齿耙运行速度 $v = 2.0 \text{m/min}$（注：可选标准的工程用焊接弯板链，也可以用套筒滚子链）。

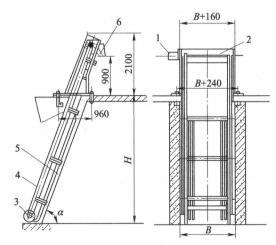

图 8-30 题 8-7 图

1—驱动变速机构 2—主动链轮传动轴 3—从动链轮传动轴 4—环形牵引链 5—机架 6—卸料溜板

第 9 章

齿轮及蜗杆传动设计

齿轮是在轮缘上加工有齿，通过齿的相互啮合实现连续传动的零件。齿轮传动可用于变速、变转矩、变方向和变运动形式等多种场合的传动，与摩擦轮传动、带传动、链传动相比，齿轮传动具有效率高、传动比准确、功率范围大等优点，但是对制造和安装精度要求都高，且不适用于长距离的传动。

本章主要介绍：齿轮齿廓啮合的基本定律；直齿圆柱齿轮、斜齿圆柱齿轮、锥齿轮及蜗杆的传动特点、基本参数的计算方法及正确啮合条件；各类齿轮传动过程中轮齿的受力分析、失效形式、设计准则和强度校核；传动效率计算、润滑与散热方式的选择等。

9.1 齿轮传动的类型及结构参数描述

9.1.1 齿轮传动的类型

根据两齿轮轴线相对位置，齿轮传动可分为平行轴齿轮传动和空间齿轮传动。依据齿向的不同，平行轴齿轮传动又可分为：①如图 9-1a、b 所示的直齿圆柱齿轮传动；②如图 9-1c 所示的直齿齿轮齿条传动；③如图 9-1d 所示的斜齿圆柱齿轮传动；④如图 9-1e 所示的人字齿轮传动。空间齿轮传动又可分为：①如图 9-1f、g 所示的锥齿轮传动；②如图 9-1h 所示的

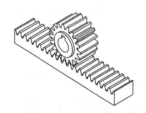

a) 直齿圆柱齿轮外啮合传动　　　　b) 直齿圆柱齿轮内啮合传动　　　　c) 直齿齿轮齿条传动

d) 斜齿圆柱齿轮传动　　　　e) 人字齿轮传动　　　　f) 锥齿轮传动

图 9-1　齿轮传动的类型

g) 锥齿轮传动　　　　h) 交错轴斜齿圆柱齿轮传动　　　　i) 蜗杆传动

图 9-1　齿轮传动的类型（续）

交错轴斜齿圆柱齿轮传动；③如图 9-1i 所示的蜗杆传动。

9.1.2　直齿圆柱齿轮各部分名称及基本尺寸计算

直齿圆柱齿轮的一部分结构如图 9-2 所示，齿顶所在的圆称为齿顶圆，用 d_a 表示；齿槽底部所在的圆称为齿根圆，用 d_f 表示；相邻两齿之间的空隙称为齿槽。轮齿的两侧齿廓设计为完全对称结构，因此齿轮能在正反两个方向传动。在任意直径为 d_K 的圆周上，轮齿两侧齿廓之间的弧长称为该圆上的齿厚，用 s_K 表示；齿槽两侧齿廓之间的弧长称为该圆上的齿槽宽，用 e_K 表示；相邻两齿同名侧齿廓之间的弧长称为该圆上的齿距，用 p_K 表示。对于齿数为 z 的齿轮，根据齿距定义有 $\pi d_K = p_K z$，故

$$d_K = \frac{p_K}{\pi} z \qquad (9\text{-}1)$$

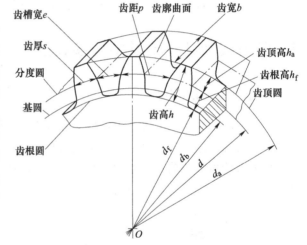

图 9-2　直齿圆柱齿轮各部分的名称

由式（9-1）可知，轮齿上任一圆周的直径均含有无理数 π。为了便于设计、制造和互换，人为地规定齿轮某一圆周上 $\dfrac{p_K}{\pi}$ 为标准值（取为整数或简单有理数），这个圆称为分度圆，用 d 表示。分度圆上的齿距、齿厚及齿槽宽习惯上不加分度圆字样，而直接简称为齿距、齿厚及齿槽宽。相应地，分度圆上各参数的符号也都不带下标，例如齿距用 p 表示，齿厚用 s 表示等。分度圆齿距 p 与 π 的比值定义为模数，用 m 表示，单位为 mm，即

$$m = \frac{p}{\pi} \qquad (9\text{-}2)$$

将式（9-2）代入式（9-1）有

$$d = \frac{p}{\pi} z = mz \qquad (9\text{-}3)$$

模数是齿轮的关键参数，由式（9-3）可见齿轮分度圆直径与模数成正比，m 越大，p 越大，轮齿也越大，我国国标 GB/T 1357—2008 规定的标准模数系列见表 9-1。

表 9-1　标准模数系列（摘自 GB/T 1357—2008）　　　　　　　（单位：mm）

第 I 系列	1　1.25　1.5　2　2.5　3　4　5　6　8　10　12　16　20　25　32　40　50
第 II 系列	1.125　1.375　1.75　2.25　2.75　3.5　4.5　5.5　(6.5)　7　9　11　14　18　22　28　36　45

注：适用于渐开线直齿、斜齿齿轮和锥齿轮，斜齿轮是法向模数，锥齿轮为大端模数，选用时应尽量选用第 I 系列值；尽量避免选用模数 6.5。

定义齿顶圆和分度圆之间的轮齿为齿顶部分，其径向高度称为齿顶高，用 h_a 表示；分度圆和齿根圆之间的轮齿为齿根部分，其径向高度称为齿根高，用 h_f 表示。轮齿的径向高度称为齿高，用 h 表示。显然，齿高 h、齿顶圆直径 d_a 和齿根圆直径 d_f 的计算式分别为

$$h = h_a + h_f \tag{9-4}$$

$$d_a = d + 2h_a \tag{9-5}$$

$$d_f = d - 2h_f \tag{9-6}$$

一对标准安装的齿轮啮合时的结构示意图如图 9-3 所示，由图可见两齿轮的分度圆相切。为防止传动过程中发生卡死现象，国标规定齿根高大于齿顶高，因此一个齿轮齿顶圆与另一个齿轮齿根圆之间必然存在间隙，这一间隙的径向距离称为顶隙，用 c 表示。顶隙的存在还有利于润滑轮齿的润滑油储存和流动，国家标准规定顶隙、齿顶高和齿根高分别为

$$c = c^* m \tag{9-7}$$

$$\left. \begin{array}{l} h_a = h_a^* m \\ h_f = (h_a^* + c^*) m \end{array} \right\} \tag{9-8}$$

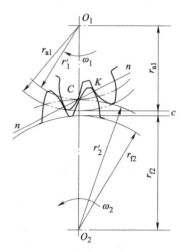

图 9-3　一对相互啮合的齿轮示意图

式中，h_a^* 和 c^* 分别称为齿顶高系数和顶隙系数，均为标准值，其值见表 9-2。

表 9-2　标准齿轮的齿顶高系数和顶隙系数

系　　数	正常齿制	短齿制
h_a^*	1.0	0.8
c^*	0.25	0.3

定义标准齿轮为分度圆上齿厚与齿槽宽相等，且齿顶高和齿根高均为标准值的齿轮，则标准齿轮上

$$p = s + e \tag{9-9}$$

$$s = e = \frac{p}{2} = \frac{m\pi}{2} \tag{9-10}$$

9.2　齿轮的齿廓、啮合特性和加工原理

9.2.1　齿廓啮合基本定律

与摩擦轮传动、带传动、链传动相比，齿轮传动的最大优势是两轮的瞬时角速度比保持

不变，瞬时角速度比与齿廓形状紧密相关，齿廓形状的研究始于 17 世纪末，先是摆线齿廓，随后是渐开线齿廓和圆弧齿廓。1694 年，法国学者 Philippe De La Hare 提出渐开线可作为齿形曲线；1733 年，法国人 M. Clause 提出渐开线齿廓接触点的公法线必通过齿轮中心连线上的节点；1765 年，瑞士的 L. Euler 提出渐开线齿形解析研究的数学基础；1907 年，英国人 Frank Humphris 发表了圆弧齿形相关研究论文；1926 年，瑞士人 Eruest Wildhaber 取得法面圆弧齿形斜齿轮的专利权；1955 年，苏联人 M. L. Novikov 完成了圆弧齿形齿轮的实用研究；1970 年，英国 Rolls-Royce 公司工程师 R. M. Studer 取得双圆弧齿轮的美国专利。到目前为止，齿廓形状仍然是齿轮传动机构研究的重要内容之一。

由图 9-3 可知，一对齿轮啮合时，相互啮合的两齿廓间形成点或线接触的高副，其瞬心在过接触点的法线上。当主动齿轮 1 上一齿廓和从动齿轮 2 的齿廓在 K 点接触时，过 K 点作两齿廓的公法线 n-n，n-n 与齿轮中心连线 O_1O_2 的交点 C 称为节点，由三心定理可知，节点就是齿轮 1、2 的相对速度瞬心点，由瞬心的定义有

$$\frac{\omega_1}{\omega_2} = \frac{\overline{O_2C}}{\overline{O_1C}} \qquad (9\text{-}11)$$

若两齿轮的瞬时角速比恒定不变，则式（9-11）为常数，因此 C 点为中心连线上的固定点，或者说，欲使齿轮机构保持定角速比，不论齿廓在任何位置接触，过接触点所作的齿廓公法线都必须与连心线交于一定点。当节点 C 的位置固定时，C 点在两齿轮运动平面上的轨迹是两个相切的圆，称为节圆，半径分别用 r_1'、r_2' 表示。C 点为两齿轮的速度瞬心，因此两齿轮在节圆处做纯滚动。**由式（9-11）可知，两齿轮啮合传动时，角速比恒等于两节圆半径的反比，这一规律称为齿廓啮合基本定律。**

传动齿轮的齿廓曲线除要求满足定角速比之外，还必须考虑制造、安装和强度等要求。常用的齿廓有渐开线齿廓、摆线齿廓和圆弧齿廓，其中以渐开线齿廓应用最广，本章着重讨论渐开线齿廓齿轮。

9.2.2　渐开线及渐开线齿廓

如图 9-4 所示，当一直线在一圆周上做纯滚动时，此直线上任意一点的轨迹称为该圆的渐开线，这个圆称为渐开线的基圆或发生圆，该直线称为发生线。

以渐开线的基圆作为齿轮的基圆，渐开线作为齿轮的齿廓，以 r_b 表示基圆半径。当基圆绕中心转动时，定义单个齿轮的压力角为渐开线齿廓上任意点法线与该点速度方向线之间所夹的锐角，用 α_K 表示，由图 9-4 可知，任意位置的压力角为

$$\cos\alpha_K = \frac{\overline{OB}}{\overline{OK}} = \frac{r_b}{r_K} \qquad (9\text{-}12)$$

式中，r_K 称为向径（mm）。因此，渐开线齿廓上的压力角 α_K 随向径 r_K 增大（即 K 点离齿轮中心越远）而增大，齿顶圆处的压力角 α_a 最大。**规定分度圆上的压力角为标准压力角，简称压力角，以 α 表示，标准压力角 α 为 20°。** 由式（9-12）可以推导出基圆直径的计算公式为

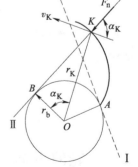

图 9-4　渐开线的形成

$$d_{\mathrm{b}} = d\cos\alpha \qquad\qquad (9\text{-}13)$$

如图 9-5 所示，取大小不等的两个基圆，使其渐开线上压力角相等的点在 K 点相切，由图 9-5 可知，基圆越大，渐开线在 K 点处的曲率半径越大，即渐开线越趋于平直。当基圆半径趋于无穷大时（直线），渐开线将成为垂直于 BK 的直线，因此齿条的齿廓渐开线为直线，与水平线的倾角为压力角（20°）。

如图 9-6 所示，两个基圆半径分别为 r_{b1}、r_{b2} 的渐开线齿廓 E_1 和 E_2 在任意点 K 接触，过 K 点作两齿廓的公法线 n-n 与两齿轮中心连线交于 C 点。根据渐开线的定义，n-n 必同时与两基圆相切，或者说，过啮合点所作的齿廓公法线也是两基圆的内公切线。齿轮传动时，齿轮转动中心和基圆中心重合，即：基圆位置不变，同一方向的内公切线只有一条，节点 C 也只有一个，故渐开线齿廓的啮合传动满足定角速比要求。

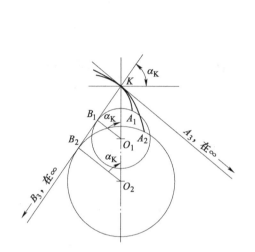

图 9-5　基圆大小对渐开线的影响示意图

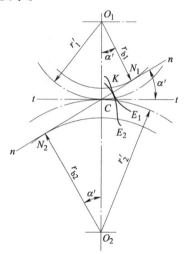

图 9-6　渐开线齿廓啮合示意图

在图 9-6 中，$\triangle O_1 N_1 C \backsim \triangle O_2 N_2 C$，故一对齿轮的传动比 i_{12} 为

$$i_{12} = \frac{n_1}{n_2} = \frac{\omega_1}{\omega_2} = \frac{r_2'}{r_1'} = \frac{r_{\mathrm{b2}}}{r_{\mathrm{b1}}} \qquad\qquad (9\text{-}14)$$

由式（9-14）可知，渐开线齿廓啮合具有如下一些特点：

1）一对渐开线齿轮加工制成后，基圆半径为定值，即使**两轮的中心距稍有改变，其角速比仍保持原值不变，这种性质称为渐开线齿轮传动的可分性**。因此，当制造安装误差或轴承磨损等原因导致两轮中心距改变时，齿轮副仍能保持精确的传动比。此外，变位齿轮设计也是基于渐开线齿轮传动的可分性。

2）齿轮传动时，齿廓接触点的轨迹称为啮合线。对于渐开线齿轮而言，啮合线在两基圆的内公切线 N_1N_2 上，直线 N_1N_2 称为渐开线齿廓的理论啮合线。

3）**过节点 C 作两节圆的公切线 t-t，t-t 与理论啮合线 N_1N_2 所夹的锐角称为啮合角。一对渐开线齿轮安装后节圆内公切线 t-t 和基圆内公切线 N_1N_2 的位置均固定不变，因此啮合角为常数，其值等于单个齿轮节圆上的压力角 α'。啮合角为定值，表示齿廓间作用力的方向不变**，若齿轮传递的力矩恒定，则轮齿之间、轴与轴承之间作用力的大小和方向均不变，这也是渐开线齿轮传动的另一优点。

应当指出，分度圆和压力角是针对单个齿轮的结构参数，而节圆压力角和啮合角在两个齿轮相互啮合时才出现。标准齿轮传动当分度圆与节圆重合时，压力角与啮合角相等。

9.2.3 渐开线标准齿轮的啮合与加工原理

1. 正确啮合条件

定义齿轮上相邻齿的同名侧齿廓的法向距离为齿轮的法向齿距，用 p_n 表示。对于渐开线齿廓，齿廓的法线与发生线重合，因此法向齿距 p_n 等于齿轮的基圆齿距 p_b。

齿轮传动时，每一对轮齿仅啮合一段时间后便要分离，而由后一对轮齿接替。如图 9-7 所示，当前一对轮齿尚未啮出（在啮合线上的 K 点接触）时，后一对轮齿就应啮入（在啮合线上的另一点 K' 接触），这样前一对轮齿分离时，后一对轮齿才能不中断地接替传动。令 K_1 和 K_1' 表示齿轮 1 齿廓上的接触点，K_2 和 K_2' 表示齿轮 2 齿廓上的接触点。由于 K_1 和 K_2 为同一点，K_1' 和 K_2' 也是同一点，所以 $\overline{K_1 K_1'} = \overline{K_2 K_2'}$。设 m_1、m_2、α_1、α_2、p_{b1}、p_{b2} 分别为两齿轮的模数、压力角和基圆齿距，根据渐开线性质，由齿轮 2 可得

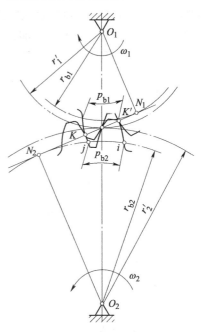

$$\overline{K_2 K_2'} = \overline{N_2 K'} - \overline{N_2 K} = \widehat{N_2 i} - \widehat{N_2 j} = \widehat{ji} = p_{b2}$$

$$= \frac{\pi d_{b2}}{z_2} = \frac{\pi d_2}{z_2}\cos\alpha_2 = p_2\cos\alpha_2 = \pi m_2\cos\alpha_2$$

同理可得

$$\overline{K_1 K_1'} = p_1\cos\alpha_1 = \pi m_1\cos\alpha_1$$

图 9-7　渐开线齿轮正确啮合
关系示意图

因此两齿轮的正确啮合条件为

$$m_1\cos\alpha_1 = m_2\cos\alpha_2$$

由于模数和压力角已经标准化，难以拼凑满足上述关系的不同模数和压力角，因此必须使**两渐开线直齿圆柱齿轮的模数和压力角分别相等**，即

$$m_1 = m_2 = m \ ; \ \alpha_1 = \alpha_2 = \alpha \tag{9-15}$$

这样，一对齿轮的传动比可表示为

$$i_{12} = \frac{\omega_1}{\omega_2} = \frac{d_2'}{d_1'} = \frac{d_{b2}}{d_{b1}} = \frac{d_2}{d_1} = \frac{z_2}{z_1} \tag{9-16}$$

2. 标准中心距

一对齿轮传动时，一齿轮节圆上的齿槽宽与另一齿轮节圆上的齿厚之差称为齿侧间隙。标准齿轮分度圆的齿厚与齿槽宽相等，正确啮合的一对渐开线齿轮的模数相等，故 $s_1 = e_1 = s_2 = e_2 = \pi m/2$。若安装时令分度圆与节圆重合（即两分度圆相切，如图 9-7 所示），则 $e_1' - s_2' = e_1 - s_2 = 0$，即齿侧间隙为零。一对标准齿轮传动，若分度圆相切，其中心距称为标准中心距，以 a 表示，即

$$a = r_1' + r_2' = r_1 + r_2 = \frac{m}{2}(z_1 + z_2) \tag{9-17}$$

3. 齿轮轮齿的加工原理

齿轮轮齿的加工方法很多，最常用的是切削加工，此外还有铸造、冲压和热轧等。切削加工齿轮轮齿的方法又分为成形法和展成法两大类。

（1）成形法　成形法是用与齿槽形状相同的圆盘铣刀或指形齿轮铣刀直接铣出轮齿齿形的方法，模数 $m<10mm$ 时，常用圆盘铣刀加工，如图 9-8a 所示；模数 $m>10mm$ 时，常用指形齿轮铣刀加工，如图 9-8b 所示。这种加工方法简单，可以在铣床上进行，但加工精度低，生产率也低，修配厂多采用此法。

（2）展成法　展成法是基于一对齿轮（或齿轮与齿条）啮合时齿廓曲线互为包络的原理加工齿廓，加工精度高，生产率也高，是齿轮加工的主要方法，如插齿、滚齿、磨齿和剃齿等。插齿法如图 9-9a 所示，齿轮插刀的形状和齿轮相似，模数和压力角与被加工齿轮相同。加工时，机床在保证插刀 1 和轮坯 2 之间有啮合运动的同时，插刀沿轮坯轴线做上下往复的切削运动。在插刀相对齿坯运动过程中，切削刃在各位置的包络线上切削出轮齿齿廓，如图 9-9b 所示。

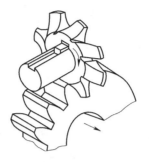

a) 用圆盘铣刀加工齿轮　　b) 用指形齿轮铣刀加工齿轮

图 9-8　成形法加工齿轮轮齿

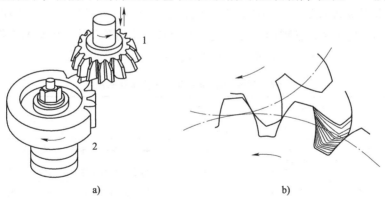

a)　　　　　　　　　　b)

图 9-9　插齿法加工齿轮轮齿

1—插刀　2—轮坯

如图 9-10 所示，滚齿法是用滚刀在滚齿机上加工齿轮轮齿，滚刀的外形类似在纵向开了沟槽的螺旋，其轴向剖面的齿形与齿条相同。当滚刀转动时，相当于很多假想的齿条连续向一个方向移动，并和轮坯相啮合，故能够切出渐开线齿廓。

展成法切削齿数过少的齿轮轮齿时，切削刀具的齿顶会切去轮齿根部的一部分，这种现象称为根切。如图 9-11 所示，图中的实线表示未发生根切的齿廓，虚线则表示根切后的齿廓。轮齿根切后，抵抗弯曲的能力降低，应设法

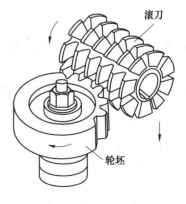

滚刀

轮坯

图 9-10　滚齿法加工齿轮轮齿

避免。

对于标准齿轮，常采用限制最少齿数的方法来避免根切。当滚刀切制标准直齿圆柱齿轮的轮齿时，不发生根切的最少齿数 $z_{\min}$ = 17。齿数多，有利于提高传动平稳性和承载能力，但当分度圆直径一定时，增加齿数会使模数减小，造成轮齿弯曲强度降低。

设计时，最好使 a 值为整数，因中心距 $a=m(z_1+z_2)/2$，当模数 m 值确定后，调整 z_1、z_2 值可达此目的。调整 z_1、z_2 值后，应保证满足接触强度和弯曲强度，并使传动比的误差不超过 $\pm(3\sim5)\%$。

图 9-11　根切示意图

4. 齿轮传动的精度

齿轮的制造和安装误差直接影响其传动性能，制造误差有齿形误差、齿距误差、齿向误差等；安装误差有两轴线不平行、中心距误差等。误差对传动会造成以下三方面的影响：

(1) 传动比不准确　主动齿轮转速一定时，从动齿轮的实际转速与理论转速不一致，即影响传递运动的准确性。

(2) 瞬时传动比不能保持　主动齿轮转速一定时，从动齿轮的转速会出现周期性波动，进而产生振动、冲击和噪声，影响传动的平稳性，高速传动中尤为明显。

(3) 轮齿上载荷分布不均　齿向误差能使齿轮上的载荷分布不均匀，当传递较大转矩时，易引起失效。

国家标准 GB/T 10095.1—2008 对圆柱齿轮及齿轮副规定了 13 个精度等级，其中 0 级的精度最高，12 级的精度最低，常用的是 6~9 级精度；14 种齿厚偏差等。按照误差的特性及其对传动性能的影响规律，各项误差可分成反映传递运动的准确性、传动的平稳性和载荷分布的均匀性等 3 类。表 9-3 列出了精度等级的推荐范围，供设计时参考。

表 9-3　齿轮传动精度等级的选择及应用

精度等级	圆周速度 $v/(\mathrm{m/s})$			应　　用
	直齿圆柱齿轮	斜齿圆柱齿轮	直齿锥齿轮	
6 级	≤15	≤30	≤12	高速重载的齿轮传动，如高速离心机用齿轮
7 级	≤10	≤15	≤8	高速重载或中速重载的齿轮传动
8 级	≤6	≤10	≤4	机械制造中对精度无特殊要求的齿轮
9 级	≤2	≤4	≤1.5	低速及对精度要求低的传动

9.3　齿轮轮齿的失效形式和材料选择

9.3.1　齿轮轮齿的失效形式

一般而言，齿轮轮齿的失效形式主要有轮齿折断、齿面点蚀、齿面胶合、齿面磨损、齿面塑性变形等 5 种。

1. 轮齿折断

齿轮轮齿受力时，齿根处弯曲应力最大，而且有应力集中，因此轮齿折断一般发生在齿根部分。齿轮采用淬火钢或铸铁等脆性材料加工时，在严重过载工况下会引起齿轮轮齿的突然折断，这种折断称为过载折断。若齿轮轮齿单侧工作，啮合时根部弯曲应力一侧为拉应力，另一侧为压应力，脱离啮合后弯曲应力为零，因此齿根的弯曲应力为脉动循环应力。双侧工作时，齿根的弯曲应力则按对称循环变化做近似计算。在变化的弯曲应力作用下，当该变应力超过齿根弯曲疲劳极限而产生的轮齿折断称为疲劳折断。

2. 齿面点蚀

高副接触的轮齿，齿面承受的接触应力均由零（未啮合时）增加到一最大值（啮合时），因此齿面接触应力为脉动循环应力。当齿面接触应力超出材料的接触疲劳极限时，会因齿面的疲劳点蚀而导致齿轮传动失效。如图 9-12 所示，由于节圆处同时啮合的齿数较少，接触应力大，且在该区域齿面相对运动速度低，难于形成油膜润滑，故所受的摩擦力较大，在摩擦力和接触应力作用下，容易产生点蚀现象。**齿面抗点蚀能力主要与齿面硬度有关，齿面硬度越高，抗点蚀能力越强。**

软齿面（齿面硬度≤350HBW）的闭式齿轮传动中（齿轮安装在封闭的齿轮箱内），常因齿面点蚀而失效。在开式齿轮传动中，由于暴露在空气中轮齿齿面磨损较快，点蚀还来不及发生或扩展即被磨掉，所以一般看不到点蚀现象。

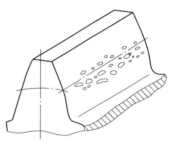

图 9-12 齿面点蚀

3. 齿面胶合

在高速、重载传动中，轮齿齿面间压力大、相对滑动速度高，因摩擦发热使啮合区温度升高而引起润滑失效，致使两齿面金属直接接触并相互粘连；在随后的齿面相对运动中，较软的齿面沿滑动方向被撕下而形成沟纹，这种现象称为齿面胶合，如图 9-13 所示。齿面胶合主要发生在轮齿齿顶、齿根等相对速度较大处。在低速、重载传动中，由于轮齿齿面间的润滑油膜不易形成，也易产生胶合失效。

提高齿面硬度和减小表面粗糙度值能增强抗胶合能力，对于低速传动，采用黏度较大的润滑油；对于高速传动，添加抗胶合剂也可以有效防止齿面胶合的发生。

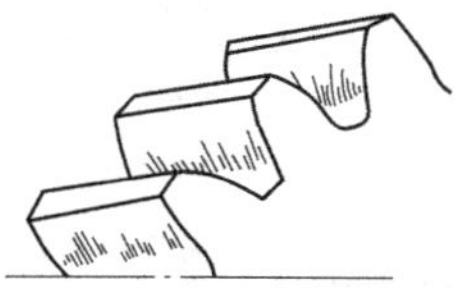

图 9-13 齿面胶合

4. 齿面磨损

开式齿轮传动系统中，由于灰尘、硬屑粒等进入啮合的齿面间，会引起磨粒磨损。齿面过度磨损后，会导致齿廓显著变形，进而引起噪声和振动，最终使传动失效。新的齿轮副，由于加工后表面具有一定的表面粗糙度，受载时实际上只有部分微凸体的峰顶接触。所以在开始运转期间，磨损速度和磨损量都较大，磨损到一定程度后，摩擦面表面粗糙度值逐渐减小，磨损速度放缓，这种磨损称为跑合或磨合。新齿轮副在轻载下进行跑合，可为随后的正常磨损创造有利条件。但应注意，跑合结束后，必须清洗和更换润滑油。

5. 齿面塑性变形

在重载工况下，较软的齿面上可能会产生局部的塑性变形，使齿廓失去正确的齿形。这种失效常发生在过载严重和起动频繁的传动中。

对于空间传动斜齿轮和蜗杆传动而言，由于轮齿齿面间有较大的相对滑动，其主要失效形式为胶合、点蚀和磨损等。在闭式传动中，如果不能及时散热，往往因胶合而影响传动的承载能力。在开式传动或密封润滑不良的闭式传动中，主要失效形式为齿轮轮齿的磨损。

9.3.2 齿轮轮齿的设计准则

根据常见的失效形式，确定齿轮的设计准则如下：

1) 闭式齿轮传动，失效原因主要为轮齿疲劳折断和齿面点蚀，因此必须计算齿轮轮齿的弯曲疲劳强度和齿面接触疲劳强度。对于高速重载齿轮传动，还须计算其抗胶合能力。

2) 开式齿轮传动，由于齿面磨损速度大于点蚀速度，故只需计算齿根弯曲疲劳强度。

对于齿面胶合和磨损，目前尚无成熟的计算方法，一般对弯曲疲劳强度计算出来的模数值加大 10%~15%，以补偿预期的磨损量。

9.3.3 齿轮材料及热处理

小尺寸的齿轮一般多采用锻制或轧制的优质碳钢、合金结构钢等加工。如果齿轮直径在400mm 以上，过大的毛坯不易锻造，可采用铸钢或球墨铸铁；开式低速传动可采用灰铸铁。齿轮常用材料及其热处理后的力学性能见表 9-4。调质和正火两种热处理后的齿面硬度较低（≤350HBW），为软齿面；淬火、渗碳淬火、渗氮三种热处理后的齿面硬度较高，是硬齿面的常用热处理方法。硬齿面的接触疲劳极限和弯曲疲劳极限较高，故设计出来的传动尺寸较紧凑，但需专门设备磨齿，常用于要求结构紧凑或生产批量大的齿轮。

表 9-4 齿轮常用材料及其力学性能

材料牌号	热处理方法	硬度	接触疲劳极限 σ_{Hlim}/MPa	弯曲疲劳极限 σ_{FE}/MPa	应用范围
45	正火	156~217HBW	350~400	280~340	低、中速，中载的非重要齿轮
	调质	197~286HBW	550~620	410~480	低、中速，中载的重要齿轮
	表面淬火	40~50HRC	1120~1150	680~700	低速、重载，高速、中载而冲击较小的齿轮
40Cr	调质	217~286HBW	650~750	560~620	低、中速，中载的重要齿轮
	表面淬火	48~55HRC	1150~1510	700~740	高速、中载、无猛烈冲击的齿轮
40CrMnMo	调质	229~363HBW	680~710	580~690	中速、重载有冲击载荷的齿轮
	表面淬火	45~50HRC	1130~1150	690~700	高速、重载、有猛烈冲击的齿轮
38SiMuMo	调质	241~286HBW	680~760	580~610	中速、重载有冲击载荷的齿轮
	表面淬火	45~55HRC	1130~1210	690~720	高速、重载、有猛烈冲击的齿轮
	碳氮共渗	57~63HRC	880~950	790	高速、中载、有冲击的齿轮
38CrMoAlA	调质	255~321HBS	710~790	600~640	中速、重载有冲击载荷的齿轮
	渗氮	>850HV	1000	720	高速、有冲击的齿轮
20CrMnTi	渗氮	>850HV	1000	715	高速、有冲击的齿轮
	渗碳淬火，回火	56~62HRC	1500	850	高速、重载、有冲击的齿轮
20Cr	渗碳淬火，回火	56~63HRC	1500	850	高速、重载、有冲击的齿轮
ZG310-570	正火	163~197HBW	280~330	210~250	低、中速，中载的大直径齿轮
ZG340-640	正火	179~207HBW	310~340	240~270	低、中速，中载的大直径齿轮

（续）

材料牌号	热处理方法	硬度	接触疲劳极限 σ_{Hlim}/MPa	弯曲疲劳极限 σ_{FE}/MPa	应用范围
ZG35SiMn	调质	241~269HBW	590~640	500~520	中、高速，中载的大直径齿轮
	表面淬火	45~53HRC	1130~1190	690~720	中、高速，中、重载的大直径齿轮
HT300	时效	187~255HBW	330~390	100~150	低速、轻载、冲击小的齿轮
QT500-7	正火	170~230HBW	450~540	260~300	低、中速，轻载有冲击的齿轮
QT600-3	正火	190~270HBW	490~580	280~310	低、中速，轻载有冲击的齿轮
夹布胶塑	—	30~40HBW	—	—	高速、轻载，要求声响小的齿轮
浇注尼龙	—	21HBW	—	—	

注：σ_{Hlim}、σ_{FE} 值与材料硬度呈线性正相关，表中 σ_{Hlim}、σ_{FE} 数值是根据 GB/T 3480—1997 提供的线图，依材料的硬度值查得，适用于材质和热处理质量达到中等要求时。

非等速传动时，小齿轮的齿根较薄、弯曲强度较低且受载次数多，当大、小齿轮都是软齿面时，小齿轮齿面硬度的取值一般比大齿轮高 20~50HBW，以使小齿轮的弯曲疲劳极限稍高于大齿轮，实现大、小齿轮轮齿的弯曲强度相近。当大、小齿轮都是硬齿面时，小齿轮的硬度应略高，也可以和大齿轮相等。

9.4 直齿圆柱齿轮传动机构的设计

9.4.1 齿轮轮齿上的作用力分析

如图 9-14a 所示，一对标准直齿圆柱齿轮无侧隙安装，忽略摩擦力，当齿廓在 C 点接触时，轮齿间的相互作用力为 F_n，其方向在接触点的公法线上，由渐开线的定义可知公法线与啮合线重合。将 F_n 分解为节圆切线方向的圆周力 F_t 和节圆法线方向的径向力 F_r，由图 9-14b 可以推导出

$$\begin{cases} \text{圆周力} \quad F_t = \dfrac{2T_1}{d_1} \\[2mm] \text{径向力} \quad F_r = F_t\tan\alpha \qquad (9\text{-}18) \\[2mm] \text{法向力} \quad F_n = \dfrac{F_t}{\cos\alpha} \end{cases}$$

式中，T_1 为主动轮上的转矩（N·mm），$T_1 = 10^6\dfrac{P}{\omega_1} = 9.55 \times 10^6 \dfrac{P}{n_1}$；$P$ 为传递的功率（kW）；ω_1 为主动轮的角速度（rad/s），$\omega_1 = \dfrac{2\pi n_1}{60}$；$n_1$ 为主动轮转速（r/min）；d_1 为主动轮分度圆直径（mm）；α 为压力角。**圆周力 F_t 的方向根据运动方向判断，主动轮上**

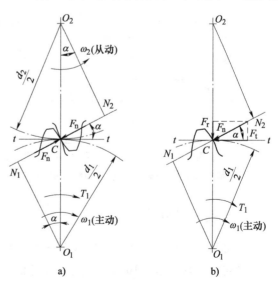

a)　　　　　b)

图 9-14　直齿圆柱齿轮传动的作用力

与运动方向相反，从动轮上与运动方向相同。径向力 F_r 的方向与齿轮回转方向无关，两轮上径向力的方向都是由作用点指向各自的轴心。

9.4.2 计算载荷

式（9-18）是在假设 F_n 沿轮齿齿宽方向均匀分布的理想条件计算出的法向力 F_n，称为名义载荷。实际工程中受轴和轴承的变形、传动机构制造和安装误差等因素影响，载荷沿齿宽方向的分布并不均匀。如图 9-15a 所示，齿轮安装位置相对支承轴承不对称时，由于轴的弯曲变形，齿轮将相互倾斜，这时轮齿上的分布状态将如图 9-15b 所示，出现应力集中现象。轴和轴承的刚度越小、齿宽 b 越大，载荷集中越严重。此外，由于各种原动机和工作机的特性不同、齿轮制造误差以及轮齿变形等原因，还会引起附加动载荷。精度越低、圆周速度越高，附加动载荷就越大。因此，计算齿轮强度时，通常用计算载荷 KF_n 代替名义载荷 F_n，以考虑载荷集中和附加动载荷的影响。K 为载荷系数，其值可由表 9-5 查取。

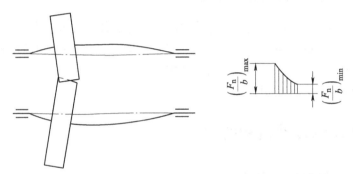

a) 非对称安装齿轮轴的弯曲情况示意图　　　b) 轮齿的弯曲应力分布状况示意图

图 9-15　轴弯曲变形引起的齿向载荷集中

表 9-5　载荷系数 K

原动机	工作机械的载荷特性		
	平稳	中等冲击	大的冲击
电动机	1~1.2	1.2~1.6	1.6~1.8
多缸内燃机	1.2~1.6	1.6~1.8	1.9~2.1
单缸内燃机	1.6~1.8	1.8~2.0	2.2~2.4

注：斜齿、圆周速度低、精度高、齿宽系数小时取小值，直齿、圆周速度高、精度低、齿宽系数大时取大值。齿轮在两轴承之间对称布置时取小值，齿轮在两轴承之间不对称布置及悬臂布置时取大值。

9.4.3 齿面接触强度计算

对于标准齿轮传动，在节点处仅有一对齿啮合时，此时齿面的接触应力 $\sigma_H(\text{MPa})$ 最大，其值可由经典赫兹（Hertz）接触理论近似计算，即

$$\sigma_H = Z_H Z_E \sqrt{\frac{2KT_1}{bd_1^3} \frac{u \pm 1}{u}} = 2.5 Z_E \sqrt{\frac{2KT_1}{bd_1^3} \frac{u \pm 1}{u}} \leqslant [\sigma_H] \tag{9-19}$$

式中，b 为齿轮轮齿的宽度（mm）；T_1 为主动轮上的转矩（N·mm）；d_1 为主动轮直径（mm）；

u 为齿数比, 当小齿轮为主动轮时 $u=i_{12}$, 当大齿轮为主动轮时 $u=1/i_{12}$, 为避免大齿轮齿数过多, 导致径向尺寸过大, 一般应使 $u \leqslant 7$ (减速齿轮); Z_H 为节点区域系数, $Z_H=\sqrt{\dfrac{2}{\sin\alpha\cos\alpha}}$, 标准齿轮 $Z_H=2.5$; Z_E 为弹性系数 ($\sqrt{MPa}$), 其数值与材料有关, 部分材料的弹性系数见表 9-6。

表 9-6 部分材料的弹性系数 Z_E 　　　　　　　　(单位: $\sqrt{MPa}$)

材料	灰铸铁	球墨铸铁	铸钢	锻钢	夹布胶木
锻钢	162.0	181.4	188.9	189.8	56.4
铸钢	161.4	180.5	188.0	—	—
球墨铸铁	156.6	173.9	—	—	—
灰铸铁	143.7	—	—	—	—

式 (9-19) 可用来验算轮齿齿面的接触强度。定义齿宽系数 $\phi_d=\dfrac{b}{d_1}$, 代入式 (9-19) 可得

$$d_1 \geqslant 2.32\sqrt[3]{\frac{KT_1}{\phi_d}\frac{u \pm 1}{u}\left(\frac{Z_E}{[\sigma_H]}\right)^2} \tag{9-20}$$

式中, $[\sigma_H]$ 应取配对齿轮中较小的许用接触应力 (MPa), 其计算公式为

$$[\sigma_H]=\frac{\sigma_{Hlim}}{S_H}$$

式中, σ_{Hlim} 为齿轮失效概率为 1/100 时的接触疲劳强度极限, 取值见表 9-4; S_H 为安全系数, 取值见表 9-7。式 (9-20) 可算出满足齿面接触强度所需的最小 d_1 值, 齿宽系统 ϕ_d 的取值参考表 9-8, 齿宽可由 $b=\phi_d d_1$ 算得, 圆整后作为大齿轮的齿宽 b_2, 小齿轮的齿宽 $b_1=b_2+(5\sim10)$ mm, 以保证轮齿有足够的啮合宽度。

表 9-7 最小安全系数 S_H、S_F 的参考值

使用要求	S_{Hmin}	S_{Fmin}
高可靠度 (失效概率 ≤1/10000)	1.5	2.0
较高可靠度 (失效概率 ≤1/1000)	1.25	1.6
一般可靠度 (失效概率 ≤1/100)	1.0	1.25

注: 对于一般工业用齿轮传动, 可用一般可靠度。

表 9-8 齿宽系数 ϕ_d

齿轮相对于轴承的位置	齿面硬度	
	软齿面	硬齿面
对称布置	0.8~1.4	0.4~0.9
非对称布置	0.2~1.2	0.3~0.6
悬臂布置	0.3~0.4	0.2~0.25

注: 轴及其支座刚性大时取大值, 反之取小值。

在确定 d_1 值后，根据 $m = \dfrac{d_1}{z_1}$ 计算确定模数，为此需要先预定齿轮的齿数。若保持中心距不变，增加齿数，除能改善传动的平稳性外，还可减小模数，降低齿高，减少金属切削量，节省制造费用。另外，降低齿高还能减少滑动速度，减小发生磨损及胶合的危险性。但是，模数过小，齿厚随之减薄，会降低轮齿的弯曲强度。

闭式齿轮传动以点蚀失效为主，应选多一些齿数为好，小齿轮的齿数可取 $z_1 = 20 \sim 40$。开式（或半开式）齿轮传动，由于轮齿的失效形式主要为磨损，为使轮齿不致过小，小齿轮不宜选用过多的齿数，一般可取 $z_1 = 17 \sim 20$。

9.4.4 直齿圆柱齿轮传动的轮齿弯曲强度计算

当载荷作用于轮齿齿顶时，轮齿齿根所受的弯曲力矩最大。为简化计算，将轮齿看作悬臂梁，并假定全部载荷由一对轮齿承担，则危险截面的弯曲应力为

$$\sigma_{\mathrm{F}} = \frac{2K\,T_1 Y_{\mathrm{F}\alpha} Y_{\mathrm{S}\alpha}}{b d_1 m} = \frac{2K T_1' Y_{\mathrm{F}\alpha} Y_{\mathrm{S}\alpha}}{b z_1 m^2} \leqslant [\sigma_{\mathrm{F}}] \tag{9-21}$$

式中，$Y_{\mathrm{F}\alpha}$ 称为齿形系数，其值只与齿形中的尺寸比例有关而与模数无关，外齿轮齿形系数随齿数的变化关系如图 9-16 所示；$Y_{\mathrm{S}\alpha}$ 为应力修正系数，外齿轮的应力修正系数随齿数的变化关系如图 9-17 所示。

以 $b = \phi_{\mathrm{d}} d_1$ 代入式（9-21）得

$$m \geqslant \sqrt[3]{\frac{2K T_1 Y_{\mathrm{F}\alpha} Y_{\mathrm{S}\alpha}}{b z_1^2 [\sigma_{\mathrm{F}}]}} = \sqrt[3]{\frac{2K T_1 Y_{\mathrm{F}\alpha} Y_{\mathrm{S}\alpha}}{\phi_{\mathrm{d}} z_1^2 [\sigma_{\mathrm{F}}]}} \tag{9-22}$$

式中，$[\sigma_{\mathrm{F}}]$ 为许用弯曲应力，其计算公式为

$$[\sigma_{\mathrm{F}}] = \frac{\sigma_{\mathrm{FE}}}{S_{\mathrm{F}}}$$

式中，σ_{FE} 为轮齿失效概率为 1/100 时，轮齿单面工作的齿根弯曲疲劳极限（脉动循环应力），见表 9-4。若轮齿两面工作（对称循环应力），应将表中的数值乘以 0.7；S_{F} 为安全系数，见表 9-7，鉴于轮齿疲劳折断可能会导致重大安全事故，所以 S_{F} 的取值较 S_{H} 大。

用式（9-21）验算弯曲强度时，应该对大、小齿轮分别进行验算；用式（9-22）计算 m 时，应比较 $Y_{\mathrm{F}\alpha1} Y_{\mathrm{S}\alpha1}/[\sigma_{\mathrm{F}1}]$ 与 $Y_{\mathrm{F}\alpha2} Y_{\mathrm{S}\alpha2}/[\sigma_{\mathrm{F}2}]$，以大值代入。注意：**$m$ 的计算值是满足弯曲应力条件的最小值，取标准模数值时应大于计算值；考虑开式传动时齿面的磨损，m 值的计算可加大**

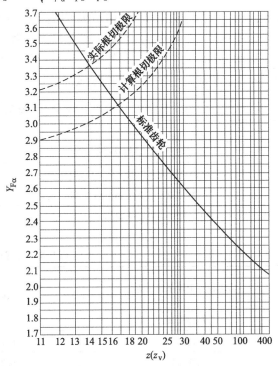

图 9-16　外齿轮的齿形系数 $Y_{\mathrm{F}\alpha}$

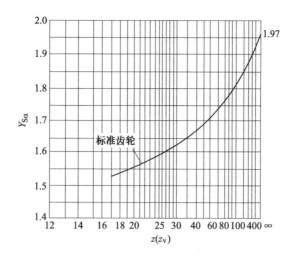

图 9-17　外齿轮的应力修正系数 $Y_{S\alpha}$

10%~15%。选定模数后，齿轮实际的分度圆直径应由 $d=mz$ 算出。

设计时应综合两种强度计算，利用接触强度确定分度圆直径，利用齿根弯曲强度确定模数，然后用 $z_1=d_1/m$ 确定小齿轮齿数，这样设计不仅可以减少校核步骤，还有利于降低齿轮模数。

【例 9-1】　转子凸轮泵是一种典型的容积式输送泵，德国博格公司的产品在该领域具有代表性。博格泵采用一对异形凸轮相互拟合实现泵送，具有输送平稳、无脉动，适用抽排黏稠、富含固体颗粒物、磨砺性强、要求低剪切、低扰动流体介质的泵送。典型 ONIXline 博格泵的传动结构如 9-18 所示，两凸轮的同步由一对直齿圆柱齿轮控制，单向运转，载荷平稳。某排量为 $12\mathrm{m^3/h}$ 的博格泵，所采用的配速齿轮传动比 $i_{12}=1.0$，驱动轴与减速器直连，轴转速 $n_1=200\mathrm{r/min}$，传递功率 $P=7.5\mathrm{kW}$，采用软齿面，试完成该对传动齿轮的设计。

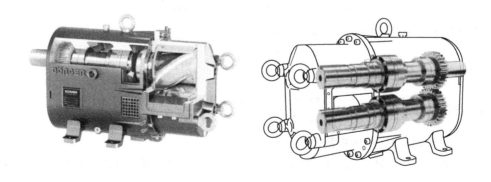

图 9-18　ONIXline 博格泵的传动结构示意图

解：（1）选择材料及确定许用应力　中速中载的重要齿轮，工作中无冲击、等速传动，两齿轮采用相同的材料，选用 40Cr 调质，齿面硬度为 217~286HBW，相应的疲劳强度取均值，$\sigma_{Hlim1}=\sigma_{Hlim2}=720\mathrm{MPa}$，$\sigma_{FE1}=\sigma_{FE2}=595\mathrm{MPa}$（表 9-4）。由表 9-7，取 $S_H=1.0$，$S_F=1.25$，则

$$[\sigma_{H2}] = [\sigma_{H2}] = \frac{\sigma_{Hlim1}}{S_H} = \frac{720}{1.0}\text{MPa} = 720\text{MPa}$$

$$[\sigma_{F1}] = [\sigma_{F2}] = \frac{\sigma_{FE1}}{S_F} = \frac{595}{1.25}\text{MPa} = 476\text{MPa}$$

（2）按齿面接触强度设计 参考表 9-3，预选 8 级精度的齿轮，取载荷系数 $K=1.1$（表 9-5），软齿面、悬臂布置、轴的悬臂长度较短，则齿宽系数 $\phi_d = 0.4$（表 9-8），两齿轮上的转矩

$$T_1 = 9.55 \times 10^6 \times \frac{P}{n_1} = 9.55 \times 10^6 \times \frac{7.5}{200}\text{N} \cdot \text{mm} = 3.58 \times 10^5\text{N} \cdot \text{mm}$$

取 $Z_E = 188.9\sqrt{\text{MPa}}$（表 9-6），$u = i_{12} = 1$，则

$$d_1 \geqslant 2.32\sqrt[3]{\frac{KT_1}{\phi_d}\frac{u \pm 1}{u}\left(\frac{Z_E}{[\sigma_H]}\right)^2} = 2.32\sqrt[3]{\frac{1.1 \times 3.58 \times 10^5}{0.4}\frac{1 + 1}{1}\left(\frac{188.9}{720}\right)^2}\text{mm} = 119.17\text{mm}$$

（3）按轮齿弯曲强度设计 软齿面、闭式齿轮传动，齿数取大值，$z_1 = z_2 = 40$，查图 9-16 和图 9-17，得齿形系数 $Y_{F\alpha1} = Y_{F\alpha2} = 2.55$，$Y_{S\alpha1} = Y_{S\alpha2} = 1.65$，带入式（9-22）有

$$m \geqslant \sqrt[3]{\frac{2KT_1 Y_{F\alpha} Y_{S\alpha}}{\phi_d z_1^2 [\sigma_F]}} = \sqrt[3]{\frac{2 \times 1.1 \times 3.58 \times 10^5 \times 2.55 \times 1.65}{0.4 \times 40^2 \times 476}}\text{mm} = 2.22\text{mm}$$

对照表 9-1 选取标准模数 $m = 2.5\text{mm}$，则两齿轮的齿数为

$$z_1 = z_2 = \frac{d_1}{m} = \frac{119.17}{2.5} = 47.67$$

确定两齿轮的齿数为 $z_1 = z_2 = 48$，两齿轮分度圆直径为

$$d_1 = d_2 = mz_1 = 2.5 \times 48\text{mm} = 120\text{mm}$$

齿宽

$$b = \phi_d d_1 = 0.4 \times 120\text{mm} = 48\text{mm}$$

取 $b_1 = 50\text{mm}$，$b_2 = b_1 + 5\text{mm} = 55\text{mm}$，则中心距，

$$a = \frac{d_1 + d_2}{2} = \frac{120 + 120}{2}\text{mm} = 120\text{mm}$$

（4）齿轮的圆周速度 $v = \dfrac{\pi d_1 n_1}{60 \times 1000} = \dfrac{3.14 \times 120 \times 200}{60 \times 1000}\text{m/s} = 1.26\text{m/s}$

对照表 9-3 可知，选用 8 级精度是合宜的。

（5）齿轮的结构设计 选用标准齿顶高系数和顶隙系数，则轮齿的齿顶圆和齿根圆直径分别为

$$d_{1a} = d_{2a} = m(z_1 + 2) = 2.5 \times 50\text{mm} = 125\text{mm}$$

$$d_{1f} = d_{2f} = m(z_1 - 2.5) = 2.5 \times 45.5\text{mm} = 113.75\text{mm}$$

齿轮直径较小，设计为实心结构，轮毂的毂孔由与之匹配的轴段直径确定，轮毂厚度 l_h 小于齿轮厚度则取齿轮厚度，键槽根据连接键尺寸查《机械设计手册》确定，完整的齿轮零件图如图 9-19 所示。

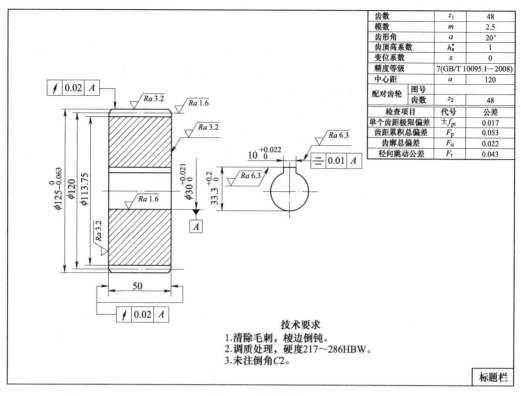

齿数	z_1	48
模数	m	2.5
齿形角	α	20°
齿顶高系数	h_a^*	1
变位系数	x	0
精度等级	7(GB/T 10095.1—2008)	
中心距	a	120
配对齿轮	图号	
	齿数 z_2	48
检查项目	代号	公差
单个齿距极限偏差	$\pm f_{pt}$	0.017
齿距累积总偏差	F_p	0.053
齿廓总偏差	F_α	0.022
径向跳动公差	F_r	0.043

技术要求

1. 清除毛刺，棱边倒钝。
2. 调质处理，硬度217~286HBW。
3. 未注倒角C2。

标题栏

图 9-19 齿轮零件图

9.5 斜齿圆柱齿轮传动机构设计

9.5.1 斜齿圆柱齿轮结构参数描述

1. 斜齿轮啮合的齿廓曲面

平行轴齿轮传动相当于一对节圆柱的纯滚动，所以平行轴斜齿轮机构又称斜齿圆柱齿轮机构，简称斜齿轮机构。图 9-20 表示相互啮合的一对渐开线斜齿轮齿廓曲面，平面 S 为轴线平行的两基圆柱的内公切面，面上有一条与母线 N_1N_1、N_2N_2 成 β_b 角的斜直线 KK。当平面 S 分别在基圆柱 1 和 2 上做纯滚动时，斜直线 KK 的轨迹即为齿轮 1 和 2 的齿廓曲面，因此可以将斜直线 KK 称为发生线。这样形成的两个齿廓曲面，啮合时一定会沿斜直线 KK 接触。在其他接触位置，接触线也都是平行于斜直线 KK 的直线，而且接触线始终在两基圆柱的内公切面（啮合面）上。斜直线 KK 在基圆上的投影为螺旋线，其螺旋角为 β_b，螺旋角为螺旋线导程角的余角。因此，以发生线 KK 生成的齿廓也为螺旋线结构，即斜齿轮的

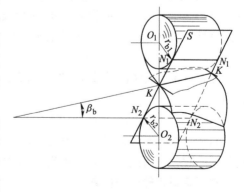

图 9-20 斜齿轮的齿廓曲面

269

齿廓为螺旋形，其螺旋方向也分为左旋和右旋，左右旋的判断方法与螺旋相同，在此不再赘述。

从端面看，一对渐开线斜齿轮传动就相当于一对渐开线直齿轮传动，因此能够满足定角速比的要求。**一对斜齿轮的正确啮合，除两轮的模数和压力角必须相等外，两轮分度圆柱螺旋角（以下简称螺旋角）β 也必须大小相等，外啮合时两齿轮的 β 角方向相反，即一个为左旋，另一个为右旋；内啮合时方向相同，即一个为左旋，另一个也为左旋。**

直齿圆柱齿轮和斜齿圆柱齿轮啮合过程中，齿廓上的啮合线如图 9-21 所示。如图 9-21a 所示，一对直齿圆柱齿轮的齿廓进入和脱离接触都是沿齿宽同时发生的，因此运转噪声较大，不适于高速传动。如图 9-21b 所示，两斜齿圆柱齿轮传动时，齿廓接触线是斜线，啮入时逐渐进入啮合，啮出时逐渐脱离啮合，故运转平稳，噪声小，且承载能力高。

斜齿轮的主要缺点是齿面在法向力 F 作用下，会产生轴向分力 F_a，如图 9-22a 所示。为了克服这一缺点，可以采用图 9-22b 所示的人字齿轮。人字齿轮可看作螺旋角大小相等、方向相反的两个斜齿轮合并而成，因左右对称而使两轴向力的作用互相抵消。人字齿轮的缺点是制造较困难，成本较高。

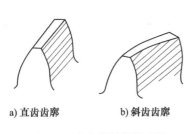

a) 直齿齿廓　　　　b) 斜齿齿廓

图 9-21　齿廓接触线的比较

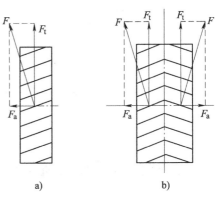

a)　　　　b)

图 9-22　斜齿与人字齿上的轴向作用力

2. 斜齿轮各部分名称和几何尺寸计算

斜齿轮的几何参数有端面和法面（垂直于发生线 KK 的面）之分，端面上的参数称为端面参数，下标用 "t" 表示；法面上的参数称为法向参数，下标用 "n" 表示。图 9-23 所示为斜齿条的分度面截面图，由图可见，法向齿距 p_n 和端面齿距 p_t 间的关系为

$$p_n = p_t \cos\beta \qquad (9-23)$$

因 $p = \pi m$，故法向模数 m_n 和端面模数 m_t 之间的关系为

$$m_n = m_t \cos\beta \qquad (9-24)$$

斜齿轮加工时，刀具的齿形与齿轮的法向齿形相同；啮合时，轮齿间作用力在齿轮的法面内，**因此国家标准规定斜齿轮的法向参数（m_n、α_n、法向齿顶高系数和法向顶隙系数）为标准值**，端面参数则由法向

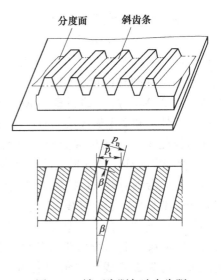

图 9-23　端面齿距与法向齿距

参数计算确定，渐开线标准斜齿轮的几何尺寸计算公式见表9-9。

表 9-9 渐开线正常齿外啮合标准斜齿圆柱齿轮的几何尺寸计算

序号	名称	符合	计算公式及参数选择
1	端面模数	m_t	$m_t = \dfrac{m_n}{\cos\beta}$，$m_n$ 为标准值
2	螺旋角	β	一般取 $\beta = 8° \sim 20°$
3	分度圆直径	d_1，d_2	$d_i = m_t z_i = \dfrac{m_n z_i}{\cos\beta}$
4	齿顶高	h_a	$h_a = m_n$
5	齿根高	h_f	$h_a = 1.25 m_n$
6	齿高	h	$h = h_a + h_f = 2.25 m_n$
7	顶隙	c	$c = h_f - h_a = 0.25 m_n$
8	齿顶圆直径	d_{a1}，d_{a2}	$d_{ai} = d_i + 2h_a$
9	齿根圆直径	d_{f1}，d_{f2}	$d_{fi} = d_i - 2h_f$
10	中心距	a	$a = \dfrac{d_1 + d_2}{2} = \dfrac{m_t}{2}(z_1 + z_2) = \dfrac{m_n(z_1 + z_2)}{2\cos\beta}$

3. 斜齿轮的当量齿数

斜齿轮传动中，轮齿上的作用力在齿轮的法面内，因此按照法向齿形计算齿轮强度。如图 9-24 所示，过分度圆柱齿廓上任一点 C，作轮齿螺旋线的法面 nn，该法面与分度圆柱的交线为一椭圆。椭圆长半轴 $a = d/(2\cos\beta)$，短半轴 $b = d/2$。由高等数学可知，椭圆在 C 点的曲率半径 $\rho = a^2/b = d/(2\cos^2\beta)$。以 ρ 为分度圆半径，以斜齿轮法向模数 m_n 为标准模数，取标准压力角 α_n 作一直齿圆柱齿轮，其齿形近似为斜齿轮的法向齿形。该直齿圆柱齿轮称为斜齿圆柱齿轮的当量齿轮，其齿数称为当量齿数，用 z_v 表示，其计算公式为

$$z_v = \frac{2\rho}{m_n} = \frac{d}{m_n\cos^2\beta} = \frac{m_n z}{m_n\cos^3\beta} = \frac{z}{\cos^3\beta} \quad (9-25)$$

式中，z 为斜齿轮的实际齿数。

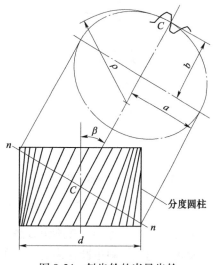

图 9-24 斜齿轮的当量齿轮

标准齿轮不发生根切的最少齿数 z_{min} 可由其当量直齿轮的最少齿数 z_{vmin}（$z_{vmin} = 17$）计算出来，即

$$z_{min} = z_{vmin} \cos^3\beta \quad (9-26)$$

由式（9-26）可知，斜齿轮不发生根切的最少齿数小于直齿轮不发生根切的最少齿数，因此斜齿轮传动中，小齿轮的齿数可以更少，其传动尺寸也更加紧凑。

9.5.2　轮齿上的作用力

图 9-25 所示为斜齿圆柱齿轮轮齿的受力情况，从图 9-25a 中可以看出，轮齿所受总法向力 F_n 处于与轮齿相垂直的法面上，可分解为与分度圆柱相切的圆周力 F_t、与分度圆柱垂直的径向力 F_r 以及与分度圆柱母线平行的轴向力 F_a，三个分力的计算公式可由图 9-25b 导出，即

$$
\begin{cases}
\text{圆周力} \quad F_t = \dfrac{2\,T_1}{d_1} \\[2mm]
\text{径向力} \quad F_r = \dfrac{F_t \tan \alpha_n}{\cos\beta} \\[2mm]
\text{轴向力} \quad F_a = F_t \tan\beta
\end{cases}
\tag{9-27}
$$

圆周力 F_t 和径向力 F_r 的方向判断方法与直齿圆柱齿轮相同；轴向力 F_a 的方向取决于轮齿螺旋方向和齿轮回转方向。对于主动轮，可用左、右手法则判断轴向力 F_a 的方向，判断方法为：左旋用左手，右旋用右手，拇指伸直与轴线平行，其余四指沿转动方向握住轴线，则拇指的指向即为主动轮的轴向力方向；从动轮的轴向力方向则与主动轮轴向力方向相反。例如，图 9-26 所示的一对斜齿轮传动中，主动轮的轮齿为左旋，故用左手，四指沿转动方向握拳，则左手拇指指向左，即为主动轮上轴向力 F_{a1} 的方向。

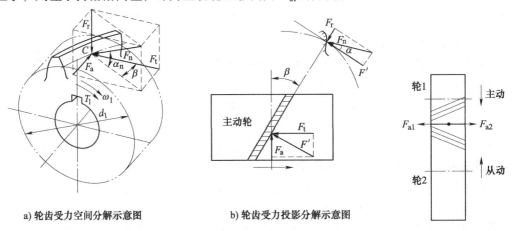

a) 轮齿受力空间分解示意图　　　　b) 轮齿受力投影分解示意图

图 9-25　斜齿圆柱齿轮传动的作用力　　　　　　　图 9-26　轴向力的方向

由式（9-27）可知，螺旋角 β 越大，轴向力越大，支承齿轮轴的轴承轴向负载也越大。但螺旋角 β 越大，斜齿圆柱齿轮传动的平稳性和承载能力均能提升，因此螺旋角 β 不宜过大也不宜过小，一般取 $\beta = 8° \sim 20°$。

9.5.3　传动强度计算

斜齿圆柱齿轮传动的强度计算基本原理与直齿圆柱齿轮传动相似，但斜齿圆柱齿轮传动的轮齿接触线是倾斜的，在法面内斜齿轮的当量齿轮分度圆半径也较大，因此斜齿圆柱齿轮的接触应力和弯曲应力与直齿圆柱齿轮相比均有所降低，相应的承载能力自然较直齿圆柱齿轮大。参照直齿圆柱齿轮的设计计算，一对钢制标准斜齿圆柱齿轮传动的齿面接触应力

σ_H（MPa）及强度条件为

$$\sigma_H = 3.54 Z_\beta Z_E \sqrt{\frac{KT_1}{bd_1^3} \frac{u \pm 1}{u}} \leqslant [\sigma_H] \tag{9-28}$$

$$d_1 \geqslant 2.32 \sqrt[3]{\frac{KT_1}{\phi_d} \frac{u \pm 1}{u} \left(\frac{Z_E Z_\beta}{[\sigma_H]}\right)^2} \tag{9-29}$$

式中，Z_E 为材料的弹性系数，由表 9-6 查取；$Z_\beta = \sqrt{\cos\beta}$，称为螺旋角系数。

一对钢制标准斜齿圆柱齿轮传动的齿根弯曲疲劳强度条件为

$$\sigma_F = \frac{2KT_1 Y_{F\alpha} Y_{S\alpha}}{bd_1 m_n} \leqslant [\sigma_F] \tag{9-30}$$

$$m_n \geqslant \sqrt[3]{\frac{2KT_1 Y_{F\alpha} Y_{S\alpha}}{\phi_d z_1^2 [\sigma_F]} \cos^2\beta} \tag{9-31}$$

式中，$Y_{F\alpha}$ 为齿形系数，由当量齿数 $z_v = \dfrac{z}{\cos^3\beta}$ 查图 9-16 确定；$Y_{S\alpha}$ 为应力修正系数，由 z_v 查图 9-17 确定。

【例 9-2】　北京石油化工学院环保多相流高效分离技术与设备团队自主研发的低压损管式动态旋流分离器具有分离效率高、体积小、处理量大等优点，可以用于溢油回收分离、含油污水除油以及油轮压舱水油水分离等场合。低压损管式旋流分离器的转鼓内设有空间螺旋起旋叶片，工作时高速旋转的起旋叶片驱动流体高速旋转，同时还对流体产生一定的轴向推送作用，利用旋流和推流的耦合作用提高油水分离效率。如图 9-27 所示的低压损管式旋流分离器采用电动机驱动，传动机构为带传动+斜齿圆柱齿轮传动。已知一对斜齿轮的传动功率 $P = 2.2\text{kW}$，传动比 $i_{12} = 1.5$，主动轴转速 $n_1 = 3000\text{r/min}$，24h 工作，闭式单向传动，载荷平稳，润滑良好，试完成此齿轮传动的设计。

图 9-27　低压损管式动态旋流分离器三维造型图

解：（1）选择材料及确定许用应力　高速、轻载、无冲击，故采用硬齿面组合，小齿轮选用 40Cr，表面淬火，齿面硬度为 48～55HRC，$\sigma_{\text{Hlim1}} = 1200\text{MPa}$，$\sigma_{\text{FE1}} = 720\text{MPa}$；大齿轮用 45 钢，表面淬火，齿面硬度为 40～50HRC，$\sigma_{\text{Hlim2}} = 1130\text{MPa}$，$\sigma_{\text{FE2}} = 690\text{MPa}$（表 9-4）。取 $S_H = 1.0$、$S_F = 1.25$（表 9-7），则有

$$[\sigma_{F1}] = \frac{\sigma_{\text{FE1}}}{S_F} = \frac{720}{1.25}\text{MPa} = 576\text{MPa}$$

$$[\sigma_{F2}] = \frac{\sigma_{\text{FE2}}}{S_F} = \frac{690}{1.25}\text{MPa} = 552\text{MPa}$$

$$[\sigma_{H1}] = \frac{\sigma_{Hlim1}}{S_H} = \frac{1200}{1.0}MPa = 1200MPa$$

$$[\sigma_{H2}] = \frac{\sigma_{Hlim2}}{S_H} = \frac{1130}{1.0}MPa = 1130MPa$$

（2）按齿面接触强度设计 预设齿轮按 8 级精度制造，取载荷系数 $K = 1.1$（表9-5），齿宽系数 $\phi_d = 0.8$（表9-8），主动齿轮的转矩

$$T_1 = 9.55 \times 10^6 \times \frac{P}{n_1} = 9.55 \times 10^6 \times \frac{2.2}{3000}N \cdot mm = 7.0 \times 10^3 N \cdot mm$$

取 $Z_E = 188.9\sqrt{MPa}$（表9-6），$u = i_{12} = 1.5$，则

$$d_1 \geqslant 2.32\sqrt[3]{\frac{KT_1}{\phi_d}\frac{u \pm 1}{u}\left(\frac{Z_E}{[\sigma_H]}\right)^2} = 2.32\sqrt[3]{\frac{1.1 \times 7.0 \times 10^3}{0.8} \times \frac{1.5 + 1}{1.5}\left(\frac{188.9}{1130}\right)^2}mm = 20.3mm$$

（3）按轮齿弯曲强度设计计算 初选螺旋角 $\beta = 15°$，齿数取 $z_1 = 32$，则 $z_2 = 1.5 \times 32 = 48$，为保持摩擦磨损均匀，尽量取两齿轮的齿数互为质数，取 $z_2 = 47$。故实际传动比为 $u = i_{12} = \frac{47}{32} = 1.47$。

当量齿数，$z_{v1} = \frac{32}{\cos^3 15°} = 35.5$，$z_{v2} = \frac{47}{\cos^3 15°} = 52.2$。

查图9-16得，$Y_{F\alpha1} = 2.52$，$Y_{F\alpha2} = 2.33$；查图9-17得，$Y_{S\alpha1} = 1.66$，$Y_{S\alpha2} = 1.72$。
因为

$$\frac{Y_{F\alpha1} Y_{S\alpha1}}{[\sigma_{F1}]} = \frac{2.52 \times 1.66}{576} = 0.0073 < \frac{Y_{F\alpha2}Y_{S\alpha2}}{[\sigma_{F2}]} = \frac{2.27 \times 1.75}{476} = 0.0083$$

故采用大齿轮弯曲强度计算法向模数，即

$$m_n \geqslant \sqrt[3]{\frac{2KT_1Y_{F\alpha}Y_{S\alpha}}{\phi_d z_1^2[\sigma_F]}\cos^2\beta} = \sqrt[3]{\frac{2 \times 1.1 \times 7.0 \times 10^3 \times 0.0083 \times \cos^2 15°}{0.8 \times 32^2}}mm = 0.53mm$$

由表9-1取 $m_n = 1mm$。计算中心距

$$a = \frac{m_n(z_1 + z_2)}{2\cos\beta} = \frac{1 \times (32 + 47)}{2\cos15°}mm = 40.9mm$$

对中心距圆整，取 $a = 40mm$，则螺旋角

$$\beta = \arccos\frac{m_n(z_1 + z_2)}{2a} = \arccos\frac{1 \times (32 + 47)}{2 \times 40} = 9.1°$$

计算小齿轮的相关参数为，齿轮分度圆直径 $d_1 = m_t z_1/\cos\beta = 1mm \times 32/\cos9.1° = 32.405mm$；齿宽 $b = \phi_d d_1 = 0.8 \times 32.405mm = 25.9mm$，取 $b_2 = 30mm$，$b_1 = 35mm$。

（4）齿轮的圆周速度

$$v = \frac{\pi d_1 n_1}{60 \times 1000} = \frac{3.14 \times 32.405 \times 3000}{60 \times 1000}m/s = 5.1m/s$$

对照表9-3，选用 8 级制造精度是合宜的。

9.6　锥齿轮传动机构的设计

9.6.1　锥齿轮传动的传动比

锥齿轮用于两相交轴之间的传动，与圆柱齿轮传动相似，一对锥齿轮运动相当于一对节圆锥做相对纯滚动。除了节圆锥之外，锥齿轮还有分度圆锥、齿顶圆锥、齿根圆锥和基圆锥等。如图 9-28 所示的一对标准锥齿轮传动，其节圆锥与分度圆锥重合。设 δ_1 和 δ_2 分别为小齿轮和大齿轮的分度圆锥角，两轴线的交错角 $\Sigma = \delta_1 + \delta_2$，则两轮的传动比为

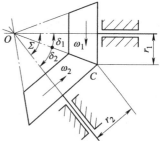

$$i_{12} = \frac{\omega_1}{\omega_2} = \frac{z_2}{z_1} = \frac{r_2}{r_1} = \frac{\overline{OC}\sin\delta_2}{\overline{OC}\sin\delta_1} = \frac{\sin\delta_2}{\sin\delta_1} \quad (9\text{-}32)$$

9.6.2　背锥和当量齿数

锥齿轮转动时，其上任一点与锥顶 O 的距离保持不变，

图 9-28　锥齿轮传动

所以该点与另一锥齿轮的相对运动轨迹为一球面曲线，因此直齿锥齿轮的理论齿廓曲线为球面渐开线。然而球面结构设计计算和制造都很困难，故采用圆锥结构进行近似分析。

图 9-29 上部为一对互相啮合的直齿锥齿轮在其轴平面上的投影，$\triangle OCA$ 和 $\triangle OCB$ 分别为两轮的分度圆锥，线段 OC 称为外锥距。过大端上 C 点作 OC 的垂线与两轮的轴线分别交于 O_1 和 O_2 点。分别以 OO_1 和 OO_2 为轴线，以 O_1C 和 O_2C 为母线作两个圆锥 O_1CA 和 O_2CB，这两个圆锥称为背锥。在背锥上过 C、A 和 B 点沿背锥母线方向取齿顶高和齿根高，背锥面上的齿高部分与球面上的齿高部分非常接近，可以认为一对直齿锥齿轮的啮合近似于背锥面上的齿廓啮合。

如图 9-29 下部所示，将背锥 O_1CA 和 O_2CB 展开为两个平面扇形。以 O_1C 和 O_2C 为分度圆半径，以锥齿轮大端模数为模数，并取标准压力角，按照圆柱齿轮的作图法画出两扇形齿轮的齿廓，该齿廓即为锥齿轮大端的近似齿廓，两扇形齿轮的齿数即为两锥齿轮的真实齿数。**将两扇形齿轮补足为完整的圆柱齿轮，其齿数分别增加到 z_{v1} 和 z_{v2}，z_{v1} 和 z_{v2} 称为锥齿轮的当量齿数**，由图 9-29 可知

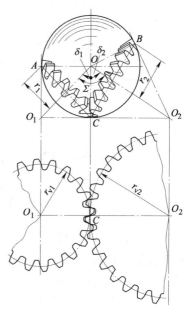

$$r_{v1} = \frac{r_1}{\cos\delta_1} = \frac{mz_1}{2\cos\delta_1} = \frac{mz_{v1}}{2}$$

故有

$$\left.\begin{array}{l} z_{v1} = \dfrac{z_1}{\cos\delta_1} \\[3mm] z_{v2} = \dfrac{z_2}{\cos\delta_2} \end{array}\right\} \quad (9\text{-}33)$$

图 9-29　背锥和当量齿轮

应用背锥和当量齿数就可以把圆柱齿轮的原理近似应用到锥齿轮上。例如，直齿锥齿轮的最少齿数 z_{min} 与当量圆柱齿轮最少齿数 z_{vmin} 之间的关系为

$$z_{min} = z_{vmin}\cos\delta \tag{9-34}$$

由式（9-34）可见，直齿锥齿轮的最少齿数比直齿圆柱齿轮的齿数少。例如当 $\delta = 45°$，$\alpha = 20°$，$h_a^* = 1.0$ 时，$z_{min} = 17$，而 $z_{vmin} = 17\cos45° \approx 12$。

直齿锥齿轮的正确啮合条件可从当量圆柱齿轮得到，即**两轮大端模数和压力角必须相等。除此以外，两直齿锥齿轮的外锥距也必须相等。**

9.6.3　直齿锥齿轮几何尺寸的计算

通常直齿锥齿轮的齿高由大端到小端逐渐收缩，称为收缩齿锥齿轮。按顶隙不同，收缩齿锥齿轮可分为不等顶隙锥齿轮和等顶隙锥齿轮两种，分别如图 9-30a、b 所示。不等顶隙锥齿轮的齿顶圆锥、齿根圆锥和分度圆锥具有同一锥顶，因此其顶隙也由大端到小端逐渐缩小，这种齿轮的缺点是小端轮齿强度较差且润滑不良。**等顶隙锥齿轮的齿顶圆锥母线与相啮合锥齿轮齿根圆锥母线平行，因此对单个锥齿轮而言，齿根圆锥和分度圆锥共锥顶，齿顶圆锥单独一个锥顶。**这种齿轮能增加小端顶隙，改善润滑状况；同时小端齿高小，弯曲强度高，故 GB/T 12369—1990 建议采用等顶隙锥齿轮传动。

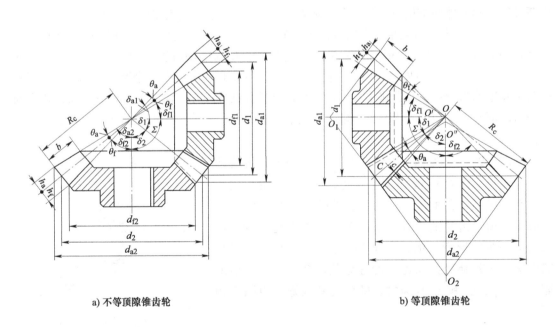

a) 不等顶隙锥齿轮　　　　　　　　　　　b) 等顶隙锥齿轮

图 9-30　$\Sigma = 90°$ 的标准直齿锥齿轮

锥齿轮的大端尺寸较大，计算和测量的相对误差较小，且便于确定齿轮机构外廓尺寸，所以直齿锥齿轮的几何尺寸计算以大端为标准。当交错角 $\Sigma = 90°$ 时，一对标准直齿锥齿轮各部分名称和几何尺寸的计算公式见表 9-10。由表 9-10 可知，等顶隙齿轮与不等顶隙齿轮几何尺寸的主要区别在齿顶角 θ_a。等顶隙齿轮 $\theta_a = \theta_f$，不等顶隙齿轮 $\theta_a = \arctan(h_a/R_e)$，其余计算公式相同。

表 9-10　$\Sigma = 90°$ 的标准直齿锥齿轮的几何尺寸计算

序　号	名　称	符　号	计算公式及参数选择
1	大端模数	m_e	按 GB/T 12368—1990 取标准值
2	传动比	i_{12}	$i_{12} = \dfrac{z_2}{z_1} = \tan\delta_2$，单级 $i < 7$
3	分度圆锥角	δ_1，δ_2	$\delta_2 = \arctan\dfrac{z_2}{z_1}$，$\delta_1 = 90° - \delta_2$
4	分度圆直径	d_1，d_2	$d_1 = m_e z_1$，$d_2 = m_e z_2$
5	齿顶高	h_a	$h_a = m_e$
6	齿根高	h_f	$h_f = 1.2 m_e$
7	齿高	h	$h_a = 2.2 m_e$
8	顶隙	c	$c = 0.2 m_e$
9	齿顶圆直径	d_{a1}，d_{a2}	$d_{a1} = d_1 + 2m_e\cos\delta_1$，$d_{a2} = d_2 + 2m_e\cos\delta_2$
10	齿根圆直径	d_{f1}，d_{f2}	$d_{f1} = d_1 - 2.4 m_e\cos\delta_1$，$d_{f2} = d_2 - 2.4 m_e\cos\delta_2$
11	外锥距	R_e	$R_e = \sqrt{r_1^2 + r_2^2} = \dfrac{m_e}{2}\sqrt{z_1^2 + z_2^2}$
12	齿宽	b	$b = R_e/3$，$b \leqslant 10\text{mm}$
13	齿顶角	θ_a	$\theta_a = \arctan\dfrac{h_a}{R_e}$（不等顶隙齿）；$\theta_a = \theta_f$（等顶隙齿）
14	齿根角	θ_f	$\theta_f = \arctan\dfrac{h_f}{R_e}$
15	根锥角	δ_{f1}，δ_{f2}	$\delta_{f1} = \delta_1 - \theta_f$，$\delta_{f2} = \delta_2 - \theta_f$
16	顶锥角	δ_{a1}，δ_{a2}	$\delta_{a1} = \delta_1 + \theta_a$，$\delta_{a2} = \delta_2 + \theta_a$

9.6.4　轮齿上的作用力

图 9-31 所示为直齿锥齿轮传动的轮齿受力情况，法向力 F_n 也分解为三个分力，各分力的计算公式为

$$\begin{cases} \text{圆周力}\quad F_t = \dfrac{2T_1}{d_{m1}} \\ \text{径向力}\quad F_r = F_t\tan\alpha\cos\delta \\ \text{轴向力}\quad F_a = F_t\tan\alpha\sin\delta \end{cases} \quad (9\text{-}35)$$

式中，d_{m1} 为小齿轮齿宽中点的分度圆直径，其计算公式为

$$d_{m1} = d_1 - b\sin\delta_1 \quad (9\text{-}36)$$

圆周力 F_t 和径向力 F_r 方向的判断方法仍与直齿圆柱齿轮相同，轴向力 F_a 的方向则由小端指向大端。小齿轮上的径向力和轴向力在数值上分别等于大齿轮上的轴向力和径向力，但其方向相反，如图 9-32

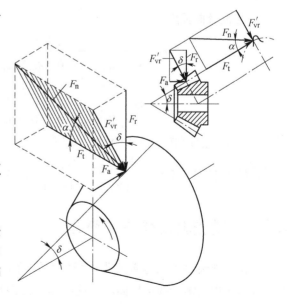

图 9-31　直齿锥齿轮传动的作用力

所示。

9.6.5 锥齿轮的强度计算

1. 齿面接触强度计算

可以近似认为，一对直齿锥齿轮传动和位于齿宽中点的一对当量圆柱齿轮传动的强度相等。由此可得交错角为 90° 的一对钢制直齿锥齿轮的齿面接触强度验算公式为

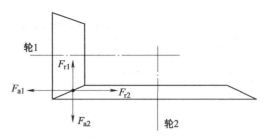

图 9-32　直齿锥齿轮的作用力正投影图

$$\sigma_H = 2.5 Z_E \sqrt{\frac{2KT_{m1}}{b_v \, d_{m1}^2} \frac{u_v \pm 1}{u_v}} \leqslant [\sigma_H] \tag{9-37}$$

式中，各参数的下标 "v" 表示当量齿轮的相关参数，下标 "m" 表示齿轮齿宽中点处的相关参数，将有关当量齿轮和齿宽中点处的几何关系式代入，并取 $b_v = 0.8b$ 作为有效宽度，可得接触强度的校核公式为

$$\sigma_H = 2.5 Z_\beta Z_E \sqrt{\frac{4KF_t}{0.85\phi_R (1 - 0.5\phi_R)^2 \, d_1^3 u}} \leqslant [\sigma_H] \tag{9-38}$$

接触强度的设计公式为

$$d_1 = 1.84 \sqrt[3]{\frac{4KF_t}{0.85\phi_R (1 - 0.5\phi_R)^2 u} \left(\frac{Z_E}{[\sigma_H]}\right)^2} \tag{9-39}$$

式中，d_1 为主动齿轮的分度圆直径；K 为载荷系数，查表 9-5 确定；ϕ_R 为齿宽系数，$\phi_R = \dfrac{b}{R_e}$，其中 b 为齿宽，R_e 为锥距，一般取 $\phi_R = 0.25 \sim 0.3$；$u = \dfrac{z_2}{z_1}$，一般 $u \leqslant 5$；Z_E 为弹性系数，查表 9-6 确定。

2. 齿根弯曲强度

$$\sigma_F = \frac{4KF_t Y_{F\alpha} Y_{S\alpha}}{0.85\phi_R (1 - 0.5\phi_R)^2 z_1^2 \, m^3 \sqrt{1 + u^2}} \leqslant [\sigma_{HF}] \tag{9-40}$$

$$m_e \geqslant \sqrt[3]{\frac{4KF_t}{0.85\phi_R (1 - 0.5\phi_R)^2 z_1^2 \sqrt{1 + u^2}} \frac{Y_{F\alpha} Y_{S\alpha}}{[\sigma_{HF}]}} \tag{9-41}$$

式中，$Y_{F\alpha}$、$Y_{S\alpha}$ 分别如图 9-16 和图 9-17 所示，由当量齿数 z_v 查得。

计算 m_e 值时，应比较 $\dfrac{Y_{F\alpha 1} Y_{S\alpha 1}}{[\sigma_{F1}]}$、$\dfrac{Y_{F\alpha 2} Y_{S\alpha 2}}{[\sigma_{F2}]}$，取大值代入。

9.7　交错轴斜齿轮传动简介

交错轴斜齿轮用来传递两非平行轴之间的运动，就单个齿轮而言，其就是斜齿圆柱齿轮，其齿面也是渐开线螺旋面。不同的是，两斜齿轮的轴线不平行。如图 9-33 所示的一对交错轴斜齿轮传动，两轮的分度圆相切于 P 点，两轴线在两个齿轮分度圆柱公切面上投影

的夹角 Σ 为两齿轮的交错角（shaft angle）。设两斜齿轮的螺旋角分别为 β_1 和 β_2，则交错轴斜齿轮传动的正确啮合条件为

$$\left.\begin{array}{r} m_{n1} = m_{n2} \\ \alpha_{n1} = \alpha_{n2} \\ \Sigma = |\beta_1 + \beta_2| \end{array}\right\} \tag{9-42}$$

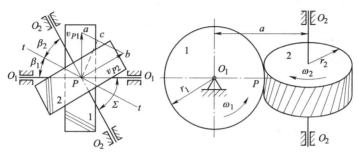

图 9-33　交错轴斜齿轮传动

两交错轴斜齿轮轴线间的最短距离为两齿轮的中心距，其值为

$$a = r_1 + r_2 = \frac{m_t}{2}(z_1 + z_2) = \frac{m_n}{2}\left(\frac{z_1}{\cos\beta_1} + \frac{z_2}{\cos\beta_2}\right) \tag{9-43}$$

传动比为

$$i_{12} = \frac{\omega_1}{\omega_2} = \frac{z_2}{z_1} = \frac{d_2\cos\beta_2}{d_1\cos\beta_1} \tag{9-44}$$

由式（9-44）可知，交错轴斜齿轮传动的传动比不仅与分度圆直径的大小有关，还与螺旋角的大小相关。另外，当主动轮角速度 ω_1 方向不变时，从动轮角速度 ω_2 的方向与两轮螺旋角的方向有关，可以采用左右手法则先判断确定主动轮轴向力方向（参考斜齿轮传动中主动轮轴向力方向的判断步骤，此处不再赘述），从动轮转动方向为主动轮轴向力反方向在从动轮端面上投影的方向。

在啮合点（节点 P）处，两斜齿轮的线速度如图 9-33 所示，则接触点处两轮齿的相对速度为

$$v_s = v_{P1} + v_{P2}$$

由上式可见，交错轴斜齿轮传动接触点处的相对滑动速度较大，且齿面间为点接触，齿轮的磨损较快，效率低，因此一般用于仪表及低载荷的辅助传动。此外，还常常利用交错轴齿轮的啮合原理来加工齿轮，如滚齿、剃齿等。

9.8　蜗杆传动

9.8.1　蜗杆传动的分类

蜗杆传动可以被看作一种特殊的交错轴斜齿轮传动，两个轴的交错角 Σ 通常为 90°。如图 9-34 所示，其中直径小、螺旋角 β_1 大者为蜗杆，一般用作主动件；直径大而螺旋角 β_2 小

者为蜗轮，常用作从动件。按外形的不同，蜗杆可分为图 9-35a 所示的圆柱蜗杆、图 9-35b 所示的环面蜗杆以及锥面蜗杆等；按螺旋面的形状，又可分为阿基米德蜗杆（ZA 蜗杆）、法向直廓蜗杆（ZN 蜗杆）、锥面包络圆柱蜗杆（ZK 蜗杆）、圆弧圆柱蜗杆（ZC 蜗杆）和渐开线蜗杆（ZI 蜗杆）等。加工阿基米德蜗杆与加工梯形螺纹类似，车刀切削刃夹角 $2\alpha = 40°$，加工时切削刃的平面通过蜗杆轴线，如图 9-36 所示，切出的齿形在包含轴线的截面内呈直线，与齿条的齿廓相同；在垂直于蜗杆轴线的截面内，为阿基米德螺旋线。

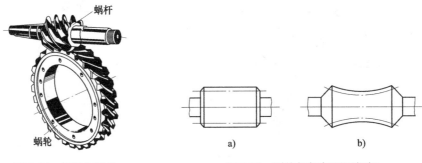

图 9-34　蜗杆与蜗轮　　　　　　　图 9-35　圆柱蜗杆与环面蜗杆

9.8.2　圆柱蜗杆传动的主要参数和几何尺寸

1. 模数 m 和压力角 α

如图 9-37 所示，通过蜗杆轴线并垂直于蜗轮轴线的平面，对于蜗杆而言为轴面（或称中平面），面内参数下标为"a"；对于蜗轮而言该平面与端面平行，因此面内的参数为蜗轮的端面参数，下标为"t"。蜗轮用与蜗杆形状相仿的滚刀按展成原理切制，为了保证轮齿啮合时的径向间隙，滚刀外径稍大于蜗杆齿顶圆直径，所以在轴面内蜗轮与蜗杆的啮合就相当于渐开线齿轮与齿条的啮合，因此其强度设计计算也都以轴面参数和几何关系为准。

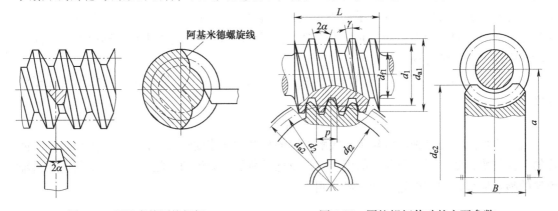

图 9-36　阿基米德圆柱蜗杆　　　　　图 9-37　圆柱蜗杆传动的主要参数

模数 m 的标准值见表 9-11，压力角的标准值为 20°。相应于切削刀具，ZA 蜗杆取轴向压力角为标准值，ZI 蜗杆取法向压力角为标准值。由于 ZA 蜗杆的应该较为广泛，因此常将 ZA 蜗杆简称为蜗杆，下面予以重点介绍。

如图 9-37 所示，齿厚与齿槽宽相等的圆柱称为蜗杆的分度圆柱或称为中圆柱，直径以 d_1 表示，蜗杆轴向齿距以 p_x 表示，其值见表 9-11；蜗轮分度圆直径以 d_2 表示。

表 9-11　圆柱蜗杆的基本尺寸和参数（摘自 GB/T 10085—2018）

m/mm	p_x/mm	d_1/mm	z_1	q	$m^2 d_1/\text{mm}^3$	m/mm	p_x/mm	d_1/mm	z_1	q	$m^2 d_1/\text{mm}^3$
1	3.142	18.0	1	18.00	18.00	6.3	19.792	63.0	1、2、4、6	10.000	2500.00
1.25	3.927	20.0	1	16.00	31.25			112.0	1	17.778	4445.00
		22.4	1	17.92	35.00	8	25.133	80.0	1、2、4、6	10.000	5120.00
1.6	5.027	20.0	1、2、4	12.50	51.20			140.0	1	17.500	8960.00
		28.0	1	17.50	71.68	10	31.416	90.0	1、2、4、6	9.000	9000.00
2	6.283	22.4	1、2、4、6	11.20	89.60			160.0	1	16.000	16000.00
		35.5	1	17.75	142.00	12.5	39.270	112.0	1、2、4、6	8.960	17500.00
2.5	7.854	28.0	1、2、4、6	11.20	175.00			200.0	1	16.000	31250.00
		45.0	1	18.00	281.00	16	50.265	140.0	1、2、4、6	8.750	35840.00
3.15	9.896	35.5	1、2、4、6	11.27	352.00			250.0	1	15.625	64000.00
		56.0	1	17.778	556.00	20	62.832	160.0	1、2、4、6	8.000	64000.00
4	12.566	40.0	1、2、4、6	10.00	640.00			315.0	1	15.750	126000.00
		71.0	1	17.75	1136.00	25	78.540	200.0	1、2、4、6	8.000	125000.00
5	15.708	50.0	1、2、4、6	10.00	1250.00			400.0	1	16.000	250000.00
		90.0	1	18.00	2250.00						

注：1. 表中所列 d_1 数值为国家标准规定的优先使用值。

　　2. 表中同一模数有 2 个 d_1 值，当选取其中较大的 d_1 值时，蜗杆导程角 γ 根据式（9-47）计算，γ 小于 $3°30'$，有较好的自锁性。

由式（9-42）可知，对于两轴交错 $90°$ 的蜗轮蜗杆传动，

$$\Sigma = |\beta_1 + \beta_2| = 90° \tag{9-45}$$

设蜗杆分度圆柱上轮齿的螺旋线导程角为 γ_1，由式（9-45）可知 $\gamma_1 = \beta_2$，且两者的旋向相同。因此蜗轮蜗杆传动（**ZA 蜗杆**）的正确啮合条件是：蜗杆轴面模数 m_{a1} 和轴面压力角 α_{a1} 分别等于蜗轮端面模数 m_{t2} 和端面压力角 α_{t2}，且蜗杆的导程角等于蜗轮的螺旋角，即

$$m_{a1} = m_{t2} = m ; \alpha_{a1} = \alpha_{t2} ; \gamma_1 = \beta_2$$

2. 蜗杆直径系数 q 和导程角 γ

蜗杆的模数为轴面模数，不能用于计算蜗杆直径。为方便蜗杆直径计算，将蜗杆分度圆直径与其轴面模数的比值定义为蜗杆直径系数 q，即

$$q = \frac{d_1}{m} \tag{9-46}$$

如图 9-38 所示，设蜗杆分度圆柱上的轴向齿距为 p_x，在分度圆柱面展开后可得

$$\tan\gamma = \frac{z_1 p_x}{\pi d_1} = \frac{z_1 m}{d_1} = \frac{z_1}{q} \tag{9-47}$$

蜗杆传动时，蜗杆与蜗轮在啮合处的相对运动类似于螺纹副，由螺旋传动效率计算公式（6-7）可知，蜗轮蜗杆传动效率随导程角 γ 增大而增加。由式（9-47）可知，如果

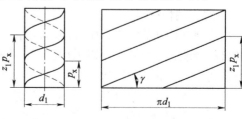

图 9-38　蜗杆导程

蜗杆头数 z_1 不变，d_1 越小或 q 越小，导程角 γ 越大，但蜗杆的刚度和强度越低。通常，转速高的蜗杆可取较小的 d_1 值，而蜗轮齿数 z_2 较大时，d_1 值应适当取大一些。

3. 传动比 i_{12}、蜗杆头数 z_1 和蜗轮齿数 z_2

当蜗杆转速为 n_1 时，根据螺旋传动可知，蜗杆轮齿每分钟在轴向方向上推进 n_1 个螺距（每转一圈螺纹前进一个螺距），因此相当于蜗杆轮齿每分钟在轴向方向上的行程为 $n_1 z_1 p_x$。与此同时，在分度圆弧上蜗轮将被推动转过相同的距离，故蜗轮的转速 $n_2 = \dfrac{n_1 z_1 p}{z_2 p}$，其传动比为

$$i_{12} = \frac{n_1}{n_2} = \frac{z_2}{z_1} \tag{9-48}$$

通常蜗杆头数 $z_1 = 1$、2、4，目前可加工的最大头数可达 13。若要获得大传动比，可取 $z_1 = 1$，但传动效率较低。传递功率较大时，为提高效率可采用多头蜗杆，取 $z_1 = 2$ 或 4。z_1、z_2 的推荐值见表 9-12。蜗轮齿数 $z_2 = i_{12} z_1$，为了避免蜗轮发生根切，z_2 应值应大于 26。z_2 过大，会使结构尺寸过大，蜗杆长度也随之增加，导致蜗杆刚度和啮合精度下降，因此不宜大于 80。

表 9-12　蜗杆头数 z_1 与蜗轮齿数 z_2 的推荐值

传动比 i_{12}	7~13	14~27	28~40	>40
蜗杆头数 z_1	4	2	2、1	1
蜗杆齿数 z_2	28~52	28~54	28~80	>40

4. 齿面间相对滑动速度 v_s

蜗轮蜗杆接触面的相对滑动速度是影响传动性能的关键参数之一，对润滑情况、齿面失效形式、传动效率等都具有较大的影响。设蜗杆圆周速度为 v_1、蜗轮圆周速度为 v_2，由图 9-39 可知滑动速度 $v_s(\text{m/s})$ 为

$$v_s = \sqrt{v_1^2 + v_2^2} = \frac{v_1}{\cos\gamma} \tag{9-49}$$

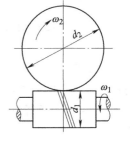

5. 中心距 a

当蜗杆节圆与分度圆重合时称为标准传动，此时中心距为

$$a = 0.5(d_1 + d_2) = 0.5m(q + z_2) \tag{9-50}$$

设计蜗杆传动时，先选择蜗杆头数 z_1 和蜗轮齿数 z_2，再根据强度计算确定中心距 a 和模数 m，最后根据表 9-13 中的计算公式确定蜗杆、蜗轮的几何尺寸（交错角为 $90°$，标准传动）。

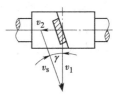

图 9-39　滑动速度

6. 蜗轮蜗杆材料

由于蜗杆传动的特点，蜗杆副的材料不仅要求有足够的强度，还要有良好的减摩、耐磨性和抗胶合能力。因此，可以采用青铜制作蜗轮的齿圈，用碳钢或合金钢制造蜗杆。对于高速重载的蜗杆，常选用 20Cr、20CrMnTi（渗碳淬火到 56~62HRC）或 40Cr、42SiMn、45钢（表面淬火到 45~55HRC）等并进行磨削，以获得较硬且光洁的齿面；一般蜗杆可采用40、45 等碳钢经调质处理，使硬度达 220~250HBW。低速或人力传动中，蜗杆可不经热处

表 9-13 圆柱蜗杆传动的几何尺寸计算（参考图 9-36）

名 称	计算公式	
	蜗杆	蜗轮
分度圆直径	$d_1 = mq$	$d_2 = mz_2$
齿顶高	$h_a = m$	
齿根高	$h_f = 1.2m$	
蜗杆齿顶圆直径，蜗轮喉圆直径	$d_{a1} = m(q+2)$	$d_{a2} = m(z_2+2)$
齿根圆直径	$d_{f1} = m(q-2.4)$	$d_{f2} = m(z_2-2.4)$
蜗轮轴向齿距，蜗杆端面齿距	$p_{a1} = p_{t2} = p_x = \pi m$	
径向间隙	$c = 0.20m$	
中心距	$a = 0.5(d_1+d_2) = 0.5m(q+z_2)$	

注：蜗杆传动标准中心距（单位为 mm）为 40、50、63、80、100、125、160、（180）、200、（225）、250、（280）、315、（355）、400、（450）、500。应尽量避免采用括号内的数值。

理，甚至可采用铸铁加工。在重要的高速蜗杆传动中，蜗轮常用 10-1 锡青铜（ZCuSn10P1）制造，其抗胶合和耐磨性能好，允许滑动速度可达 25m/s，易于切削加工，但成本高。在滑动速度 $v_s < 12\text{m/s}$ 的蜗杆传动中，可采用锡含量低的 5-5-5 锡青铜（ZCuSn5Pb5Zn5）。10-3 铝青铜（ZCuAl10Fe3）有足够的强度、铸造性能好、耐冲击、价廉，但切削性能差，抗胶合性能不如锡青铜，故一般用于制造传动速度 $v_s \leqslant 6\text{m/s}$ 的蜗轮。在速度较低（如 $v_s < 2\text{m/s}$）的传动中，蜗轮的材料可选用球墨铸铁或灰铸铁，也可用尼龙或增强尼龙材料制成。

【例 9-3】 中小直径机械加速澄清池一般都会配备带有提耙机构的中心传动刮泥机，以及时刮走池底沉降的污泥。当污泥量较多或池底出现异物时，可以通过提耙机构适度提升刮臂，避免刮泥机发生超负荷运行。某型自动提耙式中心传动刮泥机的提耙机构采用电动机驱动，传动机构为"V 带+SWL 型蜗轮丝杠提升机"。SWL 型蜗轮丝杠提升机的工作原理示意如图 9-40 所示，中空的蜗轮内壁上加工有梯形内螺纹，内螺纹与螺杆啮合形成螺旋副。大带轮安装在蜗杆输入轴上，刮泥板安装在螺杆的下端。自动提升或降低刮臂时，电动机的转速经带传动、蜗杆传动以及螺旋传动等三级减速后控制刮臂上升或下降。如果需要手动调节刮臂高度，在不起动电动机的工况下［蜗轮（螺母）静止］，通过手轮转动螺杆即可进行高度调整。SWL 型蜗轮丝杠提升机具有自锁功能，可以防止提升后的刮臂掉落，其详细结构可以参考 JB/T 8809—2010。某型 SWL 蜗轮丝杠提升机的蜗杆模数 $m = 2.5\text{mm}$、头数 $z_1 = 1$、分度圆直径 $d_1 = 28\text{mm}$，蜗轮齿数 $z_2 = 40$，试计算蜗杆直径系数 q、导程角 γ 及蜗杆传动的中心距 a。

图 9-40 蜗轮丝杠提升机的工作原理

解：（1）蜗杆直径系数

$$q = \frac{d_1}{m} = \frac{28}{2.5} = 11.2$$

（2）导程角 由式（9-47）得

$$\tan\gamma = \frac{z_1}{q} = \frac{1}{11.2} = 0.1 \text{，因此 } \gamma = 5.1°$$

（3）传动的中心距

$$a = 0.5m(q + z_2) = 0.5 \times 2.5\text{mm} \times (11.2 + 40) = 64\text{mm}$$

讨论：①查表9-13可知，64mm并非为标准中心距，如果是单件生产又允许采用非标准中心距，就取 $a = 64\text{mm}$；②在不改变蜗杆传动传动比的情况下，若将中心距圆整为 $a = 63\text{mm}$，那么滚切蜗轮时应将滚刀相对于蜗轮中心向内移动1mm，使滚刀（相当于蜗杆）与被切蜗轮轮坯的中心距由64mm减到63mm，即采用变位传动。有关变位蜗杆传动的计算，请参见相关机械设计手册。

9.8.3 圆柱蜗杆传动的受力分析

蜗杆传动的受力分析和斜齿轮相似，齿面上的法向力 F_n 分解为圆周力 F_t、轴向力 F_a 和径向力 F_r 三个相互垂直的分力，各分力的方向如图9-41所示。轴向力 F_a 的方向亦采用左右手法则进行判断，例如图9-42所示为右旋蜗杆，**判断时伸出右手，保持拇指伸直与轴线平行**，其余四指沿回转方向握拳，拇指指向即为蜗杆轴向力方向。当蜗杆轴和蜗轮轴交错角为90°时，蜗轮的圆周力 F_{t2} 为蜗杆轴向力 F_{a1} 的反力，其指向右；从动轮转动方向和圆周力方向一致，故蜗轮逆时针方向转动。径向力 F_{r1}、F_{r2} 分别指向各自的轴心。

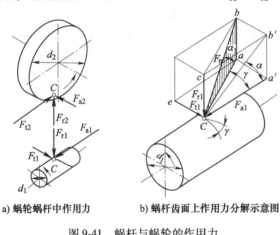

a) 蜗轮蜗杆中作用力   b) 蜗杆齿面上作用力分解示意图

图9-41 蜗杆与蜗轮的作用力   图9-42 确定蜗轮的螺旋方向

如果不计摩擦力的影响，蜗杆圆周力、轴向力和径向力分别为

$$F_{t1} = F_{a2} = \frac{2T_1}{d_1} \tag{9-51}$$

$$F_{a1} = F_{t2} = \frac{2T_2}{d_2} \tag{9-52}$$

$$F_{r1} = F_{r2} = F_{a1}\tan\alpha \tag{9-53}$$

式中，T_1 和 T_2 分别为作用在蜗杆和蜗轮上的转矩，$T_2 = T_1 i_{12}\eta$，η 为蜗杆传动的效率。

9.8.4 圆柱蜗杆传动的强度计算

圆柱蜗杆传动的主要失效形式是蜗轮轮齿表面产生胶合、点蚀和磨损，设计中用限制齿面接触应力的办法来解决，而轮齿的弯、断现象只有当 $z_2 > 80$ 时才发生（此时须校核弯曲强度）。对于开式传动，因磨损速度大于点蚀速度，故只需按弯曲强度进行设计计算，并进行蜗杆的刚度校核。对于闭式传动，还需进行热平衡计算。

1. 蜗轮齿面接触强度计算

蜗轮轮齿齿面接触强度的计算仍以经典赫兹接触理论为基础，其强度校核公式为

$$\sigma_{\mathrm{H}} = Z_{\mathrm{E}} Z_{\rho} \sqrt{\frac{2 K_{\mathrm{A}} T_2}{a^3}} \leqslant [\sigma_{\mathrm{H}}] \tag{9-54}$$

设计公式为

$$a \geqslant \sqrt[3]{K_{\mathrm{A}} T_2 \left(\frac{Z_{\mathrm{E}} Z_{\rho}}{[\sigma_{\mathrm{H}}]} \right)^2} \tag{9-55}$$

式中，a 为中心距（mm）；Z_{E} 为材料的综合弹性系数，钢与铸锡青铜配对时 $Z_{\mathrm{E}} = 150 \sqrt{\mathrm{MPa}}$，钢与铝青铜或灰铸铁配对时 $Z_{\mathrm{E}} = 160 \sqrt{\mathrm{MPa}}$；$Z_{\rho}$ 为接触系数，用以考虑当量曲率半径的影响，根据蜗杆分度圆直径与中心距之比（d_1/a）查图 9-43 确定，一般 $d_1/a = 0.3 \sim 0.5$，取小值时导程角大，效率高，但蜗杆刚性较差；K_{A} 为使用系数，$K_{\mathrm{A}} = 1.1 \sim 1.4$，有冲击载荷、环境温度高（>35℃）、速度较高时，K_{A} 取大值。

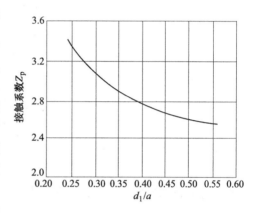

图 9-43 蜗轮轮齿齿面的接触系数

对于许用接触应力 $[\sigma_{\mathrm{H}}]$ 而言，当蜗轮轮齿为锡青铜时，可由表 9-14 查取。当蜗轮轮齿为铝青铜及灰铸铁时，主要失效形式是胶合而不是接触疲劳，而胶合与相对速度有关，其值应查表 9-15，鉴于按照接触强度设计计算可限制胶合的产生，因此采用接触疲劳计算式（9-54）和式（9-54）。由式（9-55）算出中心距 a 后，由下列经验公式估算出蜗杆分度圆直径 d_1 和模数 m，即

$$d_1 \approx 0.68 a^{0.875} \tag{9-56}$$

$$m = \frac{2a - d_1}{z_2} \tag{9-57}$$

再由表 9-11 选定标准模数 m 及 q、d_1 的数值。

表 9-14 蜗轮轮齿为锡青铜时的许用接触应力 $[\sigma_{\mathrm{H}}]$　（单位：MPa）

蜗轮轮齿材料	铸造方法	适用的滑动速度 $v_{\mathrm{s}}/(\mathrm{m/s})$	蜗杆齿面硬度	
			≤350HBW	>45HRC
10-1 锡青铜	砂型	≤12	180	200
	金属型	≤25	200	220
5-5-5 锡青铜	砂型	≤10	110	125
	金属型	≤12	135	150

表 9-15　蜗轮轮齿为铝青铜及铸铁时的许用接触应力 $[\sigma_H]$　（单位：MPa）

蜗轮轮齿材料	蜗杆材料	适用的滑动速度 $v_s/(\text{m/s})$						
		0.5	1	2	3	4	6	8
10-3 铝青铜	淬火钢①	250	230	210	180	160	120	90
HT150、HT200	渗碳钢	130	115	90	—	—	—	—
HT150	调质钢	110	90	70	—	—	—	—

①蜗杆未经淬火时，需将表中 $[\sigma_H]$ 值降低 20%。

2. 蜗轮齿根弯曲强度计算

蜗轮轮齿的齿形比较复杂，且齿根是曲面，要精确计算蜗轮齿根弯曲应力很困难。一般参照斜齿圆柱齿轮做近似计算，其验算公式为

$$\sigma_F = \frac{1.53 K_A F_2}{d_1 d_2 m \cos\gamma} Y_{F\alpha 2} \leqslant [\sigma_F] \tag{9-58}$$

设计公式为

$$m^2 d_1 \geqslant \frac{1.53 K_A F_2}{z_2 \cos\gamma [\sigma_F]} Y_{F\alpha 2} \tag{9-59}$$

式中，γ 为蜗杆的导程角，$\gamma = \arctan\dfrac{z_1}{q}$；$[\sigma_F]$ 为蜗轮轮齿的许用弯曲应力，查表 9-16 确定；$Y_{F\alpha 2}$ 为蜗轮的齿形系数，由当量齿数 $z_v = \dfrac{z_1}{\cos^3\gamma}$ 查图 9-16 确定。由求得的 $m^2 d_1$ 值查表 9-11 可确定主要尺寸。

表 9-16　蜗轮轮齿的许用弯曲应力 $[\sigma_F]$　（单位：MPa）

蜗轮轮齿材料	ZCuSn10P1 (10-1 锡青铜)		ZCuSn5Pb5Zn5 (5-5-5 锡青铜)		ZCuAl10Fe3 (10-3 铝青铜)		HT150	HT200
铸造方法	砂型铸造	金属型铸造	砂型铸造	金属型铸造	砂型铸造	金属型铸造	砂型铸造	金属型铸造
单侧工作	50	70	32	40	80	90	40	47
双侧工作	30	40	24	28	63	80	25	30

3. 蜗杆的刚度计算

细长的蜗杆，支承跨距较大，受力后如果产生较大的挠度会影响正常啮合传动，因此蜗杆的挠度应小于许用挠度 $[Y]$。由切向力 F_{t1} 和径向力 F_{r1} 产生的挠度分别为

$$Y_{t1} = \frac{F_{t1} l^3}{48 EI}, \quad Y_{r1} = \frac{F_{r1} l^3}{48 EI} \tag{9-60}$$

合成总挠度为

$$Y = \sqrt{Y_{t1}^2 + Y_{r1}^2} \leqslant [Y] \tag{9-61}$$

式中，E 为蜗杆材料的弹性模量（MPa），钢质蜗杆 $E = 2.06 \times 10^5$ MPa；I 为蜗杆危险截面的惯性矩（mm^4），$I = \dfrac{\pi d_1^4}{64}$；$l$ 为蜗杆支点跨距（mm），初步计算时可取 $l = 0.9 d_2$；$[Y]$ 为许用挠度（mm），$[Y] = d_1/1000$。

4. 普通圆柱蜗杆传动的精度等级及其选择

国家标准 GB/T 10089—2018 对蜗轮和蜗杆传动规定了 12 个精度等级，其中 1 级精度最高，然后依次降低，12 级的精度最低。普通圆柱蜗杆传动一般以 6~9 级精度应用最多，6 级精度用于中等精度机床的分度机构、发动机调节系统的传动以及武器读数机构的精密传动，7 级精度常用于运输和一般工业中等速度（适用于蜗杆圆周速度 $v_s<7.5\text{m/s}$）的动力传动。8 和 9 级精度常用于短时工作的低速传动，$v_s<3\text{m/s}$ 时可选 8 级精度，$v_s<1.5\text{m/s}$ 时可选用 9 级精度。

9.8.5　蜗杆传动的效率

闭式蜗杆传动和齿轮传动的效率计算方法一致，主要包括：①因啮合过程摩擦损耗而产生的轮齿啮合效率 η_1；②考虑支承轴承摩擦损耗而计入的轴承效率 η_2；③搅动润滑油损失而需要考虑的效率 η_3。其中，$\eta_2\eta_3=0.95\sim0.97$，圆柱齿轮和锥齿轮啮合过程中的摩擦损耗非常小，轴用滚动轴承支承的传动效率较高，齿轮传动的平均效率见表 9-17。

表 9-17　齿轮传动的平均效率

传动装置	6 级或 7 级精度的闭式传动	8 级精度的闭式传动	开式传动
圆柱齿轮	0.98	0.97	0.95
锥齿轮	0.97	0.96	0.93

空间斜齿轮传动和蜗杆传动中，啮合处轮齿的相对运动与螺旋传动类似，可以根据螺旋传动的效率公式（6-7）计算 η_1，然后将 $\eta_2\eta_3$ 带入式（6-7），得到空间斜齿轮传动和蜗杆传动的总效率为

$$\eta = (0.95 \sim 0.97)\frac{\tan\gamma}{\tan(\gamma+\rho_v)} \tag{9-62}$$

式中，γ 为蜗杆导程角；ρ_v 为当量摩擦角。当量摩擦系数 f_v 和当量摩擦角 ρ_v 见表 9-18。

表 9-18　蜗杆传动的当量摩擦系数 f_v 和当量摩擦角 ρ_v

蜗轮材料	锡青铜				无锡青铜	
蜗杆齿面硬度	>45HRC		其他情况		>45HRC	
滑动速度 $v_s/(\text{m/s})$	f_v	ρ_v	f_v	ρ_v	f_v	ρ_v
0.01	0.11	6.28°	0.12	6.84°	0.18	10.2°
0.10	0.08	4.57°	0.09	5.14°	0.13	7.4°
0.50	0.055	3.15°	0.065	3.72°	0.09	5.14°
1.00	0.045	2.58°	0.055	3.15°	0.07	4.00°
2.00	0.035	2.00°	0.045	2.58°	0.055	3.15°
3.00	0.028	1.60°	0.035	2.00°	0.045	2.58°
4.00	0.024	1.37°	0.031	1.78°	0.04	2.29°
5.00	0.022	1.26°	0.029	1.66°	0.035	2.00°
8.00	0.018	1.03°	0.026	1.49°	0.03	1.72°
10.00	0.016	0.92°	0.024	1.37°	—	—
15.00	0.014	0.80°	0.020	1.15°	—	—
24.00	0.013	0.74°	0.0	—	—	—

注：1. 硬度大于 45HRC 的蜗杆，其 f_v、ρ_v 值是指经过磨削、有充分润滑和跑合后的值。
　　2. 蜗轮材料为灰铸铁时，可按无锡青铜查取 f_v、ρ_v。

由式（9-62）可知，**蜗杆传动效率与导程角 γ 相关，当 $\gamma \leqslant \rho_v$ 时，效率较低（$\eta < 50\%$），且具有自锁性。** 在振动工况下 ρ_v 值的波动较大，因此不宜单靠蜗杆传动的自锁作用来实现制动，**在重要场合应另加制动机构。小导程角（$\gamma > 30°$）时传动效率随 γ 增加而增大，故适当增加蜗杆头数可以有效提高传动效率，**蜗杆传动总效率 η 的概值见表9-19。

表 9-19　蜗杆传动总效率 η 的概值

z_1	η	
	闭式传动	开式传动
1	0.70~0.75	
2	0.75~0.82	0.6~0.7
4	0.87~0.92	

【例 9-4】　例 9-3 的传动系统中，若蜗杆传动机构的输入功率 $P_1 = 0.05\text{kW}$，蜗轮的转速 $n_2 = 10\text{r/min}$；所用电动机为 YB2 系列的隔爆电动机，功率 $P_d = 0.37\text{kW}$，转速 $n_d = 1500\text{r/min}$，带传动传动比 $i_带 = 3.8$，载荷平稳，蜗杆双向间歇回转，请完成该蜗杆传动机构的设计。

解：（1）选择材料并确定其许用应力　低速、低载荷工况条件下，蜗杆材料选用 45 钢，调质处理，硬度为 45~55HRC；蜗轮选用 10-1 锡青铜（ZCuSn10P1），整体砂型铸造。

许用接触应力，查表 9-14 得蜗杆硬度大于 45HRC 时，$[\sigma_H] = 200\text{MPa}$；许用弯曲应力，查表 9-15 得双侧工作时，$[\sigma_F] = 30\text{MPa}$。

（2）选择蜗杆头数 z_1 并计算传动效率 η

$$i_{12} = \frac{n_d}{i_带 n_2} = \frac{1500}{3.8 \times 10} = 39.47$$

查表 9-12，取 $z_1 = 1$，则 $z_2 = i_{12}z_1 = 39.47 \times 1 = 39.47$，取 $z_2 = 40$；由 $z_1 = 1$ 查表 9-19，取 $\eta = 0.7$。

（3）确定蜗轮转矩 T_2

$$T_2 = 9.5 \times 10^6 \frac{P\eta}{n_2} = 9.55 \times 10^6 \times \frac{0.05 \times 0.7}{10}\text{kN} \cdot \text{mm} = 33.43\text{kN} \cdot \text{mm}$$

（4）确定使用系数 K_A、综合弹性系数 Z_E　无冲击，常温工作，取 $K_A = 1.1$；取 $Z_E = 150\sqrt{\text{MPa}}$（钢配锡青铜）。

（5）确定接触系数 Z_ρ　设 $d_1/a = 0.4$，由图 9-43 得 $Z_\rho = 2.8$。

（6）计算中心距 a

$$a \geqslant \sqrt[3]{K_A T_2 \left(\frac{Z_E Z_\rho}{[\sigma_H]}\right)^2} = \sqrt[3]{1.1 \times 33.43 \times 10^3 \times \left(\frac{150 \times 2.8}{200}\right)^2}\text{mm} = 54.53\text{mm}$$

（7）确定模数 m、蜗轮齿数 z_2、蜗杆直径系数 q、蜗杆导程角 γ、中心距 a 等参数　由经验公式有

$$d_1 = 0.68a^{0.875} = 0.68 \times 54.53^{0.875}\text{mm} = 22.45\text{mm}$$

$$m = \frac{2a - d_1}{z_2} = \frac{2 \times 54.53 - 22.45}{40}\text{mm} = 2.16\text{mm}$$

由表 9-11，取 $m = 2.5$mm，$q = 11.2$，$d_1 = 28$mm，$d_2 = 2.5 \times 40$mm $= 100$mm，由式（9-50）得

$$a = 0.5m(q + z_2) = 0.5 \times 2.5\text{mm}(11.2 + 40) = 64\text{mm} > 54.53\text{mm}$$

因此，接触强度足够。

由式（9-47）得，导程角

$$\gamma = \arctan \frac{1}{11.2} = 5.1°$$

（8）校核弯曲强度 由当量齿数

$$z_v = \frac{z_2}{\cos^3 \gamma} = \frac{40}{\cos^3 5.1°} = 40.48$$

查图 9-17 得 $Y_{F\alpha2} = 2.45$，则蜗轮轮齿齿根的弯曲应力为

$$\sigma_F = \frac{1.53 K_A F_2}{d_1 d_2 m \cos\gamma} Y_{F\alpha2} = \frac{1.53 \times 1.2 \times 919188}{80 \times 336 \times 8 \times \cos 11.3099°} \times 2.4\text{MPa} \approx 19.2\text{MPa} \leqslant [\sigma_F] = 50\text{MPa}$$

因此，弯曲强度足够。

（9）蜗杆的刚度计算 略。

9.9 齿轮的结构设计、润滑及安装定位

9.9.1 齿轮的结构设计

齿轮的强度计算仅仅基本保证了齿轮轮齿的强度满足要求，并由此得出齿轮的轴向宽度和直径，但齿圈、轮辐、轮毂等具体结构形式及尺寸大小，还需要由齿轮结构设计给出。齿轮的结构大致分为整体式、腹板式和轮辐式。设计内容包括选择齿轮结构形式，确定几何尺寸。一般先根据齿轮的大小、加工方法、材料、使用要求及经济性等因素选择齿轮结构，然后根据经验公式计算齿轮结构尺寸。

1. 常规齿轮与蜗杆的结构

齿顶圆直径 $d_a \leqslant 200$mm 的小齿轮，当 $d_a > 2d_s$ 或齿轮键槽底部到齿根圆的距离 $\delta > 2.5m_t$（锥齿轮的 δ 为小端键槽底部到齿根圆的距离，$\delta > 1.8m_e$）时，推荐将齿轮和轴分开制造，采用锻造的方法加工成如图 9-44a、b 所示的实心结构齿轮；当 $d_a < 2d_s$ 且 $\delta < 2.5m_t$（锥齿轮 $\delta < 1.8m_e$）时，可以将齿轮和轴做成一体，称为齿轮轴，如图 9-44c、d 所示。蜗杆的直径较小，绝大多数情况下和轴制成一体的蜗杆轴结构，如图 9-44e 所示。

当 200mm $< d_a \leqslant 400$mm 时，可以采取锻造或铸造。采用锻造加工时常采用腹板式结构，当 $d_f - 2\delta - d_h > 100$mm 时，为进一步减轻齿轮重量，可以在腹板上打孔，孔径为 $(d_f - 2\delta - d_h)/2$，设计为如图 9-44f、g 所示的孔板结构齿轮。采用铸造加工齿轮且齿顶圆直径 $d_a > 300$mm 时，可加工成带加强肋的腹板式齿轮，如图 9-44h 所示。$d_a > 500$mm 的齿轮常用铸铁或铸钢铸造而成，并采用如图 9-44i 所示的轮辐式结构齿轮，以减轻重量。

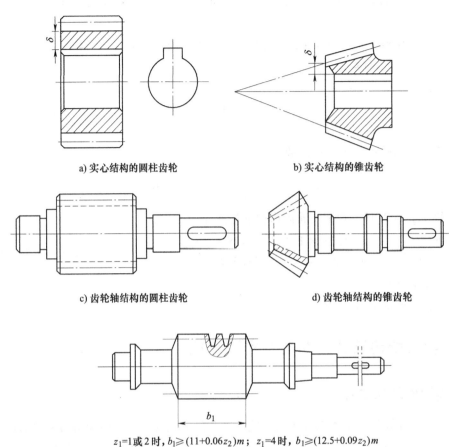

a) 实心结构的圆柱齿轮　　　　　　　　b) 实心结构的锥齿轮

c) 齿轮轴结构的圆柱齿轮　　　　　　　d) 齿轮轴结构的锥齿轮

$z_1=1$ 或 2 时，$b_1 \geqslant (11+0.06z_2)m$；$z_1=4$ 时，$b_1 \geqslant (12.5+0.09z_2)m$

e) 蜗杆轴结构的蜗杆

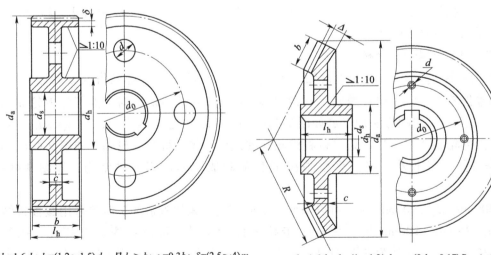

$d_h=1.6d_s$；$l_h=(1.2\sim1.5)d_s$，且 $l_h>b$；$c=0.3b$；$\delta=(2.5\sim4)m_n$，
且 $\delta \geqslant 8mm$；$d_0=(d_f-2\delta+d_h)/2$

f) 孔板结构的圆柱齿轮

$d_h=1.6d_s$；$l_h=(1\sim1.2)d_s$；$c=(0.1\sim0.17)R$；$\Delta=(3\sim4)m_e$，
且 $\Delta \geqslant 10mm$；d_0 按机构确定

g) 锻造孔板结构的圆柱齿轮

图 9-44　齿轮常见的各种结构形式

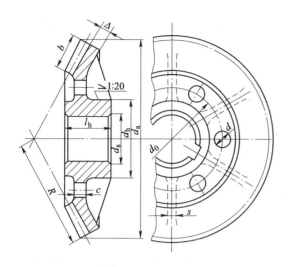

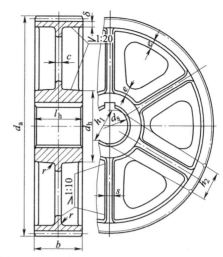

$d_h=1.6d_s$(铸钢)，$d_h=1.8d_s$(铸铁)；$l_h=(1\sim1.2)d_s$；
$c=(0.1\sim0.17)R$，且 $c\geqslant10mm$；$\Delta=(3\sim4)m_e$，
且 $\Delta\geqslant10mm$；$s=0.8c$ 且 $s\geqslant10mm$；d_0 按机构确定

h) 铸造带加强肋的腹板式锥齿轮

$d_h=1.6d_s$(铸钢)，$d_h=1.8d_s$ (铸铁)；$l_h=(1.2\sim1.5)d_s$，且 $l_h>b$；
$c=0.2b$，且 $c\geqslant10mm$；$\delta=(2.5\sim4)m_n$，且 $\delta\geqslant8mm$；$h_1=0.8d_s$；
$h_2=0.8h_1$；$s=0.15h_1$ 且 $s\geqslant10mm$；$e=0.8\delta$

i) 轮辐式结构的圆柱齿轮

图 9-44　齿轮常见的各种结构形式（续）

2. 常用蜗轮的结构

作为从动轮的蜗轮，其尺寸一般较大，整体上采用孔板式或轮辐式结构设计。如果蜗轮采用球墨铸铁或灰铸铁制成，则应设计为整体实心结构，如表 9-20 中图 a 所示。采用贵重的有色金属加工轮齿时，为了降低成本，大尺寸的蜗轮常采用组合式结构，即齿圈用有色金属制造，而轮芯用钢或铸铁制成，如表 9-20 中图 b 所示；齿圈和轮芯间可用过盈连接，为工作可靠起见，沿接合面圆周上设置 4~8 个紧定螺钉，螺孔中心线向材料较硬的一边偏移 2~3mm，以便于孔的加工。也可用铰制孔用螺栓来连接轮圈与轮芯，如表 9-20 中图 c 所示，螺栓连接装拆方便，常用于尺寸较大或磨损后需要更换齿圈的场合。批量制造的蜗轮，可以在铸铁轮芯上浇注出青铜齿圈，如表 9-20 中图 d 所示。

表 9-20　蜗轮的结构

蜗轮结构	蜗杆头数 z_1	1	2	4
a) b)	蜗轮齿顶圆直径（外径）$d_{e2}\leqslant$	$d_{a2}+2m$	$d_{a2}+1.5m$	$d_{a2}+2m$
	轮缘宽度 $B\leqslant$		$0.75d_{a1}$	$0.67d_{a1}$

（续）

蜗轮结构	蜗杆头数 z_1	1	2	4
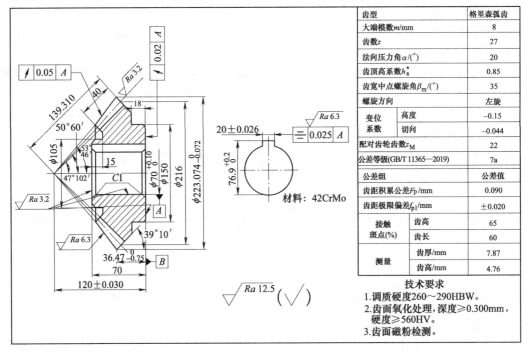 c) d)	蜗轮齿宽角 $\theta \leqslant$	90°～130°		
	轮圈厚度 c	≈1.65m+1.5mm		

9.9.2　齿轮的尺寸标注

圆柱齿轮的尺寸标注可参考图 9-19，这里重点以锥齿轮的标注为例讲述。如图 9-45 所示，锥齿轮需要标注的尺寸一般包括：齿顶圆直径及其公差，齿宽，顶锥角，背锥角，孔（轴）的直径及公差，定位面（安装基准面），从分锥（或节锥）顶点至定位面的距离及其公差，从齿尖至定位面的距离及其公差，从前锥端面至定位面的距离，表面粗糙度等。需要用表格列出的参数为模数、齿数、分度圆直径、公差等级、轴交角、配对齿轮齿数、配对齿轮图号等。图 9-45 所示为按照 GB/T 12371—1990 绘制的锥齿轮工程图示例。

齿型		格里森弧齿
大端模数m/mm		8
齿数z		27
法向压力角α/(°)		20
齿顶高系数h_a^*		0.85
齿宽中点螺旋角β_m/(°)		35
螺旋方向		左旋
变位 系数	高度	−0.15
	切向	−0.044
配对齿轮齿数z_M		22
公差等级(GB/T 11365—2019)		7a
公差组		公差值
齿距积累公差F_p/mm		0.090
齿距极限偏差f_{p1}/mm		±0.020
接触 斑点(%)	齿高	65
	齿长	60
测量	齿厚/mm	7.87
	齿高/mm	4.76
技术要求		
1.调质硬度260～290HBW。 2.齿面氧化处理，深度≥0.300mm，硬度≥560HV。 3.齿面磁粉检测。		

材料：42CrMo

图 9-45　锥齿轮工程图示例

9.9.3　齿轮的润滑设计

开式圆柱齿轮和锥齿轮传动，通常采用人工定期加润滑油或润滑脂的方式进行润滑。闭式圆柱齿轮和锥齿轮传动，润滑方式需要根据齿轮圆周速度 v 的大小确定；当 $v \leqslant 12\text{m/s}$ 时，多采用如图 9-46 所示的油池润滑方式，此时大齿轮浸入油池一定深度，工作时旋转的齿轮将润滑油带到啮合区，同时也甩到箱壁上，借以散热。当 v 较大时，浸入深度约为一个齿高；当 v 较小，如 $v = 0.5 \sim 0.8\text{m/s}$ 时，浸入深度可取大齿轮半径的 1/6。在多级齿轮传动中，当几个大齿轮直径不相等时，可以采用如图 9-47 所示惰轮的油池润滑方式。当圆周速度 $v > 12\text{m/s}$ 时，过高的圆周速度会将轮齿上的润滑油甩出，进而导致进入啮合区润滑油量过少；且搅油过于激烈，不但使油的温升加快，还会搅起箱底沉淀的杂质，引起润滑效果降低、加速齿轮的磨损。此时可采用如图 9-48 所示的喷油润滑方式，用油泵将润滑油直接喷到啮合区。

对于蜗杆传动而言，润滑方式应该根据轮齿间的相对速度 v_s 进行选择，$v_s \leqslant 10\text{m/s}$ 时采用油浴润滑，$v_s > 10\text{m/s}$ 时采用喷油润滑。油浴润滑时，若蜗杆线速度 $v_1 \leqslant 4\text{m/s}$，可将蜗杆下置，由蜗杆带油润滑。若蜗杆线速度 $v_1 > 4\text{m/s}$，为减小搅油损失，应将蜗杆置于蜗轮之上，形成上置式传动，由蜗轮带油润滑。

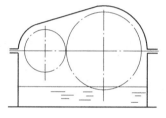 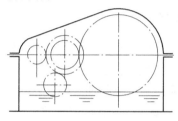 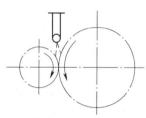

图 9-46　油池润滑　　　　图 9-47　惰轮的油池润滑　　　　图 9-48　喷油润滑

圆柱和锥齿轮传动用润滑油的牌号根据齿面接触应力大小，查表 9-21 选择。润滑油的黏度则依据低速级齿轮分度圆线速度 v 和环境温度进行选择，闭式传动查表 9-22，开式传动查表 9-23。蜗杆传动时，蜗轮蜗杆接触处的相对滑动速度高，如果润滑不良，传动效率将显著降低，并且会使轮齿早期发生胶合或磨损。一般蜗杆传动用润滑油的牌号为 L-CKE，重载及有冲击时用 L-CKE/P；润滑油黏度查表 9-24 选取。

表 9-21　齿轮传动润滑油牌号的选择

齿面接触应力 σ_H/MPa	润滑油牌号	
	闭式传动	开式传动
<500（轻负载）	L-CKB（抗氧化防锈工业齿轮油）	L-CKH
500~1100（中负载）	L-CKC（中负载工业齿轮油）	L-CKJ
>1100（重负载）	L-CKD（重负载工业齿轮油）	L-CKM

表 9-22　闭式齿轮传动润滑油黏度选择

平行轴及锥齿轮传动	环境温度/℃			
低速级齿轮分度圆线速度 v/(m/s)	−40~−10	−10~10	10~35	35~55
	润滑油黏度 μ_{40}/(mm²/s)			
≤5	90~110	135~165	288~352	612~748
5~15	90~110	90~110	198~342	414~506
15~25	61.2~74.8	61.2~74.8	135~165	288~352
25~80	28.8~35.2	41.4~50.6	61.2~74.8	90~110

注：对于锥齿轮传动，表中 v 是指锥齿轮齿宽中点的分度圆线速度。

表 9-23 开式齿轮传动的润滑油黏度选择

给油方法		推荐黏度（100℃）/（mm²/s）		
		环境温度/℃		
		−15~−17	5~38	22~48
油浴		150~220	16~22	22~26
涂刷	热	193~257	193~257	386~536
	冷	22~26	32~41	193~257
手刷		150~220	22~26	32~41

表 9-24 蜗杆传动润滑油的黏度和润滑方式

滑动速度 v_s/（m/s）	≤1.5	1.5~3.5	3.5~10	>10
黏度 μ_{40}/（mm²/s）	>612	414~506	288~352	198~242

9.9.4 蜗杆传动的热平衡计算

蜗杆传动的效率低，浪费的能量转变为热量，热量若不能及时散出，就会引起箱体内油温升高、润滑失效，进而导致轮齿磨损加剧，甚至出现胶合。因此，连续工作的闭式蜗杆传动必须进行热平衡校核。闭式传动中，热量通过箱壳散失，校核依据是控制箱体内的油温 t（℃）和周围空气温度 t_0（℃）之差不超过允许值，即

$$\Delta t = \frac{1000 P_1(1 - \eta)}{\alpha_t A} \leq \left[\Delta t \right] \tag{9-63}$$

式中，Δt 为温差（℃），$\Delta t = t - t_0$；P_1 为蜗杆传递功率（kW）；η 为传动效率；α_t 为表面传热系数，根据箱体周围通风条件，一般取 $\alpha_t = 10~17 W/(m^2 \cdot ℃)$；$A$ 为散热面积（m²），指箱体外壁与空气接触而内壁被油飞溅到的箱壳面积，箱体上有散热片时，散热片的散热面积按 50% 计算；$[\Delta t]$ 为温差允许值（℃），一般为 60~70℃，并应使油温 $t = t_0 + \Delta t$ 不高于 90℃。

如果超过温差允许值，可采用下述冷却措施：

1）增加散热面积，合理设计箱体结构，铸出或焊上散热片。

2）提高表面传热系数，如在蜗杆轴上安装图 9-49a 所示的散热风扇、在箱体油池内装设如图 9-49b 所示的蛇形冷却水管、用如图 9-49c 所示的循环油冷却系统等。

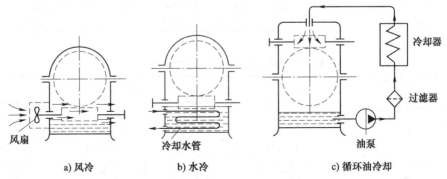

a) 风冷　　　　b) 水冷　　　　c) 循环油冷却

图 9-49 蜗杆传动的散热方法

【例 9-5】 试计算例 9-4 中蜗杆传动的效率。若已知散热面积 $A = 0.2\text{m}^2$，试计算润滑油的温升。

解：（1）相对滑动速度

$$v_s = \frac{\pi d_1 n_1}{60 \times 1000\cos\gamma} = \frac{\pi \times 28 \times 400}{60 \times 1000 \times \cos5.1°}\text{m/s} = 0.588\text{m/s}$$

（2）当量摩擦角　由表 9-18 查得 $\rho_v = 3.11°$。

（3）总传动效率

$$\eta = 0.96\frac{\tan\gamma}{\tan(\gamma + \rho_v)} = 0.96 \times \frac{\tan5.1°}{\tan(5.1° + 3.11°)} = 62.08\%$$

（4）散热计算　对于室外工作、散热良好的场合，表面传热系数可以取较大值，取 $\alpha_t = 15\text{W/(m}^2 \cdot ℃)$，则

$$\Delta t = \frac{1000 P_1(1 - \eta)}{\alpha_t A} = \frac{1000 \times 0.37 \times (1 - 0.6208)}{15 \times 0.2}℃ = 46.77℃ \leqslant [\Delta t] = 60 \sim 70℃$$

因此，润滑油的温升未超过允许值，合格。

9.9.5　齿轮的安装与定位

齿轮传动设计中，为了提高齿轮使用寿命，应尽可能设计为闭式传动，即将齿轮安装在箱体内部，如图 9-50 所示的一级齿轮减速器。从保障齿向载荷分布均匀的角度出发，在设计条件允许的情况下，应尽量采用简支梁，即将齿轮安装在两个轴承的中间位置。

从机构运动的角度来看，齿轮和支承齿轮的零部件（轴、轴承等）共同组成一个构件，所以齿轮和轴间必须可靠连接，不允许有相对运动发生的可能。除去齿轮和轴为同一个零件的齿轮轴外，都应采取措施将齿轮可靠地固定安装在轴上。

为确保齿轮和轴之间的可靠连接，首先要求齿轮的毂孔（图 9-44 中的 d_s）和轴之间应采用较紧的配合关系，通常采用基孔制的过渡配合或小过盈配合，如 H7/m6、H7/n6、H7/r6 等，同时还要控制好齿轮和轴的同轴度。然后，利用连接件、轴肩、套筒等，在周向和轴向对齿轮进行定位，确保工作过程中齿轮和轴之间无相

图 9-50　一级齿轮传动
齿轮安装示意图

对运动。为保证齿轮在轴向可靠定位，一般应使齿轮轮毂的宽度 l_h 比轴配合段轴肩的宽度 l 大 1~2mm。常用的周向定位连接件为键，如图 9-51a 中的齿轮和轴之间，就是采用键实现周向定位的，同时利用键来传递齿轮和轴间的转矩。

图 9-51b 所示为齿轮和轴之间的配合和定位示例，齿轮的右侧为定位轴肩，左侧为定位套筒。齿轮和轴之间采用小过盈配合 H7/r6，安装时先将齿轮压入（或用木锤敲入），确保齿轮轮毂定位侧面（图 9-44 中的 d_s 与 d_h 间的环形侧面）和右侧轴肩的左侧环形面可靠接触；然后依次安装轴套、挡油环和轴承等零部件。

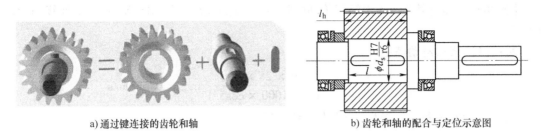

a) 通过键连接的齿轮和轴　　　　　b) 齿轮和轴的配合与定位示意图

图 9-51　轴上齿轮的定位

【习题】

9-1　已知一对外啮合正常齿制标准直齿圆柱齿轮，$m = 3\text{mm}$，$z_1 = 19$，$z_2 = 41$，试计算小齿轮的分度圆直径、齿顶圆压力角、齿顶高、齿根高、顶隙、中心距、齿顶圆直径、齿根圆直径、基圆直径、分度圆压力角、啮合角。

9-2　已知一对正常齿制渐开线标准斜齿圆柱齿轮，$a = 195\text{mm}$，$z_1 = 32$，$z_2 = 97$，$m_n = 3\text{mm}$，试计算其螺旋角、端面模数、分度圆直径、齿顶圆直径和齿根圆直径。

9-3　试陈述并对比直齿圆柱齿轮、斜齿圆柱齿轮、锥齿轮以及蜗轮蜗杆的正确啮合条件。

9-4　斜齿圆柱齿轮的齿数 z 与其当量齿数 z_v 有什么关系？在下列几种情况下应分别采用哪一种齿数：①计算斜齿圆柱齿轮传动的角速比；②计算斜齿轮的分度圆直径；③弯曲强度计算时查取齿形系数。

9-5　斜齿圆柱齿轮传动的转动方向及螺旋线方向如图 9-52 所示，分别画出：齿轮 1 为主动时，轴向力 F_{a1} 和 F_{a2} 的作用线和方向；齿轮 2 为主动时，齿轮 2 上的圆周力 F_{t2}、轴向力 F_{a2} 和径向力 F_{r2} 的作用线和方向。

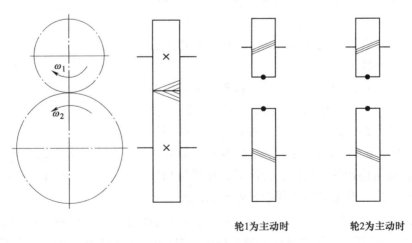

轮1为主动时　　　　　轮2为主动时

图 9-52　题 9-5 图

9-6　已知一对外啮合正常齿制标准直齿圆柱齿轮传动，模数 $m = 2\text{mm}$、小齿轮齿数 $z_1 = 23$，传动比 $i = 4$，实际安装中心距 $a' = 116\text{mm}$，求两齿轮的基圆半径 r_{b1} 和 r_{b2}，节圆半径 r_1' 和 r_2' 以及该对齿轮的啮合角 α'。

9-7　图 9-53 所示蜗杆传动和锥齿轮两级传动，已知输出轴上锥齿轮 z_4 的转速 n 的方向如图所示。①欲使中间轴上的轴向力能部分抵消，试确定蜗杆螺旋线方向和转动方向；②在图中标出各轮轴向力的方向。

9-8　要加工一个模数为 5mm、齿数为 40 的直齿圆柱齿轮，试问齿轮毛坯件的外径至少为多大？

9-9　手动绞车采用圆柱蜗杆传动，如图 9-54 所示，已知 $m = 4\text{mm}$、$z_1 = 1$、$d_1 = 80\text{mm}$、$z_2 = 80$，卷筒直径 $D = 200\text{mm}$。①欲使重物 W 上升 1500mm，蜗杆应转多少转？②已知蜗杆与蜗轮间的当量摩擦系数 $f_v' = 0.18$，试判断该机构能否自锁？③若重物 $W = 50\text{kN}$，手摇时施加的力 $F = 200\text{N}$，手柄转臂的长度 l 应是多少？

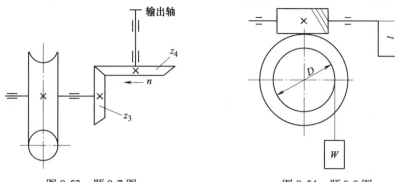

图 9-53　题 9-7 图　　　　　　图 9-54　题 9-9 图

9-10　已知直齿锥齿轮–斜齿圆柱齿轮减速器的布置和输入轴的转向如图 9-55 所示，锥齿轮 $m = 4\text{mm}$，齿宽 $b = 30\text{mm}$，$z_1 = 25$，$z_2 = 50$；斜齿轮 $m_n = 3\text{mm}$，$z_3 = 27$，$z_4 = 98$。欲使轴 Ⅱ 上作用在轴承上的轴向力完全抵消，求斜齿轮 3 对应螺旋角 β 的大小和旋向，并画出作用在斜齿轮 3 和锥齿轮 2 上的圆用力 F_t、轴向力 F_a 和径向力 F_r 的作用线和方向。

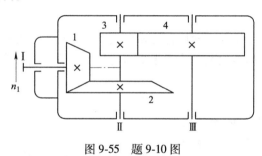

图 9-55　题 9-10 图

9-11（大作业）　第 7 章习题 7-8 中的机械振打袋式除尘器，振打频率为 1Hz，电动机转速为 1440r/min；采用 V 带传动+斜齿轮传动。

1）完成斜齿轮传动机构设计，编写说明书。

2）按照 1∶1 的比例绘制传动机构三维造型图（带传动+齿轮传动），制作动画。

3）在 CAD 中绘制大齿轮的零件图，标注尺寸、公差，写明技术要求、画图框。

4）制作答辩 PPT 进行分组交流。

第 10 章

齿轮传动的应用——轮系及减速器

由一对齿轮组成的机构是齿轮传动的最简单形式，为了获得较大的传动比，或者将输入轴的转速变换为多个输出轴的不同转速，常采用一系列互相啮合的齿轮副将输入轴和输出轴连接起来；这种由一系列齿轮组成的传动系统称为轮系。减速器是轮系应用的最典型案例，是连接原动机和工作机的中间传动装置，广泛应用在交通、冶金、环保等行业的动设备中，且大多已经实现标准化和系列化。

本章将介绍轮系的分类，重点分析定轴平行轴轮系、定轴空间轮系、周转轮系和复合轮系传动比的计算方法；最后对轮系的应用进行介绍，着重讨论标准减速器的选用和校核计算。

10.1 轮系分类

根据轮系运转时齿轮轴线与机架位置的相对关系，将轮系分为定轴轮系和周转轮系两种基本类型。由定轴轮系和周转轮系，或者多个周转轮系组成的轮系称为复合轮系。

10.1.1 定轴轮系

如图 10-1 所示的轮系，传动时每个齿轮的几何轴线都固定不动，这种轮系称为定轴轮系。定轴轮系中，如果每个齿轮的轴线均相互平行，可称之为平行轴定轴轮系。图中 1、2、2′、3、3′、4、5 等 7 个齿轮的轴线都相互平行，这些齿轮的角速度（或转速）的矢量在同一平面（或相互平行的平面）内且相互平行，如果只研究这 7 个齿轮，则看成平行轴定轴轮系。图中齿轮 5′、6、6′、7

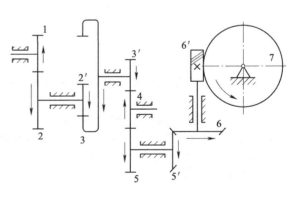

图 10-1 定轴轮系

的轴线不平行，其角速度（或转速）的矢量必然不在同一平面（或相互平行的平面）内，这类存在不平行轴齿轮的定轴轮系称之为空间定轴轮系，图 10-1 所示的定轴轮系即为空间定轴轮系。

10.1.2 周转轮系

如图 10-2 所示，当 H 杆转动时，齿轮 2 的轴线 O_2 绕齿轮 1 的几何轴线 O_1 转动。这种至少有一个齿轮的轴线绕其他齿轮轴线转动的轮系，称为周转轮系。

基本周转轮系由行星轮、行星架和中心轮构成，既做自转又做公转的齿轮称为行星轮，如图 10-2 中的齿轮 2；支承行星轮做自转和公转的构件称为行星架或转臂，用 H 表示，如图 10-2 中的 H 杆；轴线位置固定并与行星轮啮合的齿轮称为太阳轮，用 K 表示。**行星架与太阳轮的几何轴线必须重合**，否则便不能传动。

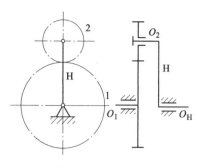

图 10-2　周转轮系

为了使转动时惯性力平衡，减轻轴承的附加载荷，常设计为图 10-3a 所示的几个完全相同行星轮均匀分布在太阳轮周围的结构。由于行星轮个数对研究周转轮系的运动没有任何影响，按照虚约束的处理方法，机构简图中只需画出一个行星轮即可，如图 10-3b 所示。

计算图 10-3b 所示周转轮系的自由度可知，$F=2$，这类自由度为 2 的周转轮系称为差动轮系，需要有 2 个原动件才能有确定运动。将齿轮 3 与机架间的转动副去掉，转变为图 10-3c 所示的周转轮系，去掉一个转动副和一个活动构件后，自由度变为 1，这类自由度为 1 的周转轮系称为行星轮系。

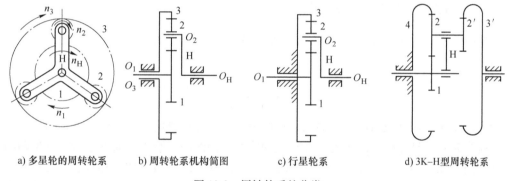

a) 多星轮的周转轮系　　b) 周转轮系机构简图　　c) 行星轮系　　d) 3K–H 型周转轮系

图 10-3　周转轮系的分类

工程中还根据基本构件的不同，对周转轮系进行分类。如图 10-2 所示，若周转轮系中有 1 个太阳轮，则该周转轮系称为 K-H 型周转轮系；图 10-3b、c 所示有 2 个太阳轮的周转轮系，称为 2K-H 型周转轮系。同理，图 10-3d 所示有 3 个太阳轮的周转轮系，称为 3K-H 型周转轮系，三个太阳轮中 1、3 作为输入或输出构件，而行星架 H 不再作为输入或输出构件。

10.1.3　复合轮系

如图 10-4 所示的轮系中，1-2-2′-3-H 组成行星轮系，3′-4-4′-5 组成空间定轴轮系，两者共同组成复合轮系。图 10-5 所示为自动变速系统的复合轮系，图中 C1、C3 为两个离合器，C2、C4、C5、C6 为四个制动器，A 为输入轴，B 为输出轴。行星轮 2 的系杆为输入轴 A（H1），行星轮 5 的系杆为 H2，行星轮 8、12 的系杆同为输出轴 B（H3），根据系杆的不同可以将轴系分成三组基本周转轮系，分别为 1-2-3-A（H1）、4-5-6-H2、7-8-9-10-11-12-B（H3）。

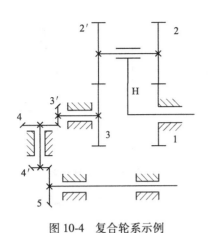

图 10-4　复合轮系示例

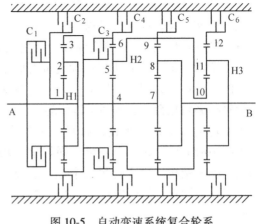

图 10-5　自动变速系统复合轮系

10.2　轮系的传动比计算

10.2.1　定轴轮系及其传动比计算

轮系中，输入轴 a 与输出轴 b 的角速度（或转速）之比称为轮系的传动比，用 i_{ab} 表示，即

$$i_{ab} = \frac{\omega_a}{\omega_b} = \frac{n_a}{n_b}$$

轮系传动比的计算包括传动比的大小和两轴的相对转动方向，定轴轮系各轮的相对转向可以用箭头表示，具体标注规则是：在经过轴线的截面图中，箭头方向表示齿轮可见侧的圆周速度方向。如图 10-6a 所示的一对平行轴外啮合齿轮传动，两轮转向相反；图 10-6b 所示的一对平行轴内啮合齿轮传动，两轮转向相同；图 10-6c 所示的一对锥齿轮传动，其啮合点具有相同线速度，故表示转向的箭头同时指向啮合点或同时背离啮合点。蜗杆传动中，蜗轮的转向不仅与蜗杆的转向有关，还与其螺旋线方向相关。具体判断是将蜗杆看作螺杆、蜗轮看作螺母，用左、右手法则判断。例如，图 10-6d 中的右旋蜗杆按图示方向转动时，右手法则判断过程：**拇指伸直，四指握住蜗杆，四指弯曲方向与蜗杆转动方向一致，拇指的指向（向左）即是螺杆轴向力 F_{a1} 的方向。根据力的平衡有，蜗轮圆周力 F_{t2} 的方向向右，因此从动轮蜗轮上啮合点的运动方向与圆周力 F_{t2} 的方向相同，也向右，从而判断出蜗轮为逆时针转动。**同理，对于左旋蜗杆，则应借助左手按上述方法分析判断。按照上述方法，可以画出图 10-1 所示定轴轮系中各齿轮的转动方向。

在图 10-1 所示的轮系中，令 z_1、z_2、$z_{2'}$…表示各齿轮的齿数，n_1、n_2、$n_{2'}$…表示各齿轮的转速。同一轴上固定连接的齿轮转速相同，故 $n_2 = n_{2'}$、$n_3 = n_{3'}$、$n_5 = n_{5'}$、$n_6 = n_{6'}$。设与齿轮 1 固连的轴为输入轴，与齿轮 7 固连的轴为输出轴，根据一对互相啮合定轴齿轮的转速比等于其齿数的反比计算出各对啮合齿轮的传动比数值为

$$i_{12} = \frac{n_1}{n_2} = \frac{z_2}{z_1}, i_{23} = \frac{n_2}{n_3} = \frac{n_{2'}}{n_3} = \frac{z_3}{z_{2'}}, i_{34} = \frac{n_3}{n_4} = \frac{n_{3'}}{n_4} = \frac{z_4}{z_{3'}}, i_{45} = \frac{n_4}{n_5} = \frac{z_5}{z_4};$$

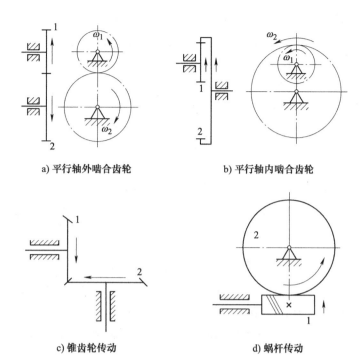

a) 平行轴外啮合齿轮　　　　　　　　b) 平行轴内啮合齿轮

c) 锥齿轮传动　　　　　　　　d) 蜗杆传动

图 10-6　一对齿轮传动的传动方向

$$i_{56} = \frac{n_5}{n_6} = \frac{n_{5'}}{n_6} = \frac{z_6}{z_{5'}}, i_{67} = \frac{n_6}{n_7} = \frac{n_{6'}}{n_7} = \frac{z_7}{z_{6'}}$$

则输入轴与输出轴的传动比数值为

$$i_{17} = \frac{n_1}{n_7} = \frac{n_1}{n_2} \frac{n_2}{n_3} \frac{n_4}{n_5} \frac{n_1}{n_7} \frac{n_1}{n_7} \frac{n_1}{n_7} = i_{12} i_{23} i_{34} i_{45} i_{56} i_{67} = \frac{z_2 z_3 z_4 z_5 z_6 z_7}{z_1 z_{2'} z_{3'} z_4 z_{5'} z_{6'}} \tag{10-1}$$

式（10-1）表明，**定轴轮系首末轮传动比的数值等于组成该轮系各对啮合齿轮传动比的连乘积，也等于各对啮合齿轮中所有从动轮齿数的乘积与所有主动轮齿数的乘积之比**。将此结论推广到一般情况，设轮 1 为起始主动轮，轮 K 为最末从动轮，则定轴轮系始、末两轮传动比为

$$i_{1K} = \frac{\text{轮 1 至轮 } K \text{ 间所有从动齿轮齿数的乘积}}{\text{轮 1 至轮 } K \text{ 间所有主动齿轮齿数的乘积}} = \frac{z_2 z_3 z_4 \cdots z_7}{z_1 z_{2'} z_{3'} \cdots z_{(K-1)'}} \tag{10-2}$$

式（10-2）计算结果为传动比数值的大小，两轮相对转动方向则用图中箭头表示。当起始主动轮 1 和最末从动轮 K 的轴线平行时，两轮转向的同异可用传动比的正负表达。两轮转向相同，n_1 和 n_K 同号，传动比为 "+"；两轮转向相反，n_1 和 n_K 异号，传动比为 "-"。因此，两平行轴间的定轴轮系传动比计算公式为

$$i_{1K} = \frac{n_1}{n_K} = \pm \frac{z_2 z_3 z_4 \cdots z_7}{z_1 z_{2'} z_{3'} \cdots z_{(K-1)'}} \tag{10-3}$$

对于空间定轴轮系而言，两轮转向的异同，一般采用前述画箭头的方法确定。

【例 10-1】　图 10-1 所示定轴轮系中，已知各轮齿数 $z_1 = 18$、$z_2 = 36$、$z_{2'} = 20$、$z_3 = 80$、$z_{3'} = 20$、$z_4 = 18$、$z_5 = 30$、$z_{5'} = 15$、$z_6 = 30$、$z_{6'} = 2$（右旋）、$z_7 = 60$，$n_1 = 1440\text{r/min}$，转动方向

如图 10-1 所示。求传动比 i_{17}、i_{15}、i_{25} 及蜗轮的转速和转向。

解: 按图 10-6 所示规则,从轮 2 开始,顺次标出各对啮合齿轮的转动方向。由图 10-1 可见,1、7 两轮的轴线不平行,由式(10-2)得

$$i_{17} = \frac{n_1}{n_7} = \frac{z_2 z_3 z_4 z_5 z_6 z_7}{z_1 z_{2'} z_{3'} z_4 z_{5'} z_{6'}} = \frac{36 \times 80 \times 18 \times 30 \times 30 \times 60}{18 \times 20 \times 20 \times 18 \times 15 \times 2} = 720,方向如图 10-1 所示。$$

$$n_7 = \frac{n_1}{i_{17}} = \frac{1440}{720} \text{r/min} = 2\text{r/min}$$

用箭头表示蜗轮 7 的转动方向如图 10-1 所示,为逆时针方向。

1、5 两轮转向相反,2、5 两轮转向相同,由式(10-3)得

$$i_{15} = \frac{n_1}{n_5} = -\frac{z_2 z_3 z_4 z_5}{z_1 z_{2'} z_{3'} z_4} = -\frac{36 \times 80 \times 18 \times 30 \times 30 \times 60}{18 \times 20 \times 20 \times 18 \times 15 \times 2} = -12$$

$$i_{25} = \frac{n_2}{n_5} = +\frac{z_3 z_4 z_5}{z_{2'} z_{3'} z_4} = -\frac{80 \times 18 \times 30}{20 \times 20 \times 18} = +6$$

在图 10-1 所示轮系中,齿轮 4 同时和两个齿轮啮合,在前一级齿轮中为从动轮,在后一级则为主动轮。显然,齿数 z_4 在式(10-2)和式(10-3)的分子和分母上各出现一次,不影响传动比的大小,但是却改变了传动的方向。这种不影响传动比数值大小,只起到改变转向的齿轮称为惰轮。

所有齿轮轴线都平行的定轴轮系,也可不标注箭头,直接按轮系中外啮合次数来确定传动比的正负。当外啮合次数为奇数时,始、末两轮转动方向相反,传动比为"−";当外啮合次数为偶数时,始、末两轮转动方向相同,传动比为"+"。其传动比也可用公式表示为

$$i_{1K} = \frac{n_1}{n_K} = (-1)^m \frac{z_2 z_3 z_4 \cdots z_7}{z_1 z_{2'} z_{3'} \cdots z_{(K-1)'}} \tag{10-4}$$

式中,m 为平行轴定轴轮系齿轮 1 至齿轮 K 之间的外啮合次数。

在图 10-1 所示轮系中,轮 1 与轮 5 之间全部轴线都平行,在 1、5 两轮之间共有三次外啮合(1-2、3′-4、4-5),故 i_{15} 为"−",轮 5 与轮 1 转向相反。

10.2.2 周转轮系传动比的计算

周转轮系中行星轮即有公转又有自转,其传动比不能直接用定轴轮系传动比的求解方法计算。但是,可以用相对运动原理将其转化为定轴轮系。如图 10-3b 所示的周转轮系,设 n_H 为行星架 H 的转速,以行星架 H 为参考系时,相当于给整个周转轮系加上一个绕轴线 O_H、大小为 n_H、方向与 n_H 相反的公共转速($-n_H$)。在相对轮系中所有齿轮几何轴线的位置全都固定,原来的周转轮系便转化为如图 10-7 所示的定轴轮系。这一相对的定轴轮系称为原来周转轮系的转化轮系,各构件转化前后的转速见表 10-1。在转化轮系中便可用式(10-2)和式(10-3)列出相对行星架的定轴轮系传动比计算公式,从而间接求出周转轮系的传动比。

转化轮系中的参数右上方都应带有角标"H",表示这些转速是各构件相对行星架 H 的相对转速,如转化轮系中各构件的转速 n_1^H、n_2^H、n_3^H 及 n_H^H 等。根据定轴轮系传动比计算公式(10-3),图 10-7 所示的转化轮系中轴线相互平行的齿轮 1 与齿轮 3 传动比 i_{13}^H 为

$$i_{13}^H = \frac{n_1^H}{n_3^H} = \frac{n_1 - n_H}{n_3 - n_H} = \pm \frac{z_2 z_3}{z_1 z_2} \tag{10-5}$$

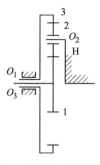

图 10-7　周转轮系转化轮系

表 10-1　各构件转化前后的转速

构件序号	构件转速	转化轮系中构件转速
1	n_1	$n_1^H = n_1 - n_H$
2	n_2	$n_2^H = n_2 - n_H$
3	n_3	$n_3^H = n_3 - n_H$
H	n_H	$n_1^H = n_H - n_H = 0$

应注意区分 i_{13} 和 i_{13}^H，前者是两轮真实的传动比，而后者是假想的转化轮系中两轮传动比。另外，只有两轴平行时，两轴转速才能代数相加，因此只有行星轮与行星架 H 的轴线平行时，才能用相对运动原理进行周转轮系转化轮系，且计算时还必须先确定传动比的"＋"或"－"。

根据转化轮系输入、输出轴传动比的正负号对周转轮系进行分类，传动比为正的称为"正号"周转轮系或称正号机构，反之称为"负号"周转轮系或称负号机构。2K-H 型行星轮系的负号机构传动效率较高，在动力传动中被广泛采用，在减速器中 2K-H 型负号机构行星轮系常用 NGW（内啮合、公用行星轮和外啮合三个词的拼音首字母）表示。

正号机构的周转轮系传动效率变化范围很大，当太阳轮为主动件时，效率可能为负值，进而导致轮系的自锁，但正号机构更易获得大传动比。轮系设计时，应根据工作要求和工程条件，适当选择行星轮系的类型。一般负号机构多用于传递动力，正号机构多用在要求实现大传动比而对效率要求不高的辅助机构中。

【例 10-2】　如图 10-8 所示的行星轮系中，已知各轮齿数 $z_1 = 27$、$z_2 = 17$、$z_3 = 61$，齿轮 1 的转速 $n_1 = 6000\text{r/min}$，求传动比 i_{1H} 和行星架 H 的转速 n_H。

解：将行星架视为固定构件，画出轮系中各轮的转向，如图 10-8 中虚线箭头所示，虚线箭头不是齿轮真实转向，只表示相对转化轮系中齿轮的转向，由式（10-5）得

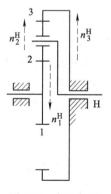

$$i_{13}^H = \frac{n_1^H}{n_3^H} = \frac{n_1 - n_H}{n_3 - n_H} = -\frac{z_2 z_3}{z_1 z_2}$$

图中 1、3 两轮虚线箭头反向，故取"－"；轮 3 为机架，$n_3 = 0$，由此有

$$\frac{n_1 - n_H}{0 - n_H} = -\frac{61}{27}$$

解得

图 10-8　行星轮系

$$i_{1H} = \frac{n_1}{n_H} = 1 + \frac{61}{27} \approx 3.26$$

$$n_H = \frac{n_1}{i_{1H}} = \frac{6000}{3.26}\text{r/min} \approx 1840\text{r/min}$$

由于 i_{1H} 为正，因此 n_H 转向与 n_1 相同。利用式（10-5）还可计算出行星齿轮 2 的转速

n_2，即

$$i_{12}^H = \frac{n_1^H}{n_2^H} = \frac{n_1 - n_H}{n_2 - n_H} = -\frac{z_2}{z_1}$$

代入已知数值，得

$$\frac{6000\text{r/min} - 1840\text{r/min}}{n_2 - 1840\text{r/min}} = -\frac{17}{27}$$

解得，$n_2 \approx -4767\text{r/min}$；负号表示 n_2 的转向与 n_1 相反。

10.2.3　复合轮系及其传动比

由周转轮系传动比计算原理可知，**复合轮系中不同周转轮系间、周转轮系和定轴轮系间传动比计算的参考系不同，所以必须先根据参考系将基本轮系区分开来，分别列出方程式，再联立解出所要求的传动比。**

正确区分各个基本轮系的关键在于找出基本周转轮系，其方法是先找出行星轮，即找出那些几何轴线不固定的齿轮；支承行星轮运动的构件为行星架；几何轴线与行星架的回转轴线相重合，且直接与行星轮啮合的定轴齿轮为太阳轮。行星轮、行星架、太阳轮便构成一个基本周转轮系。区分出所有基本周转轮系以后，剩下的就是定轴轮系。

【例 10-3】　如图 10-9 所示的电动卷扬机减速器轮系中，已知各轮齿数 $z_1 = 24$、$z_2 = 52$、$z_{2'} = 21$、$z_3 = 78$、$z_{3'} = 18$、$z_4 = 30$、$z_5 = 78$，求 i_{1H}。

解：如图 10-9 所示的轮系中，固定在同一轴上的齿轮 2-2′ 的几何轴线绕着齿轮 1 和 3 的轴线转动，所以是行星轮；行星架 H 支承其运动；和行星轮 2-2′ 相啮合的齿轮 1 和 3 是两个太阳轮。齿轮 1、2-2′、3 和行星架 H 组成一个自由度为 2 的差动轮系。齿轮 3′、4、5 组成一个定轴轮系，因此该轮系为复合轮系。其中齿轮 5 和 H 是同一构件。

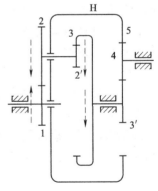

图 10-9　电动卷扬机减速器
轮系运动简图

需要说明的是，轮系中虽然有两个行星轮，但是两个行星轮共用一个行星架，由周转轮系传动比计算方法可知，两个周转轮系传动比计算参考系相同，因此这类行星轮可看成一个基本周转轮系。

在周转轮系中，以行星架 H 为参考计算的传动比为

$$i_{13}^H = \frac{n_1^H}{n_3^H} = \frac{n_1 - n_H}{n_3 - n_H} = -\frac{52 \times 78}{24 \times 21}$$

在定轴轮系中，

$$i_{35} = \frac{n_3}{n_5} = -\frac{z_5}{z_{3'}} = -\frac{78}{18} = -\frac{13}{3}$$

整理得

$$n_3 = -\frac{13}{3}; n_5 = -\frac{13}{3}n_H$$

$$\frac{n_1 - n_3}{-\dfrac{13}{3}n_H - n_H} = -\frac{169}{21}$$

联立求解，得到，$i_{1H} = \dfrac{n_1}{n_H} = 43.9$。

10.3　轮系的应用

10.3.1　实现相距较远两轴之间的传动

当主动轴和从动轴之间的距离较远，而又不能采用带传动或链传动时，如果仅用一对齿轮来传动，如图 10-10 中双点画线所示齿轮，齿轮的尺寸就较大，既占空间又费材料，而且制造、安装都不方便。若改用轮系来传动，如图中点画线所示的齿轮，便无上述缺点。

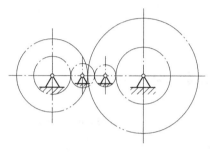

10.3.2　实现变速传动

主动轴转速不变时，利用轮系可使从动轴获得多种工作转速。汽车、机床、起重设备和环保设备等都需要这种变速传动。如图 10-5 所示的自动变速系统。

图 10-10　相距较远的两轴传动图

10.3.3　获得大传动比

当需要很大的传动比时，如果采用多级齿轮的定轴轮系来实现，轴和齿轮数量的增加必然导致结构复杂、体积和重量大。若采用行星轮系，则只需很少几个齿轮，就可获得很大的传动比。例如图 10-11 所示的行星轮系，当 $z_1 = 100$、$z_2 = 101$、$z_{2'} = 100$、$z_3 = 99$ 时，其传动比 i_{H1} 可达 10000。由式（10-5）得

$$i_{13}^H = \frac{n_1^H}{n_3^H} = \frac{n_1 - n_H}{n_3 - n_H} = \frac{z_2 z_3}{z_1 z_2}$$

代入已知数值，得

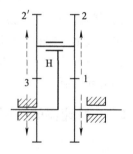

图 10-11　大传动比行星轮系

$$\frac{n_1 - n_H}{0 - n_H} = \frac{101 \times 99}{100 \times 100}$$

解得

$$i_{1H} = \frac{n_1}{n_H} = \frac{1}{10000}$$

或

$$i_{H1} = \frac{n_H}{n_1} = 10000$$

因此，如图 10-11 所示的轮系可以得到较大的传动比，然而转化轮系的传动比 i_{13}^{H} 为正，其为正号机构的行星齿轮，传动比越大，机械效率越低，做增速传动时，甚至可能发生自锁。

10.3.4 运动的合成与分解

合成运动是将两个输入运动合为一个输出运动；分解运动是将一个输入运动分为两个输出运动。合成运动和分解运动都可用差动轮系实现，这种轮系还可用作加（减）法机构。如图 10-12 所示，当齿轮 1 及齿轮 3 的轴分别输入被加数和加数的相应转角时，行星架 H 转角的两倍就是两输入轴转角之和，这种合成作用在机床、计算机构和补偿机构中得到广泛应用。

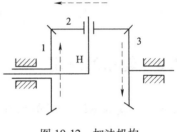

图 10-12 加法机构

10.4 标准减速器

减速器（gear reducer 或 gear unit）在国民经济生活的各领域中应用广泛，2020 年我国减速器产量已经达到 917 万台。为了提高质量和降低制造费用，某些类型的减速器已有了标准系列产品，可以根据传动比、工作条件、转速、载荷以及在机械设备总体布置的要求等，参阅产品目录和有关资料选用。很多专用环保设备，诸如格栅除污机、栅渣螺旋输送机、栅渣螺旋输送压榨机、螺旋式砂水分离器、混合凝聚以及絮凝反应应用搅拌机、螺旋泵、单螺杆泵、沉淀池刮泥机、污泥消化池顶部机械搅拌机、大功率立轴式表面曝气机、叠螺式脱水机、污泥间接加热干化设备、电除尘器机械振打清灰机构等，都会配套使用减速器。例如，Carrousel 氧化沟配套用大功率立轴式表面曝气机，经常配套使用德国赛威（SEW）减速器、弗兰德（FLENDER）减速器等。一般只有当没有合适的减速器产品可供选用时，才需自行设计制造或定制。

10.4.1 减速器的类型

减速器的类型很多，一般可分为齿轮（圆柱齿轮、锥齿轮、行星齿轮）减速器、蜗轮蜗杆减速器、齿轮-蜗杆减速器等三类。按照减速器的级数不同，又分为单级、两级和三级减速器等。根据减速器安装形式还有立式和卧式之分。常用标准减速器的型式、传动比、特点及应用见表 10-2。《机械手册》中给出的标准减速器传动比范围远低于理论传动比范围，在手册上无法选择到合适的减速器时，请参考减速器生产厂家提供的减速器产品目录。

表 10-2 常用标准减速器的型式、传动比、特点及应用

名称	运动简图	传动比	特点及应用
单级圆柱齿轮减速器		8~10	低速（$v \leqslant 8\text{m/s}$）、轻载用直齿齿轮；较高速传动用斜齿齿轮；重载用人字齿齿轮。轴承一般为滚动轴承，重载和特高转速时用滑动轴承

（续）

名称		运动简图	传动比	特点及应用
两级圆柱齿轮减速器	展开式		8~60	结构简单，常用于载荷比较平稳的场合。高速级一般为斜齿齿轮，低速级可用直齿齿轮
	分流式		8~60	结构复杂，齿轮相对轴承对称布置，载荷沿齿宽分布均匀，轴承受载较均匀。中间轴传递的转矩由两齿轮分担，适用于变载荷场合。高速级一般用斜齿，低速级可用直齿或人字齿
	同轴式		8~60	轴向尺寸大、重力较大，且中间轴较长、刚度差、沿齿宽载荷分布不均
	同轴分流式		8~60	每对啮合齿轮仅传动全部载荷的一半，输入和输出轴只承受转矩，与其他减速器相比，传递相同样功率时轴颈尺寸更小
三级圆柱齿轮减速器	展开式		40~400	同两级展开式
	分流式		40~400	同两级分流式
单级锥齿轮减速器			8~10	用于两轴垂直相交、两轴垂直相错的传动中，如调流式澄清池搅拌机和多轴转碟式表面曝气机等设备中。制造安装复杂、成本高，仅在传动布置需要时才采用
两级锥齿轮-圆柱齿轮减速器			8~22	同单级锥齿轮减速器，锥齿轮应在高速级，可以减小锥齿轮尺寸

（续）

名称		运动简图	传动比	特点及应用
三级锥齿轮-圆柱齿轮减速器			25~75	同两级锥齿轮-圆柱齿轮减速器
单级蜗轮蜗杆减速器	蜗杆下置式		10~80	一般用于蜗杆圆周速度 $v \leqslant 10\text{m/s}$ 的场合，如多轴转碟式表面曝气机的传动机构
	蜗杆上置式		10~80	用于蜗杆圆周速度 $v > 10\text{m/s}$ 的场合
	蜗杆侧置式		10~80	蜗杆在蜗轮侧面，蜗杆轴垂直布置，一般用于传递水平旋转机构的运动
两级蜗轮蜗杆减速器			43~3600	传动比大，结构紧凑，但是效率低。为使高速级和低速级传动浸油深度大致相等，可取 $a_1 = a_2/2$
两级：齿轮减速器+蜗轮蜗杆减速器			15~480	高速级为齿轮传动时结构紧凑，高速级为蜗杆传动时传动效率高
行星齿轮减速器	单级NGW		2.8~12.5	与普通圆柱齿轮减速器相比，尺寸小、重量轻，但制作精度要求较高，结构较为复杂，在要求结构紧凑的动力传动中应用广泛
	两级NGW		14~160	

（续）

名称		运动简图	传动比	特点及应用
摆线针轮减速器	单级		11~87	传动比大、传动效率高、结构紧凑、体积小、重量轻；适用性广、运转平稳、噪声低；结构复杂、制造精度要求较高，如要求传动比大的搅拌设备、刮泥设备中用减速器
	两级		121~7569	
谐波齿轮减速器	单级		50~500 刚轮固定	传动比大、范围宽，在相同条件下可比一般齿轮减速器的元件少一半，体积和重量可减少 20%~50%；承载能力大；运动精度高；调整波发生器可达到无侧隙啮合；运动平稳、噪声低；传动效率高且传动比大；柔轮的制造工艺较为复杂，用于小功率、大传动比或仪表及控制系统中
			50~500 柔轮固定	
三环减速器	单级或组合多级		单级传动比 11~99；两级传动比最大可达 9801	结构紧凑、体积小、重量轻；传动比大、效率高，单级传动效率为 92%~98%；噪声低、过载能力高；承载能力高，输出转矩高达 400kN·m；使用寿命长，零件种类少，造价低、适用性广、派生系列多

1. 圆柱齿轮减速器

一级、二级和三级圆柱齿轮减速器分别用 H1、H2、H3 表示，H1 系列一级圆柱齿轮减速器的轮廓外形如图 10-13 所示，相关尺寸根据所选型号查《机械设计手册》或生产单位产品手册确定。箱体是用来支承和固定轴及其有关零件、保证传动零件啮合精度、提供良好润滑和密封的重要组成部分。箱体本身要具有足够的刚度，以免产生过大的变形。箱体外侧附有的加强筋既可增加箱体刚度，又可增加

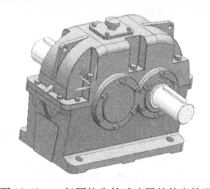

图 10-13　一级圆柱齿轮减速器的轮廓外形

散热面积。为了便于安装，箱体一般剖分成箱盖和箱座两部分。通常在剖分面上涂一层薄薄的水玻璃或洋干漆，以保证箱体的密封性。但不能在箱盖和箱座之间采用垫片密封，否则将破坏轴承与孔的配合。

箱盖与箱座通常用一定数量的螺栓连接成一体，并用两个圆锥销精确固定其相对位置。箱盖上方开有视孔，以便检查齿轮啮合情况，并用之往箱内注入润滑油，平时用盖板盖住，盖板下可用垫片密封。为防止工作时温度升高导致箱内空气体积膨胀而将润滑油从剖分面处挤出，常在箱盖顶部或视孔盖板上开有通气孔或安装通气帽，使箱内空气可自由逸出。与箱盖铸成一体的吊钩（或是装在箱盖上方的吊环螺钉）用以打开箱盖，搬运整个减速器时则需使用与箱座铸成一体的吊钩。为了便于揭开箱盖，常在箱盖凸缘上专门加工两个螺纹孔，拆卸箱盖时旋紧起盖螺钉，即可顶开箱盖。箱座上装有测油尺或油面指示器，随时可以取出检查油面高度。润滑油使用一定时期后需要更换，箱座底部开有放油孔，平时用油塞堵住。

2. 圆柱蜗轮蜗杆减速器

蜗轮蜗杆减速器种类繁多，采用 ZC（圆弧圆柱蜗杆）蜗杆的蜗轮蜗杆减速器型号有：WH 系列（JB 2318—1979）、CW 系列（JB/T 7935—2015）。采用 ZA（阿基米德蜗杆）蜗杆的有：WP、WD、WXJ 系列蜗杆下置式蜗轮蜗杆减速器，WS、WSJ 系列蜗杆上置和蜗杆下置式蜗轮蜗杆减速器，A 型、M 型、MA 型蜗杆减速器等，其中 A 型、M 型、MA 型为立式带标准安装架的蜗轮蜗杆减速器，常用作各类流体、半流体介质搅拌设备的传动机构。采用平面包络环面蜗杆的有 HWT、WHB、TP 型蜗轮蜗杆减速器，具体结构可以参考 JB/T 9051—2010；采用 ZK（锥面包络圆柱蜗杆）蜗杆的有 WDH 型、WX 型、KW 型蜗轮蜗杆减速器，具体结构可以参考 JB/T 5559—2015。此外，还有 RD 系列二次包络蜗轮蜗杆减速器、RV 型铝合金微型蜗轮蜗杆减速器（GB/T 10085—2018）、WJ 系列中空轴型蜗轮蜗杆减速器等。

图 10-14 所示为 M8 型搅拌机专用蜗轮蜗杆减速器的三维造型图，顶部为电动机安装座，下部为容器连接标准支架；中间部分为蜗轮蜗杆减速器。减速器箱体外侧铸有散热片，箱体上下凸台为蜗轮的上、下轴承座，蜗轮输出轴上安装有凸缘联轴器；中间为油池，左侧有油位显示镜和放油塞；右侧为容纳蜗杆的部位，前后端为蜗杆的轴承座，蜗杆的输出轴上安装有大带轮。M8 型搅拌机专用蜗轮蜗杆减速器包含减速器、支架、带轮和联轴器等 4 个标准部件，详细尺寸请参考相关公司的产品手册。

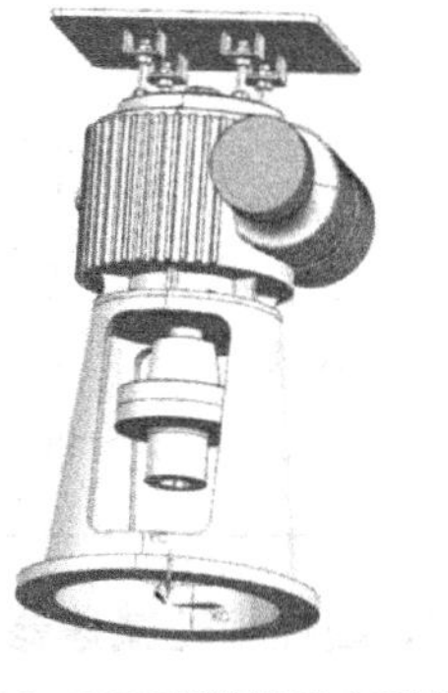

图 10-14　M8 型搅拌机专用蜗轮蜗杆减速器的三维造型图

3. 摆线针轮减速器

摆线针轮行星传动理论由德国工程师劳伦兹·勃朗（Lorenoz）1926 年提出，并于 1931 年在德国慕尼黑成立首个摆线针轮减速器制造公司——塞古乐公司。国内方面，大连交通大学何卫东、李力行等于 20 世纪 80 年代率先开始研究摆线针轮行星传动技术。摆线针轮减速器是一种新型的行星齿轮传动，以摆线齿形代替常用的渐开线齿形，其原理示意如图 10-15 所示，由行星架 H（输入轴）、行星轮 2（即摆线轮）、内齿轮 V（输出轴）和固定太阳轮 1（即针轮）组成。行星轮的运动依靠等角速比的销孔输出机构传到输出轴上。摆线针轮传动的齿数差总是等于 1，所以其传动比为

$$i_{\mathrm{HV}} = \frac{n_{\mathrm{H}}}{n_{\mathrm{V}}} = -\frac{z_2}{z_1 - z_2} = -z_2 \tag{10-6}$$

摆线针轮减速器目前已经标准化，标准机型分单级和两级两种，根据安装方式又有立式（L）、卧式（W）、双轴型和直连型（与电动机直接连接，在电动机行业中称为"摆针轮减速电动机"）之分；根据生产标准的不同还可分为 B 系列和 X 系列，B 系列摆线针轮减速器采用化工部门颁布的标准制造，X 系列采用的是机械部门颁布的标准制造，两个系列的产品没有本质区别，但安装尺寸不同。单级功率为 0.6 ~ 75kW，两级功率为 0.052~13.41kW。

4. 谐波齿轮传动

谐波齿轮传动示意图如图 10-16 所示，波发生器相当于行星架，刚轮相当于太阳轮；柔轮在工作时需要产生较大弹性变形，相当于行星轮。波发生器的外缘尺寸大于柔轮内孔直径，所以将其装入柔轮内孔后柔轮即变成椭圆形。椭圆长轴处的轮齿与刚轮相啮合，而椭圆短轴处的轮齿与刚轮脱开，其他各点则处于啮合和脱离的过渡状态。一般刚轮固定不动，当主动件波发生器回转时，柔轮与刚轮的啮合区也就跟着发生转动。由于柔轮比刚轮少 $z_1 - z_2$ 个齿，所以当波发生器转一周时，柔轮相对刚轮沿相反方向转过 $z_1 - z_2$ 个齿的角度，即反转 $(z_1 - z_2)/z_2$ 周，因此得传动比为

$$i_{\mathrm{H2}} = \frac{n_{\mathrm{H}}}{n_2} = -\frac{z_2}{z_1 - z_2} = -z_2 \tag{10-7}$$

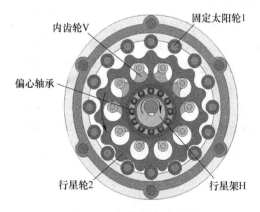
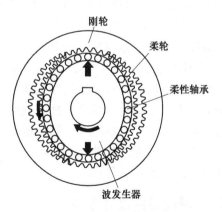

图 10-15　摆线针轮减速器　　　　　图 10-16　谐波齿轮传动示意图
　　　　　的原理示意图

显然，该式与渐开线少齿差行星传动的传动比公式完全相同。

按照波发生器结构的不同，分为双波传动和三波传动等，最常用的是双波传动。谐波齿轮传动的齿数差应等于波数或波数的整倍数。为了加工方便，谐波齿轮的齿形多采用渐开线齿廓。

谐波齿轮传动除具有传动比大、体积小、重量轻和效率高等优点外，还因柔轮与波发生器、输出轴共轴线，不需要等角速比机构，结构更为简单；同时啮合的齿数很多，承载能力强，传动平稳；齿侧间隙小，适宜于反向传动。谐波齿轮传动的缺点是柔轮周期性变形，容易发热，需用抗疲劳强度很高的材料，且加工、热处理要求都很高，否则极易损坏。目前，

谐波齿轮传动已应用于造船、机器人、机床、仪表和军事装备等诸多方面。

5. SEW 型减速器

齿轮减速器类型繁多，标准齿轮减速器仅占很少一部分，不同减速器生产厂商制造的减速器类型远远比标准减速器多。其中，德国赛威（SEW）集团生产的减速器甚至被收录入《机械设计手册》，并命名为 SEW 型减速器。SEW 型减速器采用模块化设计，有多种组合、安装位置和结构方案。根据所用齿轮的类型不同，SEW 型减速器又可分为 K 系列螺旋锥齿轮减速器、F 系列斜齿圆柱齿轮减速器、R 系列斜齿轮减速器以及 S 系列斜齿轮蜗轮减速器等。《机械设计手册》中仅收录了 SEW 型电动机直连 R 系列斜齿轮减速器，选择时根据功率、输出转矩、输出轴转速进行选取型号，然后查相应型号的减速器尺寸。SEW 型电动机直连 R 系列斜齿轮减速器包括电动机和减速器，可以一次性完成减速器和电动机的选择，而且无须关注传动比，大大简化了设计过程。选择时直接查阅相关的产品手册或《机械设计手册》，在此不再赘述。

6. 工程应用案例

在水质工程领域，垂架式中心传动刮泥机被普遍应用于池径从 $\phi14\sim\phi60m$ 的辐流式沉淀池。由于刮泥机主轴的转速取决于刮板外缘的线速度，驱动机构的速比随池径的增大而增大。以常规三相异步电动机转速为 1440r/min、最外缘刮臂线速度为 3m/min 计算，则总减速比在 21000~90500 之间。另外，中心竖架传递的转矩较大，例如 $\phi60m$ 沉淀池的刮泥机转矩可达 913674N·m。

目前国内不少厂家都能生产池径小于 20m 的中心竖架刮泥机用减速器，且采用四次减速的设计方案。如图 10-17 所示的 JWZ 型中心竖架驱动机构的总成实物图，左侧弧形盖板下为与电动机直连的卧式二级摆线减速器，其输出轴上安装有小链轮。大链轮安装在蜗轮蜗杆减速器的输入轴上，输出轴通过联轴器与小齿轮轴相连；刮泥板提升用螺杆升降机构

图 10-17　JWZ 型中心竖架驱动机构的总成实物图

安装在蜗轮蜗杆减速器上侧，螺杆穿过中空的蜗轮；转动顶部的手轮，可以提升或降低刮泥板的高度，进而调节刮泥量。

10.4.2　减速器的设计选型

1. 圆柱齿轮减速器的承载能力和选用方法

圆柱齿轮减速器的选型主要依据额定输出转矩、传动比和传动效率等，按照计算功率 P_c 选用减速器的型号。

（1）根据输入轴和输出轴的转速确定公称传动比

$$i' = \frac{n_1'}{n_2} \tag{10-8}$$

式中，i' 为计算传动比；n_1' 为输入转速（r/min）；n_2 为输出转速（r/min）。

根据计算传动比，查额定机器强度功率表，选择和 i' 绝对值最接近的公称传动比 i。将输入转速 n_1' 与 1500r/min、1000r/min、750r/min 进行比较，取 1500r/min、1000r/min、750r/min 中最接近的值作为公称输入转速 n_1。

（2）确定减速器的额定机械强度功率

$$P_{\text{N}} \geqslant P'_{\text{N}} = P_2 \frac{n'_1}{n_1} f_1 f_2 f_3 f_4 \qquad (10\text{-}9)$$

式中，P'_{N} 为计算功率（kW）；P_{N} 为减速器的额定机械强度功率（kW）；P_2 为载荷功率（工作机所需功率）（kW）；f_1 为工作机系数，见表 10-3；f_2 为原动机系数，见表 10-4；f_3 为安全系数，见表 10-5；f_4 为起动系数，见表 10-6。H1 系列圆柱齿轮减速器的机械强度功率 P_{N} 见表 10-7。

表 10-3　部分减速器的工作机系数 f_1（摘自 JB/T 8853—2015）

工作机	日工作小时数/h			工作机	日工作小时数/h		
	≤0.5	0.5~10	>10		≤0.5	0.5~10	>10
浓缩器（中心传动）	—	—	1.2	水轮机	—	—	2.0
压滤器	1.0	1.3	1.5	离心泵	1.0	1.2	1.3
絮凝器	0.8	1.0	1.3	单活塞容积泵	1.3	1.4	1.8
曝气机	—	1.8	2.0	多活塞容积泵	1.2	1.4	1.5
搂集设备	1.0	1.2	1.3	搅拌机（用于密度均匀介质）	1.0	1.3	1.5
纵向、回转组合接集装置	1.0	1.3	1.5	搅拌机（用于非均匀介质）	1.2	1.4	1.6
预浓缩器	—	1.1	1.3	搅拌机（用于不均匀气体吸收）	1.4	1.6	1.8
刮板式输送机	—	1.2	1.5	离心式压缩机	—	1.4	1.5
螺杆泵	—	1.3	1.5	往复式压缩机	—	1.8	1.9

表 10-4　原动机系数 f_2（摘自 JB/T 8853—2015）

电动机、汽轮机、液压马达	4~6 缸活塞发动机	1~3 缸活塞发动机
1.0	1.25	1.5

表 10-5　减速器安全系数 f_3（摘自 JB/T 8853—2015）

重要性与安全要求	一般设备，减速器失效仅引起单机停产且易更换备件	重要设备，减速器失效引起机组、生产线或全厂停产	高度安全要求，减速器失效引起设备、人身事故
f_3	1.25~1.5	1.5~1.75	1.75~2.0

表 10-6　减速器起动系数 f_4（摘自 JB/T 8853—2015）

每小时起动次数	$f_1 f_2 f_3$			
	1	1.25~1.75	2~2.75	≥3
	f_4			
≤5	1.0	1.0	1.0	1.0
6~25	1.2	1.12	1.06	1.0
26~60	1.3	1.2	1.12	1.06
61~180	1.5	1.3	1.2	1.12
>180	1.7	1.5	1.3	1.2

表 10-7　部分 H1 系列圆柱齿轮减速器机械强度功率 P_N（摘自 JB/T 8853—2015）

（单位：kW）

i	n_1	n_2	规　　格								
			3	5	7	9	11	13	15	17	19
1.8	1000	556	140	448	885	1421	2410	3860	—	—	—
2	1500	750	196	644	1217	1963	3353	—	—	—	—
2.24	1500	670	175	589	1087	1754	3087	—	—	—	—
2.5	1500	600	163	528	974	1571	2764	—	—	—	—
2.8	1500	536	152	471	836	1330	2370	—	—	—	—
3.15	1500	476	135	419	758	1221	2088	3409	—	—	—
3.55	1500	423	124	368	687	1103	1936	3083	—	—	—
4	1500	375	110	330	609	982	1728	2780	—	—	—
4.5	1500	333	77	234	481	746	1395	2008	3557	—	—
5	1500	300	66	198	377	644	1059	1712	2790	—	—
5.6	1500	268	56	168	320	491	892	1454	2371	—	—

（3）校核输入轴上的最大转矩　校核输入轴上的最大转矩，主要针对起动转矩、制动转矩、峰值工作转矩等可能超过减速器承载的转矩。将最大转矩折算到输入轴上有

$$P_N \geqslant \frac{T_A n_1'}{9550} f_5 \qquad (10\text{-}10)$$

式中，T_A 为输入轴的最大转矩（N·m）；f_5 为峰值转矩系数，见表 10-8。

表 10-8　减速器峰值转矩系数 f_5（摘自 JB/T 8853—2015）

载荷类型	每小时峰值载荷次数			
	1~5	6~30	31~100	≥100
单向载荷	0.5	0.65	0.7	0.85
交变载荷	0.7	0.95	1.1	1.25

（4）校核输热平衡功率　当减速器不带辅助冷却装置时，应满足

$$P_2 \leqslant P_G = P_{G1} f_6 f_7 \qquad (10\text{-}11)$$

式中，P_G 为减速器的额定热功率（kW）；P_{G1} 为无辅助冷却装置时的额定热功率（kW），见表 10-9；f_6 为环境温度系数，见表 10-10；f_7 为海拔系数，见表 10-11 所示。若 $P_2 > P_G$，则需要选用更大规格的减速器，重复上述计算，也可以采用冷却盘管组件或进行强制润滑。当减速器带有冷却风扇时，将式（10-11）的 P_{G1} 为替换为 P_{G2}，P_{G2} 为带有冷却风扇时的额定热功率。

表 10-9　H1 圆柱齿轮减速器热功率 P_G（摘自 JB/T 8853—2015）　　（单位：kW）

i	$n_1 = 1500\text{r/min}$	规格								
		3	5	7	9	11	13	15	17	19
1.8	P_{G1}	—	—	—	—	—	—	—	—	—
	P_{G2}	241	435	554	575	—	—	—	—	—
2	P_{G1}	—	—	—	—	—	—	—	—	—
	P_{G2}	243	427	553	590	509	—	—	—	—
2.24	P_{G1}	—	—	—	—	—	—	—	—	—
	P_{G2}	227	422	544	620	631	—	—	—	—
2.5	P_{G1}	—	—	—	—	—	—	—	—	—
	P_{G2}	211	405	525	614	676	—	—	—	—
2.8	P_{G1}	50	—	—	—	—	—	—	—	—
	P_{G2}	199	384	553	658	705	—	—	—	—
3.15	P_{G1}	63.8	—	—	—	—	—	—	—	—
	P_{G2}	200	415	702	828	1055	1033	816	—	—
3.55	P_{G1}	59.8	—	—	—	—	—	—	—	—
	P_{G2}	183	407	649	778	998	1014	860	678	—
4	P_{G1}	56.2	85.1	—	—	—	—	—	—	—
	P_{G2}	166	374	591	677	964	1012	938	821	623
4.5	P_{G1}	66.4	106	135	—	—	—	—	—	—
	P_{G2}	180	389	611	795	994	1193	1261	1192	1069
5	P_{G1}	62.5	111	151	169	—	—	—	—	—
	P_{G2}	165	373	599	738	1020	1227	1395	1560	1526
5.6	P_{G1}	56	98.8	136	163	—	—	—	—	—
	P_{G2}	146	330	535	704	967	1104	1266	1433	1604

表 10-10　减速器环境温度影响系数 f_6（摘自 JB/T 8853—2015）（不带辅助冷却装置或仅带冷却风扇）

每小时工作周期百分比（%）	环境温度/℃				
	10	20	30	40	50
100	1.11	1.0	0.88	0.75	0.63
80	1.31	1.18	1.04	0.89	0.74
60	1.6	1.44	1.27	1.08	0.91
40	2.14	1.93	1.7	1.45	1.22
20	3.64	3.28	2.89	2.46	2.07

表 10-11　减速器海拔系数 f_7（摘自 JB/T 8853—2015）（不带辅助冷却装置或仅带冷却风扇）

海拔/m				
≤1000	≤2000	≤3000	≤4000	≤5000
1.0	0.95	0.9	0.85	0.8

2. 锥面包络圆柱蜗杆减速器的承载能力和选用方法

按照输入功率或输出转矩选用锥面包络圆柱蜗杆减速器的型号，减速器的计算输入功率 P_{c1} 和计算输出转矩 T_{c2} 分别表示为

$$P_{c1} = P_1 f_1 f_2 \tag{10-12}$$

$$T_{c2} = T_w f_1 f_2 \tag{10-13}$$

散热条件需要校核计算输入功率 P_{ct1} 和计算输出转矩 T_{ct2}，两者分别表示为

$$P_{ct1} = P_1 f_3 f_4 \tag{10-14}$$

$$T_{ct2} = T_w f_3 f_4 f_5 \tag{10-15}$$

式中，P_1 为蜗杆输入的名义功率（kW）；f_1 为工作载荷系数；T_w 为工作机转矩（N·m）；f_2 为起动频率系数；f_3 为小时负荷率系数；f_4 为环境温度系数；f_5 为减速器型式系数。$f_1 \sim f_5$ 具体值请参考 JB/T 5559—2015。

【例 10-4】 环境污染控制工程领域常用的单螺杆泵输送平稳、无脉动，适用抽排污泥等黏稠物料，且工作过程中对物料的剪切低、扰动小。已知某型单螺杆泵的设计流量为 $765 \text{m}^3/\text{h}$，扬程为 120m，单螺杆转速为 320r/min，泵的轴功率为 122.74kW。动力源选配三相交流异步电动机，单向运转，转速为 1440r/min，载荷较平稳。每年工作 300d，每日工作 24h，最高温度为 40℃，低海拔。请根据已知条件合理地选择减速器。

解：（1）传动比

$$i = \frac{n_m}{n_w} = \frac{1440}{320} = 4.5$$

选择 H1 型圆柱齿轮减速器。

（2）减速器的额定机械强度功率

$$P_N \leqslant P_N' = P_2 \frac{n_1'}{n_1} f_1 f_2 f_3 f_4$$

载荷平稳，每天工作 24h，查表 10-3，工作机为单螺杆泵 $f_1 = 1.5$；查表 10-4，原动机为电动机 $f_2 = 1.0$；查表 10-5，一般设备的安全系数取小值 $f_3 = 1.25$；螺杆泵 24h 工作，无需频繁起动，查表 10-6，起动系数 $f_4 = 1.0$，于是

$$P_N' = P_2 \frac{n_1'}{n_1} f_1 f_2 f_3 f_4 = 122.74 \text{kW} \times \frac{1440}{1500} \times 1.5 \times 1.25 = 221 \text{kW}$$

查表 10-7，传动比为 4.5，选择 5 型 H1 圆柱齿轮减速器 $P_N = 234 \text{kW}$。

单螺杆泵连续工作，转矩由功率计算，无需进行输入轴上的最大转矩校核。

（3）校核热功率 按照带有冷却风扇的减速器计算，则

$$P_2 \leqslant P_G = P_{G1} f_6 f_7$$

查表 10-9，$P_{G2} = 389 \text{kW}$；连续工作，小时工作负荷 100%，查表 10-10，$f_6 = 0.75$；在低海拔工作，$f_7 = 1.0$，于是

$$P_G = P_{G2} f_6 f_7 = 389 \times 0.75 \text{kW} = 291.75 \text{kW} > 122.75 \text{kW} = P_2$$

满足使用要求。

【习题】

10-1 在如图 10-18 所示的双级蜗轮蜗杆传动，已知蜗杆 1 的转向、蜗轮 2 的轮齿螺旋线的方向如图所

示，试判断蜗轮 2 和蜗轮 3 的转向，用箭头表示。

10-2　在如图 10-19 所示轮系中，已知各轮的齿数 $z_1 = 15$、$z_2 = 25$、$z_{2'} = 15$、$z_3 = 30$、$z_{3'} = 15$、$z_4 = 30$、$z_{4'} = 2$（右旋）、$z_5 = 60$、$z_{5'} = 20(m = 4\text{mm})$，若 $n_1 = 500\text{r/min}$，求齿条 6 线速度 v 的大小和方向。

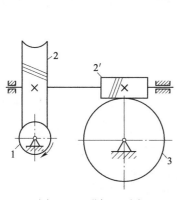

图 10-18　题 10-1 图

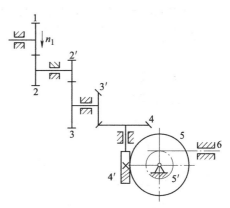

图 10-19　题 10-2 图

10-3　在如图 10-20 所示的差动轮系中，已知各轮的齿数 $z_1 = 30$、$z_2 = 25$、$z_{2'} = 20$、$z_3 = 75$，齿轮 1 的转速为 200r/min（箭头向上），齿轮 3 的转速为 50r/min（箭头向下），求行星架转速 n_H 的大小和方向。

10-4　在如图 10-21 所示的机构中，已知 $z_1 = 17$，$z_2 = 20$，$z_3 = 85$，$z_4 = 18$，$z_5 = 24$，$z_6 = 21$，$z_7 = 63$，①当 $n_1 = 10001\text{r/min}$、$n_4 = 10000\text{r/min}$ 时，求 n_P 的大小和方向；②当 $n_1 = n_4$ 时，求 n_P 的大小和方向？③当 $n_1 = 10000\text{r/min}$、$n_4 = 10001\text{r/min}$ 时，求 n_P 的大小和方向。

10-5　如图 10-3b 所示的由直齿圆柱齿轮组成的行星轮系中，已知两太阳轮的齿数 $z_1 = 19$、$z_3 = 53$，若全部齿轮都采用标准齿轮，求行星轮齿数 z_2。

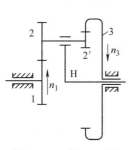

图 10-20　题 10-3 图

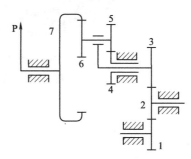

图 10-21　题 10-4 图

10-6　（大作业）如图 10-22 所示的美国 WesTech Engineering 公司竖架式中心刮泥机驱动机构总成，采用电动机+立式摆线针轮减速器+一对齿轮减速的两级减速方案，如图 10-22a、b 所示。减速齿轮中大齿轮的齿廓直接加工在轴承上，形成滚动轴承式旋转支承，外齿圈滚动轴承式支承座如图 10-22c 所示。当池径较小（$\phi14 \sim \phi20\text{m}$）时，齿轮传动比相对较小，此时采用外齿圈滚动轴承式支承座如图 10-22a 所示，摆线针轮减速器及外啮合滚动轴承式旋转支承齿轮箱安装在刮泥机工作桥上；上下支承轴承承载减速器和电动机的重量，外齿圈与中心旋转轴固定连接，中心旋转轴带动刮泥臂完成刮泥作业。池径较大（$>\phi20\text{m}$）时，大齿轮尺寸较大，此时采用内齿圈滚动轴承式旋转支承，如图 10-22b 所示。内齿圈滚动轴承式旋转支承的外圈固定安装在工作桥上，内齿圈与中心转动竖架通过螺栓连接，竖架带动刮泥机构实现连续刮泥作业。

某沉淀池的直径为 20m，最外缘刮臂线速度为 2.2m/s，刮泥所需转矩为 94221N·m。刮泥机安装在室外，最高工作温度为40℃，由电动机驱动，每天工作24h，每年工作300d。若所用电动机转速为750r/min。查阅垂架式中心刮泥机驱动机构总成的相关文献，撰写不少于1000字的文献综述，内容包括竖架式中心刮泥机驱动机构总成工作原理、生产厂家以及主要型号等（图片数量不少于5张），为本题沉淀池刮泥机选择一款合适的摆线针轮减速器，完成齿轮机构的设计和选型，绘制驱动总成的三维造型图和二维工程图。减速器的支承架可选用JBT10型机架，机架的结构参数请查阅相关标准手册。

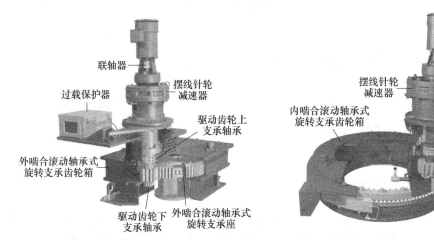

a) 中心竖架驱动机构及其与外齿圈连接的结构示意图 b) 中心竖架驱动机构及其与内齿圈连接的结构示意图

c) 外齿圈滚动轴承式旋转支承座

图 10-22 题 10-6 图

第4篇

轴系及其相关零部件

　　轴系是轴、轴承和轴上零件的组合体，通常轴和其上的零件固定连接成一个转动构件。轴系是机械设备的重要组成部分，几乎所有转动运动和载荷均通过轴系进行传递，螺旋传动、摩擦轮传动、带轮传动、链轮传动、齿轮传动、蜗杆传动轮系及减速器等均涉及轴系。

　　本篇主要介绍轴系中的轴、轴承和联轴器等零部件，具体内容包括轴的设计计算、轴上零件的定位和固定方法、联轴器的选型设计、轴承的选型设计等内容。

第 11 章

轴与联轴器

　　轴是动设备中的重要零件之一，用来支承旋转的零件或传递运动、转矩等，属于典型的专用零件。在很多动设备上，轴既是承受和传递载荷、动力的关键零件，同时也是需要进行结构设计的主要零件，如柱塞式压缩机、柱塞泵等设备中的曲轴是承受冲击载荷、传递动力的核心零件，奥贝尔氧化沟水平轴式表面曝气机的水平轴是该设备设计的关键零件，也是承受载荷、传递转矩的核心零件。轴的设计需要综合考虑材质、加工技术、传动精度、表面粗糙度、热处理、表面强化等多种因素，对于高速轴还需要进行动平衡计算。任一环节考虑不周，都会严重影响设备的寿命和可靠性。

　　本章介绍轴和联轴器的类型，轴和联轴器的常规设计计算方法；重点讨论轴上零件的定位方法，轴的结构设计和常规强度、刚度的校核方法。

11.1　轴的分类与材料

11.1.1　轴的分类

　　根据承受载荷的不同，轴可分为转轴、传动轴和心轴三种。转轴既传递转矩又承受弯矩，如图 11-1 所示齿轮减速器的轴；传动轴只传递转矩而不承受弯矩或弯矩很小，如图 11-2 中汽车的传动轴；心轴则只承受弯矩而不传递转矩，如图 11-3 中铁路车辆的轴为转动心轴、图 11-4 中自行车的前轴为固定心轴（轮转而轴不转）。

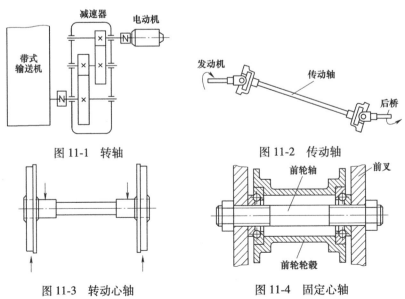

图 11-1　转轴　　　　　　　　　图 11-2　传动轴

图 11-3　转动心轴　　　　　　　图 11-4　固定心轴

按轴线的形状，轴还可分为直轴、曲轴、挠性钢丝轴等。图 11-1～图 11-4 中的轴均为直轴；图 11-5 所示为往复式机械常用的曲轴，常见于多缸内燃机、多缸往复式压缩机中；如图 11-6 所示的挠性钢丝轴由几层紧贴在一起的钢丝层构成，可以把转矩和旋转运动灵活地传递到任何位置，常用在混凝土振捣器等设备中。

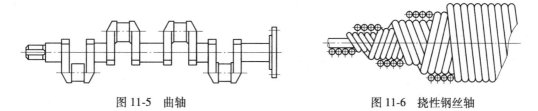

图 11-5　曲轴　　　　　　　　　　　　图 11-6　挠性钢丝轴

本章主要介绍直轴的结构设计和强度设计，设计时先根据工作环境和制造工艺等因素，选择合适的材料，再进行结构设计确定轴的结构形状，然后经过强度和刚度校核，必要时还要考虑振动稳定性。

11.1.2　轴的材料

轴的常用材料有碳钢和合金钢，如 35、45、50 等优质碳素结构钢，Q235、Q275 等普通碳素结构钢。价格较高的合金钢具有较高的力学性能与较好的热处理性能，多用于有特殊要求的轴。例如：采用滑动轴承支承的高速轴，常用 20Cr、20CrMnTi 等低碳合金结构钢，经渗碳淬火后可提高轴颈的耐磨性；在高温、高速和重载条件下工作的轴，必须具有良好的高温力学性能，可采用 40CrNi、38CrMoAlA 等合金结构钢。但是，合金钢对应力集中较为敏感，在设计合金钢材质的轴时，应从结构细节和加工精度方面避免或减小应力集中、减小表面粗糙度值。对于结构复杂的轴，可以采用铸钢或球墨铸铁制造。例如，用球墨铸铁制造曲轴、凸轮轴，具有成本低廉、吸振性较好、对应力集中敏感性较低、强度较好等优点。表 11-1 列出了轴的常用材料及其主要力学性能。

表 11-1　轴的常用材料及其主要力学性能

材料及热处理	毛坯直径 /mm	硬度　HBW	抗拉强度	屈服强度	弯曲疲劳强度	应用说明
			MPa			
Q235	—	—	400	240	170	用于不重要或载荷较小的轴
35 钢正火	≤100	149～187	520	270	250	塑性好、强度适当，可制作曲轴、转轴等
45 钢正火	≤100	170～217	600	300	275	轴类零件常用材料，用于较重要的轴
45 钢调质	≤200	217～255	650	360	300	
40Cr 调质	25	—	1000	800	500	用于载荷较大、有冲击的重要轴用
	≤100	241～286	750	550	350	
	100～300	241～266	700	550	340	
40MnB 调质	25	—	1000	800	485	性能接近 40Cr，重要的轴用
	≤200	241～286	750	500	335	

(续)

材料及热处理	毛坯直径 /mm	硬度 HBW	抗拉强度	屈服强度	弯曲疲劳强度	应用说明
			MPa			
35CrMo 调质	≤100	207~269	750	550	390	重载轴用
20Cr 渗碳 淬火回火	15	56~62HRC	850	550	375	高强度、韧性及耐磨性轴用
	≤60		650	400	280	

轴的毛坯一般用圆钢或锻件，对于跨距或载荷较大的轴，可以采用空心钢管制造，以减轻轴自身的重量并使轴截面上的应力分布更为合理，如奥贝尔氧化沟水平轴式表面曝气机的支承轴往往采用厚壁钢管制作。为了进一步改善轴的力学性能，可进行正火或调质处理。值得注意的是，钢材的种类和热处理对其弹性模量的影响很小，因此不宜采用热处理的方法来提高合金钢材质轴的刚度。

11.2 轴的结构设计

轴的结构设计就是确定轴的形状和尺寸，设计要点是：①轴整体便于加工，轴上零件易于装拆；②轴上零件定位和固定可靠；③改善轴的受力状况、减小应力集中、提高疲劳强度。

11.2.1 制造安装要求

为便于轴上零件的装拆、使轴的结构与轴内弯曲应力分布规律更加契合，常将轴设计成中间直径大两端直径小的阶梯形。图 11-7 所示为单级齿轮减速器高速轴的轴系结构图，处于中间位置的齿轮先安装，然后安装套筒、左端滚动轴承、轴承盖，最后安装位于轴端部的带轮和另一端滚动轴承。为使轴上零件易于安装和拆卸，左侧从①到⑤、右侧从⑦到⑤的各轴段直径逐渐增加，轴段⑤的直径最大；且应在①、②、③、④、⑦段轴的端部设计倒角。

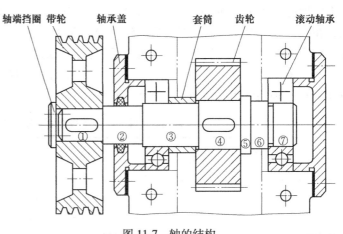

图 11-7 轴的结构

需要磨削的轴段，应有砂轮越程槽，如图 11-7 中第⑥与⑦段轴的交界处；车制螺纹的轴段，应有螺纹退刀槽，如图 11-8 所示安装双圆螺母的螺纹段。在满足使用要求的情况下，轴的形状和尺寸应力求简单，以便于加工、降低加工成本。即便数控加工技术目前已经较为普及，轴的形状对制造成本仍然有一定影响。

11.2.2　轴上零件的定位和固定

　　从机构运动分析的角度来看，大多数轴系均为一个构件，安装在轴上的零件与轴之间不允许有相对运动，因此必须对零件进行可靠的定位和固定，轴上零件的定位包括轴向定位和周向定位。轴向定位方法有：轴肩、套筒、圆螺母或轴端挡圈（又称压板）等。阶梯轴上截面尺寸变化处称为轴肩，使用轴肩进行轴向定位结构简单、定位可靠，因此结构允许时应尽量采用轴肩进行轴向定位。如**图 11-7 中④、⑤间的轴肩与套筒配合完成齿轮的轴向定位；①、②间的轴肩与轴端挡圈配合完成带轮的轴向定位；⑥、⑦间的轴肩和轴承端盖配合完成右端滚动轴承的轴向定位**。

　　图 11-7 中，齿轮受轴向力时，向右通过④、⑤间的轴肩，⑥、⑦间的轴肩传递到右端滚动轴承内圈上；向左则通过套筒传递到左端滚动轴承内圈上；进而确保齿轮受到任何方向的轴向力时，均与轴不发生相对位移，即实现了轴向定位。当无法采用轴肩、套筒或套筒太长时，可采用圆螺母加以固定，如图 11-8 所示。采用轴端挡圈、圆螺母进行轴向定位时，必须进行防松设计，如图 11-8 中的双圆螺母、图 11-9 中的防松垫片等。轴向力较小时，零件在轴上的固定可采用图 11-10 所示的弹性挡圈或图 11-11 所示的紧定螺钉。

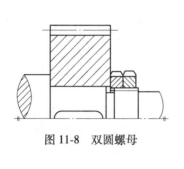

图 11-8　双圆螺母

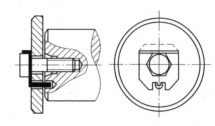

图 11-9　轴端挡圈

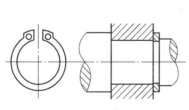

图 11-10　弹性挡圈

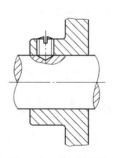

图 11-11　紧定螺钉

　　采用轴肩对零件进行轴向定位时，应使被定位零件与定位轴肩保持面接触，为此**轴肩的圆角半径 r 必须小于被定位零件毂孔的倒角 C_1 或圆角半径 R**，如图 11-12 所示，C_1 和 R 取值可参考表 11-2 中的推荐值。定位轴肩的高度 $h \approx (2\sim3)C_1$ 或 $(2\sim3)R$，轴肩宽度 $b \approx 1.4h$；滚动轴承相配合的定位轴肩高度 h 应小于轴承内圈端面的高度，以便于轴承的拆卸，轴肩的高度可以查滚动轴承标准中的安装尺寸。为了保证零件的定位精度，轴设计中除需要按配合关系标注轴段直径公差外，还需根据定位零件的精度等级给出配合轴段和定位轴肩定位面的几何公差，如轴面的圆柱、轴面和定位轴肩环面相对支承轴段的跳动度等。

有些轴肩并非用于零件定位，而是为了加工和装配方便而设置的，如图 11-7 中②、③段轴间的轴肩就是为了方便轴承的安装而设置的。这类非定位轴肩的高度没有严格要求，一般取 1~2mm。

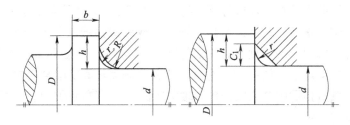

图 11-12　轴肩圆角与相配零件的倒角（或圆角）

表 11-2　轴上零件毂孔的倒角 C_1 或圆角半径 R 的推荐值　　　　（单位：mm）

轴径 d	>6~10		>10~18	>18~30	>30~50		>50~80	>80~120	>120~180
C_1 或 R	0.5	0.6	0.8	1.0	1.2	1.6	2.0	2.5	3.0

轴上零件的周向固定，大多采用键、花键或过盈配合等连接方式。采用键连接时，为加工方便，各轴段的键槽宜设计在同一加工直线上，并尽可能采用同一规格的键槽截面尺寸，如图 11-13 所示。

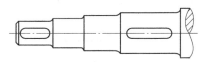

图 11-13　键槽在同一加工直线上

11.2.3　各段轴直径和长度的确定

凡有配合要求的轴段，如图 11-7 中的①和④段，直径取值应尽量采用优先数系列。安装滚动轴承、联轴器、密封圈等标准件的轴段，如图 11-7 中的②、③和⑦段，其直径应符合装配标准件内径系列的规定。例如，滚动轴承的内径应与相配的轴径相同，并采用基孔制。

轴段长度设计中，轴段上有零件需要定位时，轴段长度应比被定位零件毂孔的长度小 **2~3mm**，以确保被定位零件能可靠定位，如图 11-7 和图 11-8 所示。

11.2.4　改善轴的受力状况，减小应力集中

合理布置轴上的零件可以改善轴的受力状况。例如，图 11-14 所示的起重机卷筒的两种布置方案，图 11-14a 所示的结构中，大齿轮和卷筒连成一体，转矩经大齿轮直接传给卷筒，故卷筒轴只承受弯矩而不传递转矩，在起重同样重的载荷时，轴的直径可小于图 11-14b 所示的结构。再如，当一个轴上有 2 个输出轮，1 个输入轮时，如果结构

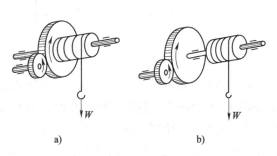

图 11-14　起重机卷筒

允许应将输入轮布置在中间，这样可以减小轴上转矩，如图 11-15a 所示，这时轴的最大转矩为 T_1；而采用图 11-15b 所示的方式将输入轴布置在轴的一端时，轴的最大转矩为 T_1+T_2。

改善轴受力状况的另一重要方面是减小应力集中，合金钢对应力集中比较敏感，尤其需要注意。因此设计阶梯轴时，在截面尺寸变化处应尽量采用较大的过渡圆角，并尽可能避免在轴上（特别是应力大的部位）开横孔、切口或凹槽。必须开横孔时，孔边要倒圆。在重要的结构中，可采用图 11-16a 所示的卸载槽 B、图 11-16b 所示的过渡肩环或图

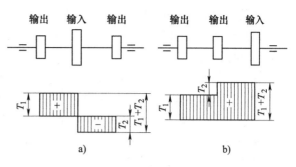

图 11-15　轴的两种布置方案

11-16c 所示的凹切圆角增大轴肩圆角半径，以减小局部应力。图 11-16d 中，在轮毂上做出卸载槽 B，也能减小过盈配合处的局部应力。

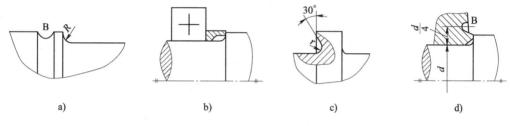

图 11-16　减小应力集中的措施

11.3　常用联轴器

联轴器主要用于联接两根轴（主动轴和从动轴），并传递运动和转矩。联轴器种类繁多，根据所传递转矩大小可分为重型、中型、轻型和小型。根据传动元件特性分为刚性联轴器和弹性联轴器两大类。刚性联轴器由刚性传力件组成，又可分为固定式和可移动式两类。固定式刚性联轴器不能补偿两轴之间的相对位移；可移动式刚性联轴器能补偿两轴之间的相对位移。弹性联轴器包含有弹性元件，利用弹性元件的变形来补偿两轴之间的相对位移，并具有吸收振动和减缓冲击的能力。

11.3.1　固定式刚性联轴器

1. 套筒联轴器

如图 11-17 所示，套筒联轴器主体就一个套管，两轴分别从两端插入，转矩较小时可以用圆锥销传递运动或转矩并对轴和套筒进行定位，如图 11-17b 所示；转矩较大可以采用键传递运动和转矩，利用紧定螺钉进行定位，如图 11-17a 所示。套管联轴器结构简单、径向尺寸小、成本低，但装拆时需沿轴向移动较大的距离，一般

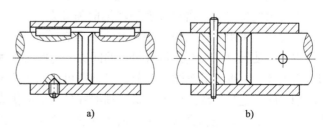

图 11-17　套筒联轴器结构示意图

用于连接两轴直径相同的圆柱形轴伸且工作平稳的传动轴系。刚性套筒无法补充两轴的相对位移，使用时要求两轴严格精确对中，套筒孔和轴的配合关系可采用 H7/k6。

2. 凸缘联轴器

凸缘联轴器是较常用的固定式刚性联轴器，如图 11-18 所示，由两个各具有凸缘和毂的半联轴器所组成。半联轴器与轴间通过平键连接，两个半联轴器间可用铰制孔用螺栓或普通螺栓连接。铰制孔用螺栓连接的凸缘联轴器靠螺杆受到的挤压和剪切传递转矩并实现两轴对中，如图 11-18a 所

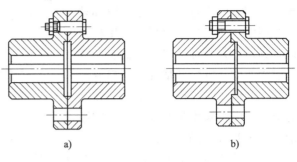

图 11-18 凸缘联轴器

示。普通螺栓连接的凸缘联轴器靠凸缘端面间的摩擦力传递转矩，并用两个半联轴器端面上的榫与凹槽的配合实现对中，如图 11-18b 所示。

凸缘联轴器结构简单、使用方便，可传递较大的转矩，但不具备缓冲减振能力，且要求被连接两轴具有精确的对中度，常用于载荷较大且平稳的两轴连接。凸缘联轴器的材料通常为铸铁，当受重载或圆周速度 $v \geqslant 30\text{m/s}$ 时，可采用铸钢或锻钢。

3. 夹壳联轴器

夹壳联轴器如图 11-19 所示，主要由两个半圆形的夹壳组成，如图 11-19a 所示。被连接的上下两轴端部用剖分式悬吊环定位后，如图 11-19b 所示，再装入夹壳中，并用螺栓、螺母锁紧。依靠轴与夹壳间的摩擦力来传递转矩，有时轴端配以平键，以使连接可靠。夹壳联轴器拆卸时不需做轴向移动，适用低速（$v \leqslant 5\text{m/s}$）、轴径小于 200mm，且不受冲击的重载荷轴间的连接。HG 5-213-1965 标准系列中，给出的夹壳联轴器可以传递的公称转矩范围为 $83 \sim 9000\text{N} \cdot \text{m}$，夹壳材料为 HT200，悬吊环材料为 Q275A 钢。

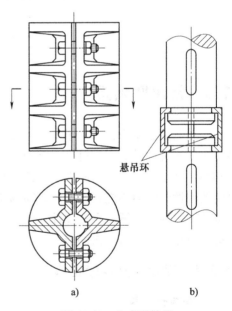

悬吊环

图 11-19 夹壳联轴器

4. 三分式联轴器

机械搅拌澄清池用立式搅拌机搅拌轴的轴封装置如果采用机械密封，密封处发现泄漏时需要及时更换密封环，采用上述凸缘联轴器和夹壳联轴器来连接主、从动轴时，轴端只留有很小的间隙，为此必须大幅度升高主动轴或降落从动轴才能卸脱密封环，装拆十分麻烦。三分式联轴器可以用于两轴端具有较大间距（约 110mm）主、从动轴之间的连接，既保留了凸缘联轴器容易对中的优点，又兼有夹壳联轴器装拆方便的长处，更主要的是，更换密封环时只须将从动轴稍作下降即可。

三分式联轴器的结构如图 11-20 所示，上段为凸缘结构，通过轴端挡板、螺钉及键等与主动轴固定连接；下段为夹壳结构，两半夹壳的顶端均制成半凸缘结构，以使与上段连接。夹壳与从动轴采用剖分式环形挡圈+键完成连接，用螺栓夹紧。三分式联轴器的使用范围与

夹壳联轴器相同，但与夹壳联轴器不同的是，其标准属于国家商业标准，标准号为 SB90-353，此标准尚无法在机械设计手册中查得。表 11-3 中列出了国内某公司产品样本中 SF 型三分式联轴器（SB90-353）部分型号的尺寸规格，可供读者查阅。

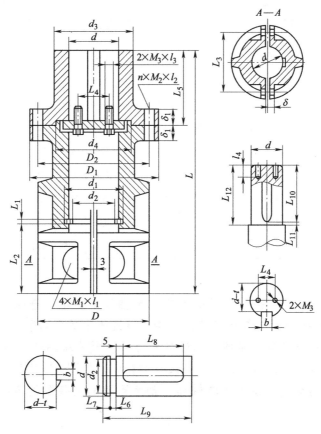

图 11-20　三分式联轴器的结构示意图

表 11-3　SF 型三分式联轴器部分型号的尺寸规格（摘自 SB90-353）

型号	许用转矩 T_n /N·m	许用转速 n/ (r/min)	轴孔直径 /mm	联轴器长 L/mm	夹壳部分轴头尺寸/mm					凸缘部分轴头尺寸/mm				
					d_2	L_6	L_7	L_8	L_9	L_{10}	L_{11}	L_{12}	L_4	螺纹孔 $M_3 \times l_3$
SF30	85	760	30	230	25	5	4	45	70	45	3	51	20	M6×16
SF35	236	655	35	256	30	5	4	55	85	56	3	61	20	M6×16
SF40	236	655	40	256	35	5	4	55	85	56	3	61	20	M6×16
SF45	530	560	45	285	37	6	5	70	100	70	3	75	25	M8×18
SF50	530	560	50	285	42	6	5	70	100	70	3	75	25	M8×18
SF55	530	560	55	285	47	6	5	70	100	70	3	75	25	M8×18
SF60	1400	450	60	335	50	8	6	100	130	90	3	95	30	M10×20
SF65	1400	450	65	335	55	8	6	100	130	90	3	95	30	M10×20

（续）

型号	许用转矩 T_n /N·m	许用转速 n/ (r/min)	轴孔直径 /mm	联轴器长 L/mm	夹壳部分轴头尺寸/mm					凸缘部分轴头尺寸/mm				
					d_2	L_6	L_7	L_8	L_9	L_{10}	L_{11}	L_{12}	L_4	螺纹孔 $M_3 \times l_3$
SF70	1400	450	70	335	60	8	6	100	130	90	3	95	35	M10×20
SF80	2650	405	80	375	70	10	8	110	145	110	5	120	35	M12×25
SF90	5200	350	90	445	80	10	8	140	170	160	3	165	50	M12×25
SF100	5200	350	100	445	90	10	8	140	170	160	3	165	50	M12×25
SF110	9000	310	110	535	100	12	10	160	200	220	2	224	50	M12×25
SF125	9000	300	125	555	115	12	10	160	200	220	2	224	50	M12×25
SF130	15000	250	130	605	118	14	12	180	225	220	2	224	60	M16×30
SF150	28000	200	150	685	134	16	14	200	255	220	5	230	60	M16×30
SF180	31000	150	180	740	162	18	16	230	285	250	5	260	60	M20×35
SF200	33750	150	200	765	182	20	18	270	325	270	5	280	60	M20×35

5. 带短节联轴器

带短节联轴器也可用于搅拌传动减速机输出轴与搅拌轴的连接，并已经被收录到 HG 21563～21572—1995《搅拌传动装置》中，标准规定的带短节联轴器主要外形尺寸见表 11-4，联轴器的孔与连接轴段采用过渡配合。带短节联轴器有 A 型和 B 型两种规格，其区别在于长度 L_0、L 不一致，其他尺寸均相同。如图 11-21 所示，拆卸下联轴器的短节后，其留出的空间可供下半联轴器、轴承箱及密封装置的装卸之用，而不需要拆除减速器和机架。

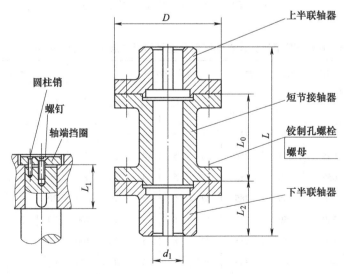

图 11-21 带短节联轴器

表 11-4　带短节联轴器主要外形尺寸（摘自 HG 21563~21572—1995）

传动轴轴颈 d/mm	许用转矩 T_n/N·m	许用转速 n/(r/min)	d_1/mm	D/mm	L_1/mm	L_2/mm	L_0/mm A 型	L_0/mm B 型	L/mm A 型	L/mm B 型
30	46	2200	20	120	50	55	155	235	272	352
40	87	2200	30	120	50	55	155	235	272	352
50	236	2150	40	130	60	67	160	250	301	376
60	355	1960	45	155	70	81	170	260	339	429
70	730	1940	55	170	85	98	180	305	383	508
80	1200	1790	65	190	100	112	180	305	413	538
90	2150	1660	75	215	110	126	190	305	451	566
100	3400	1590	85	235	120	136	190	305	471	586
110	4120	1590	90	235	120	136	220	365	501	646
120	5800	1470	100	265	130	146	220	365	521	666
130	8250	1360	110	290	140	160	240	365	569	694
140	12500	1260	120	330	155	175	240	365	599	724
160	19000	1225	140	360	170	194	250	365	647	762

11.3.2　可移式刚性联轴器

　　被连接的两轴精确对中必然对制造和安装精度等级有要求，造成设备加工成本增加。为减少设备制造成本，工程中允许两轴间存在一定的位移，如图 11-22 所示，两轴间的位移包括图 11-22a 所示的轴向位移 x、图 11-22b 所示的径向位移 y、图 11-22c 所示的角位移 α，以及由这些位移组合的综合位移。如果联轴器不能适应两轴间的相对位移，就会在联轴器、轴和轴承中产生附加载荷，甚至引起强烈振动。可移式刚性联轴器组成零件间构成动连接，具有某一方向或几个方向的自由度，可以补偿两轴的相对位移。常用的可移式刚性联轴器有齿式联轴器、滑块联轴器和万向联轴器。

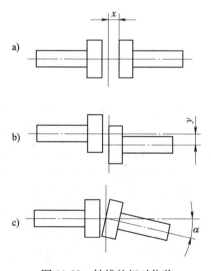

图 11-22　轴线的相对位移

1. 齿式联轴器

　　如图 11-23a 所示的齿式联轴器，其两个有内齿的外壳与有外齿的套筒啮合传递运动和力，两个外壳间用螺栓连接，套筒与轴间用键连接。齿数相等的内、外齿轮均为标准渐开线齿轮，且内外轮齿间留有较大的间隙，同时外齿轮的齿顶一般制成球形，如图 11-23b 所示，用于补偿两轴的轴向、径向和角位移。为了减小轮齿的磨损和相对移动时的摩擦阻力，在外壳内贮有润滑油，外壳与套筒之间设有密封圈。

　　齿式联轴器的允许角位移在 30′ 以下，若将外齿轮做成如图 11-23b 所示的鼓形齿，则允许角位移可达 3°。齿式联轴器的优点是能传递很大的转矩和补偿适量的综合位移，因此常用在功率大、两轴间存在位移的设备上，如转碟式曝气机用联轴器。但是，当传递巨大转矩时，齿间的压力也随之增大，使联轴器的灵活性降低，而且结构笨重、造价较高。

2. 滑块联轴器

如图 11-24 所示，滑块联轴器采用双滑块机构连接两轴，允许的径向位移（即偏心距）$y \leqslant 0.04d$（d 为轴的直径），角位移不大于 $30'$。若两轴不对中，轴转动时滑块将在凹槽内移动，不仅会产生较大磨损，还会因滑块偏离中心产生离心力。当转速较高时，滑块的偏心将并给轴和轴承带来附加动载荷，因此只适用于低速轴间的连接，轴的转速一般不超过 $300r/min$，且凹槽和凸榫的工作面间需要添加润滑剂，以减少磨损。

3. 万向联轴器

万向联轴器有十字轴式、球笼式、球叉式、

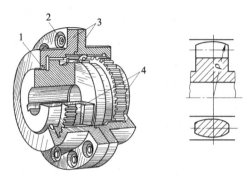

a) 三维实体图   b) 鼓形齿示意图

图 11-23 齿式联轴器

1—密封圈 2—连接螺栓
3—有内齿的外壳 4—有外齿的套筒

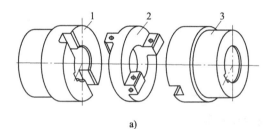
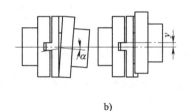

a)   b)

图 11-24 滑块联轴器

1、3—半联轴器 2—中间滑块

凸块式、球销式、球铰式、球铰柱塞式、三销式、三叉杆式、三球销式、铰杆式等多种结构型式，最常用的为十字轴式，《机械设计手册》中收录了十字轴式万向联轴器、球铰式万向联轴器和球笼式同步万向联轴器 3 种。万向联轴器的特点是角位移补偿量较大，不同结构型式万向联轴器两轴线夹角不相同，一般为 $5° \sim 45°$，其中 WS、WSD 型十字轴式万向联轴器许用角位移最大（$\leqslant 45°$），SWC 型十字轴式万向联轴器许用角位移为 $15° \sim 25°$。

图 11-25 所示十字轴式万向联轴器（也称万向节）的十字轴四端用铰链分别与轴 1、轴 2 上的叉形接头（常称拨叉）相连。当一轴的位置固定后，另一轴的角位移 α 可达 $35° \sim 45°$，而且在设备运转时，夹角发生改变仍可正常传动。但当角位移 α 过大时传动效率会显著降低，且单个万向联轴器会导致主、从动轴的瞬时角速度不相等，即当主动轴 1 以等角速度回转时，从动轴 2 做变角速度转动，从而引起动载荷。为了改善这种情况，常将十字轴式万向联轴器成对使用，小型

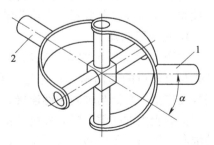

图 11-25 十字轴万向联轴器示意图

1、2—轴

双十字轴式万向联轴器的结构如图 11-26 所示，机构运动简图如 11-27 所示。需要注意的是双十字轴万向联轴器安装时必须保证主动轴 1、从动轴 3 与中间轴 2 之间的夹角 $\alpha_1 = \alpha_2$，并且中间轴 2 的两端叉形接头应在同一平面内，这样可以使双万向联轴器实现等角速比传动。

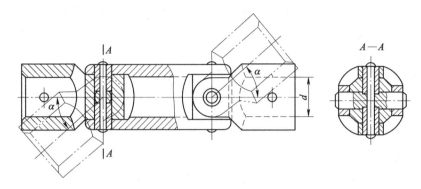

图 11-26　小型双十字轴式万向联轴器的结构示意图

　　环境工程领域中污泥等黏稠介质常采用单螺杆泵进行输送，单螺杆泵属于典型的容积泵，其主要构成是钢制螺杆（转子）和具有内螺旋的橡胶衬套（定子），两者配合形成若干封闭腔室。当转子转动时封闭腔室螺旋推进，使流体从一端移向另一端完成泵送。如图 11-28 所示，工作

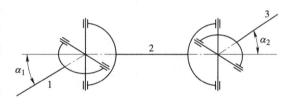

图 11-27　双十字轴式万向联轴器运动简图
1—主动轴　2—中间轴　3—从动轴

过程中转子在橡胶衬套内转动，转子各轴断面的中心在相应断面上产生较为复杂的平面运动，而安装有密封件的传动轴转动中心和几何中心需要重合以防止轴的蹿动而导致泄漏，因此单螺杆泵中的联轴器十分重要。如图 11-28 所示，电动机轴和传动轴之间采用固定式刚性联轴器连接，而传动轴和单螺杆转子之间采用双十字轴式万向联轴器连接，为了减少低含水污泥中磨砺性颗粒对联轴器接触摩擦面之间的磨损，延长工作寿命和运行可靠性，一般加装万向联轴器防护装置。例如德国 Seepex 公司的 N 系列单螺杆泵等专门采用可拆卸护套对联轴器实施保护。也有相关技术人员提出将销轴安装固定在轴承中，将销轴和万向联轴器拨叉间的滑动摩擦转变为滚动摩擦。

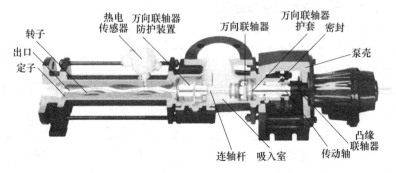

图 11-28　德国 Seepex 公司的 N 系列单螺杆泵

11.3.3 弹性联轴器

弹性联轴器装有弹性元件，利用弹性元件的弹性变形补偿两轴间的相对位移，并具有减振作用。弹性元件可用金属材料或非金属材料制作，前者的特点为强度高、尺寸小、寿命长，而后者的特点为重量轻、价廉、减振性能好。本节只介绍非金属弹性元件联轴器。

1. 弹性套柱销联轴器

如图 11-29 所示，与凸缘联轴器相比，弹性套柱销联轴器采用带橡胶弹性套的柱销连接两个半联轴器。为方便更换橡胶套，设计中联轴器凸缘和设备之间留出的距离 A 应大于柱销的长度；安装时，两半凸缘间留出的间隙 c 则需要大于两轴间可能产生角位移时轴端在轴向上的偏移量。弹性套柱销联轴器在高速轴上应用得十分广泛，缺点是弹性套易磨损，寿命较短。

2. 弹性柱销联轴器

如图 11-30 所示，弹性柱销联轴器的两半联轴器通过柱销连接，柱销的材料常为尼龙，利用尼龙的弹性变形补偿两轴间的位移。在柱销两端配置环形挡板，以防止柱销滑出，装配挡板时应注意留出柱销的膨胀间隙。与弹性套柱销联轴器相比，弹性柱销联轴器的结构更简单，更换柱销方便。

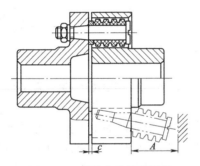

图 11-29　弹性套柱销联轴器

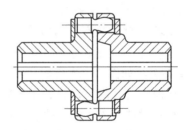

图 11-30　弹性柱销联轴器

弹性套柱销联轴器和弹性柱销联轴器通过弹性元件传递运动和动力，弹性元件能缓和冲击、吸收振动，适用于正反向变化多、起动频繁的两轴连接。它们适用的最大转速可达 8000r/min，使用温度范围为 $-20\sim60℃$。但是径向位移或角位移会引起弹性元件的磨损，因此采用这两种联轴器时，仍要求两轴具有一定的同轴度。

3. 梅花形弹性联轴器和弹性活块联轴器

如图 11-31 所示，梅花形弹性联轴器在 1、2 两个半联轴器的端面上均设计有凸齿，不同之处是各凸齿的两侧面呈内凹形，凹形与非金属弹性元件（橡胶或尼龙）外形一致。

如图 11-32 所示，弹性活块联轴器也是在凸齿的两侧面间隙内放置非金属弹性活块 3，但各弹性活块不相连，其特点是各弹性活块可径向插入而不必轴

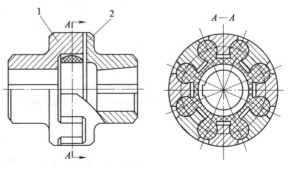

图 11-31　梅花形弹性联轴器
1、2—半联轴器

向移动两个半联轴器1、2，从而便于更换损坏的弹性件。为防止弹性活块因离心力而脱出，在联轴器的外缘装有套筒4。

与弹性套柱销联轴器和弹性柱销联轴器相比，梅花形弹性联轴器和弹性活块联轴器具有较大的径向位移和角位移补偿量，公称转矩和许用转速也较大，许可工作温度为−35~85℃。

11.3.4　轮胎式联轴器

如图11-33所示，轮胎式联轴器传动元件为橡胶制成的轮胎环，用止退垫板与半联轴器连接。其结构简单可靠，易于变形，允许的相对位移较大，角位移可达5°~12°，轴向位移可达0.02D，径向位移可达0.01D，D为联轴器外径。

轮胎式联轴器适用于起动频繁、正反向运转频繁、有冲击振动、两轴间有较大相对位移量以及潮湿多尘的环境中。轮胎式联轴器的径向尺寸大，轴向尺寸较窄，有利于缩短串接机组的总长度，最大转速可达5000r/min。

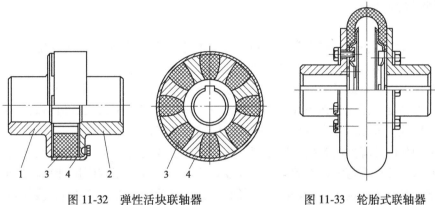

图 11-32　弹性活块联轴器　　　　　图 11-33　轮胎式联轴器
1、2—半联轴器　3—非金属弹性活块　4—套筒

11.3.5　联轴器的设计选型

联轴器大都已标准化，设计时先根据设备的工况选定联轴器的类型，然后按照计算转矩、连接轴的转速和配合轴段的直径从标准中选择所需的型号和尺寸，并确定联轴器孔和连接轴的配合关系，两者的配合关系参考表11-5，根据实际工作要求选取；必要时还应对联轴器的关键零件进行验算。

表 11-5　联轴器毂孔与轴的配合

孔径 d/mm	圆柱形毂孔与轴的配合		圆锥形毂孔与轴的配合
6~30	H7/j6		
>30~50	H7/k6	根据使用要求也可以选用 H7/r6、H7/n6、H7/p6	H8/k8
>50	H7/m6		

联轴器的计算转矩 T_c 可表示为

$$T_c = K_A T \tag{11-1}$$

选择联轴器时应使

$$T_c < T_n, n < n_p$$

式中，T 为名义转矩；K_A 为工况系数，相关取值列于表 11-6 中；T_n、n_p 分别为所选型号联轴器的公称转矩和许用转速（可查设计手册）。

表 11-6 工况系数 K_A

工 作 机	原动机为电动机时
工作很平稳的机械：发电机、小型通风机、小型离心泵	1.3
工作较为平稳的机械：汽轮压缩机、木工机械、输送机	1.5
载荷变化的机械：搅拌机、增压机、有飞轮的压缩机	1.7
载荷变化且有冲击载荷的机械：织布机、水泥搅拌机、拖拉机	1.9
载荷变化和冲击较大的机械：挖掘机、起重机、破碎机、造纸机	2.3

11.4 轴的强度计算

轴的常规设计计算以材料力学（工程力学）的相关知识为基础，通过建立力学模型进行受力分析确定应力、应变值。随着计算机辅助工程（CAE）技术的快速发展，在大部分三维造型软件中已经集成了轴的应力、应变数值仿真分析模块，且操作简单、计算精度高于常规解析计算精度。因此，在条件允许的情况下，建议读者尝试采用数值仿真分析的方法，快速、高精度地完成轴的强度校核，本书仅介绍轴的常规设计方法。

常用轴的强度计算方法有按扭转强度计算和按弯扭合成强度计算两种。对于转轴，轴两端常常只有扭矩而没有弯矩，因此轴的一般设计步骤为：先按扭转强度计算轴的最小直径，然后根据结构需要依次确定各段轴段的直径和长度，最后按弯扭合成进行强度校核。

11.4.1 按扭转强度计算

扭转强度计算用于只承受转矩的传动轴校核，也用于既传递转矩又承受弯矩的转轴最小直径初步估算，对于只传递转矩的轴段，其强度条件为

$$\tau = \frac{T}{W_T} = \frac{9.55 \times 10^6 P}{0.2 d^3 n} \leqslant [\tau] \tag{11-2}$$

式中，τ 为轴的扭转切应力（MPa）；T 为转矩（N·mm）；W_T 为抗扭截面系数（mm³）；对于圆形截面的实心轴，$W_T = \dfrac{\pi d^3}{16} \approx 0.2d$；$P$ 为传递的功率（kW）；n 为轴的转速（r/min）；d 为轴的直径（mm）；$[\tau]$ 为许用扭转切应力（MPa），其值见表 11-7。当用式（11-2）估算转轴的最小直径时，许用扭转切应力 $[\tau]$ 应取较小值，以补偿弯矩的影响。将材料的许用扭转切应力 $[\tau]$ 代入式（11-2），整理后得到的轴设计公式为

$$d \geqslant \sqrt[3]{\frac{9.55 \times 10^6}{0.2[\tau]}} \sqrt[3]{\frac{P}{n}} \geqslant C \sqrt[3]{\frac{P}{n}} \tag{11-3}$$

式中，C 是根据轴的材料和承载情况确定的常数，其值见表 11-7。

表 11-7 常用材料的 $[\tau]$ 和 C 值

轴的材料	Q235，20	35	45	40Cr，35SiMn
$[\tau]$/MPa	12~20	20~30	30~40	40~53
C	160~135	135~118	118~107	107~98

注：当作用在轴上的弯矩相对转矩很小或只传递转矩时，C 取较小值，否则取较大值。

11.4.2 按弯扭合成强度计算

图 9-50 所示的单级圆柱齿轮减速器三维设计图中，当零件在轴上布置妥当后，外载荷和支承反力的作用位置即可确定。根据外载荷进行轴的受力分析，并绘制弯矩图和转矩图，然后按弯扭合成强度计算轴径。当轴受到的力不都在同一平面上时，可在各力所在平面内分别计算，然后进行合成。

对于一般钢制轴，弯扭合成可用第三强度理论（即最大切应力理论）求出危险截面的当量应力 σ_e，其强度条件为

$$\sigma_e = \sqrt{\sigma_{bb}^2 + 4\tau^2} \leqslant [\sigma_{bb}] \tag{11-4}$$

式中，σ_{bb} 为危险截面上弯矩 M 产生的弯曲应力；τ 为转矩 T 产生的扭转切应力。对于直径为 d 的实心圆轴，

$$\sigma_{bb} = \frac{M}{W} = \frac{M}{\pi d^3/32} \approx \frac{M}{0.1d^3} \tag{11-5}$$

$$\tau = \frac{T}{W_T} = \frac{T}{2W} \tag{11-6}$$

式中，W、W_T 分别为轴的抗弯截面系数和抗扭截面系数。将 σ_{bb} 和 τ 值代入式（11-4），得

$$\sigma_e = \sqrt{\left(\frac{M}{W}\right)^2 + 4\left(\frac{T}{2W}\right)^2} = \frac{1}{W}\sqrt{M^2 + T^2} \leqslant [\sigma_{bb}] \tag{11-7}$$

对于一般的转轴，弯曲应力 σ_{bb} 为对称循环变应力，扭转切应力 τ 的循环特性往往与载荷性质相关，根据扭转切应力 τ 的循环特性，给转矩 T 乘以一个折合系数 α 后，式（11-7）转化为

$$\sigma_e = \frac{M_e}{W} = \frac{1}{0.1d^3}\sqrt{M^2 + (\alpha T)^2} \leqslant [\sigma_{-1bb}] \tag{11-8}$$

式中，M_e 为当量弯矩，$M_e = \sqrt{M^2 + (\alpha T)^2}$，转矩不变时折合系数 $\alpha = \dfrac{[\sigma_{-1bb}]}{[\sigma_{+1bb}]} \approx 0.3$；当转矩脉动变化时，$\alpha = \dfrac{[\sigma_{-1bb}]}{[\sigma_{0bb}]} \approx 0.6$；对于频繁正反转的轴，可视为对称循环变应力，$\alpha = 1$，若转矩的变化规律不清楚，一般可按脉动循环处理；$[\sigma_{-1bb}]$、$[\sigma_{0bb}]$、$[\sigma_{+1bb}]$ 分别为对称循环、脉动循环及静应力状态下的许用弯曲应力，见表 11-8。对于载荷方向、大小均不变的转轴，许用弯曲应力取 $[\sigma_{-1bb}]$。

表 11-8 轴的许用弯曲应力 （单位：MPa）

材料	σ_{bb}	$[\sigma_{+1bb}]$	$[\sigma_{0bb}]$	$[\sigma_{-1bb}]$
碳素钢	400	130	70	40
	500	170	75	45
	600	200	95	55
	700	230	110	65
合金钢	800	270	130	75
	900	300	140	80
	1000	330	150	90
铸钢	400	100	50	30
	500	120	70	40

按弯扭合成强度计算轴径的一般步骤如下：

1）在结构设计的基础上，分析轴的受力情况，绘制力学模型简图。

2）根据外载荷分布情况，合理选择载荷计算平面，分别计算各面上的支承反力。

3）分别计算各平面内的弯矩，并绘制弯矩图。

4）计算合成弯矩 M，并绘制弯矩图。

5）计算转矩 T，作转矩图。

6）进行弯扭合成计算$M_e = \sqrt{M^2 + (\alpha T)^2}$，作当量弯矩 M_e 图。

7）计算危险截面轴径，由式（11-8）可得

$$d \geqslant \sqrt[3]{\frac{M_e}{0.1[\sigma_{-1bb}]}} \tag{11-9}$$

当危险截面上有键槽时，应将计算值加大 5%。若计算出的轴径大于结构设计估算值，必须修改结构设计方案，增加轴的直径；若计算出的轴径小于结构设计估算值，应以结构设计的轴径为准。

【例 11-1】 某凸轮转子泵采用带传动＋一级斜齿圆柱齿轮传动，图 11-34 所示为主要展示齿轮传动部分的三维造型剖视图，大带轮安装在右侧齿轮轴的轴端（图中伸出部分），试校核齿轮轴危险截面的强度。已知减速齿轮为平行轴斜齿圆柱齿轮传动，齿轮传动功率 $P = 7.5\text{kW}$，输入转速 $n_1 = 450\text{r/min}$，传动比 $i_{12} = 3$，齿轮螺旋角 $\beta = 9.1°$，小齿轮分度圆直径 $d_1 = 70.89\text{mm}$，齿根圆直径 $d_{f1} = 64.64\text{mm}$。大带轮作用在轴右端的压轴力 $F = 4500\text{N}$（方向未定）。轴系的二维结构如图 11-35a 所示，$L = 100\text{mm}$，$K = 60\text{mm}$。

图 11-34 凸轮转子泵传动机构图

解：（1）计算作用在齿轮上的力 根据受力情况绘制轴系受力示意图，如图 11-35b 所

示，齿轮受力的大小分别为

$$T_1 = 9.55 \times 10^6 \frac{P}{n_1} = 9.55 \times 10^6 \frac{7.5}{450} \text{N} \cdot \text{mm} = 159167\text{N} \cdot \text{mm}$$

$$F_t = \frac{2T_1}{d_1} = \frac{2 \times 159167}{70.89} \text{N} = 4491\text{N}$$

$$F_r = \frac{F_t \tan \alpha_n}{\cos\beta} = \frac{4491\tan20°}{\cos9.1°} \text{N} = 1654\text{N}$$

$$F_a = F_t \tan\beta = 4491\tan9.1° \text{N} = 719\text{N}$$

绘制轴上传递的转矩，如图 11-35c 所示。

求解竖直面（V 面）的支承反力

$$F_{1V} = \frac{F_r \frac{L}{2} - F_a \frac{d_1}{2}}{L}$$

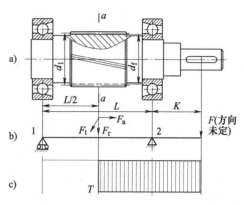

$$= \frac{1654 \times \frac{100}{2} - 719 \times \frac{70.89}{2}}{100} \text{N} = 572\text{N}$$

$$F_{2V} = F_r - F_{1V} = (1654 - 572)\text{N} = 1082\text{N}$$

（2）求解水平面的支承反力 如图 11-35e 所示。

$$F_{1H} = F_{2H} = \frac{F_t}{2} = \frac{4491}{2}\text{N} = 2245\text{N}$$

（3）求解带轮压轴力 F 在支点产生的反力如图 11-35f 所示。

$$F_{1F} = \frac{FK}{L} = \frac{4500 \times 60}{100}\text{N} = 2700\text{N}$$

$$F_{2F} = F + F_{1F} = (4500 + 2700)\text{N} = 7200\text{N}$$

带的压轴力 F 作用方向与带传动布置有关，在具体布置尚未确定前，可按最坏情况分析，即假设其在轴上产生弯矩的方向与其他力的合成弯矩方向相同。

（4）绘制垂直面的弯矩图 如图 11-35d 所示。

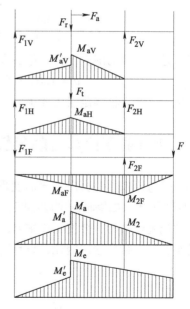

图 11-35 凸轮转子泵驱动轴的受力分析

$$M_{aV} = F_{2V}\frac{L}{2} = 1082 \times \frac{0.1}{2}\text{N} \cdot \text{m} = 541\text{N} \cdot \text{m}$$

$$M'_{aV} = F_{1V}\frac{L}{2} = 572 \times \frac{0.1}{2}\text{N} \cdot \text{m} = 29\text{N} \cdot \text{m}$$

（5）绘制水平面的弯矩图 如图 11-35e 所示。

$$M_{aH} = F_{1H}\frac{L}{2} = 2245 \times \frac{0.1}{2}\text{N} \cdot \text{m} = 112\text{N} \cdot \text{m}$$

（6）绘制带轮压轴力 F 产生的弯矩图　如图 11-35f 所示。

$$M_{2F} = FK = 4500 \times 0.06 \mathrm{N \cdot m} = 270 \mathrm{N \cdot m}$$

于是，a—a 截面力 F 产生的弯矩为

$$M_{aF} = F_{2F} \frac{L}{2} = 7200 \times \frac{0.1}{2} \mathrm{N \cdot m} = 360 \mathrm{N \cdot m}$$

（7）绘制合成弯矩图　如图 11-35g 所示，假设带轮压轴力在轴上所产生弯矩的方向与其他力在轴上所产生合成弯矩的方向相同，则把 M_{aF} 与 $\sqrt{M_{aV}^2 + M_{aH}^2}$ 直接相加可得

$$M_a = \sqrt{M_{aV}^2 + M_{aH}^2} + M_{aF} = (\sqrt{541^2 + 112^2} + 360) \mathrm{N \cdot m} = 912 \mathrm{N \cdot m}$$

$$M_a' = \sqrt{M_{aV}'^2 + M_{aH}'^2} + M_{aF} = (\sqrt{29^2 + 112^2} + 360) \mathrm{N \cdot m} = 476 \mathrm{N \cdot m}$$

（8）求解危险截面的当量弯矩　如图 11-35h 所示，在相同直径的轴段上，a—a 截面处的应力最大，故为危险截面，其当量弯矩为

$$M_e = \sqrt{M_a^2 + (\alpha T)^2}$$

凸轮转子泵工作过程中一般以恒定转速运转，因此可以认为轴的扭转切应力是静应力，取折合系数 $\alpha = 0.3$，代入上式可得

$$M_e = \sqrt{912^2 + (0.3 \times 159)^2} \mathrm{N \cdot m} = 913 \mathrm{N \cdot m}$$

（9）计算危险截面处轴的直径　轴的材料选用 45 钢，调质处理。查表 11-1 得 $R_m = 650 \mathrm{MPa}$，查表 11-8，并用插值法计算 $[\sigma_{-1bb}] = 60 \mathrm{MPa}$，则

$$\sigma_e = \sqrt{\left(\frac{M}{W}\right)^2 + 4\left(\frac{T}{2W}\right)^2} = \frac{1}{W}\sqrt{M^2 + T^2} \leqslant [\sigma_{bb}]$$

考虑键槽对轴的削弱，将 d 值加大 5%，故

$$d = 1.05 \times 53.4 \mathrm{mm} \approx 56 \mathrm{mm} < 64.64 \mathrm{mm}$$

显然，轴的直径满足强度要求。

11.5　轴的刚度计算与临界转速

轴承受弯矩作用时会产生弯曲变形，如图 11-36 所示；承受转矩作用会产生扭转变形，如图 11-37 所示。如果轴的刚度不够，过大的变形会影响轴的正常工作。例如，当转碟式曝气机轴的挠度过大时，会使工作轴与减速器输出轴间的角位移增大，导致联轴器工作环境恶化，甚至引起连接失效。因此，设计时必须根据轴的工作条件限制其变形量，即

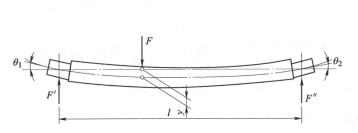

图 11-36　轴的挠度和转角

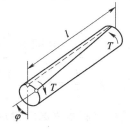

图 11-37　轴的扭角

$$\left.\begin{array}{l}\text{挠度 } \gamma \leqslant [\gamma] \\ \text{转角 } \theta \leqslant [\theta] \\ \text{扭角 } \varphi \leqslant [\varphi]\end{array}\right\} \tag{11-10}$$

式中，$[\gamma]$、$[\theta]$、$[\varphi]$ 分别为许用挠度、许用转角和许用扭角，其值见表 11-9。

表 11-9　轴的许用变形量 $[\gamma]$、$[\theta]$ 和 $[\varphi]$

变形种类	适用场合	许用值	变形种类	适用场合	许用值
许用挠度 $[\gamma]$/mm	一般用途的轴	$(0.0003 \sim 0.0005)l$	许用转角 $[\theta]$/rad	调心球轴承支承的轴	$\leqslant 0.05$
	刚度要求较高的轴	$0.0002l$		圆柱滚子轴承支承的轴	$\leqslant 0.0025$
	安装齿轮的轴	$(0.01 \sim 0.03)m_n$		圆锥滚子轴承支承的轴	$\leqslant 0.0016$
	安装蜗轮的轴	$(0.02 \sim 0.05)m_n$		安装齿轮处轴的截面	$0.001 \sim 0.002$
许用转角 $[\theta]$/rad	滑动轴承支承的轴	$\leqslant 0.001$	每米长许用扭角 $[\varphi]$/(°/m)	一般传动轴	$0.5 \sim 1$
	向心球轴承支承的轴	$\leqslant 0.005$		较精密的传动轴	$0.25 \sim 0.5$
				重要传动轴	$\leqslant 0.25$

注：l 为支承间距，m_n 为模数。

11.5.1　弯曲变形计算

计算弯矩作用下轴的挠度 γ 和转角 θ 的方法有很多，《工程力学》或《材料力学》中已经给出两种：①按挠度曲线的近似微分方程式的积分求解；②变形能法。环保设备中常见的轴大多可视为简支梁，若是等直径轴，则可以直接计算；若是阶梯轴，如果计算精度要求不高，则可用当量直径法近似计算。即把阶梯轴看成当量直径为 d_v 的等直径轴，然后再按照《工程力学》中的公式计算，当量直径为

$$d_v \geqslant \sqrt[4]{\dfrac{L}{\displaystyle\sum_{i=1}^{n}\dfrac{l_i}{d_i^4}}} \tag{11-11}$$

式中，l_i 为阶梯轴第 i 段的长度（mm）；d_i 为阶梯轴第 i 段的直径（mm）；L 为阶梯轴的计算长度（mm）；n 为阶梯轴计算长度内的轴段数。当载荷作用于两支承点之间时，L 为支承跨距 l；当载荷作用于悬臂端时，$L = l + K$［l 为支承跨距（mm）；K 为轴的悬臂长度（mm）］。

【例 11-2】　某奥贝尔氧化沟配套用水平单轴转碟（盘）表面曝气机如图 11-38 所示，横跨沟渠以池壁为支承座，固定安装，支承轴由三部分组成，中间部分采用厚壁无缝钢管，两端为实心的阶梯轴，结构如图 11-39a 所示。厚壁钢管通过法兰与两端的实心轴连接，然后在车床上整体加工完成，加工后的支承轴圆跳动小于 0.1mm、同轴度误差不超过 0.1mm，轴两端法兰面的垂直度误差 ≤0.08mm。加工后的

图 11-38　某奥贝尔氧化沟水平单轴
转碟（盘）表面曝气机

轴需要进行内外防腐处理、表面喷砂处理等。减速器为 ZSL-160 三级圆柱齿轮减速器，输出轴直径为 75mm。减速器与支承轴之间采用 GICL 型鼓形齿式联轴器连接，支承轴承为调心滚子轴承。已知某型转碟表面曝气机的转速为 55r/min，安装了 7 个高强度轻质玻璃钢曝气转盘，单片曝气转盘质量不大于 35kg、功耗为 0.6kW，轴承间跨距 2.4m，中间段无缝钢管长度为 2.0m，总体结构如图 11-39a 所示。假设曝气转盘均布在支承轴上，不考虑其他外力，载荷平稳，试完成支承轴的结构设计，并确定联轴器的型号。

解：（1）材料的选择　两端实心轴选用 45 钢正火处理，中间厚壁无缝钢管选用 20 钢，弹性模量 $E=206GPa$。作用在轴上的弯矩较大，因此许用扭转切应力 $[\tau]$ 取小值而 C 取较大值，按照材料较差的 20 钢查表 11-7，取 $[\tau]=12MPa$，$C=160$。

（2）根据设备结构要求设计支承轴的结构　支承轴分为三部分，中间部分为直轴，两端需要安装支承轴承，驱动端还需要安装联轴器，利用轴肩和轴承端盖对轴承进行轴向定位，则将支承轴设计为图 11-39a 所示的结构。

（3）按照扭转切应力估算直径　7 片曝气转盘的总功耗 $P=7\times0.6kW=4.2kW$，由式（11-3）有

$$d_1 \geq C\sqrt[3]{\frac{P}{n}} = 160 \times \sqrt[3]{\frac{4.2}{55}}mm = 67.88mm$$

考虑键槽的削弱，轴颈应增加 5%，故

$$d_1 = 67.88mm \times 1.05 = 71.27mm$$

（4）支承轴的初步结构设计　上述 d_1 是按照扭转切应力估算所得支承轴的最小直径，也是为便于零件拆装而要求最外侧轴段最小直径的取值，接下来需要进行支承轴的初步结构设计。

第一段（d_1）轴上需要安装标准齿式联轴器，其直径应与标准齿式联轴器孔径配合，查《机械设计手册》，选用 GICL5 型鼓形齿式联轴器，确定第一段轴直径为 $\phi75mm$（大于计算值且等于联轴器孔径），长度 140mm（比联轴器安装尺寸小 2mm），联轴器极限转速为 3300r/min，额定转矩为 5kN·m。

第二段（d_2）轴的左侧端面将用于对联轴器进行定位，查表 11-2 可知，联轴器毂孔的倒角为 2.0mm，因此定位轴肩的高度 $h=4\sim6mm$，则 $d_2=d_1+2h=83\sim87mm$。转碟（盘）表面曝气机绝大多数情况下露天工作，轴承安装在 SNK218 型二螺柱立式轴承座（剖分式）内，轴承座两端加装毡圈油封对轴承进行防尘密封，查《机械设计手册》预选油封部分的毡圈油封尺寸，满足条件的第二段轴直径为 $\phi85mm$，轴端直径公差带为 f9；考虑轴承密封空间、轴承端盖螺栓安装空间等需要占用的轴向长度，将第二段轴长度定为 65mm。

第三段（d_3）轴和最后一段（d_9）轴上需要安装轴承，二、三两段间增加轴肩是为了方便轴承安装，轴肩高度根据标准件的尺寸确定，初选直径大于 85mm 的 2218 型调心滚子轴承，内径值为 $\phi90mm$、宽 40mm，则 $d_3=d_9=\phi90mm$。第三段（d_3）轴的长度取 40mm，最后一段（d_9）轴的长度取 45mm。

第四段（d_4）轴和第八段（d_8）轴为轴承的定位轴肩，查内径为 $\phi90mm$ 的调心滚子轴承可知，定位轴肩的直径 $d_4=d_8=d_a=\phi100mm$；这两段轴也需要安装防尘密封圈，因此相应选用内径为 $\phi100mm$ 的毡圈油封。如果轴承的定位轴肩为非圆整数，应再增加一段轴肩。考虑轴承端盖和轴连接法兰螺栓的拆装方便，两段轴的长度均预设为 110mm。

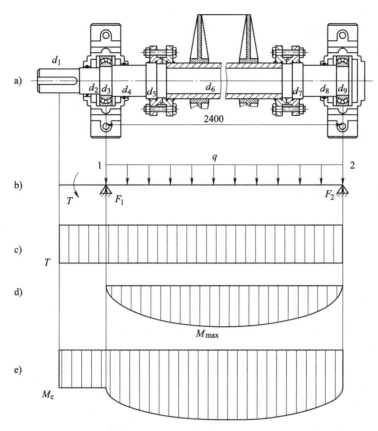

图 11-39 转碟（盘）表面曝气机支承轴的初步结构设计和受力分析示意图

第五段（d_5）轴和第七段（d_7）轴为阶梯轴与厚壁管连接法兰的安装子口，选用 II 型 DN100 的标准法兰，轴的直径 $d_5 = d_7 = \phi108mm$，长度为 35mm。

第六段（d_6）轴为整个支承轴的中间段主体部分，所有曝气转盘均安装在该段，长度 为 2000mm，为减轻重量，选用 DN100 的厚壁无缝钢管（壁厚为 17.12mm，外径 $D = \phi114.3mm$，内径 $d = \phi80.06mm$），然后经车床整体加工，加工后内径不变，外径为 $d_{60} = \phi110m$。两端安装法兰位置处预留法兰安装子口，子口直径为 $\phi108mm$，长度为 30mm。

（5）按照弯扭组合校核支承轴直径 根据支承轴的受力情况，将轴系简化为图 11-39b 所示简支梁受力分析图。

支承轴上的曝气转盘在水中浸没一定深度，旋转时需要一定转矩，同时承载曝气转盘及 支承轴自身的重量，因此属于转轴，需要进行弯扭组合应力校核。

转矩可以直接根据单个曝气转盘的消耗功率进行计算，理论上左端最大，并且沿轴向随 曝气转盘数量的增加而呈阶梯降低趋势。为了简化计算，本例题中按照转矩的最大值保持不 变计算，则转矩如图 11-39c 所示，转矩值为

$$T_1 = 9550\frac{P}{n} = 9550 \times \frac{4.2}{55}N \cdot m = 729.27N \cdot m = 0.73kN \cdot m < 5kN \cdot m$$

因此所选联轴器合格。

弯矩主要来自曝气转盘重量和支承轴自身重量，曝气转盘质量为 35kg×7 = 245kg，转盘

在水中的浮力忽略不计。钢的密度按照 7.86g/cm^3 计算，两端轴段直径按照 d_4、长度为 580mm，则实心段轴的总质量为 35.79kg，加工后的空心圆管质量为 70.34kg，DN100 标准凹凸面平焊管法兰每个质量为 4.78kg，共 19.12kg。曝气转盘均匀分布在轴上，因此可以将曝气转盘和支承轴自重均看作均布载荷，则均布载荷 q 为

$$q = \frac{(245 + 35.79 + 70.34 + 19.12) \times 9.81}{2.4}\text{N/m} = 1.51\text{kN/m}$$

弯矩如图 11-39d 所示，最大弯矩为

$$M_{\max} = \frac{qL^2}{8} = \frac{1.51 \times 2.4^2}{8}\text{kN} \cdot \text{m} = 1.09\text{kN} \cdot \text{m}$$

（6）求危险截面的当量弯矩　由图 11-39e 可见，支承轴中间段中间位置的截面在相同直径轴段上的应力最大，为危险截面，其当量弯矩为

$$M_e = \sqrt{M_a^2 + (\alpha T)^2}$$

匀速转动的转碟（盘）表面曝气机，支承轴的扭转切应力为静应力，取折合系数 $\alpha = 0.3$，代入上式可得

$$M_e = \sqrt{1.09^2 + (0.3 \times 0.73)^2}\text{kN} \cdot \text{m} = 1.11\text{kN} \cdot \text{m}$$

（7）危险截面处强度校核　中间段轴的材料为 20 钢，正火处理，由《机械设计手册》查得 $\sigma_{bb} = 410\text{MPa}$；由表 11-8 查得 $[\sigma_{-1bb}] = 40\text{MPa}$，于是计算空心轴的抗弯截面系数为

$$W = \frac{\pi d_{6o}^3}{32}\left[1 - \left(\frac{d_{6i}}{d_{6o}}\right)^4\right] = \frac{3.14 \times 110^3}{32}\left[1 - \left(\frac{80.06}{110}\right)^4\right]\text{mm}^4 = 93956\text{mm}^4$$

$$\sigma_e = \frac{M_e}{W} = \frac{1.11 \times 10^6}{93956}\text{MPa} = 11.80\text{MPa} \leqslant [\sigma_{-1bb}]$$

因此，满足强度要求。

（8）危险截面处的弯曲变形校核　由表 11-9 可知，转碟（盘）表面曝气机的转速低，对轴的挠度要求低，因此 $[\gamma]$ 取大值，为 $0.0005 \times 2400\text{mm} = 1.2\text{mm}$；选取的支承轴承为调心滚子轴承，查表 11-9，可知允许的极限转角 $[\theta] = 0.05\text{rad}$。实心轴和空心管的惯性矩不同，而且本例题中实心轴的长度很短，为此弯曲变形计算时可以按照直空心轴计算，于是挠度和转角分别为

$$\gamma = \frac{5qL^4}{384EI} = \frac{5 \times 64qL^4}{384E\pi d_{6o}^4\left(1 - \left(\frac{d_{6i}}{d_{6o}}\right)^4\right)}$$

$$= \frac{320 \times 1510 \times 2.4^4}{384\pi \times 206 \times 10^9 \times 0.11^4 \times \left[1 - \left(\frac{80.06}{110}\right)^4\right]}\text{mm} = 0.61\text{mm} < [\gamma]$$

$$\theta = \frac{qL^3}{24EI} = \frac{64qL^3}{24E\pi d_{6o}^4\left[1 - \left(\frac{d_{6i}}{d_{6o}}\right)^4\right]}$$

$$= \frac{64 \times 1620 \times 2.2^3}{24\pi \times 206 \times 10^9 \times 0.11^4 \times \left[1 - \left(\frac{80.06}{110}\right)^4\right]}\text{rad} = 8.17 \times 10^{-4}\text{rad} < [\theta]$$

因此，初步设计的支承轴满足弯曲变形要求，轴的二维工程图如图 11-40 所示。

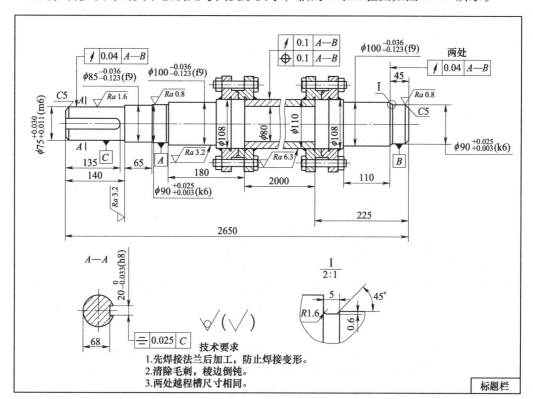

图 11-40　转碟（盘）表面曝气机主轴二维工程图

11.5.2　扭转变形的计算

等直径的轴受转矩 T 作用时，其扭角 φ 可按《工程力学》或《材料力学》中的扭转变形公式求出，即

$$\varphi = \frac{Tl}{GI_p} = \frac{32Tl}{G\pi d^4} \tag{11-12}$$

式中，T 为转矩（N·mm）；l 为轴受转矩作用的长度（mm）；G 为材料的切变模量（MPa）；d 为轴径（mm）；I_p 为轴截面的极惯性矩（mm⁴）。

对于阶梯轴，其扭角 φ 的计算公式为

$$\varphi = \frac{1}{G} \sum_{i=1}^{n} \frac{T_i l_i}{I_{pi}} \tag{11-13}$$

式中，T_i、l_i、I_{pi} 分别代表阶梯轴第 i 段上所传递的转矩（N·mm）及该段的长度（mm）和极惯性矩（mm⁴）。

11.5.3　轴临界转速的概念

由于轴的重心与几何轴线间一般总有一微小的偏差，在离心力作用下，轴必然受到周期性载荷的干扰。当轴所受外力的频率与轴自振频率一致时，会产生共振，轴的共振转速称为

临界转速。如果轴的转速在临界转速附近长时间工作，共振会导致轴的变形迅速增大，以致使轴甚至整个机器达到破坏的程度。因此，对于重要的轴，尤其是高转速轴必须使轴的工作转速 n 避开临界转速 n_c。

轴的临界转速有多个，最低的一个称为一阶临界转速，其余为二阶、三阶……依此类推。工作转速低于一阶临界转速的轴称为刚性轴；超过一阶临界转速的轴称为挠性轴。对于刚性轴，应使 $n = (0.75 \sim 0.8) n_{c1}$；低于二阶转速的挠性轴，应使 $1.4 n_{c1} \leqslant n \leqslant 0.7 n_{c2}$（$n_{c1}$、$n_{c2}$ 分别为一阶临界转速、二阶临界转速）。

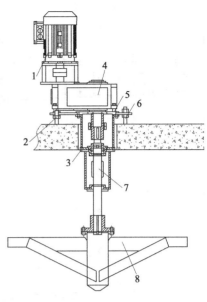

【例 11-3】 图 11-41 所示为污水处理厂 Carrousel 氧化沟配套用倒伞形叶轮立轴式表面曝气机的结构示意图，其作用是向水中供氧，推动水流在池内做循环流动，保证氧化沟内的活性污泥处于悬浮状态，并对氧、有机物、生物进行混合。一般工作情况下，倒伞形叶轮立轴曝气机安装在室外，最高工作温度为 40℃，由电动机驱动，每天工作 24h，每年工作 300d。若某型倒伞形叶轮立轴式表面曝气机，功率为 30kW。

图 11-41 倒伞形叶轮立轴式表面曝气机
1—电动机　2、6—地脚螺栓调节螺母
3—机架　4—减速器　5—升降平台
7—立轴　8—叶轮

转速为 45r/min，采用圆柱齿轮减速器，型号为 ZSY-224-31.5，输出轴直径为 100mm。假设与倒伞形叶轮相配的立轴为 45 钢加工的等直径轴（参考自《给排水手册》），轴的许用切应力 $[\tau] = 40$MPa，轴的长度 $l = 1100$mm，轴在全长上的扭角 φ 不得超过 1°，45 钢的切变模量 $G = 8 \times 10^4$MPa，工作过程中转矩变化较小。试求该立轴的直径，并选配立轴与 ZSY-224-31.5 减速器输出轴连接的联轴器。

解：（1）**按强度要求计算**

$$T = 9550 \frac{P}{n} = 9550 \times \frac{30}{45} \text{N} \cdot \text{m} = 6367 \text{N} \cdot \text{m}$$

$$\tau = \frac{T}{W_T} = \frac{T}{0.2 d^3} \leqslant [\tau]$$

故立轴的直径

$$d \geqslant \sqrt[3]{\frac{T}{0.2 [\tau]}} = \sqrt[3]{\frac{6367 \times 10^3}{0.2 \times 40}} \text{mm} = 92.7 \text{mm}$$

（2）**按扭转刚度计算**　按题意 $l = 1100$mm，在立轴的全长上，$[\varphi] = 1° = \frac{\pi}{180}$rad，根据式（11-12）有

$$d \geqslant \sqrt[4]{\frac{32 T l}{\pi G [\varphi]}} = \sqrt[4]{\frac{32 \times 6367 \times 10^3 \times 1100}{\pi \times 8 \times 10^4 \times \frac{\pi}{180}}} \text{mm} = 84.6 \text{mm}$$

故该立轴的直径取决于强度要求，考虑键槽的影响轴直径增加 5%，故

$$d = 92.7\text{mm} \times 1.05 = 97.3\text{mm}$$

圆整后取 100mm。

（3）选择联轴器类型　考虑到曝气机立轴的转速较低、工作过程中一般无冲击，选用梅花形弹性联轴器。

（4）联轴器计算转矩　查表 11-6 可知，转矩变化较小的工作机工作情况系数 $K_A = 1.5$，故计算转矩为

$$T_c = K_A T = 1.5 \times 6367\text{N} \cdot \text{m} = 9550.5\text{N} \cdot \text{m} = 9.6\text{N} \cdot \text{m}$$

（5）选择联轴器的型号　查《机械设计手册》中 LM 型梅花形弹性联轴器，选择的联轴器为：LM13 梅花联轴器 $\dfrac{\text{YC100}\times212}{\text{YC100}\times212}$，公称转矩为 11.2kN·m>9.6kN·m，许用转速为 2100r/min>48r/min，两个半法兰均为 Y 型轴孔，孔径均为 100mm（ZSY-224-31.5 减速器输出轴）和 100mm（曝气机立轴），轴端采用 C 型键连接，联轴器连接毂孔长度均为 212mm。

需要说明的是，倒伞形叶轮立轴式表面曝气机的立轴较长，为减轻重量，工程中并没有完全采用《给排水手册》中的设计方法，而常用厚壁钢管制作立轴的主体，与减速器连接的轴头则加工成实心的台阶轴，此例中计算结果实为台阶轴的第一段轴直径；立轴、联轴器、轴承等安装在标准机架内，实心轴和钢管、钢管和曝气叶轮间采用法兰连接，其结构参考例 11-2 中奥贝尔氧化沟水平单轴转碟（盘）表面曝气机的主轴的结构，在此不再赘述。

【习题】

11-1　在图 11-42 中，Ⅰ、Ⅱ、Ⅲ、Ⅳ 轴是心轴、转轴还是传动轴？心轴是固定的还是转动的？以一次提升过程为例，电动机单向转动，指出各轴受转矩和弯曲应力的循环特性系数 r 分别为多少。

11-2　已知一 45 钢制造的传动轴，传递的功率为 12kW，转速 $n = 400\text{r/min}$，轴上有一个键槽，试计算该轴的最小直径。

11-3　如图 11-43 所示两级圆柱齿轮减速器，已知高速级传动比 $i_{12} = 3$，低速级传动比 $i_{34} = 4.5$。忽略轮齿啮合及轴承摩擦的功率损失，试计算三根轴传递的转矩之比，并按扭转强度估算三根轴的轴径之比。

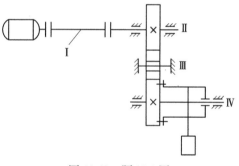
图 11-42　题 11-1 图

11-4　如图 11-44 所示为单级齿轮减速器输出轴的装配图，仅从轴的结构设计考虑（不考虑轴承的润滑及轴的圆角过渡等问题），指出图中存在的错误，并绘制正确的结构。若右侧第一段轴的直径为 30mm，按轴的结构设计要求，计算各轴段直径，有配合的轴段需指出基准制，并给出合理的配合关系（提示：当滚动轴承的内径 $d \geq 20\text{mm}$ 时，国家标准规定 d 值每档增加 5mm）。

11-5　与直径 $\phi80\text{mm}$ 实心轴等扭转强度的空心轴，其外径 $d_o = 85\text{mm}$，设两轴材料相同，试求该空心轴的内径 d_i 和减轻重量的百分率（注：空心轴的 $W_T = \dfrac{\pi d_o^3}{16}(1-\beta^4)$，$\beta = \dfrac{d_i}{d_o}$ 为空心轴系数）。

11-6　由交流电动机直接带动离心机，离心机工作平稳，已知所需最大功率为 10kW，转速为 2930r/min，外伸轴的轴径 $d = 42\text{mm}$。①试为电动机与离心机之间选择恰当类型的联轴器；②根据已知条件，确定联轴器的具体型号。

11-7 查阅资料或进行实物考察，分析自行车三个轴系（前轮、后轮和驱动链轮）的结构，绘制轴系简图，并指出各轴是心轴、转轴还是传动轴？心轴是固定的还是转动的？

11-8（大作业） 请查阅资料，分析机械加速澄清池用搅拌机的应用环境、作用、组成和工作原理，然后根据机械加速澄清池的工作要求，确定配套用搅拌机的设计注意事项。通过互联网等途径，调研国内外现用机械加速澄清池搅拌机生产厂家、搅拌机类型和工况，分析各类型搅拌机所用联轴器和轴的类型、结构，选择其中一款对其所用的联轴器和轴进行安全校核。

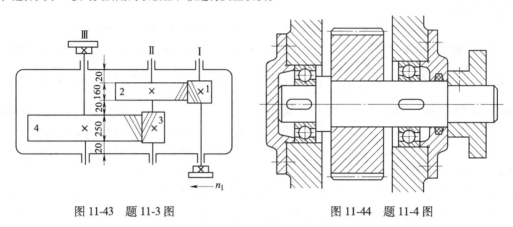

图 11-43　题 11-3 图　　　　　　　　　图 11-44　题 11-4 图

第 12 章

轴承及其润滑与密封

轴承（bearing）是轴系中支承、隔离动静部件并减小动静部件之间摩擦系数的关键组件。按照轴承中接触摩擦性质的不同，可把轴承分为滑动摩擦轴承（简称滑动轴承，slide bearing）和滚动摩擦轴承（简称滚动轴承，roller bearing）两大类。滚动轴承摩擦系数小、起动阻力小，且已经标准化，选用、润滑、维护都很方便。但是，在高转速、高精度、重荷载、结构上要求剖分等场合，滑动轴承的优异性能依旧凸显，例如离心式压缩机、垂架式中心传动刮泥机等设备上均有滑动轴承的使用。此外，在低速、有冲击载荷的设备上，如水泥搅拌机、滚筒清砂机、破碎机等设备中也常采用滑动轴承。

本章主要介绍滑动轴承和滚动轴承的组成、分类、工作原理、设计选型和安装定位等，重点介绍标准滚动轴承当量动载荷和寿命的计算方法。

12.1 滑动轴承的结构、润滑形式与材料

12.1.1 滑动轴承的结构

按照承受载荷方向的不同，滑动轴承可分为向心滑动轴承（journal bearing）和推力滑动轴承（thrust bearing）。

1. 向心滑动轴承

如图 12-1 所示的剖分式向心滑动轴承，由轴承盖 1、轴承座 2、剖分轴瓦 3 和连接螺栓 4 等组成，其中轴瓦与轴直接接触。如图 12-2 所示，向心滑动轴承主要用于支承受径向力的轴，轴瓦宽度是向心滑动轴承的重要参数，常用宽径比 B/d（轴瓦宽度与孔径或轴径之比）表示。通常液体摩擦的滑动轴承，$B/d = 0.5 \sim 1$；非液体摩擦的滑动轴承，$B/d = 0.8 \sim 1.5$，有时可以取更大些。轴承盖将上下轴瓦压紧，不允许轴瓦在轴承孔中轴向转动或轴向窜动。轴承盖与轴承座的中分面上设计有阶梯形榫口，方便对心。

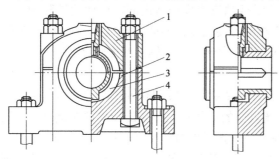

图 12-1 剖分式向心滑动轴承

1—轴承盖 2—轴承座 3—剖分轴瓦 4—连接螺栓

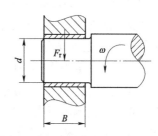

图 12-2 轴和轴瓦间的相对关系

2. 推力滑动轴承

如图 12-3 所示的推力轴承，用于支承受轴向力的轴。可以利用轴的端面作为止推面，也可以在轴的中段做出凸肩或装上推力圆盘。为了在两平行平面间形成动压油膜，须在轴承止推面加工出若干块扇形楔槽。如图 12-3a 所示的固定式推力轴承，其楔形的倾斜角固定不变，在楔形顶部留出平台，用来承受停车后的轴向载荷。当转动方向经常变化时，应选用可倾式推力轴承，其结构如图 12-3b 所示，形成扇形楔槽的扇形块倾斜角能随载荷、转速的改变而自行调整。

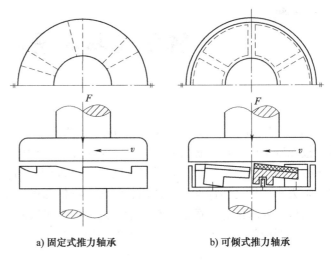

a) 固定式推力轴承　　　b) 可倾式推力轴承

图 12-3　推力轴承

12.1.2　滑动轴承的润滑状态

根据摩擦学的相关知识，滑动轴承的摩擦（润滑）状态可分为干摩擦、边界摩擦（边界润滑）、流体摩擦（流体润滑）、混合摩擦（混合润滑）等几种。

1. 干摩擦

考虑摩擦生热会造成轴的膨胀，向心滑动轴承和轴之间一般采用间隙配合，在径向力作用下轴和轴瓦的中心不重合，因此轴和轴瓦接触点两侧的间隙必然逐渐增大，间隙最大位置在接触点对面，形成了类似楔形的空间，如图 12-4 所示。假设轴系水平放置，静止状态时，在轴自身重力 G 作用下，添加的

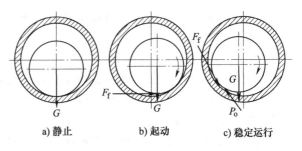

a) 静止　　b) 起动　　c) 稳定运行

图 12-4　向心滑动轴承中轴和轴瓦
在机器运行不同阶段时的状态

润滑油储存在两侧楔形空间内，最低点处因接触应力作用挤出润滑油而使轴和轴瓦直接接触，如图 12-4a 所示。因此起动前，轴和轴瓦的接触摩擦面间无润滑膜，处于干摩擦状态。干摩擦磨损快、能耗严重，表现出强烈的温升，甚至使轴与轴瓦产生胶合。

2. 边界摩擦（边界润滑）

起动后，轴在摩擦力 F_f 作用下逆转动方向运动，此时轴和轴瓦间的相对位置关系如图 12-4b 所示。由于润滑油中极性分子与金属表面的吸附作用，在旋转轴的驱动下，润滑油逐渐进入轴和轴瓦的接触区域内，并在金属表面逐渐形成油膜。由于所形成的油膜极薄，一般为 50nm 以下的边界油膜，因此称之为边界摩擦（边界润滑）状态。一般而言，当金属表面覆盖一层边界油膜后，可以起到减轻磨损的作用，该状态下摩擦系数 $f \approx 0.1 \sim 0.3$。

3. 流体摩擦（流体润滑）

流体摩擦是滑动轴承最理想的工作状态，根据油膜形成方式的不同，流体摩擦（流体润滑）分为流体静压润滑和流体动压润滑。流体静压润滑利用具有一定压力的流体将轴瓦与轴隔开，油膜由压力流体直接形成，油膜厚且厚度可控，因此设备始终运行在流体润滑状态。流体动压润滑只有在轴高速旋转时才能形成，且需要满足三个必要条件：①相对滑动的两表面间必须形成收敛的楔形间隙；②两表面必须有足够的相对滑动速度（即滑动表面带油时要有足够的油层最大速度），且相对运动方向使润滑油由大口流入、小口流出；③润滑油必须有一定的黏度，供油要充分。从图 12-4 所示向心滑动轴承的最简单结构形式来看，能够满足上述三个必要条件。

随着轴转速增加，大量楔出侧的润滑油被轴携带进入楔形空间的楔入侧，楔入侧的润滑油量增加，因此在楔入侧产生高压，而在楔出侧形成负压，当两侧润滑油的压力差 P_o、摩擦力 F_f 和重力 G 达到平衡时，轴和轴瓦之间的位置关系如图 12-4c 所示。此时大量润滑油进入接触摩擦面之间，当两摩擦面间的油膜厚度达几十微米时，相对运动的两金属表面被油膜分隔开处于流体摩擦状态（此处的流体既可以是润滑油，也可以是气体）。此时，在油膜压力和油膜对旋转轴升力的作用下，油膜可以将轴托起，使其浮在油膜之上。由于两摩擦表面被油膜隔开而不直接接触，摩擦系数很小（$f \approx 0.001 \sim 0.01$），可以显著减少摩擦和磨损，这种依靠轴旋转形成流体润滑的方法称为流体动压润滑。

4. 混合摩擦（混合润滑）

机器在实际工作中必然存在起动增速、稳定运行、减速停运等工况，而工况参数的改变将导致润滑状态的转化，因此接触摩擦表面多处于边界摩擦（边界润滑）和流体摩擦（流体润滑）的混合状态，称为混合摩擦（混合润滑）。图 12-5 所示为向心滑动轴承典型的 Streibeck 曲线，给出

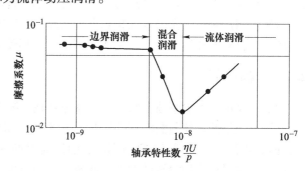

图 12-5　向心滑动轴承的典型 Streibeck 曲线

了向心滑动轴承的润滑状态转化过程以及摩擦系数随无量纲轴承特性数（$\eta U/p$）的变化规律，其中 η 为润滑油黏度、U 为滑动速度、p 为轴瓦承受的压强。随着 $\eta U/p$ 的不同，摩擦副分别处于边界摩擦（边界润滑）、混合摩擦（混合润滑）、流体摩擦（流体润滑）状态。

12.1.3　向心滑动轴承的润滑关联结构

根据流体动压润滑的形成特点，通过将向心滑动轴承的轴瓦内孔制成特殊形状，可以形成多油楔结构，在工作中产生多个油楔，形成多个动压润滑油膜，借以提高轴承的工作稳定性和旋转精度，相应的轴承称为多油楔向心滑动轴承，如图 12-6 所示。

图 12-6a 所示为向心椭圆滑动轴承，其顶隙和侧隙之比常设计为 1:2，与单油楔向心滑动轴承相比，减小了顶隙而扩大了侧隙。顶隙减小，因此在顶部也可形成动压润滑油膜；侧隙扩大，可增加端部泄油量，以便降低轴承温升。工作时，向心椭圆滑动轴承中形成上、下两个动压润滑油膜，有助于提高稳定性。但与同样条件下的单油楔向心滑动轴承相比，其摩擦损耗将会有所增加，而且供油量增大，承载量降低。

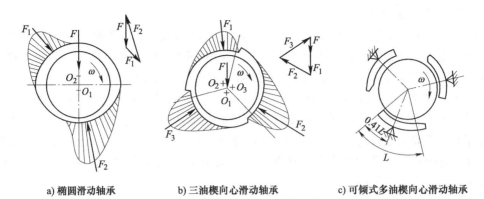

a) 椭圆滑动轴承   b) 三油楔向心滑动轴承   c) 可倾式多油楔向心滑动轴承

图 12-6 多油楔向心滑动轴承的结构示意图

图 12-6b 为固定式三油楔向心滑动轴承，工作时可以形成三个动压润滑油膜，提高了旋转精度和稳定性，但其承载量为三个油楔中的油膜压力的矢量和，比单油楔向心滑动轴承的承载量低；其摩擦损耗为三个油楔的损耗之和，较单油楔轴承的损耗大，且只允许轴颈沿一个固定方向回转。

图 12-6c 为可倾式多油楔向心滑动轴承，通常由 3~5 片轴瓦组成，轴瓦与机架间用转动副连接，转动副中心设置在轴瓦的一侧。当轴单向转动时，随着运转速度的变化倾角自行调整，以保证轴瓦时时工作在最佳状态下。此外，可倾式多油楔向心滑动轴承还具有较好的抗振性能、旋转精度和稳定性，但制造、调试难度都较大、成本高。

12.1.4 润滑剂

润滑不仅可以减少摩擦系数、降低摩擦功耗、减少磨损，还能起到冷却、吸振、防锈等作用。润滑效果的好坏与润滑剂的正确选用有很大关系，常用润滑剂有：液体润滑剂（如润滑油）、半固体润滑剂（如润滑脂）、固体润滑剂等。润滑油的润滑性能最好，在环境允许的情况下应尽量采用润滑油润滑；润滑脂不易流失，在开式或半开式系统中广泛应用；固体润滑剂用在不能使用润滑油和润滑脂的特殊场合。

1. 润滑油

目前使用的润滑油大部分为石油系润滑油（矿物油），黏度是衡量润滑油最重要的物理性能指标，液体内部的摩擦切应力 τ 与黏度 η 的关系为

$$\tau = -\eta \frac{\mathrm{d}u}{\mathrm{d}y} \tag{12-1}$$

式中，u 是油层中任一点的速度，$\dfrac{\mathrm{d}u}{\mathrm{d}y}$ 是该点的速度梯度；式中的"$-$"号表示摩擦切应力方向与速度方向相反；η 为液体的动力黏度，常简称为黏度。运动黏度 μ 为动力黏度 η 与液体密度 ρ 的比值，即

$$\mu = \frac{\eta}{\rho} \tag{12-2}$$

我国石油系润滑油采用运动黏度进行标定，单位为 cSt 或 mm^2/s，见表 12-1。润滑油黏度随温度变化曲线如图 12-7 所示，由图 12-7 可见，润滑油的黏度随温度升高而降低，因此

必须控制润滑油的温升。润滑油的黏度还随着压力的升高而增大，但压力不太高（<10MPa）时变化极微，可忽略不计。一般情况下，载荷大、温度高的轴承宜选黏度大的润滑油，载荷小、速度高的轴承宜选黏度较小的润滑油。

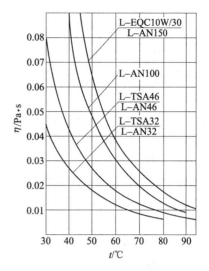

图 12-7   几种润滑油的黏-温曲线
（图中 L-EQC10W/30 为汽油机油）

2. 润滑脂

润滑脂由润滑油和稠化剂（如钙、钠、铝、锂等金属皂）混合稠化而成，钙基润滑脂耐水性好，工作温度不高于60℃；钠基润滑脂耐高温性能较好，工作温度为115～145℃，但不耐水；锂基润滑脂性能优良、耐水，工作温度为-20～150℃。

润滑脂不易流失，即使在垂直的摩擦表面上也可以使用，因此密封简单，且无须经常添加。另外，润滑脂的润滑性能受温度的影响小，可以适应变化范围较大的载荷和速度；但摩擦损耗的功率较高且易变质，不宜用于高速工况，可用于常规、低速或承受冲击载荷的设备上。

表 12-1   常用润滑油的主要性质

名称	代号	40℃时的运动黏度 μ/(mm²/s)	倾点/℃ ≤	闪点(开口)/℃ ≥	主要用途
全损耗系统用油（GB 443—1989）	L-AN7	6.12～7.48	-5	110	高速低负荷、精密机床、纺织纱锭的润滑和冷却
	L-AN10	9.0～11.0		130	
	L-AN15	13.5～16.5		150	普通机床的液压油，一般滑动轴承、齿轮、蜗轮的润滑
	L-AN32	28.8～35.2		150	
	L-AN46	41.4～50.6		160	
	L-AN68	61.2～74.8		160	重型机床导轨、矿山机械的润滑
	L-AN100	90.0～110.0		180	
涡轮机油（GB 11120—2011）	L-TSA32	28.8～35.2	-6	186	汽轮机、发动机等高速高负荷轴承和各种小型液体润滑轴承
	L-TSA46	41.4～50.6			

注：倾点是指润滑油在规定条件下冷却时能够流动的最低温度；闪点是指润滑油在规定试验条件下，试验火焰引起试样蒸气着火，并使火焰蔓延至液体表面的最低温度。

3. 固体润滑剂

固体润滑剂可以用在润滑油和润滑脂均无法使用的特殊工况下，例如性能稳定的石墨，工作温度高达350℃，并可在水中工作；聚四氟乙烯摩擦系数小，只有石墨的一半，工作温度为-45～270℃；二硫化钼与金属表面吸附性强，摩擦系数小，工作温度为-60～300℃，但遇水则性能下降。

固体润滑剂可调和在润滑油中使用，也可以涂覆、烧结在摩擦表面形成覆盖膜，用固结成形的固体润滑剂嵌装在轴承中使用，或者混入金属或塑料粉末中烧结成形。

12.1.5 润滑剂的供给

滑动轴承的给油方法多种多样。图 12-8a 所示为针阀式油杯，手柄 1 平放时，在弹簧推动下针杆 3 堵住底部油孔；手柄 1 直立时，针杆被提起，油孔敞开，于是润滑油自动滴到轴颈上。在针阀式油杯的上端面加工有润滑油添加孔，平时由簧片 4 遮盖。图中 5 是观察孔，6 是滤油网，螺母 2 用于调节针杆下端油口的大小，以控制供油量。图 12-8b 所示为 A 型弹簧盖油杯，扭转弹簧 8 将

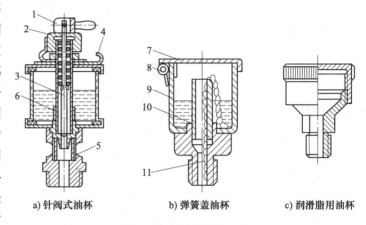

a) 针阀式油杯　　b) 弹簧盖油杯　　c) 润滑脂用油杯

图 12-8　润滑剂供给方式

1—手柄　2—螺母　3—针杆　4—簧片　5—观察孔　6—滤油网
7—盖　8—扭转弹簧　9—油杯体　10—铝管　11—棉纱绳

盖 7 紧压在油杯体 9 上，铝管 10 中装有毛线或棉纱绳 11，依靠虹吸原理将油杯中的润滑油吸上并滴入轴承。弹簧盖油杯自动、连续给油，给油量随油杯中油面高的降低而减少，且停车时仍在继续给油，直到滴完为止。图 12-8c 所示为润滑脂用间歇润滑油杯，在油杯中填满润滑脂，定期旋转杯盖，使空腔体积减小而将润滑脂挤注入轴承内。上述三种油杯均已列入国家标准，选用时可查阅《机械设计手册》。

如图 12-9 所示的油环润滑，轴颈上套一油环，轴颈旋转时通过摩擦力带动油环，旋转的油环把润滑油带入轴承，油环浸在油池内的深度约为其直径的 1/4。

最完善的给油方法是利用油泵循环给油，不仅能够保证给油量，在油循环系统中还配置过滤器、冷却器，因此这种给油方法安全、可靠，但设备费用较高，常用于高速、精密的重要机器中。在液体静压润滑系统中，油泵循环给油必不可少，而且给油压力直接与轴向的载荷相关。

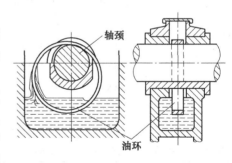

轴颈

油环

图 12-9　油环润滑

12.1.6 向心滑动轴承的轴瓦及轴承衬材料

向心滑动轴承用轴瓦的材料需具备以下性能：①摩擦系数小；②导热性好，热膨胀系数小；③耐磨、耐蚀、抗胶合能力强；④有足够的强度和可塑性。为满足以上条件，工程上用浇注或压合的方法，将薄层材料黏附在轴瓦基体上，黏附上去的薄层材料称为轴承衬。常用的轴瓦和轴承衬材料有轴承合金、青铜等。

1. 轴承合金

轴承合金（又称白合金、巴氏合金）有锡锑轴承合金和铅锑轴承合金两大类，这两类

合金在 110℃ 时均有软化趋势，因此其工作温度一般不高于 110℃。锡锑轴承合金的摩擦系数小、抗胶合性能好、耐蚀性好、易跑合，且对润滑油的吸附性强，是加工高速、重载的轴承衬的优良材料。但是锡锑轴承合金价格较高且机械强

a) 钢轴瓦

b) 铸铁轴瓦

c) 青铜轴瓦

图 12-10　浇注轴承合金的轴瓦

度较差，常将其浇注在钢、铸铁、青铜等轴瓦基体上，浇注在不同轴瓦基材上时，轴承衬的固定方式分别如图 12-10a、b、c 所示。铅锑轴承合金各方面的性能与锡锑轴承合金相近，但这种材料较脆，不宜承受较大的冲击载荷，一般用于中速、中载、冲击较小的轴承上。

2. 青铜

与轴承合金相比，青铜的强度高、耐磨性好、导热性好，可以工作在温度不高于 250℃ 的环境下；但可塑性差、不易跑合、与之相配的轴颈必须淬硬。青铜可以单独做成轴瓦，也可浇注在钢或铸铁等轴瓦基体上。用作轴瓦材料的青铜，主要有锡青铜、铅青铜和铝青铜，分别用于中速重载、中速中载和低速重载的轴承上。

3. 具有特殊性能的轴承材料

用粉末冶金法可以制作出具有多孔性组织的轴瓦，在孔隙内预先贮满润滑油，当轴瓦温度升高时，由于油的膨胀系数比金属大，因而孔隙中油自动进入接触面起到润滑作用。含油轴承加一次油可以使用较长时间，常用于加油不方便的场合。

在不重要或低速轻载场合，也常采用灰铸铁或耐磨铸铁作为轴瓦材料。橡胶轴承具有较大的弹性，能减轻振动使运转平稳，可以用水润滑，常用于潜水泵、砂石清洗机、机械加速澄清池用销齿传动刮泥机等有泥沙的场合。

塑料轴承具有摩擦系数小、可塑性和跑合性良好、耐磨、耐蚀，可以工作在水/油及化学溶液的环境下，但其导热性差、膨胀系数较大、容易变形，可将薄层塑料作为轴承衬材料黏附在金属轴瓦上使用。

表 12-2 中给出了常用轴瓦及轴承衬材料的许用压强 $[p]$、许用线速度 $[v]$、许用 $[pv]$ 等数据。

表 12-2　常用轴瓦及轴承衬材料的性能

材料及其代号	$[p]$/MPa		$[pv]$/(MPa·m/s)	$[v]$/(m/s)	硬度　HBW		最高工作温度/℃	轴颈硬度 HBW
					金属型铸造	砂型铸造		
铸锡锑轴承合金 ZSnSb11Cu6	平稳	25	20	80	27		150	150
	冲击	20	15	60				
铸铅锑轴承合金 ZPbSb16SnCu2	15		10	12	30		280	150
铸锡青铜 ZCuSn10P1	15		15	10	90	80	280	45
铸锡青铜 ZCuSn5Pb5Zn5	8		15	3	65	60	280	45
铸铝青铜 ZCuAl10Fe3	15		12	4	110	100	280	45

注：$[pv]$ 值为非液体摩擦下的许用值。

12.2　非液体摩擦滑动轴承的设计计算

非液体摩擦滑动轴承可用润滑油或润滑脂润滑，在润滑油、润滑脂中加入少量鳞片状石墨或二硫化钼粉末，有助于形成更坚韧的边界油膜，且可填平粗糙表面而减少磨损，但这类轴承不能完全消除磨损。维持边界油膜不遭破裂，是非液体摩擦滑动轴承设计的主要依据。边界油膜强度和压强、转速、温度等多种因素影响，常用间接性和条件性的计算方法，即用 $p \leqslant [p]$、$v \leqslant [v]$ 限制压强和转速，用 $pv \leqslant [pv]$ 限制温升。

12.2.1　向心滑动轴承

1. 轴承的压强 p

限制轴承压强 p，以保证润滑油不被过大的压力挤出，从而避免轴瓦产生过度磨损，其计算公式为

$$p = \frac{F}{Bd} \leqslant [p] \tag{12-3}$$

式中，F 为向心滑动轴承的径向载荷（N）；B 为轴瓦宽度（mm）；d 为轴颈直径（mm）；$[p]$ 为轴瓦材料的许用压强（MPa），见表 12-2。

2. 轴承的速度 v

限制轴颈与轴瓦之间相对运动线速度 v，防止因相对运动线速度过大而导致接触面的剧烈磨损，其计算公式为

$$v \leqslant [v] \tag{12-4}$$

式中，$[v]$ 为轴瓦材料的许用线速度（m/s），见表 12-2。

3. 轴承的 pv 值

用 pv 值间接表示轴承的温升，防止边界油膜的破裂，pv 值的验算式为

$$pv = \frac{F}{Bd} \frac{\pi dn}{60 \times 1000} \leqslant [pv] \tag{12-5}$$

式中，n 为轴的转速（r/min）；$[pv]$ 为轴瓦材料的许用值（MPa·m/s），见表 12-2。

从轴承压强 p 的计算公式（12-3）可以看出，该值为轴承表面单位投影面积上的平均静载荷值（也称为平均压力）。实质就是忽略轴瓦与轴颈的不同心而认为承受外载荷时两者在同一圆柱面的下半圆周区域上均匀接触，即假定沿着下半圆柱面上各点处的径向接触压力相等。

滑动轴承所选用的材料及尺寸经验算合格后，应选取恰当的配合，一般可选 H9/d9、H8/f7、H7/f6。

12.2.2　推力滑动轴承

由图 12-11 可知，推力滑动轴承的压强校核公式为

$$p = \frac{F}{\frac{\pi}{4}(d_2^2 - d_1^2)z} \leqslant [p] \tag{12-6}$$

pv 值的校核公式为

$$pv_m \leqslant [pv] \qquad (12\text{-}7)$$

式中，z 为轴环数，此处假设轴向载荷在各个轴环之间均匀分配（实际并非如此）；v_m 为轴环的平均线速度（m/s），$v_m = \dfrac{\pi d_m n}{60 \times 1000}$，$d_m$ 为平均直径（mm），$d_m = \dfrac{d_1 + d_2}{2}$。

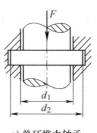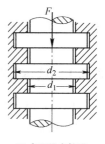

a) 单环推力轴承　　b) 多环推力轴承

图 12-11　推力滑动轴承的结构示意图

推力滑动轴承的 $[p]$ 和 $[pv]$ 值由表 12-2 查取。

对于图 12-11b 所示的多环推力轴承，由于制造和装配误差导致各支承面上所受的载荷无法均匀分配，因此出于保险起见，应将 $[p]$ 和 $[pv]$ 值减小 20%～40%。

【例 12-1】　钢索式柔性滗水器用绞车卷筒轴采用滑动轴承支承，试按非液体摩擦状态设计电动绞车中卷筒两端的滑动轴承。已知钢丝绳拉力 W 为 20kN，卷筒转速为 25r/min，结构尺寸如图 12-12a 所示，其中轴颈直径 $d = 60$mm。

解：（1）求向心滑动轴承上的径向载荷 F　当钢丝绳绕在绞车卷筒中间时，两端向心滑动轴承的受力相等，且为钢丝绳上拉力

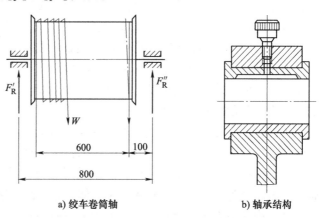

a) 绞车卷筒轴　　　　　b) 轴承结构

图 12-12　支承绞车卷筒轴的向心滑动轴承

之半。但是，当钢丝绳绕在绞车卷筒的边缘时，一侧向心滑动轴承上受力达最大值，为

$$F = F_R'' = W \times \frac{700}{800} = 20 \times \frac{7}{8} \text{kN} = 17.5 \text{kN}$$

（2）求轴瓦宽度 B　取宽径比 $B/d = 1.2$，则

$$B = 1.2 \times 60 \text{mm} = 72 \text{mm}$$

（3）验算压强 p

$$p = \frac{F}{Bd} = \frac{17500}{72 \times 60} \text{MPa} = 4.05 \text{MPa}$$

（4）验算 pv 值　由式（12-4）有

$$pv = \frac{Fn\pi}{60000B} = \frac{17500 \times 25 \times \pi}{60000 \times 72} \text{MPa} \cdot \text{m/s} = 0.32 \text{MPa} \cdot \text{m/s}$$

由于绞车卷筒轴的转速较低，轴颈与轴瓦之间的相对运动速度不大，因此可以不进行速度 v 的校核。根据上述计算可知，选用铸锡青铜（ZCuSn5Pb5Zn5）作为轴瓦材料，$[p] = 8$MPa，$[pv] = 15$MPa·m/s。轴承选用润滑脂润滑，用油杯加润滑脂，其结构如图 12-12b 所示。

12.3 滚动轴承的结构和分类

12.3.1 基本结构和特点

　　如图 12-13 所示，滚动轴承一般由外圈、滚动体、内圈和保持架组成。内圈与轴相配合并与轴一起旋转，外圈安装在轴承安装孔内；内、外圈上有滚道，当内、外圈相对旋转时，滚动体将沿着滚道滚动。保持架的作用是把滚动体均匀隔开，防止滚动体脱落，引导滚动体旋转并起润滑作用。在有些结构空间受限的场合，可以采用轴系上相应轴段的外圆柱面充当内圈滚道，也可以采用轴承安装孔相应孔段的内圆柱面充当外圈滚道，有时甚至取消保持架而采用滚动体近满填装结构，如自行车前后轮的轴系支承结构。因此可以说，只有滚动体才是滚动轴承中必不可少的零件。

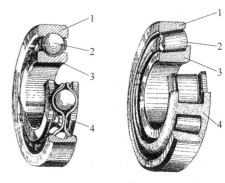

图 12-13　滚动轴承的结构示意图
1—外圈　2—滚动体　3—内圈　4—保持架

　　滚动体与内、外圈滚道间高副接触，因此接触面需要具有高的硬度和接触疲劳强度、良好的耐磨性和冲击韧性。工程上常采用含铬合金钢制造滚动体，经热处理后其表面硬度达到 61~65HRC，然后对工作表面进行磨削和抛光处理，以减少摩擦系数。根据滚动体形状的不同，滚动轴承可分为球轴承和滚子轴承。如图 12-14 所示，球轴承的滚动体为球形，滚子轴承的滚动体又分为圆柱滚子、圆锥滚子、球面滚子和滚针等几种。低、中速轴承的保持架一般用低碳钢板冲压制成，高速轴承的保持架多采用有色金属或塑料制造。

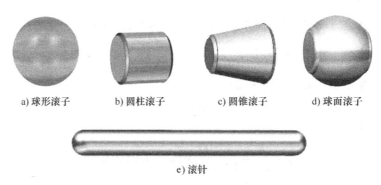

a) 球形滚子　　　b) 圆柱滚子　　　c) 圆锥滚子　　　d) 球面滚子

e) 滚针

图 12-14　滚动轴承中滚动体的不同形状

　　与滑动轴承相比，滚动轴承将滑动摩擦转换为滚动摩擦，具有摩擦阻力小、起动灵敏、效率高、润滑简便和易于互换等优点；缺点是抗冲击能力较差，高速时出现噪声，工作寿命也不及液体摩擦的滑动轴承。

12.3.2 滚动轴承的分类

　　滚动体和外圈滚道接触处的公法线与被支承轴轴线垂线之间所夹的锐角称为公称接触

角，如表 12-3 中的图，简称接触角。接触角是滚动轴承的一个重要参数，接触角越大，轴承承受轴向载荷的能力也越大。按照公称接触角的不同，滚动轴承可分为向心轴承和推力轴承两大类。向心滚动轴承主要用于承受径向载荷，其公称接触角 $0°\leqslant\alpha\leqslant45°$，如深沟球轴承、调心球轴承、圆柱滚子轴承、调心滚子轴承、滚针轴承等；推力滚动轴承主要用于承受轴向载荷，其公称接触角 $45°<\alpha\leqslant90°$，如双列角接触球轴承、圆锥滚子轴承、推力球轴承、推力滚子轴承等，不同类型球轴承的接触角范围见表 12-3。

表 12-3 不同类型球轴承的接触角范围

轴承类型	向心轴承		推力轴承	
	径向接触	角接触	角接触	轴向接触
公称接触角 α	$\alpha=0°$	$0°<\alpha\leqslant45°$	$45°<\alpha<90°$	$\alpha=90°$
图例（以球轴承为例）				

1. 承载能力

当轴承内径 $d>20$mm 时，在相同外形尺寸下，滚子轴承的承载能力为球轴承的 $1.5\sim3$ 倍，但是价格较球轴承高。所以，在载荷较大或有冲击载荷时才选用滚子轴承。公称接触角为 $0°<\alpha<90°$ 的角接触轴承可以同时承受径向载荷和轴向载荷，径向接触（$\alpha=0°$）的向心轴承，当以滚子为滚动体时，只能承受径向载荷；当以球为滚动体时，其内、外滚道有较深的沟槽，也能承受一定的双向轴向载荷。

2. 极限转速

在额定载荷范围内，冷却和润滑条件均正常的工况下，滚动轴承的许用最高转速称为极限转速。相比球轴承，滚子轴承工作时摩擦损耗大、温升高，更易发生滚动体的回火或胶合破坏，因此球轴承的极限转速比滚子轴承高。相比推力轴承，向心轴承的极限转速更高。如果滚动轴承极限转速不能满足要求，可采取提高轴承精度、适当加大间隙、改善润滑和冷却条件等措施来提高极限转速。

3. 角偏差

由于安装误差或轴的变形等原因，往往会造成轴承的内、外圈轴线发生相对倾斜，相应的倾斜角 θ 称为角偏差，如图 12-15 所示，各类轴承的允许角偏差见表 12-4。如图 12-15 所示，调心轴承的外圈滚道表面是球面，能自动补偿两滚道轴线的角偏差，从而保证轴承正常工作。因此当角偏差 θ 较大时应选用调心轴承，如转碟表面曝气机用轴承。

12.3.3 滚动轴承的代号

滚动轴承已经实现标准化，GB/T 272—2017 规定滚动轴承的

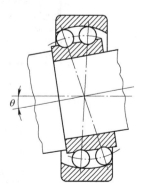

图 12-15 调心轴承

代号由前置代号、基本代号和后置代号构成，其排列顺序见表12-5。

表 12-4　常用滚动轴承的类型、性能特点和应用场合

类型代号	名称	轴承结构、承载方向及结构简图	极限转速	允许角偏差	性能特点和应用场合
0	双列角接触球轴承		高	不允许	承载能力大，能承受双向轴向载荷，还可以承受一定的倾覆力矩；$\alpha = 30°$
1	调心球轴承		中	$2° \sim 3°$	双列球形滚动体，外圈为球面滚道，能自动调心，适用于多支点或刚度不足的轴
2	调心滚子轴承		低	$1.5° \sim 2.5°$	双列鼓形滚动体，外圈为球面滚道，能自动调心，承受较大的径向载荷、小的轴向载荷、抗振动、抗冲击
	推力调心滚子轴承		低	$1.5° \sim 2.5°$	用于承受以轴向载荷为主的轴向、径向联合载荷，但径向载荷不得超过轴向载荷的55%。安装后需施加一定轴向预载荷
3	圆锥滚子轴承		中	$2'$	外圈可分离，拆装方便、游隙可调。适用于刚性较大的轴，一般成对使用。承受较大的径向载荷、小的单向轴向载荷，有 $\alpha = 10° \sim 18°$ 和 $\alpha = 27° \sim 30°$ 两种
5	推力球轴承	单列51000　双列52000	低	不允许	轴圈与轴过盈配合，座圈的内径与轴间有间隙，置于机座上。只能承受轴向载荷
6	深沟球轴承		高	$8' \sim 16'$	结构简单、价格低。承受较大的径向力和小的轴向载荷。高速、小轴向载荷下，可替代推力球轴承承受纯轴向载荷

（续）

类型代号	名称	轴承结构、承载方向及结构简图	极限转速	允许角偏差	性能特点和应用场合
7	角接触球轴承		高	$2'\sim10'$	同时承受径向、轴向载荷，有 $\alpha=15°$、$25°$ 和 $40°$ 三种，一般成对使用
N	圆柱滚子轴承		高	$2'\sim4'$	只承受径向载荷，承载能力大，包括外圈无挡边（N）、内圈无挡边（NU）、外圈单挡边（NF）等结构
NA	滚针轴承		低	不允许	只承受径向载荷，承载能力大，径向尺寸特别小。有带内圈或不带内圈两种，一般无保持架

表 12-5　滚动轴承代号的排列顺序

前置代号	基本代号				后置代号				
轴承部件代号	轴承系列			内径代号	内部结构代号	密封防尘结构代号	保持架及材料代号	公差等级代号	游隙代号
	类型代号	尺寸系列代号							
		宽（高）度系列代号	直径系列代号						

1. 基本代号

基本代号表示轴承的基本类型、结构和尺寸，是轴承代号的基础。基本代号左起第一位为类型代号，用数字或字母表示，见表 12-4 中的第一列，若代号为"0"，则可省略。尺寸系列代号表示轴承的宽（高）度和直径，基本代号左起第二位为宽（高）度系列代号，基本代号左起第三位表示轴承的直径系列代号。向心轴承和推力轴承的常用尺寸系列代号见表 12-6，如图 12-16 所示为内径相同而直径系列不同的四种轴承的对比，外廓尺寸大则承载能力强。表 12-6 中直径系列由上到下，宽（高）度系列代号由左到右，轴承尺寸逐渐增大。基本代号左起最后 2 位数字表示轴承公称内径尺寸系列代号，数值含义见表 12-7。

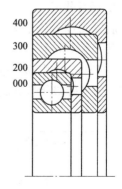

图 12-16　直径系列的对比

表 12-6 向心轴承和推力轴承的尺寸系列代号

直径系列	尺寸系列代号											
	宽度系列								高度系列			
	向心轴承								推力轴承			
	8	0	1	2	3	4	5	6	7	9	1	2
7	—	—	17	—	37	—	—	—	—	—	—	—
8	—	08	18	28	38	48	58	68	—	—	—	—
9	—	09	19	29	39	49	59	69	—	—	—	—
0	—	00	10	20	30	40	50	60	70	90	10	—
1	—	01	11	21	31	41	51	61	71	91	11	—
2	82	02	12	22	32	42	52	62	72	92	12	22
3	83	03	13	23	33	—	—	—	73	93	13	23
4	—	04	—	24	—	—	—	—	74	94	14	24
5	—	—	—	—	—	—	—	—	—	95	—	—

注：GB/T 272—2017 中宽度系列代号为 0 时可略去（2、3 类轴承除外）；有时宽度代号为 1、2 也被省略。

表 12-7 滚动轴承的内径尺寸系列代号

内径尺寸系列代号	用内径直接表示，内径与尺寸系列代号之间用"/"分开	用内径直接表示，深沟、角接触球轴承7、8、9直径系列，内径与尺寸系列代号之间用"/"分开	00	01	02	03	内径除以 5 的商，为个位数时需在左边加"0"
轴承内径/mm	0.6~10（非整数）；≥500 以及 22，28，32	1~9（整数）	10	12	15	17	20~480（22，28，32除外）

2. 前置代号

前置代号用字母表示成套轴承的分部件，如 L 表示可分离轴承的可分离内圈或外圈、R 表示不带可分离内圈或外圈的轴承（滚针轴承仅适用于 NA 型）、K 表示滚子和保持架组件、WS 表示推力圆柱滚子轴承轴圈、GS 表示推力圆柱滚子轴承座圈、F 表示凸缘外圈向心球轴承（详见 GB/T 7217—2013，仅适用于 $d \leqslant 10\text{mm}$）、KOW 表示无轴圈的推力轴承组件、KIW 表示无座圈的推力轴承组件、LR 表示带可分离内圈或外圈与滚动体的组件。

3. 后置代号

后置代号用字母或字母加数字表示，置于基本代号右边，并与基本代号空半个汉字距离（代号中有符号"-""/"除外）。按照 GB/T 272—2017 的规定，轴承后置代号排列顺序见表 12-5，其中部分滚动轴承内部结构常用代号如表 12-8 所示。按照 GB/T 272—2017 的规定，公差等级代号见表 12-9。

表 12-8 滚动轴承内部结构常用代号

轴承类型	代号	含　义	示列
角接触球轴承	B	$\alpha = 40°$	7308B
	C	$\alpha = 15°$	7110C
	AC	$\alpha = 25°$	7112AC
圆锥滚子轴承	B	接触角 α 加大	32320B
	E	加强型（承载能力大）	N2208E

表 12-9　滚动轴承公差等级代号

代号	/PN	/P6	/P6X	/P5	/P4	/P2	/SP	/UP
公差等级	0 级	6 级	6X 级	5 级	4 级	2 级	尺寸精度相当于 5 级，旋转精度相当于 4 级	尺寸精度相当于 4 级，旋转精度高于 4 级
示列	6203	6203/P6	6203/P6X	6203/P5	6203/P4	6203/P2	234420/SP	234420/UP

注：公差等级中 0 级为普通级，向右依次增高，2 级最高。

通常用/C2、/CN、/C3、/C4、/C5 等分别表示轴承径向游隙，游隙量依次由小到大。C0 为基本组游隙，常被优先采用，在轴承代号中可不标出。

【例 12-2】 试说明滚动轴承代号 62203、7312AC/P62 和 30222B/P4 的含义。

解：（1）代号 62203　6—深沟球轴承（表 12-4）；22—尺寸系列（表 12-6）；03—内径 $d = 17$mm（表 12-7）。

（2）代号 7312AC/P62　7—角接触球轴承（表 12-4）；（0）3—尺寸系列（表 12-6）；12—内径 $d = 60$mm（表 12-7）；AC—接触角 $\alpha = 25°$；/P6—6 级公差；2—第 2 组游隙 C2，当游隙与公差同时表示时，符号"C"可省略。

（3）代号 30222B/P4　3—圆锥滚子轴承（表 12-4）；02—尺寸系列（表 12-6）；22—内径 $d = 110$mm（表 12-7）；B—接触角 $\alpha = 27° \sim 30°$（表 12-8、表 12-4）；/P4—4 级公差。

12.4　滚动轴承的选型设计计算

12.4.1　滚动轴承的失效形式

如图 12-17 所示，假设轴承在纯径向载荷 F_r 作用下，内圈和滚子沿 F_r 方向移动一距离 δ，如图 12-17 可见处于 F_r 作用线最下方滚动体的承载最大（F_{max}），远离径向载荷 F_r 作用线的各滚动体承载逐渐减小。对于 $\alpha = 0°$ 的向心轴承，可以近似推导出

$$F_{max} \approx \frac{5F_r}{z} \tag{12-8}$$

式中，z 为轴承滚动体的总个数。

滚动轴承工作过程中，滚动体相对内圈（或外圈）不断转动，其与滚道接触面间的载荷可近似看作脉动载荷。当滚动轴承转速大于 10r/min 时，在脉动接触应力的反复作用下，滚动体和滚道表面的疲劳点蚀是滚动轴承的主要失效形式。当轴承转速小于 10r/min 或间歇摆动时，一般不会产生疲劳损坏。但在很大载

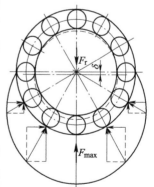

图 12-17　滚动轴承的径向载荷分布示意图

荷或冲击载荷作用下，会使轴承滚道和滚动体接触处产生较大的塑性变形而失效。

此外，由于使用、维护和保养不当或密封、润滑不良等因素，也能引起轴承早期磨损、胶合、内外圈和保持架破损等不正常失效。

12.4.2　轴承的寿命

轴承的内外圈或滚动体出现第一个疲劳扩展迹象前，轴承工作的总转数或在某一转速下

的工作小时数，称为轴承的寿命。由 5.2.1 节中图 5-7 可知，轴承的基本额定寿命 $L = 1 \times 10^6 r$，基本额定寿命对应的载荷称为基本额定动载荷，用 C 表示。标准中给定的向心轴承基本额定动载荷是在温度低于 100℃、无冲击径向载荷下的试验测得的，所以其基本额定动载荷通称为径向基本额定动载荷，记作 C_r；给定的推力滚动轴承则是在温度低于 100℃、无冲击纯轴向载荷下的试验测得的，其为轴向基本额定动载荷，记作 C_a。

如果作用在轴承上的实际载荷既有径向载荷又有轴向载荷，则必须将实际载荷换算成与试验条件相当的载荷后，才能和基本额定动载荷进行比较。换算后的载荷是一种假定的载荷，称为当量动载荷。当量动载荷 P 的计算公式为

$$P = XF_r + YF_a \tag{12-9}$$

式中，F_r、F_a 分别为轴承的径向载荷及轴向载荷（N）；X、Y 分别为径向动载荷系数及轴向动载荷系数。对于向心轴承，当 $F_a/F_r > e$ 时，可由表 12-10 查出 X 和 Y 的数值；当 $F_a/F_r \le e$ 时，忽略轴向力的影响，$Y = 0$，$X = 1$。e 值与轴承类型和 F_a/C_{0r} 值有关（C_{0r} 是轴承的径向额定静载荷），是衡量轴承承载能力的判别系数，具体值见表 12-10。

表 12-10　向心轴承当量动载荷的 X、Y 值

轴承类型		F_a/C_{0r}	e	$F_a/F_r > e$		$F_a/F_r \le e$	
				X	Y	X	Y
深沟球轴承		0.014	0.19		2.30		
		0.028	0.22		1.99		
		0.056	0.26		1.71		
		0.084	0.28		1.55		
		0.11	0.30	0.56	1.45		
		0.17	0.34		1.31		
		0.28	0.38		1.15		
		0.42	0.42		1.04		
		0.56	0.44		1.00		
角接触球轴承（单列）	$\alpha = 15°$	0.015	0.38		1.47	1	0
		0.027	0.40		1.40		
		0.056	0.43		1.30		
		0.087	0.46		1.23		
		0.12	0.47	0.44	1.19		
		0.17	0.50		1.12		
		0.29	0.55		1.02		
		0.44	0.56		1.00		
		0.56	0.56		1.00		
	$\alpha = 25°$	—	0.68	0.41	0.87		
	$\alpha = 40°$	—	1.14	0.35	0.57		
圆锥滚子轴承（单列）		—	$1.5\tan\alpha$	0.40	$0.4\cot\alpha$		
调心球轴承（双列）		—	$1.5\tan\alpha$	0.65	$0.65\tan\alpha$	1	$0.42\tan\alpha$

$\alpha = 0°$ 的向心轴承，**只承受径向载荷时**，有

$$P = F_r \tag{12-10}$$

$\alpha = 90°$ 的推力轴承，**只能承受轴向载荷**，有

$$P = F_a \tag{12-11}$$

将基本额定寿命 $L(10^6 \mathrm{r})$、基本额定动载荷 $C(\mathrm{N})$ 和当量动载荷 $P(\mathrm{N})$ 代入式（5-9）有

$$L = \left(\frac{C}{P}\right)^{\varepsilon} \tag{12-12}$$

式中，ε 为寿命指数，对于球轴承 $\varepsilon = 3$，对于滚子轴承 $\varepsilon = \dfrac{10}{3}$；对于基本额定动载荷 C，计算向心轴承时用 C_r，计算推力轴承时用 C_a；C_r、C_a 可在滚动轴承产品样本或《机械设计手册》中查得。

用小时表示轴承基本额定寿命 $L(\mathrm{h})$ 时，若轴的转速为 $n(\mathrm{r/min})$，则式（12-12）可写为

$$L_h = \frac{10^6}{60n}\left(\frac{C}{P}\right)^{\varepsilon} \tag{12-13}$$

当轴承工作温度高于 100℃、受到冲击或振动时，基本额定动载荷 C 有所降低，故引进温度系数 f_t 和载荷系数 f_p，对 C 值予以修正，f_t、f_p 值见表 12-11。

表 12-11　温度系数 f_t 和载荷系数 f_p

轴承工作温度/℃	100	125	150	200	250	300	载荷性质	无冲击或轻微冲击	中等冲击	强烈冲击
温度系数 f_t	1	0.95	0.90	0.80	0.70	0.60	载荷系数 f_p	1.0~1.2	1.2~1.8	1.8~3.0

做了上述修正后，寿命计算式可写为

$$\left.\begin{array}{l} L_h = \dfrac{10^6}{60n}\left(\dfrac{f_t C}{f_p P}\right)^{\varepsilon} \\[3mm] C = \dfrac{f_p P}{f_t}\left(\dfrac{60n}{10^6}L_h\right)^{1/\varepsilon} \end{array}\right\} \tag{12-14}$$

或

式（12-14）是滚动轴承寿命设计和校核计算公式，设计时根据预期寿命（各类设备中滚动轴承预期寿命 L_h 的参考值见表 12-12）计算轴承所需的最小动载荷，然后从标准中选取合适的轴承。校核时，计算预期寿命对应的动载荷，或已知动载荷对应的寿命，若计算动载荷小于额定动载荷或计算寿命大于预期寿命则满足要求，否则需要更换轴承。

表 12-12　轴承预期寿命 L_h 的参考值

使用场合	L_h / h
不经常使用的仪器和设备	500
短时间或间断使用，中断时不致引起严重后果	4000~8000
间断使用，中断会引起严重后果	8000~12000
每天工作 8h 的机械	12000~20000
24h 连续工作的机械	40000~60000

12.4.3 角接触向心轴承轴向载荷的计算

如图 12-18 所示，当角接触向心轴承承受径向载荷 F_r 时，滚动体与外圈滚道间作用力的方向为接触点的公法线方向，由于其接触角 $\alpha > 0°$，所以作用在承载区内第 i 个滚动体上的法向力 F_i 可分解为径向分力 F_{ri} 和轴向分力 F_{si}。各滚动体上轴向分力的合力称为角接触轴承的内部轴向力 F_s。角接触向心轴承 F_s 的近似值可按照表 12-13 中的公式计算求得。

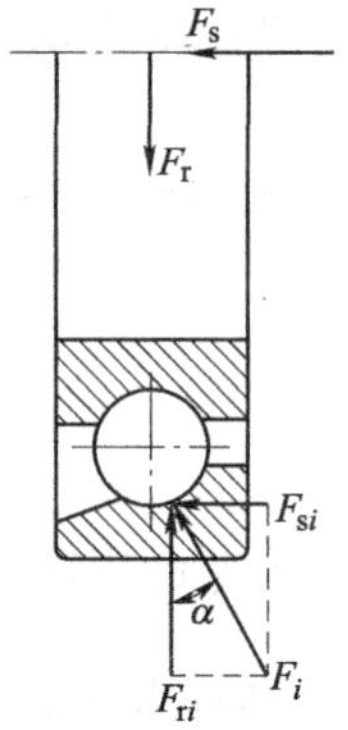

表 12-13 角接触向心轴承内部轴向力 F_s

轴承类型	角接触向心球轴承	圆锥滚子轴承
F_s	eF_r	$\dfrac{F_r}{2Y}$（Y 是 $\dfrac{F_a}{F_r} > e$ 时的轴向载荷系数）

图 12-18 径向载荷产生的轴向分力

为了使角接触向心轴承的内部轴向力得到平衡，以免发生轴向窜动，通常成对使用，并对称安装。安装方式有两种，如图 12-19 所示的两外圈窄边相对（正装，或大口对大口），如图 12-20 所示的两外圈宽边相对（反装，或小口对小口）。图中 F_A 为轴向外载荷，O_1、O_2 点分别为轴承 1 和轴承 2 的支反力作用点，O_1、O_2 与轴承端面的距离 a_1、a_2 可由轴承样本或有关手册查得，为了简化计算，通常可认为支反力作用在轴承宽度的中点。计算轴承的轴向载荷 F_a 时，应考虑内部轴向力 F_s 和轴向外载荷 F_A 的综合作用。

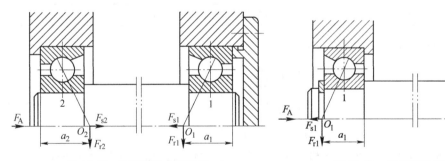

图 12-19 外圈窄边相对安装　　　　图 12-20 外圈宽边相对安装
（正装，大口对大口）　　　　　　　（反装，小口对小口）

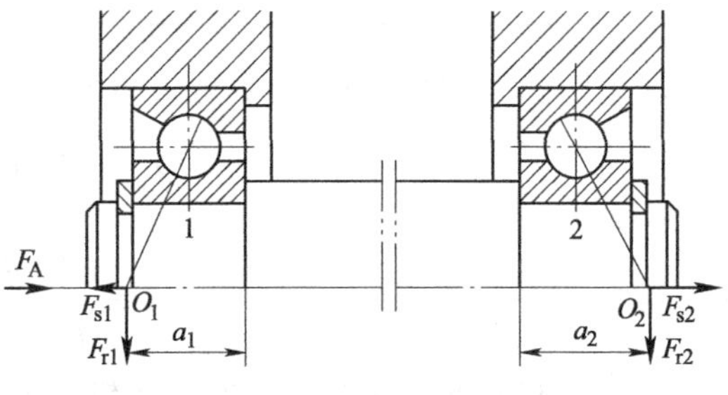

将轴承的内圈和轴视为同一构件，以轴向力平衡的方法分析轴承承受的轴向载荷。以图 12-19 为例：

1）若 $F_A + F_{s2} > F_{s1}$，则轴和轴承内圈被压紧在轴承 1 的外圈上，则轴承 1 被压紧、轴承 2 处于放松状态，由力的平衡条件有：

$$\left.\begin{array}{l}轴承 1（压紧端）承受的轴向载荷：F_{a1} = F_A + F_{s2} \\ 轴承 2（放松端）承受的轴向载荷：F_{a2} = F_{s2}\end{array}\right\} \tag{12-15}$$

2）若 $F_A + F_{s2} < F_{s1}$，即 $F_{s1} - F_A > F_{s2}$，则轴承 2 被压紧、轴承 1 处于放松状态，由力的平衡条件有：

$$\left.\begin{aligned} &\text{轴承 1（放松端）承受的轴向载荷} : F_{a1} = F_{s1} \\ &\text{轴承 2（压紧端）承受的轴向载荷} : F_{a2} = F_{s1} - F_A \end{aligned}\right\} \tag{12-16}$$

显然，放松状态的轴承轴向载荷为自身的内部轴向力，被压紧的轴承轴向载荷为外部轴向力的代数和。

12.4.4　滚动轴承的静强度较核

为了防止转速 $n \leqslant 10\mathrm{r/min}$ 或缓慢摆动工作的滚动轴承产生过大的塑性变形，应进行静强度校核。

GB/T 4662—2012 规定，受载最大的滚动体与内、外圈滚道间接触应力不发生塑性变形的极限载荷，称为基本额定静载荷 C_0，其值可查设计手册。

当轴承既受径向力又受轴向力时，可将其折合成当量静载荷 P_0，即

$$P_0 = X_0 F_r + Y_0 F_a \leqslant \frac{C_0}{S_0} \tag{12-17}$$

式中，X_0、Y_0 分别为径向、轴向静载荷系数，其值见表 12-14；S_0 为静强度安全系数，对于旋转精度与平稳性要求高或承受大冲击载荷时取 $1.2 \sim 2.5$，相反情况则取 $0.5 \sim 0.8$，一般情况取 $0.8 \sim 1.2$。

表 12-14　静载荷系数 X_0 与 Y_0

轴承类型		X_0	Y_0
深沟球轴承		0.6	0.5
角接触球轴承	7000C	0.5	0.46
	7000AC		0.38
	7000B		0.26
圆锥滚子轴承		0.5	查设计手册

【例 12-3】 例 11-1 中，转子凸轮泵主轴选用角接触球轴承支承，轴承支承处的结构如图 12-21a 所示，暂定轴承型号为 7208AC。已知轴承载荷 $F_{r1} = 5000\mathrm{N}$，$F_{r2} = 9700\mathrm{N}$，$F_A = 720\mathrm{N}$，转速 $n = 450\mathrm{r/min}$，运转平稳，常温工作，预期寿命 $L_h = 2000\mathrm{h}$，请校核所选轴承型号是否恰当（AC 表示 $\alpha = 25°$）。

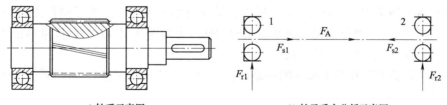

a) 轴系示意图　　　　　　　　　　　　b) 轴承受力分析示意图

图 12-21　转子凸轮泵主轴轴承的支承结构示意图

解：（1）计算轴承 1、2 的轴向力 F_{a1}、F_{a2} 查表 12-10 得 $e = 0.68$，由表 12-13 查得轴承的内部轴向力为 $F_{s1} = eF_{r1} = 0.68 \times 5000\mathrm{N} = 3400\mathrm{N}$，$F_{s2} = eF_{r2} = 0.68 \times 9700\mathrm{N} = 6596\mathrm{N}$，方向如图 12-21b 所示。于是有

$$F_{s1} + F_A = (3400 + 720)\mathrm{N} = 4120\mathrm{N} < F_{s2} = 6596\mathrm{N}$$

轴承 1 为压紧端，$F_{a1} = F_{s2} - F_A = (6596 - 720)$N $= 5876$N；而轴承 2 为放松端，$F_{a2} = F_{s2} = 6596$N。

（2）计算轴承 1、2 的当量动载荷

$$\frac{F_{a1}}{F_{r1}} = \frac{5876}{5000} = 1.18 > 0.68 ; \frac{F_{a2}}{F_{r2}} = \frac{6596}{9700} = 0.68 = e$$

查表 12-10 有，$X_1 = 0.41$、$Y_1 = 0.87$、$X_2 = 1$、$Y_2 = 0$。故当量动载荷为

$$P_1 = X_1 F_{r1} + Y_1 F_{a1} = 0.41 \times 5000\text{N} + 0.87 \times 5876\text{N} = 7162.12\text{N}$$

$$P_2 = X_2 F_{r2} + Y_2 F_{a2} = 1 \times 9700\text{N} + 0 \times 6596\text{N} = 9700\text{N}$$

（3）计算所需的径向基本额定动载荷 C_r 角接触球轴承一般成对使用，因此两端选择同样尺寸的轴承，$P_1 < P_2$，故应以轴承 2 的径向当量动载荷 P_2 为计算依据。工作载荷平稳、常温，查表 12-11 得 $f_p = 1.0$，$f_t = 1.0$，则

$$C_{r2} = \frac{f_p P}{f_t}\left(\frac{60n}{10^6}L_h\right)^{1/\varepsilon} = \frac{1 \times 9700}{1}\left(\frac{60 \times 450}{10^6} \times 2000\right)^{1/3}\text{N} = 36.67\text{kN}$$

由《机械设计手册》查得，角接触球轴承的径向基本额定动载荷 $C_r = 35200$N。因为 $C_{r1} < C_{r2}$，故所选 7208AC 轴承不恰当。

【例 12-4】 卧式螺旋卸料沉降离心机（简称卧螺离心机）可以用于污泥机械脱水，如图 12-22 所示，离心机转鼓与机架之间的转鼓支承轴承 1、2 通常采用一对圆柱滚子轴承支承；受螺旋推进器结构的限制，转鼓与螺旋推进器之间支承轴承 3、4 的结构尺寸不同。考虑到螺旋推进器支承轴承 3 处的空间较小，若均采用公称接触角 $\alpha > 0°$ 的轴承，两处支承轴承的派生轴向力不同而且无法抵消，因此会产生附加轴向载荷。为避免这种工况的发生，常将支承轴承 3 设计为自由端，使其仅承受径向力而不承受轴向力，因此支承轴承 3 可选用径向尺寸较小的滚针轴承；支承轴承 4 则设计为固定支承端，同时承受轴向力和径向力，为使轴承的派生轴向力相互抵消，4 处的轴承往往成对安装，如一对角接触球轴、一对圆锥滚子轴承、圆柱滚子轴承 + 角接触球轴承，当轴向载荷较小时也可以采用圆柱滚子轴承 + 深沟球轴承。假设现已知转鼓转速为 3200r/min，转鼓与螺旋推进器间的速度差为 20r/min，工作温度为 110℃，载荷平稳无冲击。转鼓支承轴承 1、2 为 N221 型圆柱滚子轴，油润滑；螺旋推进器的支承轴承 3 为 NA4916 型滚针轴承，支承轴承 4 为一对正装的 7217B 角接触球轴承，均为脂润滑，推动物料的轴向力由 7217B 承担。已知：转鼓支承轴承 1、2 承受的径向作用力分别为 5.0kN 和 7.0kN，无轴向力；螺旋推进器支承轴承 3 承受的径向作用力为 1.2kN，支承轴承 4 组合的 2 个角接触球轴承承受的径向作用力均为 0.5kN，螺旋推进器推送物料的轴向力为 2.2kN，计算各轴承的寿命。

解：（1）转鼓支承轴承 1 和 2 的寿命计算 由式（12-14）可知，所用圆柱滚子轴承的基本额定寿命为

$$L_h = \frac{10^6}{60n}\left(\frac{f_t C}{f_p P}\right)^\varepsilon$$

查《机械设计手册》，N221 圆柱滚子轴承的径向基本额定动载荷 $C_r = 185$kN。污泥机械脱水过程中冲击较小或无冲击，查表 12-11，$f_p = 1.2$；利用插值法计算 f_t 为

$$f_t = 0.95 + \frac{125 - 110}{125 - 100}(1 - 0.95) = 0.98$$

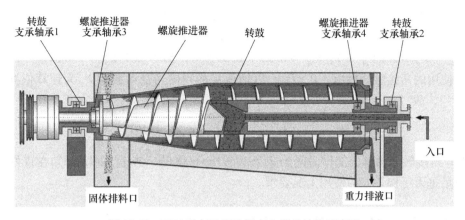

图 12-22　HTS 型高干度卧螺离心机的结构示意图

由于转鼓仅承受径向力，则当量动载荷为

$$P = F_r = 7.0\text{kN}$$

圆柱滚子轴承取 $\varepsilon = \dfrac{10}{3}$，故

$$L_h = \frac{10^6}{60 \times 3200}\left(\frac{0.98 \times 185}{1.2 \times 7}\right)^{\frac{10}{3}}\text{h} = 145801\text{h}$$

N221 圆柱滚子轴的工作时间为 145801h>60000h，查表 12-12 可知在良好润滑工况下，满足每天工作 24h 的使用工况要求。

（2）螺旋推进器支承轴承 3 和 4 寿命的计算　根据题设，可以绘制螺旋推进器支承轴承的受力简图如图 12-23 所示，支承轴承 3 处仅承受径向作用力，其当量动载荷为

$$P_3 = F_{r3} = 1.2\text{kN}$$

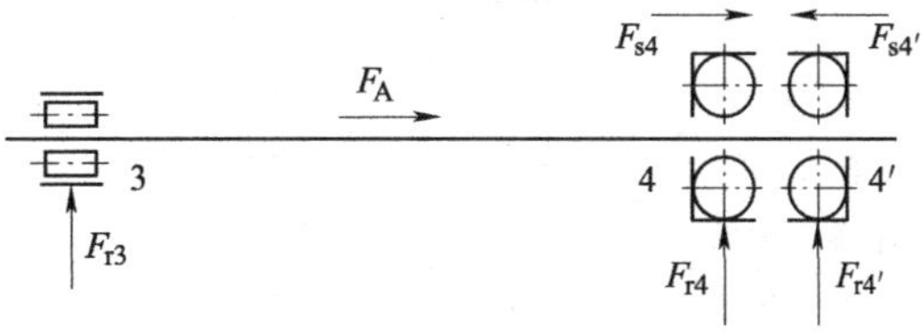

图 12-23　螺旋推进器两端支承轴承的受力简图

查《机械设计手册》，NA4916 型滚针轴承的径向基本额定动载荷 $C_r = 89\text{kN}$，滚子轴承取 $\varepsilon = \dfrac{10}{3}$，故

$$L_h = \frac{10^6}{60 \times 20}\left(\frac{0.98 \times 89}{1.2 \times 1.2}\right)^{\frac{10}{3}}\text{h} = 727217054\text{h}$$

NA4916 型滚针轴承的工作时间为 727217054h>60000h，查表 12-12 可知在良好润滑工况下，满足每天工作 24h 的使用工况要求。

查《机械设计手册》，支承轴承 4 处所选用一对 7217B 角接触球轴承的径向基本额定动载荷 $C_r = 93\text{kN}$，查表 12-10 有 $e = 1.14$，则 4 端轴承的派生轴向力为 $F_{s4} = F_{s4'} = 1.14F_{r4} = 1.14 \times 0.5\text{kN} = 0.57\text{kN}$（方向如图 12-23 所示）。$F_{s4} + F_A = 0.57\text{kN} + 2.2\text{kN} > F_{s4'} = 0.57\text{kN}$。

所以轴承 4′ 为压紧端，$F_{a4'} = F_{s4} + F_A = 2.77\text{kN}$；轴承 4 为放松端，$F_{a4} = F_{s4} = 0.57\text{kN}$。

$$\frac{F_{a4}}{F_{r4}} = \frac{0.57}{0.5} = 1.14 = e; \quad \frac{F_{a4'}}{F_{r4'}} = \frac{2.77}{0.5} = 5.54 > e$$

查表 12-10 可得，$X_4 = 1$、$Y_4 = 0$、$X_{4'} = 0.35$、$Y_{4'} = 0.57$，故当量动载荷为

$$P_4 = X_4 F_{r4} + Y_4 F_{a4} = 0.5\text{kN}$$

$$P_{4'} = X_{4'} F_{r4'} + Y_{4'} F_{a4'} = 0.35 \times 0.5\text{kN} + 0.57 \times 2.77\text{kN} = 1.8\text{kN}$$

成对使用的角接触球轴承，$P_4 < P_{4'}$，以轴承 4′ 的径向当量动载荷 $P_{4'}$ 为计算依据，滚子轴承取 $\varepsilon = 3$，故

$$L_h = \frac{10^6}{60 \times 20} \left(\frac{0.98 \times 93}{1.2 \times 1.8} \right)^3 \text{h} = 217939691\text{h}$$

7217B 角接触球轴承的工作时间为 217939691h>60000h，查表 12-12 可知在良好润滑工况下，满足每天工作 24h 的使用工况要求。

12.5 滚动轴承的润滑及其组合设计

12.5.1 滚动轴承的润滑

润滑脂、润滑油或固体润滑剂都可以用于润滑滚动轴承，相对滑动轴承而言，滚动轴端的润滑方式较为简单。工程上按速度因数 dn 值 [d 代表轴承内径（mm）；n 代表轴承内外圈的转速（r/min），dn 值间接地反映了轴承的圆周速度] 来判定滚动轴承的润滑方式，润滑方式与 dn 的对应关系见表 12-15。

表 12-15 滚动轴承润滑方式与 dn 值对应关系表（单位：10^4 mm·r/min）

轴承类型	脂润滑	油润滑			
		油浴	滴油	循环油（喷油）	油雾
深沟球轴承	≤16	25	40	60	>60
调心球轴承	≤16	25	40	50	—
角接触球轴承	≤16	25	40	60	>60
圆柱滚子轴承	≤12	25	40	60	>60
圆锥滚子轴承	≤10	16	23	30	—
调心滚子轴承	≤8	12	20	25	—
推力球轴承	≤4	6	12	15	—

润滑脂不易流失，便于密封和维护，因此当 dn 值不超过 16×10^4 mm·r/min、轴承附近没有润滑油源时，常采用润滑脂润滑。对于工作环境不便于经常添加润滑剂或润滑油流失可能导致产品污染的设备而言，脂润滑优势明显。常见的低速环保设备特别是室外作业的环保设备，大都采用脂润滑方式。滚动轴承的装脂量一般不宜多于轴承空隙的 2/3，以免发生轴承过热。

润滑油的优点是比脂润滑摩擦阻力小，并能散热，当轴承附近有润滑油源时（如变速箱内本来就有润滑齿轮的油），应尽量采用飞溅的润滑油润滑。对于滚动轴承润滑的 dn 较大或工作温度较高时，采用油浴、滴油、循环油（喷油）、油雾等方式润滑，还具有冷却作用，选择方式见表 12-15。润滑油的黏度按 dn 和工作温度 t 来确定，如图 12-24 所示。润滑油的添加量不宜过多，如果采用油浴润滑，则油面高度应不超过最低滚动体的中心，以免产生过大的搅油损耗和热量，高速轴承通常采用喷油或喷雾方法润滑。

12.5.2　滚动轴承的组合设计

为充分发挥轴承承载能力、延长其使用寿命，除合理选择轴承类型、尺寸外，还应正确进行轴承的组合设计，处理好轴承与其周围零件之间的关系，即要解决轴承的轴向位置固定、轴承与其他零件的配合、润滑等一系列问题。常用的轴承的固定方式有两种。

1. 两端固定

如图 12-25a 所示，在轴的两个支点中，每一个支点限制一个方向的轴移动，两个支点合起来就限制了轴的双向移动，这种固定方式称为两端固定，适用于工作温度变化不大的短轴。若工作温度变化较大或轴比较长时，为防止受热时轴的热膨胀产生附加轴向应力，应在轴承盖与外圈端面之间应留出热补偿间隙 c，$c = 0.2 \sim 0.3$mm，如图 12-25b 所示。

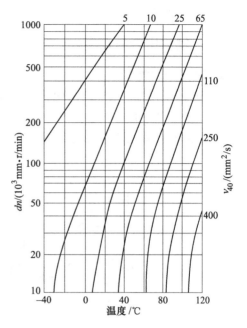

图 12-24　润滑油黏度的选择

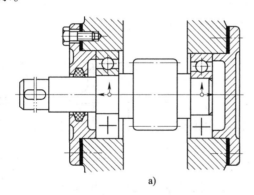
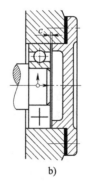

图 12-25　两端固定支承的结构示意图

2. 一端固定、一端游动

如图 12-26 所示，左侧支点双向固定，用以承受轴向力，另一个支点作为轴向游动端，这种固定方式适用于温度变化较大的长轴。作为轴向游动的支点称为游动支点，当游动端为深沟球轴承时，应在轴承外圈与端盖间留适当间隙，如图 12-26a 中的右端所示。游动端为圆柱滚子轴承时，轴向游动发生在滚子和外圈间；而轴承外圈应做双向固定，如图 12-26b 所示，以免内、外圈同时移

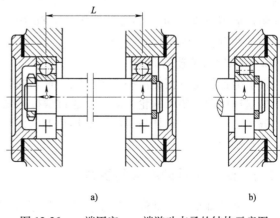

图 12-26　一端固定、一端游动支承的结构示意图

动，造成过大错位。

12.5.3 轴承组合的调整

1. 轴承间隙的调整

调整轴承的间隙的实质是使两支承轴承外圈产生相向位移，借此调整轴的旋转精度和刚度。调整轴承间隙的方法有：①靠改变轴承盖与机座之间垫片的厚度进行调整，如图 12-27a 所示；②利用螺钉和轴承外圈压盖进行调整，如图 12-27b 所示，调整好之后用螺母锁紧防松。

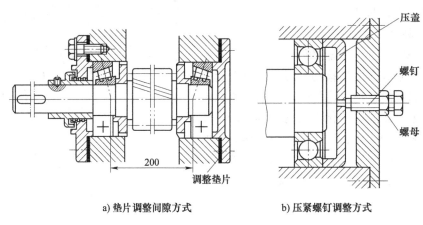

a) 垫片调整间隙方式   b) 压紧螺钉调整方式

图 12-27　轴承间隙的调整方式示意图

2. 轴承的预紧

轴承预紧的目的是消除游隙，对可调游隙轴承（如 6 类、7 类等），安装时给予一定的轴向压紧力（预紧力），使内、外圈产生相对位移而消除游隙，并使滚动体和内外圈在接触处产生弹性预变形，借此提高轴的旋转精度和刚度，这种方法称为轴承的预紧。作用在内、外圈上的外力借助内、外圈的轴向尺寸差实现预紧，具体实施中采用添加金属垫片或磨窄内、外圈的方法。图 12-28a 所示为在内圈或外圈添加垫片形成轴向尺寸差的方式，图 12-28b 所示为磨窄内、外圈获得轴向尺寸差的方式。

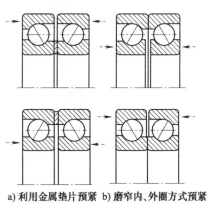

a) 利用金属垫片预紧 b) 磨窄内、外圈方式预紧

图 12-28　轴承的预紧

3. 轴承组合位置的调整

轴承组合位置调整的目的是改变整个轴系的位置，从而使轴上的零件处于精确的工作位置，如蜗杆传动，要求蜗轮中间平面通过蜗杆的轴线等。图 12-29 所示为锥齿轮轴承组合位置的调整方法，图中套杯与机座间的垫片 1 用来调整锥齿轮轴的轴向位置，而垫片 2 则用来调整轴承游隙。

12.5.4 滚动轴承的配合与拆装

由于滚动轴承为标准件，为了便于互换及适应大批量生产，GB/T 307.1—2017 规定了滚动轴承内圈与轴、外圈与孔的配合关系和公差：轴承内圈孔与轴的配合采用基孔制，轴承外圈与轴承座孔的配合则采用基轴制；选择公差时，应综合考虑载荷的方向、大小和性质，以及轴承类型、转速和使用条件等因素。**一般情况下是内圈随轴一起转动，外圈固定不动，故内圈与轴常取较紧的过渡配合（经常拆卸时）或小的过盈配合（不经常拆卸时）**，轴承内圈的公差为 H7 时，轴的公差可采用 k6、m6、n6 等；**外圈与座孔常取较松的过渡配合以便于拆卸**，轴承外圈的公差为 h6 时，座孔的公差可采用 H7、J7 或 JS7；当轴承做游动支承时，外圈与座孔应取间隙配合，轴承外圈的公差为 h6 时，座孔公差可采用 G7、G8、G9。

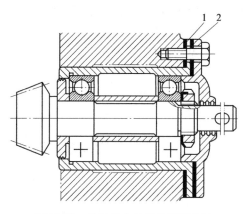

图 12-29 轴承组合位置的调整方法
1、2—垫片

设计轴承组合时，应考虑轴承装拆方便、拆装过程中不损坏轴承和其他零件。如图 12-30 所示，若轴肩高度大于轴承内圈外径，就难以放置拆卸工具的钩头。对外圈拆卸要求也是如此，应留出拆卸高度 h_1，如图 12-31a、b 所示；或在壳体上设置拆卸轴承的螺纹孔，如图 12-31c 所示，拆卸时利用螺钉将轴承顶出。

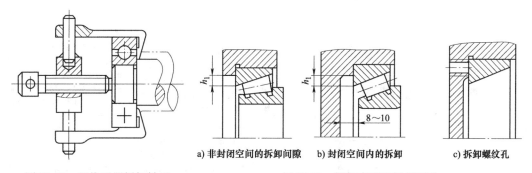

a) 非封闭空间的拆卸间隙　　b) 封闭空间内的拆卸　　c) 拆卸螺纹孔

图 12-30　用钩爪器拆卸轴承　　　　图 12-31　拆卸高度和拆卸螺孔

12.6　密封

密封用于防止润滑轴承的润滑油或润滑脂流出，或者防止外界杂质（如灰尘等固体微颗粒）进入轴承内部加速轴承的磨损。对于流体机械而言，还需要利用密封来防止机械内部的流体泄漏进入轴承，导致轴承腐蚀或润滑失效等，因此密封对轴承的使用寿命具有重要意义。用于密封的元件称为密封件，结构复杂的密封件也称为密封装置，密封件是机械产品的重要基础元件。

12.6.1　密封的分类

根据密封面的运动方式，密封分为静密封和动密封两类。静密封是指需要密封的两个接合面相对静止，密封方法和密封件结构均较简单，常利用弹性密封元件（如垫片、O 形圈等）的弹性变形填充接合面间的缝隙实现密封，如压力容器法兰、管道连接法兰的端面密封。动密封是指需要密封的两个接合面间有相对运动，包括直线往复运动和旋转运动。轴承用于减少两相对运行构件间的摩擦系数，防止磨损，因此接合面必然存在相对运动，其密封属于动密封。根据密封原理，动密封可分接触式密封、非接触式密封、组合密封以及特殊密封等，常见动密封的结构形式、适用场合和说明见表 12-16。

表 12-16　常见动密封的结构形式、适用场合和说明

密封类型		图　例	适用场合	说　明
接触式密封	填料密封 软填料密封		应用于阀门、泵类、搅拌机，如离心泵、沼气搅拌机等的密封	结构简单、装拆方便、成本低；摩擦和磨损较大
	挤压型密封		用于低速往复及旋转动密封	结构紧凑、占空间小、动摩擦阻力小，拆卸方便、成本低
	唇形密封		主要用于往复运动密封和旋转防尘密封	结构复杂、体积大、摩擦阻力大
	毛毡圈密封	毛毡圈	脂润滑密封用，轴颈圆周速度 $v \leqslant 4 \sim 5m/s$，工作温度 $\leqslant 90℃$	矩形断面的毛毡圈被安装在梯形槽内，用毡圈和轴的压力进行密封，主要用于防尘密封
	硬填料密封	弹簧分瓣环	往复运动的活塞密封和高压搅拌轴的旋转密封。压力 $\leqslant 350MPa$，线速度 $\leqslant 12m/s$，温度为 $-45 \sim 400℃$	密封箱内装有压紧的密封盒，每个盒内装有一组密封环，分瓣密封环靠弹簧和介质压力贴附于轴上。密封环材料通常为青铜、轴承合金、石墨等
	油封		广泛用于尺寸不大的旋转装置中润滑油的密封，也用于封气、防尘，轴颈线速度 $v \leqslant 20m/s$，常用于 $12m/s$ 以下，温度 $\leqslant 150℃$	密封圈材料有皮革、塑料或耐油橡胶
	涨圈密封		用于气体密封时，要有油润滑。温度 $\leqslant 200℃$，线速度 $\leqslant 10m/s$，往复运动压力 $\leqslant 70MPa$，旋转运动压力 $\leqslant 1.5MPa$	带切口的弹性涨圈安放在槽中，在涨圈弹力作用下外圆紧贴在壳体上。由于介质压力的作用，涨圈端面贴合在涨圈槽侧壁上，需用液体进行润滑或堵漏
	机械密封		寿命可达 8000h 以上，压力从 $10^{-6}MPa$ 的真空到 $45MPa$ 的高压，温度为 $-200 \sim 450℃$，线速度达 $150m/s$	利用动、静环端面进行密封，靠弹性构件和密封介质压力使端面互相贴合，端面间维持一层极薄的液体膜而实现密封

（续）

密封类型		图　例	适用场合	说　明
非接触式密封	间隙密封		脂润滑，干燥、清洁环境	靠轴与端盖间细小间隙密封，间隙越小越长，密封效果越好，间隙 δ 取 0.1～0.3mm
	螺旋密封	大气　机内液体	结构简单，制造、安装精度要求不高，维修方便，使用寿命长。适用高温、高速下液体密封，需设置停机密封	借助螺旋作用将液体逆压力方向推动，实现密封。设计螺旋密封装置时，应注意螺旋驱油方向
	浮动环密封	浮动环　轴	适用于介质压力 > 10MPa、转速为 1000～2000r/min、线速度在 100m/s 以上的流体机械的密封	浮动环可以在轴上径向浮动，径向密封靠浮动环与隔离环的贴合达到；轴向密封靠浮环与轴之间的狭小径向间隙 δ 对密封油产生节流来实现
	离心密封		结构简单，成本低，没有磨损，无须维护，不适用于气体介质。应用于高温、高速的传动装置和压差接近于零的场合	利用离心作用（甩油盘）将液体介质沿径向甩出，阻止液体进入泄漏缝隙，从而达到密封的目的。转速越高，密封效果越好
	迷宫式密封		脂或油润滑，工作温度不高于密封用脂的滴点，密封效果可靠	将密封面间的间隙做成迷宫形式，并填充润滑油或润滑脂。分径向和轴向两种：径向间隙 $\delta = 0.1～0.2mm$；轴向间隙 $\delta = 1.5～2mm$
组合密封	毛毡加迷宫密封		脂或油润滑	图例为毛毡加迷宫密封的组合形式，可充分发挥各自优点，提高密封效果

12.6.2　接触式密封

1. 软填料密封

软填料密封又称压盖填料密封、盘根密封，在离心泵、真空泵、搅拌机、反应釜等设备的转轴和往复泵、往复压缩机以及阀门上均有使用。软填料密封靠压紧力将填料填充在轴和壳体的间隙内，利用填料的弹性实现密封，因此轴和填料间有较大的摩擦力，功率损耗较大。为了润滑摩擦部位并防止填料和轴烧伤，软填料密封要允许有一定的泄漏。工作过程中，填料相对壳体静止，与运动的轴间有相对运动，适当的压紧力可以使轴与填料之间保持必要的液体润滑膜，进而减少摩擦、磨损，提高使用寿命；合理地控制压紧力是保证软填料密封具有良好密封性的关键。旋转式滗水器排水总管的旋转接头，就是采用填料密封的方法，具体结构如图 12-32 所示。填料 2 安装在填料函 1 内，通过压盖螺栓 5 在轴向预紧压盖 4，压盖 4 的轴向预紧力使软填料产生轴向压缩变形，并在弹塑性变形的作用下产生径向膨胀，进而使填料充满轴和填料函之间的空隙，实现密封。

在重要的密封场合，为了使轴向和径向力都均匀分布，常在填料函中间设置封液环，同时还可以向封液环内注入液体，对填料进行润滑和冷却。图 12-33 所示污泥厌氧消化池顶部机械搅拌设备的搅拌轴填料密封结构，填料函被封液环 4 分为上下两部分，液封环中注入压力水对密封环进行润滑，同时带走摩擦产生的热量。图 12-34 所示为某公司 PW 型离心泵的密封结构，图中封液环 8 能使填料受力均匀、润滑良好、防止填料烧伤，同时在密封结构的末端设置轴套 7 防止软填料被挤出。

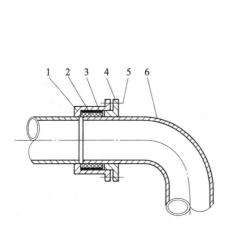 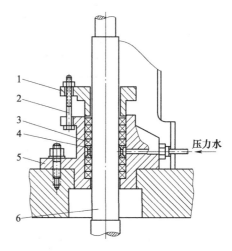

图 12-32　旋转式滗水器总排水管旋转接头示意图
1—填料函　2—填料　3—垫板　4—压盖
5—压盖螺栓　6—排水管

图 12-33　消化池顶填料密封的结构示意图
1—压盖　2—压盖螺栓　3—填料　4—封液环
5—填料　6—搅拌轴

软填料密封的填料分为纤维质和非纤维质两大类，纤维质材料有棉、麻、聚四氟乙烯（PTFE）、碳纤维、酚醛树脂纤维、尼龙等；非纤维质材料中膨胀石墨的应用较为广泛。部分常用密封软填料的使用性能见表 12-17。

2. 挤压型密封与唇形密封

挤压型密封与唇形密封统称为成型密封或成型填料密封，密封件为橡胶、塑料、皮革及软金属材料经模压成型的环状密封圈，密封圈安装在槽内并压紧，靠密封圈的过盈量、压紧力和工作介质压力产生的径向自紧压力实现密封。

挤压型密封件的截面形状有 O 形、方形、D 形、三角形、T 形、心形、X 形等多种类型，其中 O 形应用最广，常称为 O 形圈。轴承端盖与箱体间可以采用 O 形圈进行密封，与橡胶垫片相比，O 形圈密封的接触面积较小，因此在较小压力下就可以获得较好的密封效

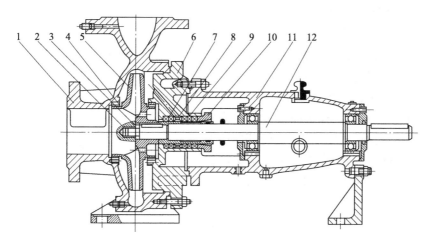

图 12-34　离心泵的填料密封结构图

1—泵体　2—叶轮固定螺母　3—止动垫片　4—密封环　5—叶轮　6—泵壳
7—轴套　8—封液环　9—填料　10—填料压盖　11—悬架轴承部件　12—轴

表 12-17　部分常用密封软填料使用性能

型号	填料组成	规格/mm	使用范围	摩擦系数	特　点
SFW/260	以聚四氟乙烯纤维为主体材料，浸渍聚四氟乙烯乳液或其他润滑剂	正方形，边长为3、4、5、6、8、10、12、14、16、18、20、22、24、25	旋转密封压力≤10MPa；线速度≤8m/s；往复密封压力≤25MPa；线速度≤2.5m/s；温度≤260℃	0.14	耐蚀、耐磨、强度高，自润滑性好，导热性差，高速时需要冷却
SFP/260	以膨胀聚四氟乙烯带为主体，添加高导热物质，再与特征润滑材料相复合		旋转密封压力≤15MPa；线速度≤8m/s；往复密封压力≤20MPa；线速度≤3m/s；温度≤260℃		耐磨、导热和自润滑性好，寿命长
TS	碳纤维与聚四氟乙烯丝混合编织并浸渍聚四氟乙烯乳液或润滑油		旋转密封压力≤3MPa；线速度≤15m/s；往复密封压力≤25MPa；线速度≤3m/s；温度为-200~260℃	0.15	耐蚀、自润滑性好、耐低温、磨损小
T1102	碳纤维浸聚四氟乙烯乳液模压成填料环		旋转密封压力≤25MPa；线速度≤25m/s；往复密封压力≤30MPa；线速度≤3m/s；温度≤345℃	—	耐高压、导热性好、化学稳定性好、耐磨损，对机件磨损小
YAB	以石棉线、尼龙线为主体浸渍聚四氟乙烯乳液，硫化处理		旋转密封压力≤3MPa；线速度≤20m/s；往复密封压力≤15MPa；线速度≤2m/s；温度为-200~260℃	—	耐热、柔软、强度高、耐蚀，摩擦系数小

果。O 形圈的形状如图 12-35 所示，截面呈 "O" 形，在静密封装置中被大量采用，也可以用在对密封要求不高的低速往复式和旋转式密封中，动密封中可用于真空度大于 -1.33×10^{-5}Pa、压力小于 40MPa、温度在 $-60 \sim 200$℃ 之间、线速度≤5m/s 的旋转密封和往复式密封。

　　O 形圈用于往复运动密封时，有起动摩擦阻力大、易产生扭曲变形的缺点，因此只是在轻载工况或内部往复密封中使用，设计时根据轴的尺寸可以查《机械设计手册》选用或按 GB/T 3452.1—2005《液压气动用 O 形橡胶密封圈 第 1 部分：尺寸系列及公差》选用。

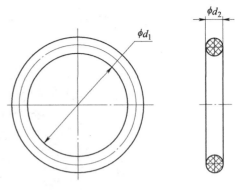

图 12-35 O 形圈的形状示意图

如图 12-36 所示，唇形密封圈有 V 形、U 形、Y 形、L 形、J 形等多种截面形式，截面轮廓上都有一个或多个锐角形成的带有腰部的所谓唇口。唇形密封圈的主要材料为橡胶，为提高橡胶唇形密封圈的耐压能力，也可以在密封圈中增加纤维帘布，制成夹布橡胶密封圈。

在唇形密封圈中，V 形圈的应用最早也最为

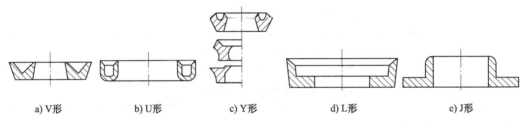

| a) V形 | b) U形 | c) Y形 | d) L形 | e) J形 |

图 12-36 唇形密封圈的截面形状示意图

广泛，其优点是耐压和耐磨性好，可以根据压力大小重叠使用。V 形圈受压面为唇口，在介质压力作用下，唇口张开产生显著的自紧作用，从而易与密封面贴紧，如图 12-37 所示。橡胶 V 形圈用于压力<30MPa 的工况，夹布橡胶 V 形密封圈的适用压力达 60MPa 的往复式动密封，或用于低压旋转密封、旋转轴的防尘密封等；工作温度低于 120℃，除橡胶以外，常用材料还有皮革、聚四氟乙烯等；与密封圈配合的轴表面粗糙度一般取 $Ra = 0.2\mu m$，工作条件较为宽松的情况可以取 $Ra = 0.4\mu m$。当密封压力低于 1.0MPa 时，也可以选用 L 形和 J 形等密封。

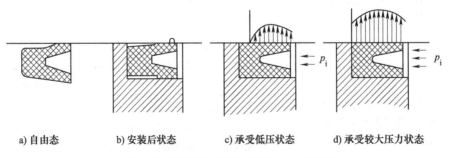

| a) 自由态 | b) 安装后状态 | c) 承受低压状态 | d) 承受较大压力状态 |

图 12-37 橡胶唇形密封圈的接触压力分布示意图

12.6.3 油封

表 12-16 中的油封主要用于接触处线速度低于 12m/s、温度低于 150℃、压差不高于 0.2MPa 的动密封场合。当线速度低于 3m/s 时，与密封件接触的轴表面粗糙度 $Ra = 3.2\mu m$；

当线速度在 $3\sim5\mathrm{m/s}$ 之间时，与密封件接触的轴表面粗糙度 $Ra=0.8\mu\mathrm{m}$；当线速度高于 $5\mathrm{m/s}$ 时，与密封件接触的轴表面粗糙度 $Ra=0.2\mu\mathrm{m}$；磨损严重的场合可选用聚四氟乙烯密封材料。安装唇形油封的轴段公差、表面粗糙度以及油封安装方向如图 12-38 所示，唇形油封的口开向介质压力方向，且只能承受单侧压力。为防止油封损伤，油封装入侧的轴采用 $15°\sim30°$ 的倒角，且倒角边缘

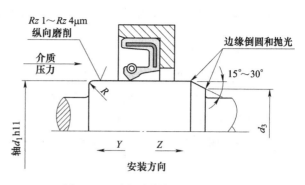

图 12-38　油封密封件的轴系示意图

需要进行抛光。低压动密封用油封和唇形密封圈为标准件，设计时可查《机械设计手册》选用或按 GB/T 9877—2008《液压传动　旋转轴唇形密封圈设计规范》选用；高压、高速密封可以参考公司产品手册，如瑞典 Trelleborg 公司（2016 年被 Vibracoustic 公司收购）的高压动密封件等。

12.6.4　机械密封

机械密封利用动环与静环之间的平面摩擦副来实现旋转动密封，又被称为机械端面密封，常用于泵、风机、反应釜、液压传动和其他类似设备中旋转轴的密封。机械密封具有性能可靠、泄漏量小、使用寿命长、无须经常维修等特点，能适应高温、低温、高压、真空、高速以及强腐蚀介质、含固体颗粒介质等苛刻工况。

常用机械密封的结构与工作原理如图 12-39 所示，工作过程中，弹性元件（如弹簧或波纹管）和密封介质的压力将旋转的动环压紧在静止的静环上，动环、静环之间的接触面为端面，压紧力使两个端面贴紧并能维持一层极薄的液体膜，在达到密封目的的同时起润滑和平衡压力的作用。当轴 9 旋转时，通过紧定螺钉 10 和弹簧 2 带动动环 3 一同旋转。防转销 6 将静环 7 固定在静止的压盖 4 上，防止静环 7 转动。当密封端面磨损时，动环 3

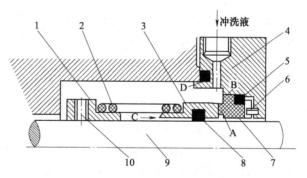

图 12-39　机械密封的结构与工作原理示意图
1—弹簧座　2—弹簧　3—动环　4—压盖　5—静环密封圈
6—防转销　7—静环　8—动环密封圈　9—轴　10—紧定螺钉

连同动环密封圈 8 在弹簧 2 推动下，沿轴向产生微小移动，实现一定的补偿功能，所以也称为补偿环。静环不具有补偿能力，也称为非补偿环。

机械密封一般有四个密封部分（通道），如图 12-39 中的 A、B、C、D。A 处为端面密封，密封措施为动环和静环接触端面的移动副，是机械密封中的主密封，决定其密封性能和使用寿命。B 处用静环密封圈 5 完成静环 7 与压盖 4 端面间的静密封。C 处动环密封圈 8 完成动环 3 与轴 9 配合面间的密封，因可以随补偿环轴向移动并起密封作用，被称之为副密封，当端面磨损时，其仅能跟随补偿环沿轴向微量移动，实际上相当于静密封。D 处为压盖

与机体间的端面密封，为静密封。B、C、D 三处的密封常用 O 形圈密封。

12.6.5　组合密封

单一材料、形状和密封件往往很难同时满足动密封的密封性能、耐磨性能和耐流体腐蚀性能等要求，利用不同形状、密封元件和材料相互组合实现的动密封称为组合密封。如 U 形金属弹簧或弹性体密封件与塑料组合成一体，密封功能由弹性体密封件或弹簧完成，而耐磨性由填充聚四氟乙烯（PTFE）或增强聚氨酯来实现。图 12-40 所示为典型组合密封件的结构示意图，已广泛应用在液压往复密封中。

图 12-40　典型组合密封件的结构示意图

对于高压或密封困难的设备，往往还采用多道密封组合的方式，如输送没有尖角颗粒的各类矿浆且耐酸碱腐蚀的衬胶泵用密封装置。PNJF 型衬胶泵所采用的组合密封结构如图 12-41 所示，由背叶片 2、副叶轮 5、固定导叶 4 和停车密封等组成。背叶片为设置在叶轮背面上的径向或弯曲筋条，当泵运转时，在旋转叶轮带动下产生的离心力将液体抛向叶轮出口，于是叶轮外圆处形成高压，压力为 p。由于叶轮和壳体间存在间隙，当无背叶片时，具有一定压力的液体

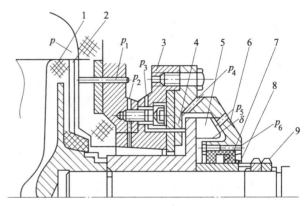

图 12-41　PNJF 型衬胶泵的密封结构
1—主叶轮　2—背叶片　3—减压体　4—固定导叶　5—副叶轮
6—减压盖　7—密封圈　8—轴套　9—调整螺母

会通过此间隙向低压区泄漏。设置背叶片后，由于背叶片的作用，这部分泄漏液体会受到离心力作用而产生反向离心压力，进而阻止泄漏液体向轴封处流动，同时还可以阻止或减少固体颗粒进入轴封区。经背叶片降压后剩余的泄漏压力为 p_2，p_3 为副叶轮入口处压力，两者近似相等。副叶轮多为一个半开式离心叶轮，工作时也会产生离心作用，因此副叶轮外圆处的压力 p_4 始终略大于 p_3，从而阻止流体继续外流，起动密封作用。p_6 为轴封侧压力，衡量副叶轮密封性能的关键是压力 p_6 的负压值，负压越高密封性能越好，工程上为了使副叶轮既能保证密封，又不会消耗太多轴功率，要求 p_6 略微负压即可。副叶轮后设置的密封圈抱紧在轴上，保证低速或停车时泵仍然具有密封功能，不会泄漏。

液压缸活塞往复运动中通常需要对两个方向的压力介质进行密封，密封件承受双向压力的作用，因活塞杆一端向液压缸外侧伸出，当其向外运动时，会将液压油拖曳到外部，导致泄漏；向内运动时，又会将外部的水、气和杂质带入液压缸内，导致密封件、活塞杆和液压缸的磨损。另外，活塞和活塞杆经历往复轴向运动时，一个来回构成一个工作循环。在此过

程中，密封件与缸体、活塞杆间滑动表面的润滑油膜会随活塞和活塞杆的往复运动而变化，很难形成稳定的油膜，故液压缸活塞的往复动密封也采用多道密封件组合的结构。图 12-42 所示为液压缸活塞用往复动密封的结构示意图，包括活塞和活塞杆密封。活塞杆最外侧的刮油密封 5（或称为防尘密封、拭尘密封）通过往复运动来清除活塞杆表面的污染物（灰尘、液体、泥浆、粒屑等），防止外界污染物进入密封区，同时密封少量泄漏

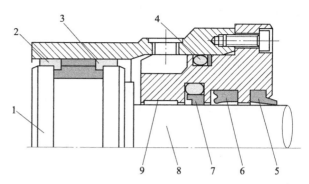

图 12-42　液压缸往复运动密封的结构示意图
1—活塞　2—密封环　3—支承环　4—O 形密封圈　5—刮油密封
6—Y 形唇形密封圈　7—组合密封圈　8—活塞杆　9—支承环

油。由 O 形圈和 L 形唇形密封圈组合形成的阶梯组合密封圈 7 称为斯特圈（Stepseal），活塞杆外行时，密封边的陡斜面通过限制泄漏油膜的厚度控制泄漏量；活塞杆内行时，密封边的斜面可以将滞留的油膜带回，从而提高密封性，并改善润滑状况。安装在活塞杆中部的 Y 形唇形密封圈 6 主要用于减少液压油的泄漏，因此其开口向里。安装在活塞 1 上的支承环 3 相当于滑动轴承，用于保持液压密封、活塞与液压缸的同轴度，起导向、调节侧压的作用。密封环 2 为液压缸活塞环，采用涨圈密封环的方法设计，通常为整体开口结构，沿半径方向切割成对接接口，形成一个自由开口环。开口形状包括直端面形、斜切面形和台阶形等，端面形状如图 12-43 所示。其中台阶面形可以消除直接的泄漏通道，泄漏量较少。

a) 直端面形　　　　　　b) 斜切端面形　　　　　　c) 台阶端面形

图 12-43　活塞环对接接口的形状示意图

【习题】

12-1　滑动轴承的摩擦（润滑）状态有几种？各有什么特点？

12-2　试设计某澄清池搅拌机主轴上的非液体摩擦（润滑）推力轴承，已知轴颈直径为 55mm，轴瓦外径为 95mm，轴颈的轴向载荷为 24kN，轴的转速为 300r/min。

12-3　说明下列型号轴承的类型、内径尺寸、公差等级及其适用场合：6005，N209/P6，7207C，30209/P5。

12-4　一型号为 6204 的深沟球轴承，承受纯径向力 $F_r = 3.2$kN，载荷平稳，转速 $n = 760$r/min，室温下工作。查《机械设计手册》确定该轴承的额定动载荷，计算该轴承的工作寿命，并说明能达到或超过此寿命的概率。若载荷降为 $F_r = 2.2$kN，轴承的寿命是多少？

12-5　如图 12-44 所示，某传动轴上安装一对角接触球轴承，反向安装。已知两个轴承的径向载荷 $F_{r1} = 1500$N，$F_{r2} = 2800$N，外加轴向载荷 $F_A = 1200$N，安装轴承处轴的直径 $d = 45$mm，转速 $n = 2800$r/min，

常温下运转，有中等冲击，预期寿命 $L_h = 2000h$，试选择轴承型号。

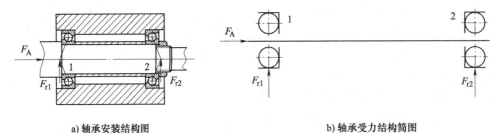

a) 轴承安装结构图   b) 轴承受力结构简图

图 12-44   题 12-5 图

12-6   如图 12-27a 所示一齿轮轴，由一对型号为 33006 的圆锥滚子轴承支承，支点间的跨距为 200mm，齿轮位于两支点的中央。已知齿轮模数 $m_n = 2.0mm$，齿数 $z_1 = 23$，螺旋角 $\beta = 15.0°$，传递功率 $P = 2.4kW$，齿轮轴的转速 $n = 400r/min$。试计算轴承的预期寿命（提示：先进行齿轮受力分析，再求出轴承两端径向和轴向载荷 F_{r1}、F_{r2}、F_A，然后计算轴承寿命）。

12-7   指出图 12-45 所示轴系结构上的错误（忽略润滑方式对轴系结构的影响），并绘制正确的图。

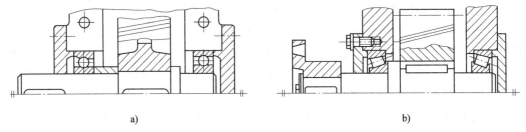

a)   b)

图 12-45   题 12-7 图

12-8   如图 12-46 所示，已知蜗杆轴上正装一对 30208 型圆锥滚子轴承，根据蜗杆轴的受力，求得两支点的径向反力 $F_{r1} = 2600N$，$F_{r2} = 2000N$，蜗杆螺旋线方向为右旋，转速 $n_1 = 960r/min$，转动方向如图 12-46 所示，蜗杆上的轴向力 $F_A = 1000N$。载荷系数 $f_p = 1.1$，计算轴承的预期寿命 L_h（30208 型轴承的基本额定动载荷 $C_r = 63000N$，$e = 0.38$，$Y' = 1.6$，内部轴向力 $F_s = \dfrac{F_r}{2Y'}$。当 $\dfrac{F_a}{F_r} > e$ 时，$X = 0.4$，$Y = 1.6$；当 $\dfrac{F_a}{F_r} \leqslant e$ 时，$X = 1$，$Y = 0$）。

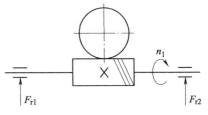

图 12-46   题 12-8 图

12-9   完成第 9 章习题 9-11（大作业）中大齿轮（从动轴）所在轴的结构设计，分析该轴的受力，建立简化力学模型，画出转矩图、弯矩图等，然后校核轴的危险截面。根据工况选择合理的轴承，并完成轴承的设计校核。绘制轴系的完整设计图，标注完成尺寸、公差等，撰写规范的说明书和答辩 PPT。

参考文献

[1] 于靖军. 机械原理 [M]. 北京：机械工业出版社，2013.

[2] 杨可桢，程光蕴，李仲生，等. 机械设计基础 [M]. 7版. 北京：高等教育出版社，2020.

[3] 陈家庆. 环保设备原理与设计 [M]. 3版. 北京：中国石化出版社，2019.

[4] 谢友柏. 认识设计科学，研究设计科学 [J]. 科技导报，2017，35（22）：1.

[5] 濮良贵，陈国定，吴立言. 机械设计 [M]. 10版. 北京：高等教育出版社，2019.

[6] 孙桓，陈作模，葛文杰. 机械原理 [M]. 8版. 北京：高等教育出版社，2013.

[7] 乌尔曼. 机械设计过程 [M]. 4版. 刘莹，郝智秀，林松，译. 北京：机械工业出版社，2010.

[8] 高峰. 机构学研究现状与发展趋势的思考 [J]. 机械工程学报，2005，41（8）：2-15.

[9] NORTON R L. 机械原理 [M]. 北京：机械工业出版社，2017.

[10] 廖汉元，孔建益. 机械原理 [M]. 3版. 北京：机械工业出版社，2013.

[11] 颜鸿森，吴隆庸. 机械原理 [M]. 4版. 北京：机械工业出版社，2020.

[12] 北京碧水源膜科技有限公司. 具有往复运动装置的MBR膜组器及MBR系统：201610398395.4 [P].
2016-09-21.

[13] 邓宗全，于红英，王知行. 机械原理 [M]. 3版. 北京：高等教育出版社，2015.

[14] 刘静，杜静. 机械原理 [M]. 3版. 北京：机械工业出版社，2019.

[15] 何丽红，朱理. 机械原理 [M]. 3版. 北京：高等教育出版社，2020.

[16] 张策. 机械原理与机械设计 [M]. 3版. 北京：机械工业出版社，2018.

[17] 安子军. 机械原理 [M]. 4版. 北京：国防工业出版社，2020.

[18] 高志. 机械原理 [M]. 2版. 上海：华东理工大学出版社，2015.

[19] 邱宣怀. 机械设计 [M]. 4版. 北京：高等教育出版社，1997.

[20] 吴宗泽，高志. 机械设计 [M]. 2版. 北京：高等教育出版社，2009.

[21] 李良军. 机械设计 [M]. 2版. 北京：高等教育出版社，2020.

[22] 杨家军，冯丹凤，程远雄，等. 机械原理 [M]. 2版. 武汉：华中科技大学出版社，2014.

[23] 张艳. 浅谈《机械基础》中普通螺旋传动的教学 [J]. 科技创新导报，2020（13）：214-215.

[24] 张丽. 螺旋传动性能实验台设计及实验研究 [D]. 成都：西南交通大学，2018.

[25] 上海市政工程设计研究总院（集团）有限公司. 给排水手册：第九册 专用机械 [M]. 3版. 北京：
中国建筑工业出版社，2012.

[26] 温诗铸，黄平，田煜，等. 摩擦学原理 [M]. 5版. 北京：清华大学出版社，2018.

[27] 庞国星. 工程材料与成形技术基础 [M]. 3版. 北京：机械工业出版社，2018.

[28] 谢友柏. 摩擦学的三个公理 [J]. 摩擦学学报，2001，21（3）：161-166.

[29] 李云凯，薛云飞. 金属材料学 [M]. 3版. 北京：北京理工大学出版社，2019.

[30] 德田昌则，冈本笃树，津田哲明，等. 金属材料科学与工程基础 [M]. 孟昭，译. 北京：冶金工业
出版社，2017.

[31] 于文强，陈宗民. 金属材料及工艺 [M]. 3版. 北京：北京大学出版社，2020.

[32] 诸世敏，罗善明，余以道，等. 带传动理论与技术的现状与展望 [J]. 机械传动，2007，31（1）：
92-97.

[33] 秦书安. 带传动技术现状和发展前景 [J]. 机械传动，2002，26（4）：1-4.

[34] 秦大同. 机械传动科学技术的发展历史与研究进展 [J]. 机械工程学报，2003，39（12）：37-43.

[35] 马登秋，叶振环，吴廷强，等．不同加工工艺圆弧齿线圆柱齿轮齿廓特性分析［J］．机电工程，2020，37（10）：1144-1150.

[36] 修树东，潘明海，王东鹏，等．非渐开线插齿刀侧齿面的逼近加工：展出磨齿法［J］．工具技术，1995，29（2）：2-6.

[37] 杨小辉，于晶，李福文．新型齿轮技术及发展趋势［J］．重型汽车，2015（4）：22-24.

[38] 张展．齿轮设计与实用数据速查［M］．北京：机械工业出版社，2009.

[39] 荣辉，付铁．机械设计基础［M］．4 版．北京：北京理工大学出版社，2018.

[40] 谭昕．平面二次包络环面蜗杆副数字化造型理论及仿真研究［D］．武汉：武汉理工大学，2003.

[41] 郭卫东．机械原理［M］．2 版．北京：科学出版社，2013.

[42] 朱保国．压力容器设计知识［M］．2 版．北京：化学工业出版社，2016.

[43] 林玉娟．压力容器设计基础［M］．北京：中国石化出版社，2016.

[44] 徐峰，李庆详．精密机械设计［M］．北京：清华大学出版社，2005.

[45] 张丽杰，徐来春．机械设计实用机构图册［M］．北京：化学工业出版社，2019.

[46] 金丰民，王瑀，张荣建，等．带式输送机实用技术［M］．北京：冶金工业出版社，2014.

[47] 宋伟刚．通用带式输送机设计［M］．北京：机械工业出版社，2006.

[48] 宁平．固体废物处理与处置［M］．北京：高等教育出版社，2007.

[49] 日本带传动专业技术委员会．带传动与精确传动使用设计［M］．齐彬，译．北京：化学工业出版社，2013.

[50] 蔡仁良．流体密封技术：原理与工程应用［M］．北京：化学工业出版社，2013.

[51] 孙开元，郝振洁．机械密封结构图例及应用［M］．北京：化学工业出版社，2017.

[52] 孙方遒，苗德忠．机械设计基础［M］．北京：北京理工大学出版社，2015.

[53] 陈秀宁，顾大强．机械设计［M］．2 版．杭州：浙江大学出版社，2017.

[54] 鄢利群，高路．机械设计基础［M］．2 版．北京：化学工业出版社，2011.

[55] 慕斯，维特，贝克，等．机械设计：第 16 版［M］．孔建益，译．北京：机械工业出版社，2012.

[56] 王德伦，马雅丽．机械设计［M］．2 版．北京：机械工业出版社，2020.

[57] 安琦，顾大强．机械设计［M］．2 版．北京：科学出版社，2016.

[58] 唐林．机械设计基础［M］．2 版．北京：清华大学出版社，2013.

[59] 吕宏，王慧．机械设计［M］．2 版．北京：北京大学出版社，2018.

[60] 美国 Vulcan Industries 公司．格栅除污机样本［Z］．2021.

[61] 上海塑衡机械设备有限公司．刮泥机链条［Z］．2021.

[62] 江苏科隆减速机制造有限公司．SF 型三分式联轴（SB90-353）样本［Z］．2021.

[63] 化工部设备设计中心站．搅拌传动装置　带短节联轴器：HG/T 21569.1—1995［S］．北京：化工部工程建设标准编辑中心，1995.

[64] 成大先．机械设计手册［M］．5 版．北京：化学工业出版社，2015.

[65] 数字化手册编委会．机械设计手册：2008 新编软件版［M］．北京：化学工业出版社，2008.

[66] 严子成．RV-550E 型重载减速机动力学分析与研究［D］．武汉：湖北工业大学，2019.

[67] 胡延松．少齿差行星线齿轮减速器与线齿轮数控铣削方法研究及机床开发［D］．广州：华南理工大学，2019.

[68] 杨巍，何晓玲．机械原理［M］．北京：机械工业出版社，2010.

[69] 美国链条协会．标准链条手册：动力传动链与物料输送链：第 2 版［M］．赵塞良，等译．北京：机械工业出版社，2016.

[70] 丁源．UG NX 12.0 中文版从入门到精通［M］．北京：清华大学出版社，2019.

[71] 赵罘，杨晓晋，赵楠．SolidWorks 2020 中文版机械设计从入门到精通［M］．北京：人民邮电出版社，2020.